AVIATION'S INSTRUCTION HANDBOOK

# 항공교육 교수법

이 강 희 옮김

비행연구원

**이 강 희**

- 영문학, 심리학
- 장교영어반 및 미항공고등군사반 수료
- 육군항공 조종사 및 육군항공학교 헬리콥터 학과교관 및 비행교관 역임
- FAA 이론교관 및 비행교관 역임
- 주요 저서

  『운항학개론』『항공우주용어사전』『항법개론』『항공상식』『제트엔진』『비행기조종학』『계기비행』『계기비행절차』『항공무선통신』『경량항공기』『항공기 I』『항공정보지침서』『전자조종실』『헬리콥터 역학과 비행』 기타 문제집 시리즈.

**| 항공교육 교수법 |**

- 펴낸 곳/펴낸 날 : 비행연구원/2021.1.15
- 등　　록 : 제17-174호(1996.6.12)
- 홈페이지/e-mail : www.flightin.com/flight-in@hanmail.net
- YouTube : 비행연구원
- 정　　가 : 22,000원
- 항공교육 교수법 2021.01.15. 초판 1쇄



Printed in KOREA by Flight Institute　ISBN 978-89-87015-61-3 93550

# 머 리 말

세계적으로 항공수요가 증가하면서 일반항공을 비롯한 전문 조종사 양성의 필요성과 함께 유능한 항공교관에 대한 수요가 증가하고 있다. 항공교관은 항공사회의 구성원을 양성하는 책임을 부여받고 있다. 특히 조종사 양성은 다른 교육과 달리 교관과 학생이 일대일로 훈련이 진행되기 때문에 교관의 지식과 소양 그리고 전문가 정신은 조종훈련생이 그대로 받아들이는 경향이 있어 교관의 영향이 매우 중요시되는 이유이다.

이 책은 FAA에서 발행한 “aviation’s instruction handbook”을 번역하였다. 이 책의 일부 내용은 삭제되거나 내용에 맞게 수정했다. 국내의 항공기 운용 현황과 비교할 수 없을 정도로 발달한 항공교통량과 오랜 항공교육 역사를 바탕으로 항공교관이 갖추어야 할 지식뿐만 아니라 전문가로서 갖추어야 할 덕목까지 다루고 있다.

항공교관의 주요 업무 중 하나는 학생이 관련 지식을 습득하도록 돕고 이 분야 전문가로 성장하기 위한 기초를 다지는 것이다. 교관은 담당 학생을 언제, 어디서, 무엇을 그리고 어떻게 교육해야 하는지 알아야 한다. 항공교관은 교육과 훈련의 중심적 위치에 있고 모든 필수 훈련 단계를 위한 책임을 갖는다. 현대 조종실 환경 역시 극적으로 변화하고 있다. 항공 자동화는 대형 운송용 항공기에서 일반항공 항공기까지 널리 확대되는 추세이다. 따라서 항공교관은 GPS, FMS, Autopilot 등을 포함한 자동화 시스템에 대한 지식도 갖추어야 한다.

유능한 교관이 되기 위해서 끊임없이 연구 노력해야 한다. 항공기의 자동화 시스템과 항공 종사자들을 위한 서비스가 많이 향상되고 있음에도 불구하고 항공기 사고는 계속되고 있다. 실제 항공사고를 분석한 결과 주요 원인의 약 75~80%가 인적과실이다. 이것은 항공기의 하드웨어는 점점 더 발달하여 인간의 간섭을 최소화하고 있지만, 인적요소는 하드웨어의 발달을 따라가지 못하고 있는 현실을 잘 보여주고 있다. 항공교관은 단지 비행기술 혹은 기량을 전수해주는 것만으로 책임을 다했다고 할 수 없는 것은 인적과실은 초기에 올바른 교육과 소양, 엄격한 규정 준수 그리고 전문가 정신이 확립되었다면 사고율을 낮출 수 있다는 점에서 교관의 역할을 강조하는 이유이다. 항공교관은 교육자의 한 사람으로서 뿐만 아니라 학생의 올바른 항공인 정신에 대한 모범이 되어야 한다는 점에서 더욱 중요한 역할을 한다.

이 책은 어려운 교육학(교수법)을 전문으로 다루지 않으면서 항공교육에 적합한 이론과 적절한 사례를 들어 설명함으로써 항공인이라면 공감할 수 있는 내용으로 구성되어 있다.

끝으로 항공교관에 도전하고자 하는 사람이라면 이 책을 정독하여 학생과 원활한 소통으로 우수한 항공인 양성의 선도적 역할을 할 것을 기대한다.

이 강 희

# 차 례

# 제1장 인간행동

## 1.1 개 요

어느 한 조종훈련생(student pilot)은 매우 영리하고 사물을 이해하는 능력이 뛰어나지만, 흥미가 떨어지는 분야는 서둘러 처리하고 오직 자신이 관심 있는 분야에 집중하는 경향을 보인다면 이 조종훈련생은 차후 훈련 과정에서 많은 중요 세부항목을 간과하거나 절차(procedures)를 무시하려는 경향을 우려해야 한다. 조종훈련생에게 사전연구 과제로 주어진 "비행 전 절차"에 상당한 흥미를 보였지만 이 내용을 좀 더 세부적으로 다루고자 하지 않았다. 이 조종훈련생은 예상했던 것처럼 이내 지루함(boring)을 느꼈고 예습하지도 않았다. 교관은 이 조종훈련생과 대화에서 "thrill seeker*(모험과 스릴을 무서워하지 않고 일부러 찾아다니는 사람들)*" 라는 사실을 알았다. 교관은 이 조종훈련생이 모든 학습 영역에서 흥미를 갖도록 도와주고 교육에 집중하는 방법을 찾아야 앞으로 전개되는 복잡한 비행기술과 항공안전을 이해할 수 있을 것이다.

이 장에서는 인간행동(human behaviors)이 학습 과정에 어떻게 영향을 줄 수 있는지를 집중적으로 다룬다. **학습(learning)은 교육, 경험, 훈련 또는 연구를 통해서 문제를 인지하고 이를 수정할 수 있는 능력을 익히고 이해력을 습득하는** 것이다. **행동의 변화는 학습의 결과이다.** 교관은 성공적인 학습을 위해서 "왜, 인간이 그와 같이 행동하는가? 그리고 인간은 어떻게 학습되는가?"를 알아야 하고 그다음 이것을 교육에 반영할 수 있어야 한다. 훌륭한 교관이 되기 위해서 학생들을 위한 활동을 조직화하고 생산적 학습 경험을 증진하는데 필수적인 성인 학습법과 함께 학습을 방해하는 인간행동, 기본욕구 그리고 방어본능에 관한 지식을 활용할 수 있어야 한다.

## 1.2 인간행동의 정의

인간행동의 연구는 인간이 "왜 그리고 어떻게" 그와 같이 행동했는가를 설명하는 것이다. **인간행동은 선천적 인간 본성과 개별적 경험과 환경 모두의 결과**이다. 인간행동의 정의는 연구 분야에 따라 달라질 수 있지만, 과학계에서 인간행동은 인간이 예측 가능한 방법에서 행동하도록 하는 요소들의 산물로 보아왔다. 예들 들어 대부분 사람은 대중 앞에서 말하는 것이 상당한 두려움(fears)의 대상이다. 이 같은 공포가 모든 사람에게 같은 반응으

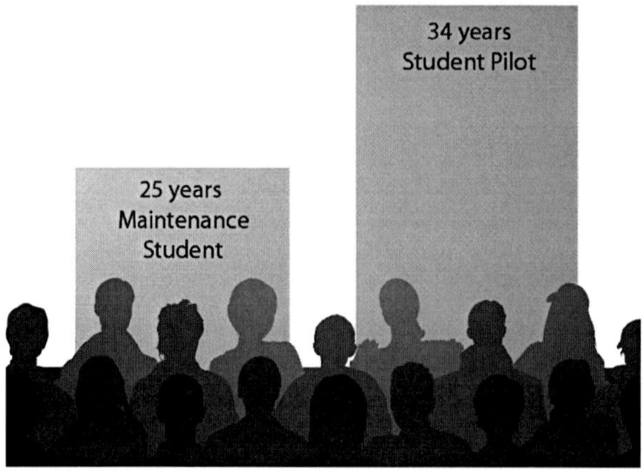


◀ 조종훈련생의 평균 연령은 34세이고 정비 학생의 평균 연령은 25세이다.(FAA)

로 나타나지 않지만, 공포 그 자체는 심장 박동이 높아지는 것과 같이 본능적으로 생리학적 반응을 일으킨다. **공포가 개인적 경험의 산물**(products; *어떤 것에 의하여 생겨나는 사물이나 현상을 비유적으로 이르는 말*)이라면 이를 어떻게 다루어야 하는가? 대중 앞에서 말해 본 경험이 없는 사람은 자신의 의사를 충분히 전달하지 못한다. 또 다른 사람은 그의 직업상 대중연설이 필요하다는 것을 알고 있다. 이 사람은 대중연설 공포를 극복하기 위해서 이를 집중적으로 훈련할 수 있는 학원을 선택하게 될 것이다. **인간행동은 특정 욕구에 만족하기 위한 시도의 결과라고도 정의할** 수 있다. 욕구는 음식이나 물을 먹고 싶은 것과 같이 쉽게 식별되고 단순하게 이해될 수 있지만, 인간행동은 존중과 동의가 필요한 것과 같이 복잡할 수 있다. **인간행동을 이해하기 위한 지식은 교관에게 학생의 행동을 이해하는 데 큰 도움이** 될 것이다. 또한, 문화적 차이, 남성 또는 여성의 사고력, 감각 그리고 행동을 공유하는 데도 도움이 된다. 위에서 소개한 대중연설에서 한 학생은 의무를 이행하지 않는 방법으로 대중 앞에 서는 것을 피했고 다른 학생은 공포를 극복하기 위해서 연설을 훈련할 수 있는 학원을 선택했다.

인간행동의 또 다른 정의는 인간의 전형적인 인생과정에 초점을 두었다. 이 접근은 인간 성장의 연속 단계를 강조한다. **인간행동은 신체적, 생리적 그리고 행동 특징의 뚜렷한 성향으로 인해서 성격이 형성**된다. 유아의 사고력, 감정 그리고 행동은 청소년기와 근본적으로 다르다. 연구에 따르면 개인의 성숙도와 같이 인간행동의 성격은 의존성(dependency)으로부터 자기-지시까지 다양하다는 것을 보여준다. 따라서 조종훈련생의 나이는 훈련계획을 수립할 때 영향을 줄 수 있으므로 교관은 다양한 학생의 성향에 다가갈 수 있는 자기-지시(self-direction; *수립된 목표에 도달하는 방법을 계획하고 그 과정을 점검함으로써 수립된 목표에 효과적으로 도달하도록 하는 자기 주도 능력이다. 자기-지시는 자기 결정력 또는 자기 관리라는 용어와 비슷한 의미로 사용된다.*)에 훈련계획을 제시할 필요가 있다. 교관은 인간행동의 관찰을 통해서 조종훈련생의 학습 욕구와 함께 교관 자신을 더욱 이해하는데 필요한 지식을 얻을 수 있다. 결론적으로 **인간행동을 이해함으로써 성공적인 항공교육에 도움**이 될 수 있다.

▲ MBTI는 사람이 세상을 어떻게 지각하고 결정을 내리는지 심리적 선호도를 보여주기 위해서 만들어진 성격유형 검사이다.

### 1.2.1 성격유형

인간(human)이 왜 그와 같이 행동하는가? 에 대한 해답을 찾기 위한 끊임없는 질문은 1962년 Myers-Briggs Type Indicator(MBTI) 테스트가 그 시초가 되었다. MBTI는 성격 특성에 관한 이전 Jungian*(심리학자 Carl G. Jung, 특히 내향과 외향이라는 심리적 유형과 집단적 무의식에 관한 융의 학설)* 이론과 Myers and Briggs가 인간행동의 긴 개인 관찰을 기초로 하고 있다. 그들은 인간행동에서 아주 그럴싸한 불규칙 변화는 실제 아주 규칙적이고 일정하다고 믿었다. 왜냐하면, 개별 방법에서 기본적인 차이는 그들의 지각과 판단을 사용하는 것을 선호하고 있기 때문이다. 그들은 인간행동을 위의 [표]와 같이 16개의 독특한 성격유형(personality types)으로 분류하였다. 그들의 연구에 힘입어 임상 심리학자이자 작가인 Dr. David Keirsey은 16개의 성격 특성을 관리자/숙련공/합리주의/이상주의(guardian, artisan, rational, and idealist)와 같이 4개의 그룹으로 재분류하였다. 이외에도 많은 사람이 인간행동에 영향을 줄 수 있는 요소들을 연구하고 인간의 기본 성격을 연구하는 데 노력하였다. 현재 성격검사는 직업 적성을 평가하거나 심지어 배우자를 선택하는 범위까지 확대되어 활용되고 있다.

### 1.2.2 마이어-브릭스 성격유형 지표

마이어-브릭스 성격유형 지표(Myers-Briggs Type Indicator)는 캐서린 쿡 브릭스(K. Briggs)와 그의 딸 이사벨 브릭스 마이어스(I. Myers)가 융(C. Jung)의 성격유형 이론을 근거로 개발한 심리 측정 질문지이다. 사람들이 **세상을 인식하고 결정을 내릴 때 어떤 심리적 선호도가 있는지를 알아보기 위한 도구**이다. 마이어-브릭스 성격유형 지표는 4개로 분리된 선호 경향(*교육이나 환경의 영향을 받기 전 이미 개인에게 내재된 심리 경향*)으로 구성되어 있다.

- 외향 대 내향(extroversion; E / introversion; I)
- 감각 대 직관(sensing; S / intuition; N)
- 사고 대 감정(thinking; T / feeling; F)
- 판단 대 인식(judging; J / perceiving; P)

이 네 가지 선호 지표를 조합하면 16개의 성격유형이 결정된다. 마이어-브릭스 성격유형 지표는 성격유형의 발견을 통해 자신과 타인(가족, 직장 동료, 친구 등)에 대한 이해 증진과 대인 간 상호작용 개선에 활용된다. 앞쪽 [표]를 참고하여 4개의 항목(E/I, S/N, T/F, J/P)에 대한 물음에 자신의 성격을 선택한다. 예를 들어 내향적 혹은 외향적(예, 외향이라면 E), 정보 획득을 감각 혹은 직관(예, 직관이라면 N), 결심을 내리는데 사고 혹은 감정(예, 사고형이라면 T), 그리고 외부 생활에 관해서 판단 혹은 인식(예, 인식형이라면 P)을 선택하면 된다. 이들을 조합하면 당신은 ENTP(발명가) 형 성격유형이다. 이를 바탕으로 당신의 성격유형을 스스로 자문해보길 바란다.

### 1.2.3 교관과 학생의 관계

성격유형 테스트(personality types test)가 교관과 학생의 관계에 어떠한 영향을 주는가? 연구에 따르면 많은 교육 심리학자들이 성격유형을 기초로 하고, 아울러 모든 사람은 개인별 학습 스타일을 갖고 있다는 것을 알 수 있다. 이 이론에 따랐을 때 교관과 학생 모두 이점이 있다. 비록 성격유형에 관해서 교육을 받는 학생의 교육적 이점에 관해서 논란의 여지는 있을지라도 이 이론은 상당한 지지를 얻었고 다양한 교육 수준에 실행되고 있다. 오늘날의 학생은 여러 웹 사이트를 방문하여 성격 테스트를 받을 수 있고 자신이 어떤 유형의 학생인지 그리고 최선의 학습 방법은 무엇인지를 발견할 수 있다. **성격유형은 개인이 어떻게 학습되어야 하는지에 대한 영향을 줄 뿐만 아니라 개인이 어떻게 교육해야 하는지도 영향을 준다. 개인의 성격유형을 학습하는 것은 교관에게 그가 어떻게 교육해야 하는지를 인식**하는 데 도움이 된다.

"개인의 교육 스타일을 인식하는 것이 왜 중요한가?"

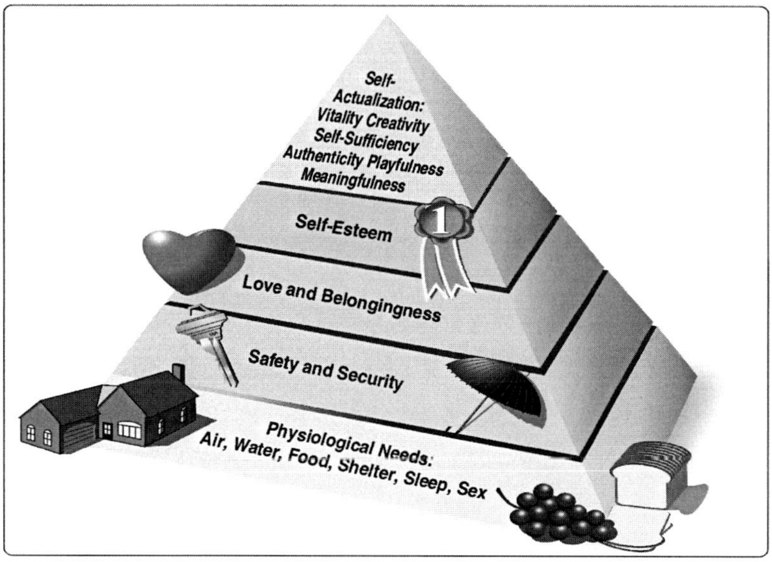


▲ 매슬로의 욕구 위계는 생리적, 안전, 애정/소속, 존경, 그리고 자아실현 욕구로 이어진다.

교관의 **교수법과 학생이 학습하는 방법 사이의 일치 또는 불일치는 학생의 만족 또는 불만족에 영향을** 준다. 교관의 교육 스타일에 부합하는 학습 스타일을 가진 학생은 지식을 더 오랫동안 보유하는 경향이 있고, 더 효율적으로 지식을 적응 또는 응용할 수 있으며 전반적으로 긍정적 태도를 보이는 것으로 나타난다. 비록 교관이 학습 스타일에 맞추기 위해서 그가 신호하는 교육 스타일을 바꾸지 않을시라도 이 같은 차이를 능동적으로 연결해 주기 위해서 단계를 설정할 수 있다. 예를 들어 학생과 교관의 딜레마(dilemma)를 생각해보자. 교관 자신은 명쾌하고 정확한 시간표를 제공하고 단계별 절차에 따라 설명하는 경향이 있다는 것을 알고 있다. 그의 교육 스타일은 전통적인 교육기술에 의존하고 있으며 그는 가끔 그가 배워왔던 것처럼 교육하고 있다는 것을 발견한다. 교관은 담당 학생이 활동적이고 흥미를 느끼고 있으며 자신의 직업 선택에 반영하고자 하는 무엇인가 변화가 필요하다는 유형의 사람이라고 판단하였다. 교관은 이를 바탕으로 비행에 필요한 학습을 위한 노력의 한 방법으로 어떻게 교육 방향을 찾아야 하는지 시나리오를 작성했다. 또한, 교관은 조종훈련생이 관심이 있는 것뿐만 아니라 학생이 비행해야 하는 이유까지 훈련에 변화를 줄 수 있는 요소들을 추가하였다.

### 1.2.4 인간 욕구와 동기

인간 욕구(human needs)는 **정상적인 성장과 발달을 위한 모든 인간이 필요로 하는 것**들이다. 심리학자(psychologists)들은 이들 욕구를 연구하고 여러 방법으로 범주를 지정하였다. “Henry A. Murray” 동기 이론을 개발하는 데 참여한 성격 심리학 창시자 중의 한 사람으로 1938년 주요 심리학적 욕구 목록을 작성하였다. 그는 이들 욕구를 1차 욕구

(primary) 아니면 2차 욕구(secondary) 중 하나로 존재한다고 주장하였다. 이들 욕구의 상호작용을 믿는 "Murray"는 독특한 성격 종류를 만들었고 행동에서 내적 영향으로 보았다. "Murray"의 연구는 인간 욕구, 동기, 그리고 성격을 연구했던 심리학자 "Abraham Maslow" 이론의 토대가 되었다. 그의 초기 연구에서 원숭이를 관찰하는 동안 그는 일부 욕구가 앞 페이지 그림과 같이 다른 것보다 우선한다는 것에 주목했다.

예를 들어 갈증은 배고픔을 다소 완화시킨다. 이것은 물에 대한 욕구가 음식을 위한 욕구보다 더 강하기 때문이다. 1954년 "Maslow"는 매슬로의 욕구 위계(Maslow's Hierarchy of Needs)라고 알려진 것을 발표하였고 오늘날까지도 인간의 동기를 이해하는데 많이 인용되고 있다. 그의 이론에 따르면 인간 욕구는 심리적 욕구를 포함한 음식과 주거의 확실한 신체적 욕구를 넘어 안전과 보호, 애정과 소속, 자아존중(self esteem), 그리고 인간의 목표를 달성하기 위한 자아실현(self actualization)으로 이어진다. 인간 욕구는 중요성의 순서대로 만족한다. 인간은 일단 한 욕구에 만족한다면 다음 수준의 욕구에 만족하기 위해서 노력한다. 욕구 만족은 그날의 행동을 결정하는 진행 행태이다. 이를 정리하면 아래 [표]와 같다.

| 욕구 단계 | 욕구 충족(사례) |
|---|---|
| • 5단계 자아실현 욕구 | 자기완성, 자유, 삶의 보람 |
| • 4단계 존경의 욕구(자기존중) | 명예, 지위, 성공, 존경, 자신감, 자부심 |
| • 3단계 사랑과 소속의 욕구 | 애정, 친화, 소속감, 우정 |
| • 2단계 안전 욕구 | 위험 혹은 고통으로부터 안전, 질서, 평온 |
| • 1단계 생리적 욕구 | 의식주, 성욕, 안락함, 즐거움 |

### 1.2.5 학습과 훈련을 위한 욕구

(1) 생리적 욕구

이것은 생물학적 욕구(biological needs)라고 볼 수 있고 인간이 기본 신체를 유지하는데 필요한 공기, 음식, 물, 등의 욕구들로 이루어진다. 만약 학생이 신체적으로 불편하다면 다른 것에 관심을 두지 못한다. 생물학적 욕구가 충족되지 않는 한 학생은 학습, 자기표현(self-expression; *자신의 내면이나 생각 그리고 생활 등을 겉으로 드러내 보이는 것*), 또는 다른 과업에 집중할 수 없다. 교관은 학생들이 그들의 기본 신체적 욕구(physical needs)에 충족되었는지 관찰해야 한다. 따라서 현재 배가 고프거나 피곤한 학생은 예상된 과업을 충실하게 수행할 수 없다.

(2) 안전 욕구

일단 생리적 욕구가 충족되었다면 안전(security)에 대한 욕구를 추구하게 된다. 모든 인간은 안전하다는 것을 느끼고자 하는 욕구를 갖는다. 안전 욕구는 위험으로부터 자기 자신을 보호하고자 하는 심리이다. 만약 학생이 안전하다고 느끼지 못한다면 학생은 학습에 전념할 수 없다. 비행훈련 중 비행 안전을 강조하는 교관은 학생이 불안하다는 느낌을 누그러뜨릴 수 있어야 한다.

### (3) 소속감 욕구

개인이 신체적으로 안정되고 위협을 느끼지 않을 때 자신이 속해 있는 사회적 욕구의 만족함을 추구한다. "Maslow"는 "인간은 외로움과 소외의 감정을 극복하고자 한다"고 서술하고 있다. 이것은 애정, 감정, 그리고 소속감(sense of belonging)을 주고받는 것을 포함한다. 따라서 교관은 조종훈련생이 편안함을 느낄 수 있도록 돕고 항공 경력을 쌓거나 취미(hobby) 생활을 추구할 수 있도록 그들의 결심을 보조하기 위한 모든 노력을 다해야 한다.

### (4) 존중 욕구

욕구의 첫 3단계를 만족한 후 존중(esteem; *높이어 귀중하게 여김*)에 대한 욕구를 추구하기 시작한다. 인간은 안전, 확실한 기반, 높은 수준의 자아존중(self-respect)과 다른 사람으로부터 존중받고자 하는 욕구를 갖는다. 존경은 스스로에 대해서 좋은 기분을 갖는 것이다. 인간은 내적 또는 외적 방법으로 존경을 얻는다. 내적 존경은 개인이 정한 표준에 따라 스스로 가치를 판단한다. 높은 자부심(pride)은 자신감, 독립성, 성취, 적성, 그리고 지식에서 나온다. 그러나 대부분 사람은 남들이 그들을 어떻게 생각할지에 대해 그들 스스로 판단하면서 사회적 명성과 다른 사람으로부터 존중을 통해서 외적 존경을 추구한다. 외적 자아존중은 사회적 지위, 인정, 감사/존중, 그리고 동료의 존경과 같은 개인의 명성과 관련있다. 개인이 존중 욕구에 만족하였을 때 세상 속의 한 개인으로 자신감과 가치를 느끼게 된다. 이들 욕구가 좌절되었을 때 열등감, 연약함, 무력함, 그리고 무가치한 존재로 인식할 수 있다. 비행훈련에서 존중 욕구는 교관-학생의 관계에서 강한 영향을 줄 뿐만 아니라 학생의 관심을 위한 주요 이유가 될 수 있다.

### (5) 인지적 그리고 심미적 욕구

최근 욕구 단계에 추가된 인지적 그리고 심미적(cognitive and aesthetic) 욕구에 관한 관심이 점차 증가하고 있다. 인간은 그들 주변에서 일어나고 있는 것에 대해서 이해하고자 하는 깊은 욕구를 갖는다. 만약 한 개인이 어떠한 일이 일어나고 있는지 이해했다면 그는 상황을 통제하거나 아니면 다음에 취해야 하는 단계에 대해서 정확한 선택을 하게 될 것이다. 두뇌는 무엇인가를 학습할 때 유레카(eureka; *알겠어, 바로 이거야! 같이 무언가 질문에 대한 답을 알아냈을 때 기쁨을 나타내는 말*)라고 하는 만족함으로 나타낼 때마다 도파민(dopamine; *쾌락과 행복감에 관련된 감정을 느끼게 해주는 신경전달 물질과 호르몬으로 이용되는 물질*)을 분비함으로써 이 욕구를 강화한다. 예들 들어 조종훈련생은 통상 첫 단독비행(solo flight)을 완수했을 때 가장 큰 "eureka!" 순간을 경험한다. 심미적 욕구는 설득 영역에 있는 미묘한 요소로 구성되는 인간 감성과 직접 연결되어 있다. 예를 들어 누군가가 다른 사람, 집, 그림, 또는 노래를 좋아할 때 그것들을 좋아하는 이유를 설명하기 어렵다. 이 욕구는 학생-교관 상관관계(relationship) 속에서 한 요소로 작용할 수 있다. 만약 교관이 학생을 좋아하지 않는다면 이 미묘한 감정(subtle feelings)은 교관이 그 학생을 가르치는 능력에 영향을 줄 수 있다는 것이다.

(6) **자아실현**

모든 하위 욕구를 만족하였을 때 유일하게 남은 욕구는 자아실현(self-actualization)이다. "Maslow"는 이것은 "존재하기 위한 개인의 욕구" 그리고 개인으로서 "무엇인가 하기 위해서 태어난 것이다."라고 기술하고 있다. 자아실현을 달성한 사람은 다음과 같은 특징을 갖는다.

- 문제 중심적이다.
- 다가오고 있는 새로운 인생의 가치를 통찰한다.
- 개인 성장에 관한 관심이 있다.
- 최고조 경험을 갖기 위한 능력이 있다.

비행훈련에서 **교관이 학생의 잠재력을 달성하기 위해서 학생을 돕는 것은 당연한 책임이고 가장 큰 도전적 과제**이다. 교관은 건전한 학습 환경을 조성함으로써 욕구 만족을 느낄 수 있도록 학생을 도와주어야 한다. 이 같은 환경에서 학생은 좌절을 덜 느끼게 될 것이고 주어진 과제에 더욱 집중할 수 있을 것이다. **비행훈련의 복잡한 학습이나 훈련 상황에서 욕구 달성은 강한 동기부여**가 될 수 있다.

## 1.3 인간 본성과 동기

**인간 본성**(human nature)**은 모든 인간이 공유하는 일반 심리적, 감정적, 그리고 행동적 특성으로 고려된다. 동기**(motivation)**는 인간이 특정 방법으로 행동하도록 하는 이유이고 목표의 중심에 놓여** 있다. 어느 한 사람이 다른 사업 영역에서 더욱 활발하게 참여하고자 조종사가 되려고 한다고 가정하자. 교관은 예비 조종사에게 안전하게 비행훈련을 받을 수 있고 단계적 절차에 따라 흥미를 느낄 수 있도록 동기를 부여할 필요가 있다.

조종훈련생이 자격증명을 취득하고자 하는 목표 사이에 약간 주저함이 있다면 교관은 이를 명쾌하게 해소해 줄 수 있어야 한다. 유능한 교관이라면 조종훈련생이 동기를 갖도록 길을 열어 주고 학생이 교육, 경험, 실행, 그리고 연구를 통해서 항공기 운용과 관련된 지식과 기술을 익혀 목표를 향하도록 지도하는 것이다.

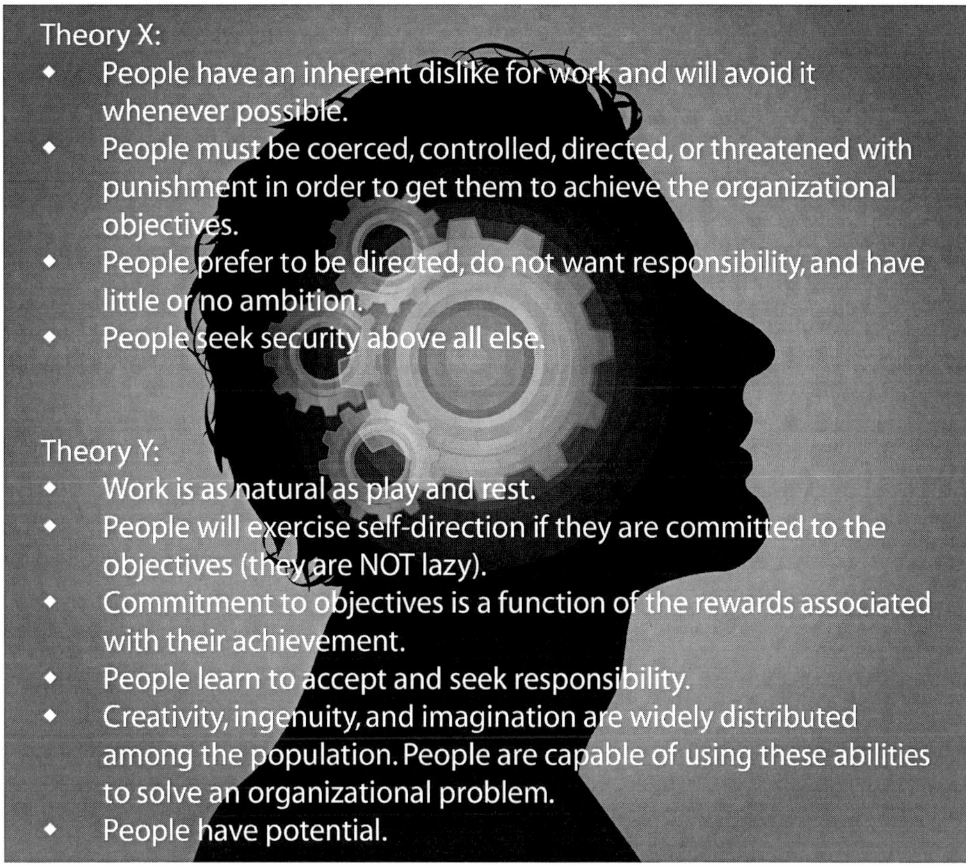


▲ Theory-X와 Theory-Y는 인간행동의 관점에서 서로 반대의 개념이다. X-이론은 인간은 본성이 작업 기피, 책임 회피 등의 경향이 있다는 것과 Y-이론은 인간의 본성은 목표를 위해 헌신하며, 문제해결에 창의성을 발휘한다고 정의하고 있다.

1960년대 사회 심리학자 "Douglas McGregor"는 인간 본성과 동기(human nature and motivation)에 관해서 위의 그림과 같이 2개의 반대 가정(hypothesis)을 설정하였다. 비록 "X-Y Theory"이 인적자원관리(human resource management)에 활용하기 위해서 개발되었을지라도 교관에게 사람들이 직장과 조직 생활에서 인간행동에 관한 관점에 대한 유용한 정보를 제시해 준다. "Theory-X"에서 관리의 역할은 인간 욕구는 통제하고 지시되어야 하므로 근로자를 강요하고 통제하는 것이라고 가정한다. 이 조건이라고 생각하는 관리자는 인간은 본성적으로 일을 싫어하고, 일을 가능한 한 피하려 하므로 목표를 달성하기 위해서 처벌과 함께 강요, 통제, 지시, 또는 위협해야 한다고 믿고 있다.

그러나 관리자 또는 교관의 역할은 훈련생의 잠재력을 개발하고 이들이 공통 목표를 향한 잠재력(potential)을 드러낼 수 있도록 돕는 것을 인간의 관점에서 "Theory-Y"라 하고 다음과 같은 사항을 유지한다.

① 일(works)은 놀고 휴식하는 것처럼 자연스러운 것이다. 보통 사람은 본성적으로 일을 싫어하지 않는다. 직업은 상황에 따라 만족의 근원이 될 수 있고, 만약 그러하다면 작

업은 자발적(spontaneous)으로 수행한다. 그렇지 않고 일이 처벌의 형식이라면 가능한 한 이를 피하려 한다.

② 만약 이들이 목표에 전념하고 있다면 사람들은 자기-지시를 훈련한다.

③ 목표에 대한 실행은 이들의 성취(achievement)와 관련된 보상과 직접 관련이 있다.

④ 사람들은 책임을 받아들이고 추구하기 위해서 학습한다. 책임 회피와 야망의 부족은 인간 성질의 본질이 아닌 통상 경험의 결과이다.

⑤ 창의성, 재능, 그리고 창작력은 개체군 속에 광범위하게 분포되어 있다. 사람들은 문제를 해결하기 위한 이들의 능력을 활용할 수 있다.

⑥ **모든 사람은 잠재능력을 갖추고 있다.**

인간이 동기(motive)를 갖는 것은 본성이기 때문에 학생의 잠재력(potential)을 어떻게 실현할 것인지를 연구하고 찾아내야 하는 책임은 교관에게 있다. 교관이 학생과 견고하고, 건전한, 그리고 생산적인 관계를 어떻게 만들 것인가는 인간행동과 욕구에 대한 교관의 지식에 달려 있다. 이 과정에서 학습 과정을 방해하는 요소를 인식할 수 있는 능력 역시 교관에게 꼭 필요하다.

## 1.4 학습을 방해하는 인적요소

### 1.4.1 방어기제

**방어기제**(defense mechanisms; *자아가 위협받는 상황에서 무의식적으로 자신을 속이거나 상황을 다르게 해석하여 감정적 상처로부터 자신을 보호하는 심리적 의식이나 행위*)는 **생물학적 또는 심리학**적이 될 수 있다. 생물학적 방어기제는 유기체를 보호 또는 보존하고자 하는 생리적 반응이다. 예를 들어 인간이 위험 또는 위협(risk or threat)에 직면했을 때 투쟁-도피 반응(fight or flight response; *방어 반응의 일종으로 갑작스러운 자극에 대해 자기의 행동 반응을 결정하지 못하는 상태*)이 나타난다. 아드레날린(adrenaline; *흥분시키는 것, 자극제*)과 다른 화학물질이 활성화되면서 심장 박동이 빨라지고 혈압이 증가하는 것과 같은 신체적 징후가 나타난다.

이 사례는 불안감을 가진 조종훈련생이 헬리콥터의 엔진 또는 테일로터의 고장이 발생했을 때 적용되는 오토로테이션(autorotation; *무동력 상황에서 메인 블레이드 회전력으로 활공하는 것*)을 경험했을 때 발생할 수 있다. 비상절차훈련은 실제 비상상황에서 문제를 분석하기 위한 시간이 극히 제한된 상황에서 조종사의 순간적이고 정확한 반응을 익히기 위한 필수 훈련이다. 이 같은 기동훈련 중 조종훈련생이 느낄 수 있는 불안함은 투쟁-도피 반응 속에서 스스로 해결할 수 있어야 한다. 예를 들어 교관은 오토로테이션의 수행에 대한 훈련생의 두려움(fear)을 인식해야 할 필요가 있고 조종훈련생이 기동을 편안하게 느낄 수 있는 필수 기량 수준을 습득할 수 있도록 도와주어야 한다. 이 경우 교관은 절차를 몇 단계로 나누어 단계별로 시범을 보인다. 다음, 학생에게 다양한 고도에서 선택된 훈련 단계를 수행하도록 하는 것은 오토로테이션을 수행하는데 필요한 자신감을 갖게 한다.

"Sigmund Freud"은 1894년 자아방어기제(ego defense mechanism)의 심리학적 개념을 소개하였다. **자아방어기제는 불안감, 불쾌한 감정으로부터 스스로 보호하고 개인이 쉽게 대처할 수 없는 상황으로부터 피난처를 제공하기 위한 무의식적 정신** 과정이다. 예를 들어 신체적으로 공격을 받았던 안 좋은 기억을 애써 잊으려는 사람은 방어기제를 사용하게 될 것이다. 사람들은 받아들일 수 없는 생각 또는 충격이 의식적으로 생각나는 것을 방지하기 위해서 이들 방어기제를 사용한다. 방어기제는 실패 경험을 누그러뜨리고, 죄의식을 완화하거나, 개인적으로 처해 있는 현실 극복을 돕고, 그리고 자신의 이미지를 보호하는 데 사용하기도 한다. 불인이 발생했을 때 마음은 문제를 해결하려 하거나 탈출 방법을 찾으려 시도하지만, 이들 대책이 효과가 없다면 방어기제가 발동된다. 방어기제는 다음과 같은 2개의 공통 특징을 갖는다.

첫째, 이들은 무의식적으로 나타날 수 있다.
둘째, 이들은 진실을 왜곡, 변형하거나 그렇지 않으면 거짓으로 나타나는 경향이 있다.

진실이 왜곡되었기 때문에 긴장감이 낮아지고 이에 상응하여 불안을 낮추는 지각으로 바뀐다. **억압과 부정은 2개의 주요 방어기제이다.** 이를 정리하면 다음과 같다.

- 억압(repression)
- 부정(denial)
- 보상(compensation)
- 투사(projection)
- 합리화(rationalization)
- 반동형성(reaction formation)
- 환상(fantasy)
- 전치(displacement)

### (1) 억압

억압(repression)은 개인이 불편한 사고를 무의식적으로 정신이 접근하기 어려운 구역 속에 놓이게 하는 방어기제이다. 현재 대처할 수 없는 것으로 제쳐 두거나, 다음에 처리하고자 미루거나, 또는 결코 (실현) 가망이 없는 것으로 간주한다. 왜냐하면, 이들은 저절로 점차 사라져버리기 때문이다. 억압 수준은 일시적으로 잊히는 불편한 사고에서부터 불안으로 촉발된 사건이 깊이 묻히는 건망증(amnesia)까지 다를 수 있다. 억압된 기억은 사라지지 않고 꿈속 또는 은연중에 속마음을 드러내는 실수에서 다시 나타날 수 있다. 예를 들어 일부 조종훈련생은 비행의 두려움으로 인해서 비행기술을 익히는 능력이 억압되었을 수 있다.

### (2) 부정

부정(denial)은 너무 위협적으로 보이기 때문에 외적 진실을 받아들이기를 거부하는 것이다. 이것은 현재 일어나는 현상, 또는 앞으로 일어날 수 있는 현상에 관한 지식을 거부하는 것이다. 부정은 긴장된 사고가 기억으로부터 억압된 사고의 형태이다. 부정과 관련된 것은 최소화되어야 한다. 개인에게 발생한 무엇인가를 최소화하거나 감추어두었던 것이 발견되었을 때 학생은 발생한 것을 받아들이기는 하지만 확신을 갖지 못한 상태이다. 예를 들어 교관이 정비 교육을 받는 학생이 수리하고 있던 항공기의 날개 위에 놓여 있는 스크루드라이버를 발견했고 이물질손상(FOD; foreign object damage)의 위험에 관해서 지적했다. 항공기 사고를 일으킬 수 있는 원인이 될 수 있는 주의(attention)를 집중하지 않고 현실을 받아들일 의지가 부족한 학생은 전날 서둘렀음을 인정하는 것을 부인한다거나 또는 공구를 놓아두었다는 것을 인정하지만 행동의 결과로 어떠한 일도 발생하지 않았다는 것을 주장하면서 자신의 행동을 합리화하려 한다.

### (3) 보상

보상(compensation)은 자신의 지각된 약점에 대해서 다른 면의 장점을 강조함으로써 균형을 맞추는 심리적 과정이다. 학생은 보상을 통해서 더욱 긍정적인 면을 강조함으로써 약점 또는 원하지 않는 품질의 존재함을 가장하려 시도한다. “I'm not a fighter, I'm a lover”라고 하는 철학은 전형적인 보상의 사례이다. 보상은 개인의 약점에 대해서 고민하는 영역 외의 생활 영역을 대신하는 성공을 포함한다.

### (4) 투사

사람들은 투사(projection)를 통해서 자신이 받아들일 수 없는 충격을 다른 누군가의 탓으로 돌린다. 개인의 단점, 실수, 그리고 도덕적 법적 한계를 넘어서는 것에 대한 비난을 다른 사람의 것으로 돌리거나 개인의 동기, 희망, 특성, 그리고 충동을 다른 사람 탓으로 돌린다. 예를 들어 비행 평가에 실패한 조종훈련생이 “평가관 때문에 불합격했다”라고 말하고 자신의 기량 또는 지식이 부족해서 불합격한 것이 아니라고 믿는 경우이다. 이 학생은 불공정한 평가관 탓이라고 비난하고 있다.

### (5) 합리화

합리화(rationalization)는 자신의 행동을 정당화하기 위한 잠재의식 기술(subconscious technique)이고 그렇지 않다면 받아들이지 않는다. 개인은 합리화가 이루어졌을 때 진실하고 정당한 것처럼 그럴듯하고 받아들일 수 있는 용서가 될 수 있는 것으로 믿는다. 예를 들어 정비과정 학생이 테스트를 잘 치르지 못했다. 그는 저조한 점수는 필요한 지식을 학습하기에 충분한 시간이 주어지지 않았다고 불평하면서 이를 합리화하려 한다. 학생은 관련 학습을 위한 공부 모임(study group)에 참여하지 않았거나 교관이 제공한 컴퓨터 문제(computer quiz)를 해결해 보지 않았음을 인정하지 않는다.

### (6) 반동형성

개인은 반동형성(reaction formation)에서 진실한 믿음에 대한 반대의 믿음을 가장하는데 이것은 진실한 믿음이 불안을 초래할 수 있기 때문이다. 다시 말해서 금지된 충동을 억제하기 위하여 그 반대의 경향을 강조함으로써 수용하기 어려운 충동을 스스로 통제하려는 심적 태도이다. 개인은 무엇인가를 할 것처럼 주장하거나 말하고자 하지만 실제로는 그 자신이 원하는 것에 반대로 행동하고 말한다. 예를 들어 학생은 외로움을 느끼고 있거나 허락을 위한 갈망을 덮기 위해서 "다른 사람들이 어떻게 생각하든 무슨 상관이야"라고 하는 자세를 늘어내게 될 것이다.

### (7) 환상

환상(fantasy)은 학생이 생각하고 있는 것에 대해서 무엇인가 실행하기보다 공상(daydreams)에 빠져 있을 때 발생한다. 학생은 현실로부터 가상의 성공 또는 즐거운 세상 속으로 도피하기 위해서 자신의 상상력을 이용한다. 이것은 문제로부터 단순하고 만족한 도피를 제공하지만, 학생이 공상으로부터 충분한 만족감을 얻었다면 그는 목표를 달성하기 위한 시도를 완전히 중단할 수 있다. 예를 들어 기종전환 중인 조종사는 에어라인 조종사가 되기 위한 그의 꿈을 위태롭게 할 수 있는 더욱 복잡한 항공기를 마스터하게 하는데 문제가 있을 수 있다. 이것은 자격증명을 취득하는 것보다 화려한 경력에 관한 환상에 더 쉽게 빠지게 할 수 있다. 환상에 빠진 학생은 목표를 향해서 학습하기보다 성공적인 에어라인 조종사로서 더 많은 시간을 공상하는 데 허비한다. 환상이 극에 달했을 때 몽상가는 환상과 현실을 혼동하여 현실 세상에서 이루어지는 일들을 구분할 수 없게 된다.

### (8) 전치

전치(displacement)는 내적 충동이나 욕망에 관련된 대상이 아닌 다른 대상에게 분출하는 사례이다. 이 경우 관련된 대상이 자신에게 위협적인 대상이기 때문에 그보다 덜 위협적인 다른 대상에게 감정, 감동, 또는 희망을 무의식적으로 표출하고 있는 결과이다. 감정전치는 불쾌한 감정을 느끼는 것과 관련해서 위기를 피하고 이들에 속하기보다 이들을 다른 어딘가에 놓으려는 성향이다. 예를 들어 항공전자 과정을 학습하고 있는 학생이 받은 점수에 관해서 교관에게 화가 났지만, 화를 내는 두려움이 교관에게 점수를 더 낮게 하는 원인이 될 수 있다. 학생은 화를 내는 것을 선택할 수 있지만, 이것이 애인과 같이 더 안전한 사람에게 돌아가게 할 수 있다. 학생은 여자 친구에게 소리를 지를 수 있다. 하지만 학생은 여자 친구가 화를 용서하거나 아니면 이를 무시하리라는 것을 알고 있다. 따라서 학생은 자신의 불만을 표출하는 것으로 인한 불이익을 받을 수 있다는 위험이 없이 불만족을 표현할 수 있도록 허용되어야 한다.

심리학 관련 서적 또는 온라인 참고 자료는 방어기제에 관한 더 다양한 지식을 제공한다. 대부분의 방어기제가 정상 행동의 영역 범위에 들어가고 유용한 목적으로 사용되지만, 일부의 경우 이들은 정신건강 문제와 관련이 있을 수 있다. 방어기제는 어느 정도의 자기기만과 진실 왜곡이 포함되어 있다. 따라서 이들은 원인이 아닌 증상을 누그러뜨리고 문제를 해결하지 못한다. 더욱이 방어기제는 무의식 수준(unconscious level)에서 작용하기 때문에 이들은 정상적인 의식 상황과 균형의 대상이 되지 않는다.

일단 개인이 이들 방어기제의 하나에 의존하고 있다고 인지했다면 행동은 무의식적인 적응기재(unconscious adjustment mechanism)가 되는 것이 중지되고 대신 욕구 만족의 비효율적 방법을 찾게 된다. 이것은 교관에게 학생이 과도한 방어기제에 의존하고 있음을 식별하는 것이 어려울 수 있지만 통상 개인적인 비난 또는 다른 스트레스에 영향을 줄 수 있는 사소한 일들이 원인이다. 예를 들어 가족의 죽음, 이혼, 또는 중요한 시험에서 낮은 점수조차도 위험한 방어 반응을 일으킬 수 있다. 이 같은 반응은 성격의 변화, 격노, 의기소침(우울; depression), 또는 관심 부족과 같은 신체적 증상 등으로 나타날 수 있다. 약물이나 알코올 남용 역시 뚜렷한 증상으로 볼 수 있다. 방어기제가 확실한 증상으로 나타나지 않는 것은 사회적 위축, 특정 생각에 몰두하거나 집중력 부족 때문이다.

항공교관은 전형적인 방어기제에 익숙해 있어야 하고 관련된 행동적 문제에 대한 지식을 갖추어야 한다. 이에 대한 지각을 갖춘 교관은 일반상식(common sense)을 활용해서 학생을 도와주거나 문제에 대해서 함께 상의할 수 있어야 한다. 주요 목표는 학생에게 동기와 자신감을 회복하도록 하는 것이다. **인간 정신은 본성적으로 연약하여 부적절한 판단으로 상처를 입을 수 있다**는 것을 교관은 알아야 한다. 따라서 깊은 심리적 문제의 가능성이 포함된 경우 적시에 그리고 세심한 도움이 필요하다. 이 경우에 교관은 학생에게 전문 심리 상담사의 조언을 받을 것을 권고하는 것도 한 방법이다.

## 1.5 학생의 감정적 반응

항공교관이 심리학자 수준의 높은 지식이 필요한 것은 아니지만 매 비행훈련 과제를 수행하기 전 또는 훈련 중 학생의 행동을 분석하는 방법을 알아야 한다. 이것은 항공교관의 능력 계발에 도움이 되고 교육을 위한 적절한 기술에 사용될 수 있다.

(1) 불안

**불안(anxiety)은 비행교육에 영향을 주는 가장 중요한 심리적** 요소이다. 비행경험이 없는 사람들에게 비행은 잠재적 위협으로 느껴질 수 있고, 높은 곳에서 떨어짐에 대한 두려움은 인간의 본성이다. 또한, 불안은 정비훈련에서 고려해야 하는 한 요소이기도 하다. **불안은 무엇인가 발생하게 될 것에 대한 근심, 걱정, 소심함, 그리고 때로는 무엇인가 불확실한 결과에 대한 느낌(feeling)**이다. 이것은 이를 경험하는 사람에게 위협이 되는 현실 또는 상상에 대한 불안의 결과로 볼 수 있고, 지각으로부터 학습하기 위한 행동과 능력에 확실하게 영향을 줄 수 있다. **불안에 대한 반응은 행동에 대한 주저함에서부터 잘못될지라도 무엇인가를 해야 한다는 충동까지의 범위가 될 수 있다. 때로는 불안을 느끼는 일부 사람이 위협을 받고 있지 않을 때보다 더욱 적절하고 적시에 그리고 더욱 빠르게 반응하기도 한다. 반면 대부분 사람은 불안을 초래하는 상황에 대처하기 위해서 무엇인가를 할 수 없는 무기력으로 굳어버린다.** 또 다른 사람은 합리적 사고(rational think) 또는 이유 없이 무엇인가를 행하기도 한다. 항공교관은 불안에 대한 정상 반응과 비정상 반응 모두 관심을 두어야 한다. 정상 반응(normal reaction)은 불안을 해소하기 위해서 특별한 교육(special education)이 필요하다는 것을 나타내기 때문에 중요하고, 비정상 반응(abnormal reaction)은 더 깊이 잠재된 문제를 의미하기 때문에 더욱 중요하다.

불안(anxiety)은 조종훈련생 스스로 비행의 즐거움을 찾거나 두려움(fear)은 사신이 내처할 수 있다는 것을 교육함으로써 해소될 수 있다. 두려움을 무시하기보다 효과적인 기술을 적용한 정상 반응과 같이 처리할 수 있어야 한다. **통상 조종훈련생의 불안은 특정 비행 운용 또는 기동(maneuvers)과 관련되어 있다는 점을 명심하라.** 교관은 이들 기동에 대해서 좀 더 세심하게 소개함으로써 학생은 두려움의 대상에 대해서 예측할 수 있고 어떻게 해야 한다는 것을 알 수 있다. 예를 들어 실속(stall)을 설명할 때 교관은 먼저 공기역학적 원리를 간단히 설명하고 실속이 비행 특성에 어떤 영향을 주는지 설명한다. 다음, 회복 절차(recovery procedure)와 함께 주의해서 예상할 수 있는 신체적 감각을 설명한다. **조종훈련생의 불안은 훈련 성과가 저조한 것에 대해서 반복적으로 지적하기보다 이 훈련으로부터 얻을 수 있는 장점과 즐거운 경험을 강조함으로써 최소화**될 수 있다. 안전한 비행훈련은 오직 재난(distress)을 방지하기 위한 것보다 만족하고 능률적이면서 부단한 훈련에 도움이 되도록 해야 한다.

### (2) 스트레스에 대한 정상 반응

앞서 언급한 것과 같이 위협을 인지하거나 상상될 때 두뇌는 신체에 경고한다. 부신(adrenal gland; *아드레날린과 다른 호르몬들을 분비함*)은 호르몬을 분비한다. **신체가 위협에 대비할 수 있도록 또는 투쟁-도피 반응으로 물러가도록 행동한다. 정상적인 사람은 경험과 훈련의 한계 내에서 빠르고 정확하게 반응하기 시작**한다. 대부분의 반응은 실제 비상상황이 발생하기 전에 이에 자동으로 반응할 수 있도록 정확한 훈련이 필요하다는 것이 강조되어야 한다.

### (3) 스트레스에 대한 비정상 반응

일부 사람들은 스트레스에 대해서 비정상 반응으로 나타낸다. 이들에서 나타나는 불안감 또는 스트레스에 대한 반응이 전혀 없거나 아니면 합리적 행동이라고 할 수 없다. 또한, 이들의 반응은 즉흥적이고 비논리적일 수 있고, 때로는 상황이 요구하는 것보다 더 과격하게 반응할 수 있다. 교관은 비행훈련 중 이들이 압박(긴장)하에 있을 때 훈련생을 관찰할 수 있는 유일한 사람이다. 따라서 교관은 안전과 불안전 조종 행위 사이를 구분해 줄 수 있는 위치에 있다. 또한, **교관은 잠재적인 심리적 문제를 발견해 낼 수 있어야 한다.** 다음과 같은 조종훈련생의 반응은 스트레스에 대한 비정상적인 반응을 나타낸다. 이들 중 어느 것도 절대적인 지시라고 할 수 없지만, 스트레스를 받는 상황에서 교관은 주의해서 관찰해야 하는 이유가 될 수 있다.

첫째, 과하다 할 정도로 교육 혹은 관련 사항에 협조적이거나, 공들인 자기절제, 부적절한 웃음 또는 노래, 그리고 감정의 급변과 같은 부적절한 반응을 보인다.

둘째, 한동안 깊은 침체에 이어 우수한 도덕성과 같은 다른 과업에서 현저한 기분의 변화를 보인다.

셋째, 교관, 정비사와 근무자, 그리고 다른 사람들에 대해서 작은 일에 격노하는 반응을 보인다.

교관은 어려운 상황에 접했을 때 주의해서 조종훈련생 반응과 훈련생에 대한 그들 자신의 반응에 대해서 주의 깊게 관찰해야 한다. **이들 반응은 복잡한 학습 상황의 정상적인 결과일 수도 있지만, 이들이 학습을 방해거나 장차 항공기 운항에 대해서 잠재적으로 매우 위험할 수 있는 심리적 비정상의 징후일 수도 있다.**

(4) 심각한 비정상 학생에 관한 교관의 행동

교관은 **학생이 심각한 심리적 비정상을 겪고 있는 것으로 인지했다면 그 학생의 훈련을 중지시켜야 할 책임**을 갖는다. 이외에도 이 같은 성향을 지닌 학생이 훈련을 계속하지 못하도록 하거나 조종사 자격을 취득하지 못하도록 해야 할 개인적 책임을 갖는다. 이를 위해서 다음과 같은 절차에 따라 조치해야 한다.

첫째, 만약 교관의 판단에 학생이 심리적 결점을 갖는 것으로 믿는다면 그 학생에 대해서 잘 알지 못하는 다른 교관에게 보내 비행 평가를 수행하도록 한다. 비행을 마친 후 두 교관은 추가 평가 또는 행동이 필요한지를 결정하기 위해서 의논한다.

둘째, 비행교관의 주요 합법적 책임은 학생이 단독비행을 할 수 있는 자격 여부를 배서하거나 조종사 자격증명 취득을 위한 훈련 테스트를 위해서 권고를 할 수 있는지에 대한 결정을 하는 것이다.

만약 선입관(preconception)을 갖지 않은 교관과 상의한 후 담당 교관은 학생이 심각한 심리적 결핍 혹은 부적격 상태라고 결정되었다면 이 같은 배서(endorsement)와 권고는 철회되어야 한다.

## 1.6 성인 학생의 훈련

대부분의 비행교관은 전 연령대를 대상으로 하지만 조종훈련생의 평균 연령은 30세이다. 비행교관은 성인 조종훈련생(adult student pilots)의 욕구에 맞게 교육할 수 있어야 한다는 것을 의미한다. "Dr. Malcolm Knowles"은 20세기 후반 성인교육에 관한 이론적 근거를 확립하였다. 성인 조종훈련생을 교육할 때 이들 특성을 이용할 수 있다. 조종훈련생으로서 성인은 다음과 같은 특성을 갖는다.

① 이들이 추구하고자 하는 지식 또는 기량을 위한 습관을 갖고 있어 학습 경험을 찾기 위해서 동기화된 성인은 근본적으로 그와 같이 행동한다.
② 성인은 결혼, 이혼, 새로운 직업과 특정 인생의 변화에 대처하기 위한 학습 경험을 찾는다. 이들에게 새로운 역할이 주어졌을 때 학습을 위한 준비가 되어 있다.
③ 성인은 독립적이고 자기 주도적이다. 이들은 독립적이고 자발적 훈련을 요구한다.
④ 성인은 인생 경험과 지식의 기초가 쌓여있고 학습을 위해서 저장된 경험을 끄집어내려 한다.
⑤ 성인은 목표 지향적이다.
⑥ 성인은 적합성을 지향한다. 이들의 시간 전망은 미루어두었던 지식 적용에서부터 즉각적인 적용까지 변한다.
⑦ 성인은 그들의 과업에서 가장 유용한 과제의 국면에서만 초점을 두는 실용 지향적이다.
⑧ 모든 학생이 행동하는 것처럼 성인은 존중받기를 원한다.
⑨ 자존심의 감각을 높여주거나 유지하기를 원하는 것은 성인 학생을 위한 강력한 보조 동기유발 요소이다.
⑩ 성인은 문제를 해결하고 즉시 새로운 지식을 적용하기를 원한다.

비행교관은 다음과 같이 성인 훈련생에 대한 교육을 준비할 수 있어야 한다.

① 학생이 특정 목표를 달성하는 데 도움을 줄 수 있는 훈련 성과를 어떻게 달성할 수 있는지를 보여주는 강의 목표가 일목요연하게 작성된 훈련계획표를 제공하라.
② 성인 학생이 새로운 정보를 관리하고 활용할 수 있도록 기존 지식과 새로운 지식을 통합시킬 수 있게 도와주어라.
③ 페이스 조절과 시작 및 종료 시각을 통제하기 위한 학생의 욕구를 인지하라.
④ 시나리오 기반 훈련(scenario based training; SBT) 기회를 자주 제공함으로써 스스로 지시하고 학습 프로젝트를 스스로 설계하기 위한 성인의 장점을 이용하라.
⑤ 자기주도학습(self-directed learning)이 홀로 격리를 의미하는 것이 아니라는 것을 기억하라. 자기주도학습의 연구는 자원, 보조자 등과 같은 다른 사람들과 함께 포함되는 자기주도학습 프로젝트라는 것을 의미한다.
⑥ 성인 학습자가 흥미를 느끼는 서적, 프로그램화된 교육, 그리고 컴퓨터를 활용하라.

⑦ 성인 학생에서 스푼 피딩(spoon-feeding; *숟가락으로 일일이 떠먹여 주다 혹은 스스로 생각하게 하지 않고 하나하나 다 가르쳐 주다*)을 하지 마라.
⑧ 협력적 학습 분위기를 조정하라.
⑨ 상호 계획수립을 위한 기회를 조성하라.

성인 조종훈련생 중에는 조종사를 동경해 왔던 퇴직 직장인이 있을 수 있고, 비행기로 전환하고자 하는 헬리콥터 조종사 또는 전직 자동차 정비사 등 다양한 부류의 사람들이 도전할 수 있다. 이들 조종훈련생은 비용에 부담을 가질 수 있지만 대부분 여유를 가진 사람들일 수 있다. 성인 조종훈련생은 신체적으로 건강해야 하지만 청각 또는 시각적으로 나이와 관련해서 문제에 직면할 수 있다. 또한, **성인 조종훈련생은 개인적 환경에 관해서 문제중심적이고 개인화될 수 있는 학습 경험을 원하고, 자기-주도적 그리고 개인적 책임을 위한 학생의 욕구를 받아줄 수 있는 교관이 되기를 원한다.**

❖ 자기주도학습

자기주도학습(self-directed learning)은 학습자 스스로가 학습 참여 여부에서부터 목표설정 및 교육 프로그램의 선정과 교육평가에 이르기까지 교육의 전 과정을 자발적 의사에 따라 선택하고 결정하여 실행하게 되는 학습형태이다. 자기주도학습은 특히 사회교육이나 성인 학습의 특징적 방법으로 많이 활용된다. 그 이유는 학교 교육의 경우는 통상적으로 정규 교육(formal education)의 성격상 표준화된 교육 과정에 의해, 교사의 주도하에 타율적인 교육이 진행되지만, 이와 달리 사회교육에서는 상대적으로 학습자에 의한 자율적 교육의 선택 폭이 넓은 비정규적이고 자율적이며 이질적이고 다양한 교육이 이루어지기 때문이다. 또한, 성인 학습자는 아동 및 청소년 학습자와는 달리 자아개념이 독립적이고 자율적으로 성숙하게 되므로 자기주도학습이 가능할 뿐 아니라 이러한 자율적 학습이 더 효과적인 교육방식이 될 수 있기 때문이다. 따라서 자기주도학습에서 학습자는 단순히 수직적이고 위계적인 학습 환경에서 수동적으로 학습에 임하는 객체가 아니다.

# 제2장 학 습

## 2.1 개 요

(1) 첫 비행

조종훈련생은 열의(enthusiasm)를 갖고 첫 비행교육에 참여했고, 교관은 교실에서 약간의 시간을 갖기로 했다. 학생은 비행에 관한 많은 사실을 알고 있고 그의 지식을 교관과 토론하였지만, 사실의 이해 여부를 테스트하기 위해서 질문했을 때 학생은 답변하지 못했다. 이들의 첫 비행 중 교관은 조종훈련생이 일부 기본 기량이 훈련되는 것을 알았지만, 그의 실제 기량에 서투른 점이 발견되었다. 교관은 초기 비행훈련 단계에서 매 기량(skills)을 수행하고 있는 조종훈련생의 모든 주의(attentions)에 초점을 맞추었다. 만약 교관이 학생에게 질문하거나 한 번에 두 과제(tasks)의 수행을 요구한다면 학생은 순서(sequence)를 잃어버리고 다시 시작하게 될 것이다. 조종훈련생이 비행하는 동안 실수(errors)를 하고 있고, 조종훈련생 스스로 실수를 발견했을 때 자책하였다. 다음, 때때로 조종훈련생은 실수를 알아차리지 못하고 아무 일도 없었던 것처럼 비행을 계속하고 있다. 조종훈련생은 초보자이기 때문에 교관은 인내심(patient)이 필요하다고 느꼈다.

(2) 평가 비행

한 달이 지난 후 교관은 실기평가를 준비하는 담당 조종학생을 돕고 있었다. 교관은 비행교육 첫날을 기억하면 조종학생은 다른 사람이 일을 처리하는 것처럼 느껴졌다. 이 조종학생의 지식은 더 넓은 범위에서 더 깊게 성숙하였다. 조종훈련생은 단순히 지식을 되풀이하는 방식이 아니라 문제를 해결하기 위한 자신의 지식을 적용하였다. 조종훈련생은 실기평가표준(practical test standards; PTS)에 수록된 필수 지식 외에 국지 기상 패턴의 미묘한 차이와 같은 국지 환경에 대해서까지 숙지하고 있었다. 한때 서툴고 모호한 행동은 침착하고 자신감 있게 변화되었다. 지난 **훈련 기간에 쌓아온 기량은 제2의 본성**이 되었다.

여러 기동을 동시에 수행할 것을 요청했을 때도 조종학생은 무난하게 수행하였다. 교관이 학생의 행동을 의도적으로 방해했을 때 조종훈련생은 현재의 위치, 중단에 관한 의견을 교환한 다음 본래의 과제로 어렵지 않게 되돌아갔다. 조종훈련생은 여전히 실수하였지만, 즉각 알아차리고 수정(corrections)하는 것을 알 수 있었다. 조종훈련생은 실수했을 때 여전히 자책하는 모습을 보였지만 숨을 깊이 내쉬면서 곧 정상으로 돌아왔다. 조종훈련생은 비행이 어렵지 않다는 것을 느끼는 듯하였고, 교관은 내일 있을 비행평가(check ride)에 문제가 없는 것으로 확신하였다.

### (3) 첫 비행과 평가 비행의 토론

위의 사례에서 조종학생의 첫 비행과 실기평가 전날의 비행 사이에서 다음과 같은 일부 괄목할만한 변화가 있었다.

① 조종학생은 자신이 기억하고 있던 지식을 비행하는 방법에 대해서 충분히 이해하고 있으며, 이 지식을 문제해결과 의사결정에 어떻게 적용해야 하는지에 대해서 발달하였다.
② 한때 서툴고 우유부단했던 기량은 현재 유연하고 효율적으로 성숙하였다.
③ 주변의 산만함과 방해에도 불구하고 여러 과제를 한 번에 수행할 수 있으며, 원하는 상황에 집중하고 있다. 지식과 기량은 잘 조화되었다.
④ 여전히 실수를 범하지만, 빈도가 줄었고 양이 많지 않으면 이를 신속하게 알아차리고 수정하고 있다.
⑤ 조종학생의 동기와 열정은 처음 비행하는 날만큼이나 여전히 높다.
⑥ 조종학생은 모든 과제에 대해서 능숙하게 시연해 보여주고 있다.
⑦ 조종학생은 초기 훈련과정에서 보였던 좌절과 같은 심리적 장애물을 극복하였다.
⑧ 조종학생은 지속적인 학습과 훈련의 중요성을 인식하고 있다.

이 시나리오는 조종학생을 장차 유능한 조종사 또는 항공정비사(aviation maintenance technician; AMT)로 양성하기 위해서 이 같은 방법으로 학생들을 지도할 것을 보여주는 사례로 항공교관의 목표를 설명해 주고 있다. 교관은 조종훈련생 또는 정비과정 학생의 기억된 사실에서 문제를 판단하고 해결할 수 있는 능력을 포함하여 더 높은 지식과 기량 수준으로 끌어올리기 위해서 교육하는 방법에 대한 지식을 갖추어야 한다. 여기서는 현장에 적용되는 교육 심리학(educational psychology)을 기초로 교육 방법에 대해서 다룬다.

### (4) 학습이란 무엇인가?

학습이란(what is learning?) 다음과 같이 정의하고 있다.

① **학습이란 경험의 결과로 얻어진 학습자 행동의 변화이다.** 행동은 육체적인 것과 같이 (명백한) 지적 혹은 (개인적) 태도가 될 수 있다.
② 경험은 행동에 대한 영구적 변화를 가져오는 과정이다.
③ **경험과 훈련의 결과로 인한 행동의 변화**이다.
④ 지속적인 연구, 교육, 또는 경험을 통한 지식과 기량을 습득하는 행동의 발달이다.
⑤ **학습은 지식 또는 기량을 습득하는 과정**이다. 이것은 경험에 달려 있고 행동 잠재력에서 장기간 변화로 이어진다. 행동 잠재력은 주어진 상황에서 목표를 달성하기 위한 개인의 가능한 행동이다.
⑥ 경험 그리고 직접적인 영향을 주고 있는 **행동으로부터 초래된 인지에 대한 영구적 변화**이다.

유능한 교관은 교육해야 하는 주제, 학생, 학습과정(learning process), 그리고 상호관계에 대해서 확실하게 이해해야 한다. 또한, 교관은 학습 자체가 복잡한 절차라는 것을 인식하고, 학생이 자존심(self-esteem)과 자신감(confidence)을 갖도록 도와주면서 학습 목표를 달성할 수 있도록 도와주어야 한다. 학습의 특성은 다음과 같다.

➲ 목적의식(purposeful)
➲ 경험의 결과(result of experience)
➲ 다면성(multifaceted)
➲ 활동적 과정(active process)

(5) 학습 체계

교육 방법에 관한 연구는 20세기 초 어린이의 지능 발달을 연구했던 스위스 심리학자 Jean Piaget(*스위스의 아동 심리학 연구로 유명; 1896-1980*)로부터 시작되었다고 볼 수 있다. 그의 연구는 사람들을 어떻게 교육할 것인지 그리고 이들을 교육하는 최상의 방법을 제시함으로써 교육 심리학 분야를 확립하였다.

## 2.2 학습 이론

학습이론(learning theory)은 사람들이 어떻게 기술(기량), 지식, 그리고 태도를 얻는지 설명해 주기 위해서 심리학자와 교육자들이 주장하는 원리의 본체이다. 학습이론의 다양한 지류는 학습과정을 향상하고 촉진하기 위해서 형식적 훈련 프로그램에서 사용된다. 또한, 훈련 목적, 원하는 학습 결과, 그리고 훈련의 깊이와 같은 핵심 개념이 포함되어야 한다. 이들이 정확하게 통합되었을 때 학습 원리는 조종사를 위한 비행교관과 교육 프로그램의 개발자에게 유용할 수 있다. 많은 심리학자와 교육자는 효율적인 교육 방법을 개발하기 위한 다양한 시도를 하고 있다. 현대 학습이론은 다음과 같이 두 개념으로 정리되었다.

① 행동주의(behaviorism)
② 인지이론(cognitive theory)

### 2.2.1 행동주의

행동주의(behaviorism)는 **동물과 인간행동은 전적으로 자극(stimuli)에 대해서 관찰하고 측정할 수 있는 반응의 조건**에서 설명하고 있는 심리학 학파이다. 행동주의는 20세기 초에 등장하였고 이들은 모든 인간의 행동은 환경으로부터 사소한 일로 인한 다소 조건적이라고 믿고 있다. 따라서 **인간행동은 과거 보상과 벌**(rewards and punishment)을 기초로 예측할 수 있다고 하였다. **전통적인 행동주의자는 상벌 또는 당근과 채찍**(carrot and stick)을 이용하여 학습해야 한다고 주장하고 있다. 행동주의자들은 현대 교육 환경에서 보상 혹은 벌이 없는 것보다 학습을 구체화 또는 통제하는 누군가에 의해서 긍정적으로 강화될 수 있는 특정 형식의 행동을 갖는 것이 중요하다고 강조하고 있다. 교관은 비행훈련에서 보상과 벌을 제공하는 역할을 한다. 비록 이 이론이 행동 변화의 대중적 치료 시스템에서 나왔을지라도 현재 행동주의는 비행훈련 중 흡연과 같이 원하지 않는 행동을 중단시키도록 하는데 더 많이 적용되고 있다. 행동주의에 대한 대중성(popularity)은 학습이 자극에 대한 반응에 비해서 매우 복잡한 과정이라는 사실이 알려지면서 더 이상 관심을 받지 못하고 있다. 이 같은 주요 이유는 인간은 경험의 수동적 산물이라는 이론과 달리 인간은 항상 환경과 활발하게 상호교류(interacting)하고 있기 때문이다.

### 2.2.2 인지이론

인지이론(cognitive theory)은 인간의 마음속에 일어나고 있는 것에 초점을 두고 있다. 이것은 자극과 반응(stimulus and response)보다 학식, 지각, 문제해결, 의사결정, 인식, 그리고 관련 지적 활동과 같은 인지 능력(cognitive ability)에 더 관심이 있다. **학습은 단순한 행동의 변화가 아니라 학습자가 생각하고, 이해하고, 그리고 느끼는 방법에서의 변화이다.** 인지를 기초로 한 이론은 학습자의 정신적 일(mental work)에 관심을 둔다. 최근 대부분의 심리학적 사고와 실험은 인지이론의 일부 국면을 포함하고 있다. 지난 세기 동안 인지이론을 다루고 있는 수많은 연구 자료들이 발표되었다. 이것은 많은 표어(catch phrases; *이목을 끄는 기발한 문구*)와 함께 다양한 모델의 개발로 이어졌다. 예를 들어 교육자, 심리학자, 그리고 철학자인 "John Dewey"는 1910년 교사를 위한 서적에서 반향적 사고(reflective thought; *자기 스스로의 생각에서 한발 물러서 이 생각이 불완전한 경향을 바로잡는 성향*) 개념을 주장하였다.

수년 동안 반향을 서술하고 있는 전문용어는 "critical thinking", "problem-solving" 그리고 "higher level thought"와 같은 많은 동의어를 탄생시켰다. "Dewey"는 반향적 사고의 개념은 깊은 의미가 있다고 하였다. 그의 주장에 따르면 반향(reflection)은 학습자를 한 경험으로부터 다른 경험과 생각에 연결하고 이들의 상호관계에 더 깊은 이해 속으로 이동시키는 과정으로 보았다. 따라서 반향은 학습자를 불명확성(unclear)에서부터 명확성(clear; *명백하고 확실한*)으로 이어진다. "Jean Piaget"은 50년 동안 어린이의 지능 발달을 연구해 온 사람으로 인지이론 학파의 주요 인물이다. 그의 연구는 항상 동화(assimilation; *새로운 상황에 충족하고 있는 오래된 생각*)와 적응(accommodation; *새로운 상황에 충족하기 위한 오래된 생각이 변화하는 것*) 사이의 긴장이라는 결론에 도달하였다. 이 긴장(tension)의 해결은 지능적 성장으로 이어진다. 따라서 인간은 세상과 함께 활동적 상호작용(active interaction)을 통해서 인지기술(cognitive skills)을 개발한다.

"Piaget"과 함께 연구했던 미국 심리학자 "Jerome Bruner"는 지능 개발을 학습과정과 어떻게 연관시켜야 하는지에 대한 관심을 갖게 되었다. 그의 연구는 **인간은 새로운 지식(knowledge)을 기존의 지식과 연관시킬 때 가장 잘 학습되기 때문에 알고 있는 것에서부**

터 미지로(known to the unknown) 또는 구체적인(concrete) 것에서 추상적(abstract)으로 학습이 진행되어야 한다는 것을 주장하였다. 그는 기초 지식을 반복적으로 생각하고 학생이 성장하고 발달하는 것과 같이 그들을 더욱 세련된 방법이 형성하도록 하는 **나선형 교육과정의 개념**을 소개하고 발달시켰다.

교관과 조종학생의 공개된 시나리오를 다시 생각해 보자. 교관은 이 이론을 학생에게 효과적으로 활용하였다. 학생은 그동안 축적된 항공지식과 함께 자신의 첫 학급에 도착하였다. 이 지식이 형성되었을 때 교관은 시범과 토론을 통해서 기초공기역학에 대해서 알고 있는 것을 보충하면서 학생에게 항공기의 수평직선비행을 어떻게 유지해야 하는지 교육할 수 있다. 공기역학은 비행훈련에서 변하지 않는 원리이기 때문에 교관은 미래 수업에서 학생의 기량과 지식이 향상되는 것과 같이 반복적으로 기본 개념을 상기시키고 이들이 형성되게 함으로써 **나선형 교육과정**(spiral curriculum; *지식구조는 교육 수준과 관계없이 그 성격에 있어서 동일하며, 이 동일 성격의 내용은 학습자의 수준이 높아짐에 따라 더 폭넓게, 또 깊이 있게 제공되어야 한다는 교육이론이다.*) 개념을 채택할 수 있다.

1900년대 중반 "Benjamin Bloom"이 이끄는 교육자 그룹은 학습과정에서 중요시되어야 하는 행위 사고(behavior thought)에 관한 생각 수준의 분류를 시도하였다. 이들은 능력이 단순함(simple)에서 복잡성(complex)까지 연속적으로 측정할 수 있는 가정을 바탕으로 교육 목표와 목적을 분류하고자 하였다. 그 결과는 인지이론을 위한 대중적 체계를 인지적 영역의 Bloom's Taxonomy(분류체계)가 되었다. 이 분류체계(taxonomy; *추정된 상관관계에 따른 분류체계*)는 **가장 단순한 것에서부터 가장 복잡한 것까지 지능적 행동과 과정을 다음과 같이 6개 수준으로 분류**하였다.

① 지식(knowledge)
② 이해(comprehension)
③ 적용(application)
④ 분석(analysis)
⑤ 종합(synthesis)
⑥ 평가(evaluation)

분류체계에 대한 더욱 세부적인 정보는 학습영역(domains of learning)에서 세부적으로 다루게 될 것이고, 지속적인 인지이론의 연구는 정보처리이론과 구성주의로 이어졌다.

### (1) 정보처리이론

정보처리이론(information processing theory)은 인간 학습의 모델로서 컴퓨터 시스템에 비유하였다. 인간 두뇌에 유입되고 있는 정보는 처리되고 저장된 후 검색하여 정보에 대한 반응을 인출 또는 생산한다. 이것은 정보를 모으고 부호화(encoding; *인지 과정의 한 형태로 청각, 시각, 촉각 등 감각을 통해 들어오는 정보를 처리하고 저장하기 위해 그 정보를 유의미하게 만들고, 장기기억에 저장된 기존의 정보와 연결하고 결합하는 과정이다*)하여 정보를 보존한 후 필요할 때 정보를 검색하는 것과 같은 수많은 인지 과정을 포함한다. 이 학습 시스템은 일정한 제한이 있고 정확하게 운용되어야 한다. 컴퓨터는 키보드, 마우스 등을 이용해서 입력하고 **인간 두뇌는 5감(sight, hearing, touch, taste, and smell)을 통해서 정보가 입력된다.** 두뇌에 입력되는 감각의 양은 다양한 이론에 따라 초당 수천에서부터 수백만 비트(*bit or binary digit; 컴퓨터에서 사용하는 가장 작은 정보 단위*) 범위의 정보를 받는다. 정보의 양과 관계없이 두뇌가 검색하고 처리하는 많은 정보가 있다. **두뇌는 이 정보를 처리하는 한 방법으로 많은 것들이 습관적이고 일상화**하는 것이다. 예를 들어 항공기가 선회할 때 러더를 사용하는 조종사는 무의식적으로 페달에 압을 적용하는 경우이다.

### (2) 구성주의

인지이론에서 파생된 구성주의(constructivism; *인간이 자신의 경험으로부터 지식과 의미를 구성해낸다는 이론이다. 교육학에서는 피교육자들이 교육을 받을 때 학습 이전의 개념을 토대로 학습이 진행된다는 의미가 된다.*)는 18세기로 거슬러 올라가는 학습 철학이다. 이 **이론에서 학습자는 수동적으로 지식과 기술(기량)을 얻지 않고 이들의 경험을 바탕으로 스스로 능동적으로 쌓아 나간다는 주장**을 유지하고 있다. 구성주의는 이들의 명칭에서 의미하는 것과 같이 **학생이 교육을 받을 때 학습자의 마음속에서 구성하기와 빌딩을 짓는 것**을 강조한다. 이것은 학습자가 그들 자신의 학습을 위한 책임(responsibility)을 당연하다고 하는 학습자-중심 학습 분위기(learner-centered learning environment)를 조성한다.

구성주의에 따르면 인간은 감각기관에서 받은 정보와 함께 기존에 존재하는 정보를 결합하여 독특한 정신적 이미지를 구성한다. 이 이론에 따르면 **학습은 새로운 정보를 유의미한 연결 속에 일치시키고 통합시키면서 기존에 존재하는 정보에 관한 학습의 결과라고 주장한다.** 학생이 학습과정의 중심에 서 있는 동안 교관은 정보 범람 속으로 이들을 안내할 수 있어야 한다.

구성주의 이론은 일부 학습에 우수한 면이 있지만 다른 학습 상황에서는 다른 결과가 나타나고 있다. 이 학파의 사고는 Bloom's Taxonomy(분류체계)와 문제 또는 시나리오를 기반으로 한 훈련으로부터 **고차원 사고기능**(higher order thinking skills; HOTS)으로 알려진 것을 학생 교육에 사용할 것을 권고한다.

### (3) 고차원사고기능

항공에서 **구성주의 이론은 항공의사결정**(aeronautical decision-making; ADM)**이라고 하는 HOTS의 학습을 설명하고 지원**한다. HOTS는 "Bloom's Taxonomy of Learning"에서 다음과 같은 3개의 범주로 분류되었다.

① 분석(analysis)
② 종합(synthesis)
③ 평가(evaluation)

항공사고의 공통 원인으로 고차원사고기능(higher order thinking skills; HOTS)이 부족했기 때문에 판단력, 의사결정, 그리고 비판적 사고와 같이 필수 항공교육에서 고차원사고기능을 가르치는 것은 중요하다. **HOTS는 단순함에서 복잡함으로 그리고 현실에서 추상까지 다른 인지적 기술과 같이 교육**된다. HOTS를 효과적으로 교육하기 위해서 다음과 같은 중요한 전략과 방법(strategies and methods)이 포함되어야 한다.

① 문제기반학습(problem-based learning; PBL)
② 확실한(근거가 있는) 문제(authentic problems)
③ 실세계(현실적) 문제(real world problems)
④ 학생-중심 학습(student-centered learning)
⑤ 활동적 학습(active learning)
⑥ 협력 학습(cooperative learning)
⑦ 개별 학습자의 필요에 맞는 맞춤형 교육
(customized instruction to meet the individual learner's needs)

이들 전략은 학습자에게 일부 정신적 활동의 형식으로 끌어들이고, 그 정신적 활동을 평가하여 최상의 해법(방책)을 선택하도록 한다. 또한, 학습자에게 문제 또는 과제를 완수하기 위해서 다른 방법에 도전하도록 한다.

**비판적 사고기술(critical thinking skills)은 주제의 내용에서 교육되어야 한다는 것을 기억하라. 학습자는 단순함에서 복잡함으로 진행하기 때문에 이들이 기계적 학습(rote learning; *무턱대고 외우기*)을 넘어 주제에 대해서 생각하기 전에 약간의 정보**가 필요하다. 예를 들어 항공기의 무게와 균형(weight and balance) 한계를 준수하는 것이 비행안전에 매우 중요하다는 것에 대한 지식은 학생이 무게중심 그리고 무게와 균형이 어떻게 상호작용하는지에 대한 지식을 갖고 있지 않는 한 이 학생이 무게와 균형 차트를 판독하는 데 도움이 되지 않을 것이다. 만약 학생이 이 주제에 대한 지식을 갖추지 못했다면 학생의 경험을 활용해서 설명하는 것이 좋다.

예를 들어 대부분 학생은 아마도 어린 시절 시소(see-saw)를 갖고 놀아보았을 것이다. 따라서 이들은 무게와 균형이 무게중심(center of gravity)에서 어떻게 작용하고 있는지에 대한 기본 경험이 있다고 볼 수 있다. 이외에도 **HOTS는 최상의 결과를 얻기 위해서 전체 학습 프로그램을 통해서 강조되어야 한다. HOTS는 항공교육에서 초기 조종사 훈련 프로그램과 후속 조종사 훈련 프로그램에서 교육**되어야 한다. 교관은 이들 기술이 자동화되고 새로운 상황 또는 문제로 전이될 때까지 문제-해결(problem-solving) 방식을 사용한 인지기술을 교육할 필요가 있다. **인지학습에 따르면 HOTS의 학습은 관찰가능 행동의 변화가 아닌 경험으로부터 유의미한 구성**이라는 것을 보여주고 있다.

### (4) 시나리오기반 훈련

HOTS의 핵심에는 문제기반 학습(problem-based learning; PBL) 그리고 사고기술의 발달과 전이를 쉽게 하는 시나리오기반 훈련(scenario-based training; SBT)이 자리 잡고 있다. **SBT는 건설적 분위기에서 과제를 제시하기 때문에 기존 지식과 새로운 정보를 서로 연관시키고, 새로운 정보를 실세계 속에 소개함으로써 더욱 실질적인 의사결정 기회**를 제공한다. SBT는 운용 환경에서 비행훈련 목표를 향한 실질적인 시나리오로 작성된 각본을 사용하는 훈련 시스템으로 초기 훈련(initial training), 전환 훈련(transition training), 승급 훈련(upgrade training), 보수교육(recurrent training), 그리고 특별 훈련(spacial training) 등에 포함될 수 있다. **교관은 항공기, 비행특성 그리고 비행환경에 맞게 시나리오를 적용할 수 있어야 하고, 학생에게 현실적 환경조건에서 실시간 결심을 끌어내도록 해야 한다.** 시나리오는 잘 계획되어야 하고 학생이 이끌어 갈 수 있어야 한다.

SBT는 학습의 적용 수준에 대한 항공지식을 교육하기 위한 도전에 적합할 뿐만 아니라 교관에게 ADM을 향상하는데 필요한 중요한 HOTS를 교육할 수 있게 한다. 최상의 시나리오 사용은 학습자에게 가능한 방책(해법)을 구성하도록 하고, 방책의 평가와 결심, 결심에 대한 타당성 판단 그리고 최종적으로 문제해결에 사용되는 정신적 과정의 반향 속으로 끌어들이는 것이다. 이로써 학습자는 결심이 가능한 최상의 결과로 이어질 수 있는지 생각해 보고 다른 해결책을 고려해 볼 수 있는 도전이기도 하다. **SBT 시나리오는 학습자에게 결심을 내리는데 필요한 것들을 잘 이해하도록 하고 결심과 결과에 집중하도록 돕는다.** SBT는 항공기 비상상황에 대한 반응에서부터 호텔 관리까지 유용하게 적용된다.

SBT의 강도(strength)는 정보를 상기시킬 수 있는 학생의 능력을 향상하면서 학습자에게 더 깊은 정보의 이해를 얻을 수 있도록 얼마나 잘 도와주느냐에 달려 있다. 이 목표는 학생의 과거 경험과 개인적 해석(interpretation)을 바탕으로 학습자에게 재료가 유의미한 환경에서 확실한 문제로 제시될 때 달성된다. **SBT는 오늘날 항공학생이 훌륭한 항공의사결정(good aeronautical decisions)을 내릴 수 있는 주요 방법의 하나가 되었고 결과적으로 항공안전을 향상하는 데 이바지**하고 있다.

### 2.2.3 지각

학습은 5감(시각, 청각, 촉각, 후각, 미각)의 하나 또는 그 이상을 통해서 두뇌(brain)에 전달된 지각(perceptions)으로부터 나온다. 심리학자들에 따르면 학습은 정보가 오른쪽 그림과 같이 한 감각 이상을 통해서 전달되었을 때 가장 빠르게 이루어진다는 것을 발견하였다. **지각은 5감으로부터 자극을 받는 것 이상을 포함**한다. 이것은 감

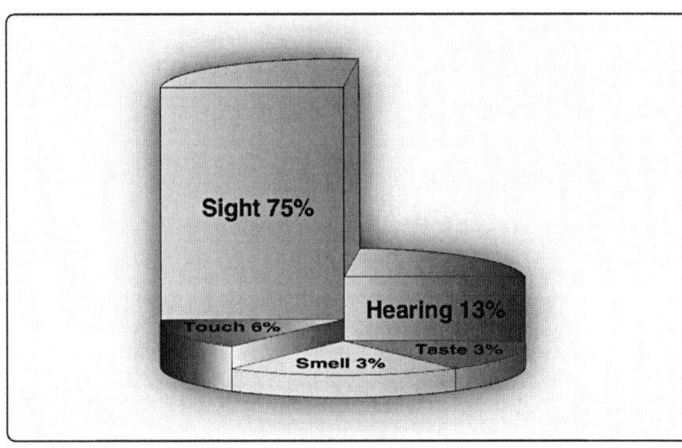


▲ 학습은 시각으로부터 발생하지만, 시각과 청각이 더해진 학습은 모든 지각의 약 88%를 담당한다.

각(sensations)에 대해서 개인이 의미(meaning)를 부여하는 것이 포함된다. **사람들은 자신이 믿고자 하는 방법에서 행동의 근거로 삼는다.** 예를 들어 유경력 항공정비사는 경력이 전혀 없는 학생보다 다른 방법으로 엔진 결함을 지각한다. 이것은 초보 정비과정 학생은 일부 자극에 압도되거나 때로는 무의미한 것에 집중하기 때문에 중요한 정보를 빠뜨릴 수 있다. 학생은 관련된 정보를 발견하고 지각할 수 있으므로 정비과정 학생의 지각을 처음으로 방향을 정하는 교관의 역할이 매우 중요하다. 비록 외부 자극으로부터 초래된 이들 의미를 불러일으키는 지각이라 할지라도 실질적 의미는 개인 안에서만 생성된다. **지각으로부터 파생된 의미는 개인 경험뿐만 아니라 다른 많은 요소에도 영향을 줄 수 있다.** 지각 과정에 영향을 주는 지식 요소들은 모든 학습의 기초가 지각이기 때문에 항공교관에게 매우 중요하다.

### 2.2.4 지각에 영향을 주는 요소

개인의 지각(perceptions) 능력에 영향을 주는 내외적 요소는 다음과 같다.

① 신체 기관(physical organism)
② 목표와 가치(goals and values)
③ 자아개념(self-concept)
④ 시간과 기회(time and opportunity)
⑤ 위협 요소(element of threat)

#### (1) 신체 기관

신체 기관(physical organism)은 한 개인에게 그들을 둘러싸고 있는 세상을 감지하기 위한 지각적 신체 기관을 제공한다. 예를 들어 조종사는 비행하면서 보고, 듣고, 느끼고, 그리고 적절하게 반응할 수 있어야 한다.

#### (2) 목표와 가치

**지각(perceptions)은 한 개인의 가치와 목표(values and goals)에 달려 있다.** 모든 경험과 감각은 한 개인의 중추 신경계로 모이는 개인 자신의 믿음과 가치(belief and value) 구조에 의한 특징을 갖는다. 예를 들어 축구 경기에서 관객은 그들이 지지하는 팀에 따라 규칙위반(fouls)을 다르게 해석하는 경향이 있다. 학생의 가치(values)를 이해하는 것은 교관에게 중요하다. 왜냐하면, 이 지식(knowledges)은 학생이 경험과 교육을 어떻게 해석할 것인지를 예측하는 데 도움이 될 것이기 때문이다. 또한, **목표(goal)는 한 개인의 가치 구조의 산물(products)이다. 학생은 가치가 더 높고 소중한 것을 추구하고 이후 가치가 낮고 중요성이 떨어지는 것은 추구하지 않는다.**

#### (3) 자아개념

**자아개념(self-concept)은 학습에서 강력한 결정인자(factor of determination)이다.** 학

**생의 자아상(self-image)은 자신감 또는 불확실과 같이 용어로 표현되는 전체 지각 과정에서 큰 영향을 갖는다.** 만약 학생의 경험이 자신이 선호하는 자아상을 지원하는 경향이 있다면 학생은 차후 경험에 대해서 감수성이 예민하게 남아 있는 경향이 있다. 반대로 학생이 자아개념과 충돌(모순)하는 부정적 경험(negative experience)을 갖는다면 이후 훈련을 거부하는 경향으로 나타날 수 있다. 부정적 자아개념은 학생이 지각할 수 있는 것을 방해하는 심리적 장벽(psychological barriers)으로 드러내면서 지각 과정을 방해할 수 있다. 또한, 이들은 지각될 수 있는 것을 적절하게 수행할 수 있는 능력을 방해하기도 한다. 자아개념은 실제로 수행할 수 있는 것과 선호하지 않는 것을 수행하는 능력에 영향을 준다. 반면에 스스로 긍정적으로 보는 학생은 덜 방어적이고 새로운 경험, 교육, 그리고 시범을 대하는 자세가 더 감수성이 풍부하다.

(4) 시간과 기회

**지각하기 위해서 시간과 기회(time and opportunity)를 이용**해야 한다. 일부 학습은 선행하면서 감지하기 위한 가용성(availability) 그리고 초기 지각에 대해서 새로운 것을 관련시키는 다른 지각에 달려 있을 수 있다. 따라서 정확한 시간과 순서가 필수이다. 아마도 조종훈련생은 이전 경험과 관계없이 첫 시도에서 비행기를 실속(stall)시킬 수 있다. 그러나 실속은 어느 정도 정상적인 비행훈련 경험을 쌓지 않는 한 실제로 학습될 수 없다. 이 같은 경험조차도 실속의 지각을 발달시키기 위해서 새로운 감각과 경험을 연관시키기 위한 시간과 실습이 필요하다. **일반적으로 경험이 많아지고 자주 훈련하는 것이 항상 효과적이라고 할 수 없지만, 학습 효과를 높이는 가장 확실한 방법**이다. 훈련 시간의 연장과 반복적 훈련 외에도 많은 요소가 학습 진도에 영향을 준다. **예를 들어 잘 작성된 교육훈련 계획서의 효율적 활용은 지각에서 시간과 기회 요소에 투자한 것에 비례**한다.

(5) 위협 요소

**위협 요소(element of threat)는 학습을 효율적으로 진전시키지 못한다.** 실제로 두려움(fear)은 **지각 범위(perceive field)를 좁혀줌으로써 지각에 역효과**를 준다. 조종훈련생은 위협에 직면했을 때 그들의 주의력을 위협하고 있는 물체 또는 상태에 따라 위축되는 경향이 있다. 예를 들어 두려움을 느끼고 모든 지각 기능이 두려움을 유발하는 것에 쏠려 있을 때 조종사의 시계(field of vision)는 좁아질 수 있다. 비행교관은 이 같은 사례를 많이 제공해야 한다.

예를 들어 초기 깊은각 선회(steep turn) 훈련 중 조종학생의 주의력은 외부 시각 참고를 완전하게 무시한 채 고도계에만 집중하고 있다. **교관이 교육목적을 제공하고자 시도하고 있는 것 중 조종학생이 받아들이기에 능력이 부족하게 하는 것들은 조종학생에게 위협적으로 해석**될 수 있다. **이것은 조종학생의 모든 신체적, 감정적, 그리고 정신적 기능에 역효과를 준다. 이 같은 학습은 논리적이 아닌 심리적 과정**(psychological process)이다. 교관은 불만족한 훈련 보고서 또는 결과에 대한 질책을 통해서 조종학생이 두려움을 느끼도록 하는 것이 때로는 논리적으로 보일 수 있지만, 심리학적으로 효과적인 것은 아니다. 유능한 교관은 조종학생의 심리적 욕구에 맞게 훈련을 계획하고 조직해야 한다.

만약 **상황이 위압적(overwhelming)으로 보인다면 조종학생은 관련된 모든 요소를 다룰 수 없다고 느낄** 것이다. **조종학생은 위협이 존재하지만, 상황을 대처할 수 있다고 느낀다면 새로운 경험은 도전으로 인식**하게 될 것이다. 유능한 교관의 행동은 조종학생의 지각에 직접 영향을 준다는 것 그리고 지각은 이들 모든 요소로 인해서 영향을 받는다는 것을 인식해야 한다. 따라서 교관은 훈련 목표의 달성을 방해하는 어떠한 행동을 회피함으로써 학습 및 훈련 분위기를 조성하는 것이 중요하다. 비행훈련과 학습은 지각에 영향을 주는 이들 요소를 인식하고 반영되었을 때만 교육적 효과를 얻을 수 있다.

## 2.3 통 찰

**통찰(insight)은 지각 그룹을 의미 있는 전체(meaningful wholes) 속으로 통합**하는 것이다. 교관은 학생이 통찰력을 갖도록 하는 것도 주요 책임 중 하나이다. 이를 확실하게 발달시키기 위해서 각 학생의 새로운 경험에 대해서 일정한 감수성(constantly receptive)을 유지하도록 하고 각각 학습되었던 조각을 전체 모양으로 완성하기 위해서 이들을 어떻게 연관시키는지 학생의 이해를 돕는 것이 꼭 필요하다. 예를 들어 고정-피치 프로펠러 비행기의 수평직선비행(straight and level flight) 중 스로틀(throttle)을 올리면 RPM이 증가하고 내리면 RPM은 감소한다. 반면 RPM은 동력 세팅(power setting)을 변화시키지 않아도 피치 자세(pitch attitude)가 변함에 따라 변할 수 있다. 여기서 분명한 사실은 엔진의 회전속도(RPM), 동력 세팅, 대기속도, 그리고 항공기 자세 모두는 서로 관련이 있다는 것이다. 따라서 실제 학습이나 훈련은 각각의 요소가 다른 요소에 어떻게 영향을 주고, 동시에 이들 중 하나의 변화가 다른 모든 요소에 어떠한 영향을 주는지에 대한 지식을 갖추어야 한다. **지각과 연관이 있는 것을 관련시키고 그룹을 형성하는 것을 통찰**이라 한다.

**통찰(insight)은 교육 여부와 관계없이 대부분 언젠가는 형성**된다. 전문가는 수많은 시행착오(trial and error)를 거쳐서 탄생한다는 것으로 알 수 있다. 그러나 학습은 지각의 상관관계를 교육함으로써 통찰력의 발달을 촉진할 수 있다. 학생은 **지각 능력이 향상됨에 따라 더 큰 학습 블록(blocks)을 조립하는 방법을 익히면서 통찰력을 기른다. 결과적으로 학습은 더욱더 의미를 갖고 영구화된다.**

통찰을 하나로 묶어 주기 위한 더 많은 앵커 포인트(anchor points; *일종의 연결점*)가 있을 때 망각(forget)으로 인한 문제는 감소한다. 이것은 시범과 설명을 조직화하기 위한 교관의 주요 책임이고, 이 과정을 학생이 훈련하도록 함으로써 그동안 지각되었던 많은 종류의 경험에 대한 상호관계를 더 잘 이해하는 기회를 제공한다. **학생의 통찰력이 발달함에 따라 개별 지각에 따른 상호관계를 지적해 주고 더욱 안전하고 비위협적 학습이나 훈련 환경을 제공한다. 또한, 통찰은 선호하는 자아개념을 습득하고 유지하도록 보조함으로써 학**

**습이나 훈련 능률을 향상**할 수 있다.

## 2.4 지식 습득

**항공교관**(aviation instructor)**의 주요 과업 중 하나는 학생이 관련 지식을 습득하도록 돕는** 것이다. 여기서 지식이란 인간이 사물을 인식하여 깨닫고 분명하게 표현할 수 있는 정보를 참고할 수 있는 능력이다. 예를 들어 특정 항공기의 연료 용량(fuel capacity)에 대한 지식은 내연기관(internal engines)이 어떻게 작동하는지 이해하는 데 도움이 되고 항공기의 무게와 균형을 결정할 수 있는 능력이라고 볼 수 있다. 학습과정에서 학생이 지식을 습득해가는 과정과 관련된 지식의 3단계(three phases of knowledge)는 다음과 같다.

① 암기; 새로운 주제를 받았을 때 지식을 얻고 사실을 암기하려 한다.
② 이해; 학습이 진행됨에 따라 암기한 것들을 더 쉽게 이해할 수 있도록 공식화하기 위해서 지식을 조직하기 시작한다.
③ 적용; 교육이 더 진행됨에 따라 문제를 해결하고 결심을 내릴 수 있도록 조직된 지식을 활용하기 위해서 학습한다.

교관은 학생이 새로운 지식에 접했을 때 이해를 돕는 방법을 연구해야 하고 실질적인 도움이 되는 사항을 간단히 설명한다.

(1) 암기(memorization)

어떠한 절차(procedures)에서 **새로운 과제에 대한 지식을 습득하기 위한 학생의 첫 시도는 기억된 사실들을 모으는 것으로부터 시작**된다. 예를 들어 고도계 사용에 관해서 학습할 때 학생은 비행 전에 보고된 고도계 세팅과 현재 대기압에 맞추기 위해서 고도계에 있는 손잡이(knobs)를 돌려서 맞추어야 한다는 것을 기억하고 있다. 조종학생에게 기억된 사실과 단계는 학생이 빠르게 관련 지식을 얻을 수 있게 하는 장점이 있다. 예를 들어 학생이 고도계에 있는 손잡이의 목적을 기억하고 최근 기압고도(pressure altitude)를 얻기 위한 절차를 기억하자마자 훈련생은 비행을 위해서 계기를 정확하게 조정할 수 있다. **기억의 한계는 훈련생이 문제해결을 위한 요청을 받고 새로 습득된 지식으로 다루지 않은 무엇인가를 설명해야 할 때 명백해질 수 있다.** 예를 들어 산악지형을 비행할 때 고도계를 실수로 너무 높게 또는 너무 낮게 세팅했는지를 질문받았을 때 조종학생은 정확한 의미를 모를 수 있다.

(2) 이해(comprehension)

경험이 풍부한 조종사는 관련 문제에서 파생된 부가적인 효과를 이해하고 있어 어떠한 고도계 질문에도 답변할 수 있다. **이해**(understanding) **또는 유사성**(similarities)**을 인지하고 사실과 함께 학습된 절차적 단계 사이를 통합시키는 능력은 지식 획득 과정의 중요한**

**단계**이다. 이 단계에서 학습자는 유용한 방법으로 지식을 조직하기 시작하고 기억된 사실들과 결합하는 방법을 익히게 된다. **이해는 학생이 알려진 사실을 조직화하기 시작할 때 그리고 사물 또는 과정이 어떻게 작용하는지 이해하기 위해서 하나로 합치기 시작할 때 발달**한다. 예를 들어 순항비행에서 혼합조정기(mixture control)를 조절(adjust)해야 한다는 것을 학습한 후 학생은 연소(combustion)는 특정 연료/공기의 혼합이 필요하다는 것을 학습하게 되고 공기는 고도가 증가함에 따라 밀도(density)가 낮아진다는 것을 학습하게 될 것이다. 이들 두 지식을 결합함으로써 조종훈련생은 항공기의 고도가 변함에 따라 이들 두 요소의 수량이 균형을 유지해야 한다는 혼합조정기의 목적을 이해하게 될 것이다. 때로는 **정신적 모델 또는 자기설명(self-explanation)은 생각이나 과정 학습자의 이해를 돕기 위해서 조직적으로 생각을 모으기 위해서 사용**된다. 이 종류의 이해 과정(understanding process)은 다음과 같은 장점이 있다.

**첫째, 학습자는 기억된 사실에 부합하는 그 이상을 요구하는 질문까지 확장된다.** 예를 들어 학생은 혼합조정기를 이해함으로써 혼합이 너무 농후(too rich)하게 또는 너무 희박(too lean)했을 때 어떤 일이 발생할 수 있는지와 같은 도전적 질문에 답변할 수 있다.

**둘째, 과정을 이해하는 학습자는 익숙하지 않은 항공기, 새로 장착된 항공전자, 그리고 익숙하지 않은 공항 절차와 같은 과정의 다양성을 더 빠르게 습득할 수 있다.**

**셋째, 사람들 사이에 이해를 공유하는 것은 이들을 더욱 효율적으로 소통하도록 한다.** 예를 들어 유경험 조종사는 엔진 런-업(run-up) 중 마그네토가 약간 불안정하다는 것에 대해서 정비사와 의견을 주고받을 수 있다. 이 간단한 소통은 즉각적으로 어떠한 작업을 필요로 하는지 알고 있는 정비사의 전문지식에 접근할 수 있도록 한다.

**넷째, 절차 단계 이면에 있는 목적을 이해하는 학습자는 이후의 절차 단계를 더 잘 기억할 수 있을 뿐만 아니라 이들을 망각했을 때 다시 쉽게 기억해 낼 수 있다.**

**정신 모델은 학습자가 새로운 정보를 받았을 때 점차 발달**해 간다. 예를 들어 교관이 학생에게 부적절한 혼합 세팅으로 비행하는 것이 왜 잘못되었는지 질문했다. 스파크 플러그와 카본 퇴적(carbon deposits)에 대한 지식을 이해하고 있는 학습자는 정확하게 답변할 것이다. 만약 이후 동일 학습자의 이해가 가솔린의 연소를 위한 열효율과 화학량론 방정식에 대한 지식까지 확대되었다면 설명은 더욱 복잡해질 것이다. 따라서 **어떠한 것에 대한 개인의 이해는 영원히 완벽한 것은 없다.**

### (3) 개념학습

개념학습(concept learning)은 인간은 다른 것들과 구분할 수 있는 한 개 또는 그 이상의 사물(things), 사건(events), 생각(thought), 사람 등과 같이 속성(attribute)을 공유하는 것들끼리 그룹을 형성하려는 경향이 있다는 가정을 기초로 한다. 이것은 개념의 내부와 외부 또는 사고(thought)의 종류들 사이의 구분을 포함한다. **인간은 정보를 개념 속에서 그룹을 형성함으로써 생활의 복잡성을 감소시키고 관리 가능한 범주를 만들어 낸다.** 개념학

▲ 스포츠카 하면 빠르고 날렵한 고가의 자동차를 연상한다. 비록 당신의 스키마가 학습과 경험으로 변할 수 있지만, 스포츠카의 일반적인 이미지는 변함이 없다.

**습은 학생이 특정 사실 또는 단계로부터 일반화된 개념을 형식화(formalization)할 때 학생의 이해는 향상**된다.

일반화된 개념은 하나의 것을 글자 그대로 서술하는 대신 한 번에 많은 것들을 기술하기 때문에 사실(facts)보다 더 강하다. 예를 들어 체중이동조종(weight-shift control; WSC) 항공기의 사례를 보았던 조종훈련생은 큰 직물로 덮여 있는 날개를 기반으로 WSC 항공기로 분류해 버린다. 동력 범주는 조종학생이 스포츠 플레인(sport plane)을 보았을 때 명백해진다. 이 학생은 유사한 날개 때문에 이를 즉시 초경량 항공기로 분류하는데 이것은 초경량 항공기의 많은 특성이 스포츠 플레인의 것과 유사한 탓에 기인한다. 만약 **이들 범주에 맞지 않는 무엇인가에 접했을 때 이들 학습자는 새로운 범주를 조직하거나 기존 범주의 정의를 수정**한다. 위의 사례에서 조종학생은 초경량(ultra light)의 범주를 두 종류의 항공기 모두를 포함하는 라이트 스포츠 항공기(light-sport aircraft)로 다시 분류하게 된다. 따라서 학습과정의 중요한 부분은 학습자가 새로운 것 또는 이전에 분류되었던 것에 대한 예외적 상황에 접했을 때 기존의 범주를 다시 설정할 수 있어야 한다.

또 다른 형태의 일반화(generalization)는 도식(schema; *정보를 체제화하고 해석하는 인지적 개념 또는 틀*)이다. 도식은 어떠한 새로운 정보로 인해서 수정될 수 있고, 사람들에게 수많은 양의 정보를 해석하는 지름길을 택하도록 해주기 때문에 유용하다. 인간은 자주 관찰되었거나 행했던 것에서 다시 발생하는 패턴을 인지시켰을 때 도식을 형성한다. 도식은 위의 그림과 같이 도식과 일치하는 특정 요소를 예상하기 위해서 즉각 주입된 것을 관찰하여 해석할 수 있도록 학습자를 돕는다.

예를 들어 유경험 조종사는 관제사가 제공하는 긴 출발 비행인가를 왜 잘 청취해야 하고 이를 다시 복창(readback)할 수 있어야 하는지 도식은 잘 설명해 주고 있다. 비행을 처음 시작하는 조종훈련생은 관제사가 사용하는 "the" and "and" 용어에 집중하다 보면 고도 할당이라든지 무선 주파수와 같이 더 중요한 단어를 기억하는 데 실패할 수 있다. 그러나 숙련 조종사는 어렵지 않게 이를 해결하는데 이것은 이 종류의 과업에 대한 **도식이 형성되어 있고 비행인가에 포함된 5개의 중요한 정보에 대해서 사전에 인지하고 있기 때문이다.**

따라서 조종사는 비행인가를 청취하고 있는 동안 예상하던 이들 중요한 5개의 핵심 내용만을 잡아낼 수 있도록 집중하고 있다. 이와 유사하게 조종훈련생은 비행 전 점검 절차 그리고 오토파일럿 또는 다기능 디스플레이와 같은 첨단 조종실 시스템을 운용하는데 필요한 절차를 위한 도식이 형성되어야 한다. **이 같은 범주와 함께 인간은 계속해서 새로운 도식을 학습하고 훈련이 진행됨에 따라 기존 도식을 새로운 것에 맞게 수정한다.** 도식은 정보를 다루는 학생에게 도움이 되지만, 때로는 확립된 도식에 관해서 적합하지 않은 새로운 정보로 새로운 도식의 형성을 어렵게 할 수도 있다.

## 2.5 손다이크 지식과 학습 법칙

교육 철학자 중 한 사람인 "E.L. Thorndike"는 20세기 초 학습에 관한 3개의 법칙을 주장하였다. 이들 법칙은 오늘날까지 널리 활용되고 있고 대부분의 학습에 적용된다.

① 준비의 법칙(law of readiness)
② 연습/실습의 법칙(law of exercise)
③ 효과의 법칙(law of effect)

이후 3개의 법칙을 더 추가하였다.

④ 초두의 법칙(law of primacy)
⑤ 강도의 법칙(law of intensity)
⑥ 최신의 법칙(law of recency)

(1) 준비의 법칙

**학습자의 기본 욕구는 학생이 학습을 준비하기 전부터 만족**해야 한다. 만약 이들의 욕구가 충족되지 않았다면 교관은 학습자의 동기유발을 위해서 약간의 도움을 줄 수 있다. 이것은 학습자가 부여된 과제를 학습하기를 원하는 필수 지식과 기술을 익히고자 한다는 것을 의미한다. 교관은 SBT에서 가능한 한 의미 있는 과제가 되도록 하고 학습자의 능력 범위 안에서 유지되어야 한다. **학생은 과제를 수행해야 할 뚜렷한 목적이나 이유를 알았을 때 그리고 학습에서 다음이 무엇인지를 알고자 하는 강한 관심이나 흥미를 느낄 때 새로운 지식을 가장 잘 습득하고, 즉시 필요로 하지 않는 것들을 제쳐두려는 경향**이 있다.

예를 들어 처음 비행을 시작하는 조종훈련생은 조종간의 적절한 트림(trims)을 사용할 것을 권장하는 교관의 제안을 무시한다. 이 조종훈련생은 조종간이 항공기 조종면(control surfaces)을 조작하는 데 충분하다고 믿는다. 이후의 훈련에서 조종훈련생의 주의력을 조종으로부터 다른 과제로 돌릴 때 이 조종훈련생은 트림의 중요성을 깨닫게 된다. 교관은 학습 준비상태를 유지할 수 있도록 다음과 같은 두 단계를 준비할 수 있다.

첫째, 교관은 학생과 명확한 한 세트의 학습 목적으로 소통해야 하고 새로운 각 주제를 이들 목적과 연관시켜야 한다.

두 번째, 교관은 논리적 순서로 주제를 소개하고 학생이 다음 주제를 학습하기 위한 욕구를 갖도록 해야 한다.

교관의 잘 계획된 훈련계획과 활용은 이 목표를 성취하는 데 유용하다. 또한, **학습준비는 개인이 무엇인가 배우고자 하는 것에 대해서 반응을 보일 때 "최적교육시기" 또는 "교육적 기회의 시기"가 포함**되어야 한다. 항공훈련에서 교관으로서 발달시켜야 하는 가장 중요한 기술 중 하나는 이러한 최적교육시기(optimum education period)를 인식하고 이를 최대로 활용할 수 있는 능력이다. 교관은 비행훈련 활동 중 최적교육시기를 조성할 수 있고 발견할 수 있어야 한다.

최적교육시기는 장주(traffic pattern) 훈련, 국지(local) 훈련 공역에서 공중기동, 지방횡단비행, 비행자격평가 또는 계기자격평가 등과 같은 기동(maneuvers)이 포함될 수 있다. 최적교육시기는 적절하고, 효율적이며 그리고 학생에게 기억하는 방법에서 정보를 쉽게 전이하기 위한 기회를 제공한다. **최적교육시기는 학습자가 특정 정보 또는 기술을 실제로 어떻게 사용하고 적용할 수 있는지 명확하게 보았을 때 발생**한다. 예를 들어 최종접근(final approach) 중 활주로에 여러 마리의 노루가 지나가는 것을 보았을 때 교관은 이것을 복행(go around)을 수행하기 위한 준비가 되어 있어야 한다는 중요성을 강조하는 교육적 시기로 활용할 수 있다.

(2) 효과의 법칙

모든 **학습은 연계성(articulation)이 있어야 하고 연계성은 효과의 법칙에 따라 강화되거나 약해질 수 있다. 만족(satisfaction)이 뒤따르는 상황에 대한 반응은 강화된다. 불쾌함이 뒤따르는 반응은 약화하는 것처럼 학습의 연계성은 강화 아니면 약화**할 수 있다. 따라서 학습은 즐거움 또는 만족한 느낌이 동반할 때 강화되고 불쾌한 감정과 함께 약화한다. 패배, 좌절, 격노, 혼동, 또는 무익함을 유발하는 경험은 학생에게 불쾌한 감정이 된다. 예를 들어 교관이 첫 비행 중 조종훈련생에게 착륙하는 것을 훈련한다면 조종훈련생은 학습 연계성(learning articulation)이 약화하는 열등감 그리고 좌절을 느끼게 될 것이다.

학습자는 성공적인 미래를 갖기 위한 욕구를 갖는다. 이것은 교관에게 학생의 성공에 도움을 줄 수 있도록 상황을 조성하는 데 중요하다. **긍정적 훈련 경험(positive training experience)은 성공 가능성을 더욱 높이고 학습자의 동기유발을 높여 준다. 반면 부정적(negative training experience) 훈련 경험을 가진 학생은 태만 또는 회피를 자극**하게 될 것이다. SBT는 정확하게 제시되었을 때 실세계 적용의 조건에서 즉각 긍정적 경험을 제공한다. 교관은 학습이나 훈련 즐거움을 유지하고 학생의 학습 동기를 유지하기 위해서 진도를 나가기 위한 영역을 토론하기 전에 학생의 진도에 대해서 긍정적 비평을 해야 한다. 비행교관은 비행 디브리핑(debriefing) 중 이를 실행하기 위한 기회가 있다. 예를 들어 교관은 전체 비행단계에서 조종훈련생의 항공기 조종에 대해서 칭찬해야 하지만 착륙 중 활주로 중앙선을 어떻게 더 잘 유지할 수 있는지 건설적 비평(constructive comments)도 필요하다는 것을 의미한다.

(3) 연습/실습의 법칙

**연계성(articulation)은 "사용하지 않으면 사라진다"와 같은 격언과 같이 연습(practice)과 함께 강화되고 실습이 중단되었을 때 감퇴**한다. 학습자는 학습을 이해하고 기억하기 위해서 학습했던 내용을 실습이나 훈련할 필요가 있다. **연습/실습은 학습 연계성을 강화하고 이를 사용하지 않으면 기억에서 사라지거나 퇴화**할 수 있다. 실습은 기술(기량)이 실세계 적용의 상황 안에서 학습되었을 때 가장 의미 있고 효과적이다.

(4) 초두의 법칙

초두의 법칙(primacy)은 **때때로 강하고 확고부동한 인상(unshakable impression)을 주면서 내가 알고 있는 것이 가장 확실하다고 믿는 태도이다.** 따라서 처음으로 대하는 학습이 얼마나 중요한지를 말해 준다. 이 태도는 교관이 우선 교정해야 하는 이유이면서 학생 역시 적극적으로 정확하게 학습되어야 하는 상태이다. 예를 들어 정비교육 학생이 잘못된 리벳팅 기술을 배웠다면 교관은 나쁜 습관을 고쳐주어야 하고 정확한 기술을 다시 가르쳐주어야 한다. **재교육은 처음 학습하는 것보다 더 어려울 수 있다.** 또한, 만약 과제를 혼자서 학습했다면 처음에는 전체성과에 적용할 수 없거나, 또는 이를 다시 교육해야 한다면 과정은 혼동될 수 있고 시간은 이중으로 소비되는 결과가 될 것이다. 결국, 처음에 학습한 내용이 가장 쉽게 기억될 수 있다는 것이다. **따라서 초기 교육 경험은 이후 연계되는 과제를 위한 기초를 쌓을 수 있도록 긍정적이고 능률적이어야 한다.**

(5) 강도의 법칙

학습이나 훈련이 **실제 상황과 연계되어 있으면서 즉각적이고, 활기찬, 그리고 극적인 학습(dramatic learning)은 일상적 혹은 지루한 경험보다 더 확실한 학습 효과**를 얻을 수 있다. 실제 상황의 적용(시나리오)이 포함된 절차와 과제는 생생한 인상(vivid impression; *생동감 있는 각인*)을 남기면서 학습할 수 있게 하고 이 같은 학습 경험은 잘 잊히지 않는다. 예를 들어 현실감이 있는 시나리오는 비행기동, 과제, 그리고 1인 조종사 자원(single-pilot resource management; SRM) 기술에서 숙련도를 발달시키는 데 매우 효과적임을 보여주고 있다.

(6) 최신의 법칙

최신의 법칙(principle of recency)은 **가장 최근에 학습된 것이 가장 잘 기억된다고 서술하고 있다. 반대로 학습자는 새로운 사실이나 이해로부터 시간이 지날수록 이를 기억하기 더 어려워진다는 것을 의미**한다. 예를 들어 몇 분 전에 사용한 토크(torque) 값은 쉽게 떠

올릴 수 있지만, 일주일 전의 사실을 기억해 내기는 쉽지 않다. 교관은 학술교육과 비행 후 브리핑에서 훈련의 총평을 위한 계획을 수립할 때 최신의 법칙을 인식해야 한다. 교관은 학생이 중요한 사항에 대해서 기억하는 데 도움이 될 수 있도록 반복해서 설명하고 강조해야 한다. 때때로 **이 법칙은 교육훈련 과정 내에서 강의 순서를 결정하는 데도 고려되어야** 한다. SBT에서 훈련 또는 학습 시간이 실제 시나리오에 근접할수록 학생은 더욱 성공적으로 학습되고 있음을 알 수 있다. **이 법칙은 가능한 한 시나리오와 유사한 훈련 경험을 하게 함으로써 최대의 효과를 거둘 수 있다.**

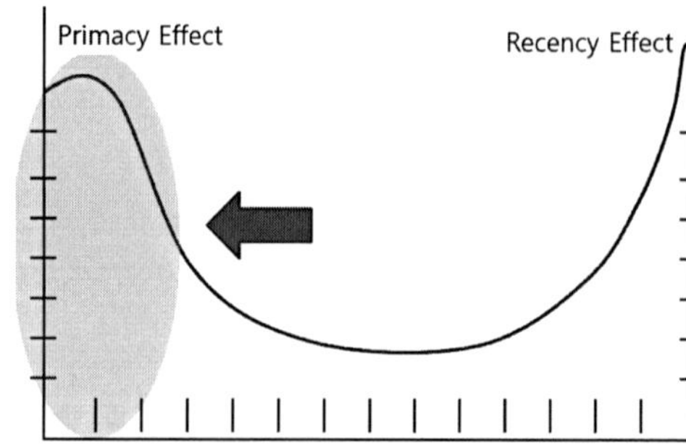


▲ 학습은 초기와 마지막에 효과가 매우 높다는 것이 입증되었다.

## 2.6 학습 영역

인지이론에서 언급한 것과 같이 "Dr. Bloom"은 교육철학 분야의 전환기에 중심 역할을 했다. 사람들이 무엇을 그리고 어떻게 학습해야 하는 가에 관한 관심은 학습과 생각의 주요 영역을 이해하는 데 도움이 되는 핵심을 제시하였다. 그는 먼저 이들을 아래와 같이 3개의 큰 그룹으로 분류하였고 이를 학습영역(domains of learning)이라 한다.

① 인지(cognitive=thinking)
② 감정(affective=feeling)
③ 정신운동(psychomotor=doing)

| Cognitive | Affective | Psychomotor |
|---|---|---|
| Knowledge | Attitude | Skills |
| Recall information | Awareness | Observation |
| Understanding | Respond | Imitation |
| Application | Valuing | Practice |
| Analyze | Organization | Habit |
| Synthesize | Integration | |
| Evaluate | | |

▲ 학습영역은 위와 같이 3개의 주요 영역으로 분류한다.
첫째, 인지(지식): 정보 상기, 이해, 적용, 분석, 종합, 평가
둘째, 감정(태도); 인식, 반응, 가치화, 조직, 통합
셋째, 정신운동(기술 혹은 기량); 관찰, 모방, 실습, 습관

| | Competence | Skills Demonstrated | Example |
|---|---|---|---|
| I | Knowledge: remembering information | Define, identify, label, state, list, match, select | 1. State the standard temperature at sea level.<br>2. Define a logbook entry. |
| II | Comprehension: explaining the meaning of information | Describe, generalize, paraphrase, summarize, estimate, discuss | 1. In one sentence explain why aviation uses a standard temperature.<br>2. Describe why a log entry is required by the FAA. |
| III | Application: using abstractions in concrete situation | Determine, chart, implement, prepare, solve, use, develop, explain, apply, relate, instruct, show, teaches | 1. Using a standard lapse rate, determine what the temperature would be at a pressure altitude of 4000'.<br>2. Determine when a logbook entry is required. |
| IV | Analysis: breaking down a whole into component parts | Points out, differentiate distinguish, examine discriminate, compare, outline, prioritize, recognize, subdivide | 1. Compare what the different temperatures would be at certain pressure altitudes based on the standard lapse rate.<br>2. Determine information required for logbook entry. |
| V | Synthesis: putting parts together to form a new and integrated whole | Create, design, plan, organize, generate, write, adapt, compare, formulate, devise, model, revise, incorporate | 1. Generate a chart depicting temperatures for altitudes up to 12,000'.<br>2. Write a logbook entry for an oil change. |
| VI | Evaluation: making judgments about the merits of ideas, materials, or phenomena | Appraise, critique, judge, weigh, evaluate, select, compare and contrast, defend, interpret, support | 1. Evaluate the importance of this information for a pilot.<br>2. Evaluate the necessity of keeping logbook entries. |

▲ Bloom's Taxonomy의 6단계 인지 영역(전형적인 행동과 객관적 사례)

[지식; 정보를 기억하는 것] 사례, 해수면에서 표준기온을 서술하라, 로그북 기입은 무엇인지 기술하라.

[이해; 정보의 의미를 설명하는 것] 사례, 항공에서 표준기온을 사용하는 이유를 한 문장으로 설명하라, 규정에서 요구하고 있는 로그북 기입의 이유를 기술하라.

[적용; 구체적 상황에서 추상개념을 사용하라] 사례, 표준기온감률을 적용해서 기압고도 4,000피트에서 기온은 얼마인가? 로그북 기입이 필요한 시기는 언제인가?

[분석; 전체를 구성 부분으로 분해] 사례, 표준기온감률을 기초로 특정 기압고도에서 기온치는 얼마인가 비교하시오, 로그북 기입이 필요한 정보를 결정하시오.

[종합; 새로움 또는 통합된 전체를 형성하기 위해서 하나로 통합] 사례, 12,000피트까지 고도를 위한 차트에 묘사된 기온을 구하시오, 오일 교환을 위한 로그북 기입을 기록하시오.

[평가; 아이디어, 자료, 또는 현상의 이점에 관한 판단] 사례, 조종사를 위한 이 정보의 중요성을 평가하라. 로그북 기입을 유지해야 하는 필요성을 평가하라.

### 2.6.1 인지 영역

학습과정에서 중요시되는 것으로 생각하는 행동 사고의 수준을 분류하기 위한 그룹 형성을 위한 노력은 인지 영역의 "Bloom's Taxonomy"로 귀결되었다. 이것은 가장 잘 알려진 교육영역의 하나로 지능적 능력과 기술의 발달에 도움이 되는 학생이 기억하고 있는 특정 지식과 개념이 포함된다. 위의 [표]와 같이 **가장 단순한 행동으로부터 가장 복잡한 행동까지 6개의 주요 범주**가 있다. 다음 쪽 [표]는 다음과 같은 4개의 실질적 학습 수준이다.

① 기계적 암기(rote)

② 이해(understanding)

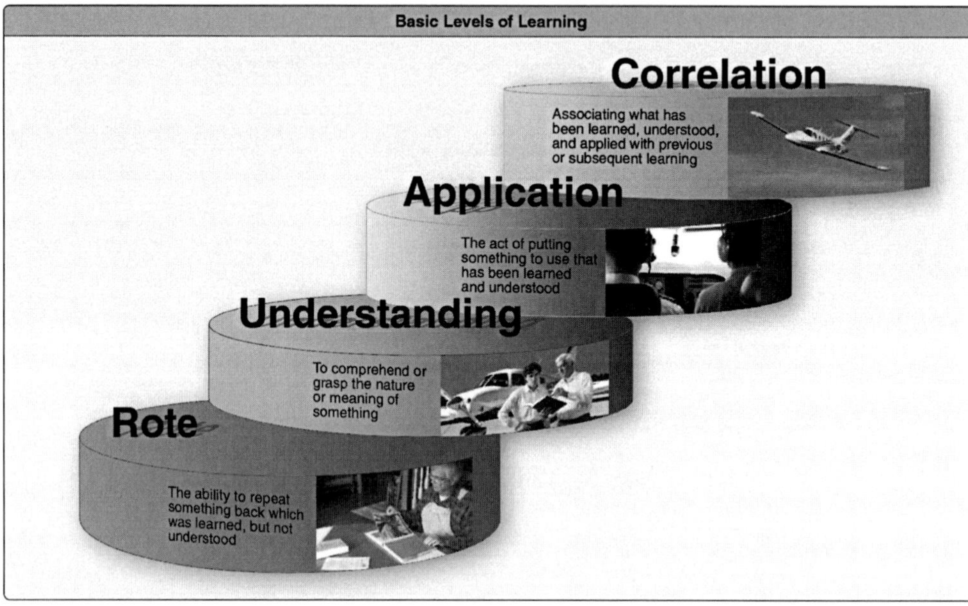


▲ 학습은 진행되면서 여러 수준에서 이루어진다.
• 기계적 암기; 학습한 것을 다시 반복할 수 있는 능력이지만 이해하는 것은 아니다.
• 이해; 학습한 것에 관한 내용의 의미를 이해하는 것이다.
• 적용; 학습되고 이해한 것을 활용하기 위해서 무엇인가에 사용하는 행동이다.
• 상호관계; 학습되고 이해한 것을 연관시키거나 이전 혹은 차후 학습에 적용하는 것이다.

③ 적용(application)
④ 상호관계(correlation)

이 중 **가장 낮은 수준은 학습 내용을 이해 또는 적용함이 없이 반복하는 것이고 이를 암기 학습(rote learning)이라** 한다. 실제 수준은 단순한 개념이다. 이 활동을 서술 또는 측정하는 핵심 동사는 "정의하다, 식별하다, 그리고 라벨을 붙인다"와 같은 단어들이다. 이해력 수준은 2개 이상의 개념을 하나로 합쳐 예상, 또는 평가와 같은 동사를 사용한다. 적용 수준은 2개 이상의 개념을 새로운 무엇인가를 만들어 내기 위해서 하나로 합치는 것이다. 이 수준의 전형적인 동사(verbs)는 "결정하다, 해결하다"가 포함된다. 예를 들어 교관은 조종훈련생에게 좌선회 진입에 관한 절차를 다음과 같은 단계를 이용하여 설명하였다.

① 주변을 시각적으로 경계한다.
② 속도를 유지하기 위해서 동력을 약간 적용한다.
③ 왼쪽 도움날개 조종압을 적용한다.
④ 슬립핑 또는 스키딩을 방지하기 위해서 선회 방향에서 충분한 러더 압을 적용한다.
⑤ 고도를 유지하기 위해서 조종간 후방 압을 증가시킨다.

만약 조종훈련생이 이 내용을 소리 내 반복해서 암기하고 있다면 조종훈련생은 절차를 암기해서 익히고자 한다. 그러나 비행에서 선회 기회가 주어지지 않거나 항공기 조종계통의 기능에 대한 지식이 없다면 암기한 내용은 무용지물이 된다. 조종훈련생은 훈련하고자 하는 수준에 맞는 정확한 교육(이론교육), 조종간의 사용능력, 그리고 수평직선비행 중 항공기를 조종하는 경험이 어우러졌을 때 선회를 어떻게 해야 하는지 통찰(insight)할 수 있도록 기존 개념과 새로운 개념을 통합할 수 있다.

이 시점에서 조종학생은 비행 중 선회를 위한 절차를 이해하게 될 것이다. 이것은 효율적 학습의 바탕이지만 조종학생에게 첫 시도에서 정확한 선회를 수행할 수 있다는 것을 의미하는 것은 아니다. 조종학생이 선회 진입을 위한 절차를 이해했을 때 선회 시범을 보이고, 그리고 일정한 선회 진입(turn entries) 기술이 습득될 때까지 선회 진입 훈련을 함으로써 조종학생은 학습했던 것을 적용(application)하기 위한 기량(skills)이 발달할 것이다. **항공교육의 목적이 되는 학습의 상호작용 수준은 조종학생에게 다른 과제 또는 블록의 요소들과 연계**시킬 수 있어야 한다. 다른 과제는 이전에 학습된 내용 또는 앞으로 학습하게 될 새로운 학습 과제일 수 있다. 예를 들어 조종학생이 선회 진입에 관한 수준을 달성했을 때 훈련생은 선회 진입의 요소들을 장주 훈련에 연관시킬 수 있는 능력을 발달시킨다.

다음으로 3개의 **고차원사고기술(HOTS)은 분석, 종합, 그리고 평가**가 포함된다. 분석 수준은 하나의 정보를 여러 부분으로 분해하는 것이다. 평가(evaluation)는 결론을 도출하기 위한 정보를 이해하기 위한 시도이고 일반화(generalization)를 지지하기 위한 증거를 찾아내거나 추론하는 것이다. 이 수준은 "지적하기, 구분하기, 평가하기, 판별하기, 비교하기, 윤곽을 그리기, 우선순위 정하기, 인식하기, 또는 세분화하기"와 같은 동사를 사용한다. **종합(synthesis) 수준은 새로운 그리고 통합된 전체로 만들기 위해서 부분을 하나로 합치는 것이다.** 이 수준의 전형적인 동사는 "창조하다, 설계하다, 계획하다, 조직하다, 발생시키다, 쓰다, 적응시키다, 비교하다, 형식화하다, 상상하다, 본보기 하다, 개정하다, 통합하다" 등이다.

분류학(taxonomy)의 **최종 단계는 평가이고 생각, 자료, 또는 현상들의 장점을 판단하는 것들을 포함**한다. 다음 사례는 3단계의 수준 대비 학습의 비평적사고기술에서 학습 사이의 차이를 보여주고 있다. 교관은 바람의 편류(drift)를 수정할 수 있는 기술을 자세하게 설명하였다. 이 설명에는 기수방위(heading), 대기속도(airspeed), 경사각, 고도, 지형, 그리고 풍향 풍속이 포함되어야 한다. 다음, 시범을 보여준 후 도로를 가로지르는 S-선회, 원형비행과 같은 특정 비행기동의 훈련을 기수방위, 고도, 그리고 대기속도의 지정된 범위 내에서 안전하고 효율적인 방법으로 수행할 수 있을 때까지 반복해서 훈련한다. 이 훈련의 마무리 단계에서 조종훈련생은 지정된 기동을 혼자서 수행할 수 있어야 한다.

교관은 조종훈련생에게 비관제공항(non-controlled airport)에 도착하기 위해서 준비할 것을 지시했다. 이 계획수립에는 공항에 존재하는 바람 상태, 도착 경로, 공항정보와 통신절차, 가용한 활주로, 권장 장주, 행동방책, 그리고 예상치 못한 상황에 대한 예비계획 등을 고려해야 한다. 조종훈련생이 공항에 도착하면 장주에 안전하게 진입하기 위한 결심을 해야 한다. 이것은 "무엇을 했으며, 왜 그렇게 했는가? 그리고 다른 방법은 없는가? 다른

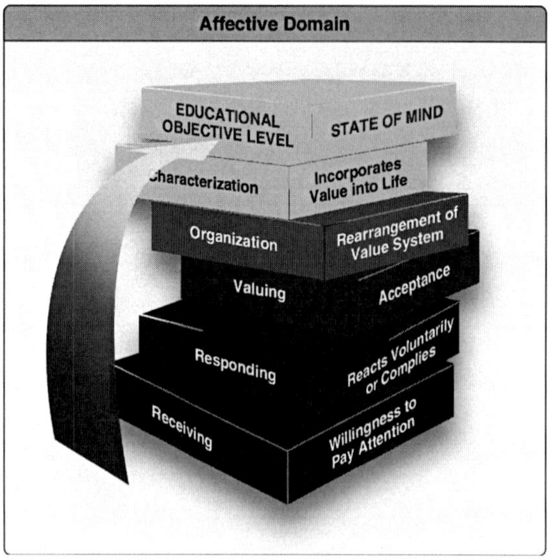


◀ 감정 영역은 5개의 교육 목표 수준을 포함한다.

공항에는 어떻게 적용할 수 있는가"를 토론해야 한다. 이 훈련과 과제가 완성되었다면 조종훈련생은 어떠한 풍향 풍속에서도 비관제공항에 안전하게 도착하고 착륙하는 방법을 설명할 수 있어야 한다.

항공교관을 위한 첫 3단계 수준(knowledge, comprehension, and application-지식, 이해, 적용)을 위한 교육 목표는 항공기 시스템에 관한 내용을 숙지하거나 비행 전 브리핑의 청취, 또는 컴퓨터-기반 훈련에 참여하는 방법 등으로 학술교육을 통해서 얻을 수 있다. 이 영역(analysis, synthesis, and evaluation-분석, 종합, 평가)에서 **가장 높은 교육목적의 수준은 SBT 훈련을 통해서 습득**할 수 있다. 예를 들어 조종훈련생은 비행기동을 정확하게 수행할 수 있는 능력을 훈련하고, 정비과정 학생은 항공기 엔진을 수리할 수 있는 능력을 익힌다. 인지 영역의 각 수준을 위한 단순한 질문은 그래프로 나타낼 수 있다. **따라서 정확하게 활용된 SBT는 3개의 고차원사고기술(HOTS)을 보강한다.**

## 2.6.2 감정 영역

**감정 영역**(affective domain)**은 학습 경험을 위한 학생의 감정**(feeling)을 다룬다. 이것은 위 그림과 같이 **감정, 가치, 열정**(enthusiasms), **동기, 그리고 태도**(attitudes)**가 포함**된다. 이것은 항공교관에게 학생이 학습에 어떻게 접근하게 하는가를 의미한다. 학생은 학습을 위한 충분한 동기유발이 되어 있는가, 학습에 대한 자신감을 보여주고 있는가, 그리고 학생이 안전에 관한 긍정적 태도를 갖고 있는가? 감정 영역은 다음과 같은 5개의 수준에서 교육을 위한 핵심을 제공한다.

① 인지(awareness)
② 반응(response)
③ 가치(value)

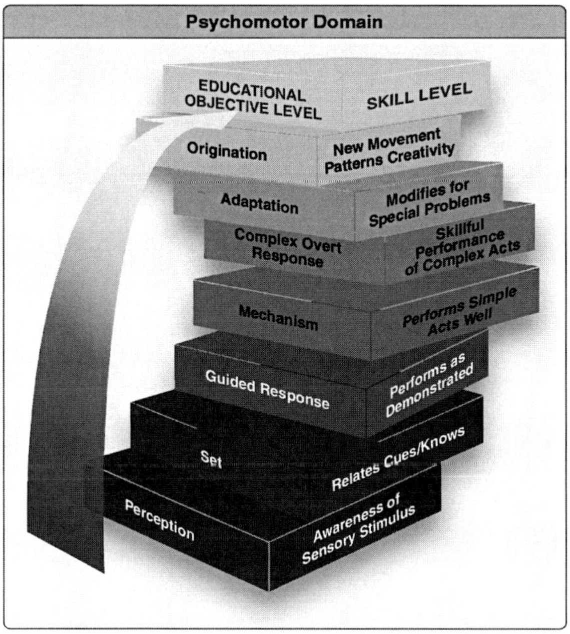


◀ 정신운동 영역은 7개의 교육 목표 수준으로 구성된다.

④ 조직화(organizing)
⑤ 통합(integration)

이 분류체계에서 학습자는 인지 수준(awareness level)에서 시작하여 교관의 말을 주의해서 듣고자 하는 의욕(willingness to pay attention)으로 학습 의지를 열어간다. 학습자가 분류체계를 가로질러 진행함에 따라 학생은 훈련에 적극적으로 참여하는 것으로 반응하고, 훈련의 가치를 판단하며, 훈련을 학습자 자신의 개인적 신념 속에 조직하여 최종적으로 이것을 내면화(internalizes)한다. **감정 영역은 측정하기가 어렵지만, 동기와 열정(motivation and enthusiasm)은 어느 학습의 구성요소보다 중요하다.** 따라서 항공교관은 학습에서 이들 요소를 확실하게 인지하고 있어야 한다.

### 2.6.3 정신운동 영역

**정신운동 영역(psychomotor domain)은 위 그림과 같이 기술(기량)을 기반으로 하는 신체 움직임, 운동 기능의 협력, 그리고 운동 기능(motor-skill)의 사용**이 포함된다. 이들 기술의 발달은 반복 실습/훈련이 필요한 속도, 정밀도, 거리, 그리고 기교(techniques)와 같은 조건에서 측정된다. 다양한 정신운동 영역의 사례가 있지만, 항공훈련 목적을 위한 실질적인 교육 수준은 관찰(observation), 모방(imitation), 실습(practice), 그리고 습관(habit) 등이 포함된다.

**첫 수준에서 학생은 많은 경력을 갖춘 사람의 기술(기량)을 관찰**한다. 교관은 학생의 최종 결과로 이어지는 순서와 상호관계를 관찰한다. 이때 관찰은 읽을거리(참고서적 및 간행물), DVD의 시청, 또는 컴퓨터 기반 훈련 등으로 보충될 수 있다. **두 번째 수준은 교관의 감독하에 학생이 관찰했던 기술을 그대로 따라 해보는(모방) 것이다. 실습/훈련 수준**(practice level)**은 학생이 특정 활동을 반복해서 경험을 숙달**시키는 것이다. 이 수준은 단독비행을 성공적으로 마친 조종훈련생에게 착지 후 이륙(touch and go)과 같이 교관의 직접적인 감독 없이 조종훈련생 스스로 수행할 수 있다.

**습관 수준**(habit level)**은 훈련생이 2회에 거쳐 교관 또는 전문가 수준으로 수행할 수 있을 때 달성**한 것으로 판단한다. 수행능력의 평가는 성과 또는 기술(기량) 테스트이다. 만약 한 개인이 연속해서 기술(기량)을 잘 수행하고 있다면 최종적으로 전문가 수준에서 수행할 수 있는 기량이 된다. 정신운동 영역에 포함된 기술(기량)은 정밀계기접근절차의 비행, GPS 수신기의 프로그래밍(programming), 또는 복잡한 정비 장비에 관한 학습 등이 포함된다. **신체적 과제**(physical tasks)**와 장비가 더욱 복잡해짐에 따라 인지와 신체적 기술**(cognitive and physical skills)**의 통합이 더욱 요구된다.**

| 교육적 목표 수준(objective level) | 기술(기량) 수준(skill level) |
|---|---|
| 조직화(organization) | 새로운 행동 패턴을 만들어 낸다. |
| 적응(adaptation) | 특정 문제를 변형할 수 있다. |
| 복잡하고 명백한 반응<br>(complex overt response) | 복잡한 행동을 잘 수행한다. |
| 메커니즘(mechanism) | 단순한 행동을 잘 수행한다. |
| 유도 반응(guided response) | 시범을 따라 한다. |
| 설정(set) | 실마리/내용을 연관시킨다. |
| 지각(perception) | 감각 자극의 인식 |

### 2.6.4 교관 행동

교관은 학생의 지식 습득을 위해서 다음과 같이 도와줄 수 있어야 한다.

① 새로 습득된 지식을 암기하거나 실습할 수 있도록 질문하라.
② 학생의 이해 여부를 파악하고 학습에서 어려운 점이 무엇인지를 알아내기 위해서 질문하라.
③ 문제를 해결하기 위해서 알고 있는 것을 적용하고 결정할 수 있도록 학생에게 기회를 제공하라.
④ 지식의 한계를 시험할 수 있는 문제와 결정을 제공하라.
⑤ 지식을 적용할 수 있는 능력과 이해의 장점을 보여주어라.
⑥ 이들의 학습 목적(목표)을 지지할 수 있도록 가능하다면 새로운 주제를 소개하라.

이들 부가 학습 수준은 에어라인 훈련을 위한 고등 자격 프로그램에 사용되는 지식, 태도, 그리고 기술 학습 목적의 기본이다. 또한, 이들은 특정 과정에서 필요로 하는 지식이나 기술(기량) 수준을 보여주기 위한 PTS를 더욱 강화하게 될 것이다. 아래 [표]는 3개의 영역(domains)을 위한 행위동사목록(list of action verbs)은 각 수준에서 적절한 행위적 목표를 보여준다. 교관은 훈련과정 개발에 익숙해 있어야 하고 행위 동사(action verbs)는 성과기반 목적의 사례라는 것을 인식해야 한다.

| 목표 수준 | 각 수준을 위한 행위 동사 |
|---|---|
| **【인지 영역】** | |
| ◆ 평가 | 평가한다. 사정한다. 해석(해명)한다. 판단한다. 범위를 정한다. 기록한다. |
| ◆ 종합 | 편집한다. 설계한다. 구성한다. 재구성한다. 형식화한다. |
| ◆ 분석 | 비교한다. 판별한다. 구분한다. 분리한다. |
| ◆ 적용 | 계산한다. 산정한다. 시범을 보인다. 채택한다. 작동시킨다. 해결한다. |
| ◆ 이해 | 전환한다. 설명한다. 위치에 둔다. 보고한다. 다시 서술한다. 선택한다. |
| ◆ 지식 | 서술한다. 식별한다. 명명한다. 지적한다. 인식한다. 상기한다. |
| **【감정 영역】** | |
| ◆ 특성화 | 할당한다. 위임한다. 실습한다. 영향을 준다. 유지한다. 개정한다. |
| ◆ 조직 | 책임을 받아들인다. 준수한다. 변호한다. 지지한다. 형식화한다. |
| ◆ 가치화 | 인정한다. 동행한다. 합류한다. 정당화한다. 관심을 보인다. |
| ◆ 반응하기 | 적합하게 한다. 순응한다. 감사한다. 돕는다. 조력한다. 수행한다. |
| ◆ 수용하기 | 질문한다. 선택한다. 준다. 위치한다. 선택한다. 중계한다. 사용한다. |
| **【정신운동 영역】** | |
| ◆ 조직 | 결합한다. 구성한다. 조직한다. 설계한다. 시작한다. |
| ◆ 적응 | 적응한다. 변경한다. 바꾼다. 재정렬한다. 재조직한다. 개정한다. |
| ◆ 명백한 복합적 반응 | 더욱 높은 조화를 제외하고 유도 반응과 동일 |
| ◆ 메커니즘 | 더 큰 숙련도를 제외하고 유도 반응과 동일 |
| ◆ 유도 반응 | 조립한다. 소집한다. 세운다. 조종(측정)한다. 고친다. 주입한다. 수리한다. |
| ◆ 세트 | 시작한다. 이동한다. 반응한다. 응답한다. 개시한다. 선택한다. |
| ◆ 지각 | 선택한다. 감지(탐지)한다. 식별한다. 분리한다. 비교한다. |

【위의 항목들은 대부분의 훈련 프로그램을 개발하는 데 유용하다.】

❖ 행위 동사(action verbs)

대체로 학습 목표를 진술하는 과정에서 학습 목표를 명확하게 하고 평가 준거에 일치하는지를 확인하기 쉽도록 사용된다. 즉, 학습 목표를 진술할 때 진술문에 나오는 동사를 가시적 행위를 나타내는 동사로 쓰도록 하고 이를 "행위 동사"라 한다. 예를 들어, "~를 안다"가 아니라 "~를 설명한다", 혹은 "~를 지적한다" 등이다.

## 2.7 학습 특성

학습 능력은 인간의 우수한 본성 중 하나이다. 학습은 인간의 생애를 통해서 계속된다. 사람들이 어떻게 학습되는가를 이해하기 위한 과정 중 개인에게 발생하는 것이 무엇인지 이해하는 것이 필수이다. 일반적으로 철학자들은 수많은 이론과 반대 의견이 있음에도 불구하고 공통된 학습 특성(characteristics of learning)들이 있다는 것에 대해서 대부분 동의한다. 일반적인 학습 특성에 관한 지식은 항공교육에도 도움이 된다. 만약 학습이 경험(experience)의 결과로서 행동을 변화시켜야 한다면 교육은 이들 경험이 학습에 기여할 수 있도록 신중하고 체계적인 창조가 되어야 한다. 이 과정은 아주 복잡할 수 있다. 개인의 배경(background)은 다른 것들 속에서 개인이 학습되는 방법에 크게 영향을 주기 때문이다. 이것이 효과를 거두기 위해서 학습 상황은 반드시 경험, 다양한 측면(multifaceted)을 기초로 목표 지향적이어야 하고 활동적 과정(active process)이 포함되어야 한다. 이를 기초로 공통된 학습 특성은 다음과 같다.

첫째, 학습은 목표 지향적이다.
둘째, 학습은 경험의 결과다.
셋째, 학습은 다양한 측면이다.
넷째, 학습은 활동적 과정이다.

(1) 학습은 목표 지향적이다.

각 학생은 다른 관점(viewpoints)에서 학습 상황을 보게 된다. 이들 학생의 과거 경험은 학습을 준비하고 필수요건을 이해하는 데 영향을 주는 독특한 개성(unique individual)을 지니고 있다. 예를 들어 한 교관이 특정 검사 절차를 교육하기 위해서 두 명의 항공정비 학생을 담당하게 되었다고 가정하자. 한 학생은 빠르게 이해하고 과제로 부여된 자료를 완전하게 제출할 수 있는 능력이 있다. 항공 배경과 미래 목표의 결합이 그 학생에게 절차를 학습해야 한다는 필요성과 가치를 실현할 수 있도록 하였다. 두 번째 학생의 목표는 오직 교관의 통제에만 따르고 최소한의 준비만 하였다. 각 학생은 그들이 처한 상황에 따라 행동하기 때문에 반응은 극단적으로 다르게 나타날 수 있다.

대부분 사람은 그들이 행하고자 원하는 것을 달성했을 때 아주 명확한 생각을 한다. 이들의 목표는 하루 또는 일주일 정도 유지되는 단기간일 수 있지만, 대부분 목표는 경력 또는 생애 동안 주의 깊게 계획된 것이다. 각 학생은 특정 의도와 목표를 갖고 일부는 다른 학생과 공유할 수도 있다. 학생은 자신이 세운 목표에 더 가까이 다가갈 수 있게 하는 어떤 활동으로부터 학습된다. 이들의 개별적 욕구와 태도(individual needs and attitudes)는 교관이 이들을 교육하고자 시도하는 것만큼 이들이 배우고자 하는 것을 결정한다. 학습과정에서 학생의 목표는 매우 중요하다. 따라서 유능한 항공교관이 되기 위해서는 학생의 목표에 대한 새로운 학습을 연관시키는 방법을 찾아야 한다.

(2) 학습은 경험의 결과이다.

**학습은 개인적 과정이기 때문에 교관이 학생을 대신할 수 없다.** 학생은 오직 개인적 경험으로부터 학습될 수 있다. 따라서 **학습과 지식(learning and knowledge)은 서로 분리될 수 없다.** 개인의 지식은 경험의 결과이고, 두 사람이 결코 동일 경험을 가질 수 없다. 따라서 동일 사물을 관찰하는 것조차도 두 사람의 반응은 다를 수 있고, 상황이 그들의 개별적 욕구에 영향을 주는 방식에 따라 이들로부터 다르게 학습된다. 이전 경험에 따라 약간 다른 반응이 나타날 수 있지만, 그 외의 것들은 무시될 수 있다. 모든 학습은 경험으로부터 이루어지지만, **학습은 다른 형식 그리고 다른 정도의 풍부함과 깊이(varying degrees of richness and depth)로 이루어진다.**

예를 들어 일부 경험은 전체 학생에 포함될 수 있지만, 일부는 오직 듣고 기억(hearing and memory)한 것이 기초가 될 수 있다. 항공교관은 유의미하고 다양한 그리고 적절한 학습 경험을 제공해야 하는 문제에 직면한다. 학생은 사례와 같이 관련 용어를 반복적으로 암기해서 학습하거나 특정 비행원리를 암기해서 학습할 수 있다. 그러나 이 지식은 실제 상황에 정확하게 적용(application)할 수 있도록 충분히 이해했을 때만 의미를 가질 수 있다. 만약 학생에게 감정(feelings), 사고(thoughts), 과거 경험의 기억(memory), 그리고 신체적 활동(physical activity)이 포함된 경험에 도전하게 한다면 모든 학생이 그동안 수행하여 지닌 기억에 의한 학습 경험보다 더욱 효과적일 수 있다. 이것은 **신체적 기술의 학습이 그 기술(기량)을 수행하는 데 있어서 실제 경험이 필요하다는 것을 의미한다.**

만약 이들의 경험에 비행이 포함되어 있다면 조종훈련생은 오직 항공기를 비행하기 위해서 학습한다. 정비과정 학생은 실제로 이 과제를 수행하는 방법에 따라서만 동력장치를 오버홀(overhaul)할 수 있는 능력을 갖추게 된다. 만약 이들 학생이 현명한 판단을 내려야 하고 의사결정기술이 발달해야 한다면 이들은 일반 원리의 지식이 포함된 실질적인 문제를 해결하는 데 있어서 판단력(judgment)을 위한 학습 경험(learning experiences)이 필요하다.

(3) 학습은 다양한 측면이 있다.

**교관이 학생의 기억과 근육(memory and muscles)만으로 훈련되는 것처럼 보았다면 이들 학생의 교육 상황에 대한 잠재성을 과소평가하고 있다.** 만약 이 학생이 진지한 마음과 감정(minds and feelings)을 갖고 훈련한다면 학생은 예상한 것보다 더 많은 것을 학습한다. 이것은 교관의 교육계획에 포함되어 있지 않고 학습 상황(learning situation)에는 영향을 주지 않는다. 때때로 **심리학자는 학습을 언어적, 개념적, 지각적, 운동신경, 문제해결, 그리고 감정과 같은 종류로 분류하기도 한다.**

또 다른 분류는 표면적 혹은 깊은 학습과 같은 기술적 용어와 더불어 지능적 기술(기량), 인지 전략, 그리고 태도 변화 등으로 분류한다. 그러나 이들 분류는 다소 인위적일 수 있다. 예를 들어 과학적인 문제해결 방식을 적용하고 있다면 실제 문제를 해결하는 방법을 학습하게 될 것이다. 이것은 언어 학습(verbal learning)과 감각 지각을 동시에 달성할 수 있다. 이들 생각은 각 학생의 선입관(preconception) 생각과 감정으로 과제에 접근하고 많은 학생을 위한 경험의 결과와 같이 변화한다. 따라서 **학습과정은 언어 요소, 개념적 요소, 지각적 요소, 감정적 요소, 그리고 문제해결 요소 등이 한 번에 이루어질 수 있다.** 학습은 주요 주제를 학습하고 있는 동안 관련된 다른 요소들도 함께 학습된다. 학생들이 항공교육을 통해서 무엇을 경험하는가에 따라 태도(attitudes)가 다르게 발달할 수 있다. 예를 들어 **유능한 교관 밑에서 학생들은 자기-신뢰(self-reliance)를 배우게** 될 것이다. 이 종류의 학습을 **우연(incidental) 학습**이라고 할 수 있지만, 이것은 학생의 전체 발달에 큰 영향을 줄 수 있다는 점에서 교관의 태도 역시 중요하다는 것을 말해 주고 있다.

(4) 학습은 활동적 과정이다.

학생은 스펀지가 물을 빨아들이듯 지식을 흡수하지 못한다. **교관은 교육이나 훈련과정에서 학생들이 자신이 원하는 무엇인가를 확실하게 기억했다고 가정해서는 안 된다.** 이것은 교관이 어떠한 자료를 제시했을 때 학생들은 교실, 공장, 또는 항공기 등에 있을 수 있기 때문이다. **교관은 학생들이 알고 있는 것을 효율적으로 적용(application)할 수 있을 것으로 생각해서도 안 된다.** 학생들은 말 그대로 정확한 정답을 인용할 수 없기 때문이다. 교관은 학생들의 교육을 위해서 외적으로, 때로는 오직 내적, 감정적, 또는 지적으로 반응하고 응답(react and respond)해야 할 필요가 있다.

## 2.8 학습 방식

**학습 방식(styles)은 사람들이 다른 방법으로 정보를 흡수하고 처리한다는 사실을 기초로 한 단순한 접근 방법이다.** 학습 방식은 경험을 이해하고 이것을 자신의 지식 속으로 변환시키기 위한 개별적 선호도(individual's preference)이기도 하다. 이것은 학습자가 학습 상황을 받아들이는 전형적인 전략을 나타낸다. 예를 들어 정보는 다양한 방법으로 학습될 수 있다. 정보는 보고, 듣고, 반영(반향)하거나 행동을 분석하여 시각화함으로써, 또는 조금씩 혹은 지속해서(piecemeal or steadily) 학습될 수 있다. **사람들이 다르게 학습되는 것과 같이 이들 역시 다른 방법으로 교육되어야 한다.** 일부 교관은 강의(lectures)에 의존하는 반면 다른 교관은 시범(demonstration), 그리고 또 다른 교관은 컴퓨터 시뮬레이션 훈련(computer simulation training)을 선호한다. **교관은 전적으로 어느 한 방식에 의존하기보다 각 방식의 장단점을 파악하여 혼합하는 방식을 선택하는 것이 좋다.**

제1장에서 언급한 것과 같이 각 개인의 개성과 학습, 학습 방식에서 생각의 토대는 **"모든 사람은 개별적 학습 스타일을 갖고 있다"**라는 이론이다. 이 학습 접근 방식에 따라 학생과 교관이 이 방식에 역행하지 않고 적절하게 행동한다면 모두에게 이익이 될 것이다. 이들 이론은 두뇌가 어떻게 정보를 처리하는지에 관한 과학적 연구를 반영하여 아주 단순한 것에서부터 아주 복잡한 것까지 포함되어 있다.

이외에도 "학습모델 접근론(approaches to learning model)"이 있다. 이것은 학생의 학습 의도(student's intention)를 기초로 한 이론이다. 예를 들어 학생이 정보의 단기기억(short-term memorization) 또는 장기지식(long-term knowledge)에 관심을 두는가? 학생은 예고 없는 시험(pop quiz; *예고 없이 간단히 치는 시험*)에서 점수를 받기를 원하는가 아니면 엔진을 수리하기 위해서 학습된 지식을 사용할 수 있는 능력이 있는가?

학습모델 접근론의 한 특징은 "학습에 대한 학습자의 접근이 학습을 위한 학생의 이유에 달려 있다"라는 것이다. 이 이론은 학습을 위한 뚜렷한 이유를 갖고 항공훈련에 임하는 성인 학습자를 반영한 것이다. 만약 교관의 학습 방식이 학생을 교육하고자 하는 방식과 다르다면 학습 방식과 접근에 관한 지식은 교관에게 어떻게 학습 지식을 제시하고 조정해야 하는지에 관해서 도움이 될 것이다. 학생의 정보처리기술, 개성, 사회적 상호작용 경향, 그리고 적용된 교육 방식 모두 중요한 요소이기 때문에 훈련 프로그램은 다른 학습 방식과 민감하게 작용한다.

### (1) 우뇌와 좌뇌

인간 두뇌(brain)에 관한 연구에 따르면 두뇌는 정보를 이해하고 저장하기 위해서 사용하는 데 더 우월한 측면이 있는 것으로 알려져 있다. **양쪽 두뇌가 거의 모든 인간 활동에 관여하고 있지만, 특히 우뇌는 공간적 방향감각**(spatially oriented), **창의적**(creative), **직관적**(intuitive), **그리고 감정적**(emotional)**으로 더 우월함을 보여주고 있는 특성이 있다. 좌뇌는 언어적, 분석적, 그리고 객관적**(verbal, analytical, and objective) **우월성**을 보여주는 특성이 있다. 일반적으로 두뇌는 전체로서 기능한다. 예를 들어 오른쪽 반구는 얼굴을 인식하고 왼쪽 반구는 그 사람 얼굴과 관련된 이름을 기억해 낸다. 대부분 사람이 우세한 측면을 갖는 것으로 보이지만 절대적인 것은 아니다. 반면 학습이 새롭고, 어렵고, 또는 긴장할 때 두뇌는 선호되는 측면에서 자동제어하는 것으로 보인다. 학생의 우세 두뇌 반구를 인식하는 것은 교관에게 학습 방향을 제시하고 보강하도록 한다. 또한, 아래 [표[와 같이 정보의 이해와 저장을 양쪽 두뇌를 아주 균등하게 사용하는 일부 학생들도 있다.

| 좌뇌(left brain) | 우뇌(right brain) |
|---|---|
| • 구두지시에 잘 반응한다. | • 시범 지시에 더 잘 반응한다. |
| • 단계별 형식에서 배우기를 좋아한다. | • 일반 개념 다음 세부사항을 배우기를 좋아한다. |
| • 쓰기를 선호한다. | • 개방형 질문을 선호한다. |
| • 선다형 평가에 더 능하다. | • 음성의 톤에 반응한다. |
| • 계획적이고 구조적이다. | • 충동적이다. |
| • 분석적이다. | • 전체론적이다. |
| • 사람들의 이름을 기억한다. | • 사람들의 얼굴을 기억한다. |

▲ 뇌의 특성을 이해하는 것은 교육하는 방법과 학습을 강화하는데 유용한 정보를 제공한다.

(2) 전체적 학습과 연재작가 이론

좌뇌와 우뇌 학습자는 정보를 처리하는 데 있어서 서로 다른 선호도를 갖는다. **정보처리이론의 기초는 좌뇌 학습자 또는 연재물 학습자는 학습에 대한 분석적 접근(analytic approach)을 한다.** 이들 학습자는 각 단계에서 논리적으로 이전 것을 따라서 선형으로 이해하기 때문에 **전체 그림을 서서히, 철저하게 그리고 논리적으로 전개해 나가는 잘 정의된 일련의 단계가 필요**하다. 이것은 아래에서 **위로 향하는 전략**(bottom-up strategy)이다. 우뇌 또는 전체론적 이론(holistic theory) 학습자는 큰 그림 또는 전체적 전망을 선호하는 경향이 있다. 이것은 **위로부터 아래로**(top-down strategy)의 전략이고, 학습자는 갑자기 생각이 나서 이것을 얻고자 할 때까지 연계성 없이 거의 무작위로 지식을 흡수하면서 크게 점프하여 학습하는 경향이 있다. 전체적 학습자(global learners)는 일단 그들이 큰 그림을 그렸다면 복잡한 문제를 신속하게 해결하지만, 그것이 어떻게 그렇게 되었는지에 대한 설명에는 어려움을 느낀다. 이 종류의 학습자는 전체적인 이해를 추구하는 경향이 있다.

(3) 학습 방식의 지수

1988년 Richard Felder and Linda Silverman은 학생들을 감각 또는 직관, 시각적 또는 언어적, 활동성 또는 반사적, 순차적 또는 전체적 학습 선호도에 따라 평행 학습 방식과 함께 아래 [표]와 같이 학습 방식 모델을 분류하였다.

| 학습 방식 | 특 징 |
|---|---|
| 활동적(active) | 무언가를 행함으로써 정보를 보존하고 이해하는 경향이 있다. |
| 반영적/숙고(reflective) | 정보를 조용하게 생각하는 것을 선호한다. |
| 감각적(sensing) | 사실을 학습하기를 좋아한다. |
| 직관적(Intuitive) | 가능성과 상관관계를 발견하기를 선호한다. |
| 시각적(visual) | 본 것을 가장 잘 기억한다. |
| 언어적(verbal) | 서면 단어와 서술적 설명에서 더 잘 이해한다. |
| 순차적(sequential) | 단계적 설명에서 더 잘 이해한다. |
| 전체적(global) | 큰 스케일에서 학습되는 경향이 있다. |

▲ 각 학습 방식에서 활용되고 있는 일부 서로 다른 특성들이다.

(4) 시각, 청각, 운동 학습자

현재까지 **가장 대중화된 학습 방식의 하나는 시각, 청각, 그리고 촉감(vision, hearing, and touch)과 같은 3개의 주요 감각기관을 기초**로 한다. 이것을 다음 쪽 [표]와 같이 **시각적, 청각적, 그리고 운동학습 방식(visual, auditory, and kinesthetic learning styles; VAK)**이라 한다. 이 연구는 20세기 초 심리학자들과 교육 전문가들이 이들 개념을 수년 동안 발달시켜 왔다. VAK 모델에 독서(reading)의 R을 추가한 VARK 또는 촉감(tactile)을 위한 T를 추가하여 VAKT 또는 둘을 합쳐서 VARKT라고도 한다. 일반적으로 학습자가 정보를 받아들이기 위해서 이들 3개의 방식 모두를 활용하지만 받아들이고 있는 정보는 이들 중 하나만 우세한 경향을 보인다. 또다시 받아들이고 있는 정보의 우세한 스타일(dominant style)은 새로운 정보를 학습하기 위한 사람에게 가장 좋은 방법이지만 이 방식이 모든 과제에 같지 않을 수 있다. **학습자는 학습 과제(learning task)에 따라 어느 한 학습 방식 또는 여러 방식을 결합하여 활용하기도 한다.**

| 학습 스타일 | 특 징 | 교육적 조언 |
|---|---|---|
| • 시각(Visual) | 보고, 읽기 | 그래프, 차트, 비디오를 활용하라. |
| • 청각(Auditory) | 듣고, 말하기 | 학습자에게 말로 질문을 하라. |
| • 운동감각(Kinesthetic) | 만져보고, 행동하기 | 기술(기량)의 시범을 활용하라. |

▲ 시각, 청각, 그리고 운동학습 방식

**시각 학습자의 학습은 보는 것에 의존한다.** 이들은 수업이 무엇인가를 볼 수 있을 때 그리고 인쇄물이라든지 그래픽 재료, 도형, 설명서, 시각적, 오버헤드 슬라이드, 비디오, 플립차트(flip charts), 그리고 무료 학습지(hand-outs; *학회 등에서 배포하는 자료 인쇄물 또는 유인물*)와 같은 시각 디스플레이와 같은 자료를 제공할 때 최상의 효과를 거둘 수 있다. 이들은 두뇌에 그림 또는 이미지 형식으로 정보를 저장하고 기록하는 것을 좋아한다. 통계학적으로 대부분 사람은 시각 학습자(vision learners)들이다.

**청각 학습자(auditory learners)는 듣고 말하는 것을 통해서 지식을 얻는다.** 이들 학습자는 언어를 구사하는 교육과 같이 구술 부분이 필요하므로 자신들이 듣고 말한 것에 대해서 우수한 청각 기술과 기억력을 갖는다. **이들은 글로 써서 설명하는 것보다 말로 설명할 때 더 잘 이해한다.** 청각 학습자는 듣는 정보를 선호하기 때문에 기록하는 것을 좋아하지 않는다.

**운동 학습자(kinesthetic learners)는 무엇인가를 만지거나, 조작, 또는 활용하거나 행하는 것과 같은 신체적 경험을 통해서 정보를 처리하고 저장한다.** 이들은 문제를 해결하기 위해서 주변을 돌아다니기를 좋아하고 **체험 학습(hands-on practical experiences)이 포함되었을 때 최상의 효과를 얻을 수 있다.** 이들 집중 능력은 외적 자극이 없을 때 헤매는 경향이 있다. 또한, 이들은 시범을 주의 깊게 관찰하는 방법으로 학습되고 시범자의 행동을 연상시키거나 그대로 따라(imagining or mirroring) 행하는 능력이 우수하다.

학습자는 이들 3개의 학습 방식 중 하나를 선호하지만, 대부분 학습자는 학습에 사용되는 재료에 따라 이들 3개의 방식 모두를 활용한다. 예를 들어 조종훈련생이 교관의 지도를 받으면서 **첫 착륙을 시도할 때 훈련생은 시각, 청각, 그리고 운동학습 모두를 활용**한다. 항공기가 배풍경로에 진입했을 때 조종훈련생은 항공기를 활주로와 정렬(align)시킬 수 있도록 공항과 착륙활주로를 인식하기 위해서 시각적 단서(visual cues)를 활용할 것이다. 교관이 절차(procedures)를 조종훈련생에게 구두로 설명함에 따라 조종훈련생은 항공기를 어떻게 착륙시킬 것인지 학습하기 위해서 청각 학습기술을 활용한다. 최종적으로 조종훈련생은 실제 착륙을 위한 운동학습 기술을 활용할 필요가 있다.

대부분 **정상 학습자는 다양한 방법에서 정보를 처리하기 위한 능력이 있다는 것을 기억하라.** 다양한 학습 방식을 확실하게 하기 위한 개별적 학생 욕구를 충족해야 하는 요점(key points)은 매 훈련이나 학습에서 강조되어야 한다.

### (5) 슈퍼링크

"Ricki Linksman"이 제시한 이론에서 학습 방식의 생각은 VAKT 학습 방식에 두뇌 반구 선호도를 더한 것을 기초로 한 개념 속에 융합시킨 것이다. 이 슈퍼링크(superlink)는 학습자에게 학습 정보를 이해, 기억, 그리고 이를 보유하는데 가장 쉬운 방법을 제공한다. 좌뇌와 우뇌 그리고 시각, 청각, 운동, 촉감을 매칭시킴으로써 "Linksman"은 다음과 같은 8개의 슈퍼링크를 만들어 낸다.

① 시각 좌뇌(visual left-brain)
② 시각 우뇌(visual right-brain)
③ 청각 좌뇌(auditory left-brain)
④ 청각 우뇌(auditory right-brain)
⑤ 촉각 좌뇌(tactile left-brain)
⑥ 촉각 우뇌(tactile right-brain)
⑦ 운동 좌뇌(kinesthetic left-brain)
⑧ 운동 우뇌(kinesthetic right-brain)

슈퍼링크는 학생이 학습 목표를 달성할 수 있는 최상의 방법으로 학습을 촉진한다.

### (6) 요약

앞서 언급한 것과 같이 사람들이 학습하는 방법에는 수많은 모델이 있다. 일부 모델은 다른 사람들과 과업을 즐기는 협력적이고, 공유하는 학생들이 있는가 하면 일부는 동료라기보다 점수를 의식한 경쟁적 학생들일 수 있다. 일반적으로 긍정적 혹은 적극적 참여 학생은 학습하기 원하고 교실에 출석하는 것을 즐거워하지만 부정적 혹은 회피성 학생은 교실에 자발적으로 참여하지 않고 큰 관심을 두지 않는다. 또한, 학습 환경은 학습 방식에 영향을 준다. 실제 대부분 학생은 학교, 대학, 또는 다른 교육/훈련 기관에서 제공하고 있는 전통적인 교육 방식의 학습 환경에 적응해야 할 필요성이 있다는 것을 발견한다. **학생의 학습 방법은 이들 환경에 적합할 수 있지만 그렇지 않을 수도 있다. 학습 방식 또는 학생의 학습 접근 중 어느 하나 그리고 이들과 연관된 문제가 있음을 인식한 교관은 그러지 못한 교관에 비해서 더 유능한 교관**이 될 수 있다. 이들 교관은 학습 계획을 잘 수립할 수 있고 적절한 지도와 상담 또는 필요한 조언을 제공할 수 있다.

## 2.9 기술 지식

항공교관은 자신이 스스로 행할 수 있는 목록을 작성하여 학생의 운동이나 손발을 이용한 기술(motor or manual skills) 그리고 인지 또는 정신기술(cognitive or mental skills)에 반영될 수 있는 기술이나 기량을 습득하는 데 도움이 되어야 한다. 따라서 기술 지식(skill knowledge)은 서술지식(declarative knowledge; *사실적 정보에 관한 지식. 사실 관련 정보의 표상과 조직을 강조한다*)과 다르다. 기술 지식의 증거는 성과의 관찰을 통해서 얻어진다. 일(work)을 어떻게 행해야 하는지의 지식은 기술 지식의 저장으로 이어지는 수많은 연습/실습으로 이루어진다. 전형적인 기술 지식의 사례는 자전거 타기를 배우는 것과 같은 것을 연상할 수 있다. 기술 지식은 관련된 경험을 통해서 조금씩 습득한다. 예를 들어 정비과정 학생이 용접 기술자가 용접했던 금속 조각을 이용해서 용접하는 기술을 배울 때 결함 발생을 우려하지 않아도 된다. 경력이 많은 전문 용접 기술자는 수많은 연습/실습으로 숙달되었기 때문에 비숙련 용접공의 부족한 점을 알 수 있다.

### 2.9.1 기술(기량) 지식을 얻는 단계

일반적으로 학생은 3단계의 기술 지식 획득(knowledge acquisition) 과정을 통해서 초보자에서 전문가로 성장한다. 교관은 학생 진도(progress)를 평가하기 위해서 학생 성과에서 각 단계를 인지할 수 있도록 학습되어야 한다. 모든 기술(기량) 획득의 발달은 다음과 같은 3개의 특성 단계를 갖는다.

① 인지 단계(cognitive)
② 연합 단계(associative)
③ 자동반응 단계(automaticity)

#### (1) 인지 단계

**인지학습(cognitive learning)은 사실에 입각한 지식의 기본**이다. 조종학생은 비행에 관한 사전 지식이 없으므로 교관이 먼저 기본 기술을 소개한다. 다음, 조종학생은 그 기술을 수행하는데 필요한 단계를 기억한다. 조종학생이 이들 기억된 단계를 수행함에 따라 때로는 진도를 인지하지 못하거나 어느 한 성과에만 고착(fixate)되어 있을 수 있다. 이 단계에서 기술을 수행하는 것은 조종학생의 모든 주의(attentions)를 필요로 한다. 때로는 교관의 주의산만이 성과를 떨어뜨리거나 중단시키는 원인이 될 수 있다.

**학생이 주어진 과업을 성취하도록 하는데 가장 좋은 방법은 명쾌한 단계적 사례**(clear, step-by-step example)**를 제공**하는 것이다. 학생이 따라 해야 하는 모델이 결정됨에 따라 적절한 순서로 연속적으로 진행되는 각 단계에 대해서 명확한 그림을 그릴 수 있고 단계별로 무엇이 필요하고 이를 어떻게 해야 하는지 이해하게 될 것이다. 교관은 비행훈련 또는 정비훈련에서 각 단계에서 필요한 기술을 강조하면서 시범을 보여주어야 한다. 교실 교육 중 비디오 시청과 같은 다른 매체(media)를 활용할 수도 있다. **어느 경우라도 학생은 그들이 해야 하는 것에 대해서 명쾌한 각인**(clear impression)**을 갖도록 할 필요**가 있다. 예를 들어 조종학생이 동력을 증가시키고 피치 트림(pitch trim)을 조절하면서 깊은각 선회(steep turn)를 시작했다고 가정하자. 조종학생은 원하는 경사각을 확립하기 위한 시도에서 자세계(attitude indicator)에 시선이 고정될 수 있다. 조종학생이 이를 수정하려고 할 때 여러 차례의 급조작을 하면서 경사각은 한계를 초과할 수 있다.

### (2) 연합단계

연합단계(associative stage; *기술 습득의 두 번째 단계로, 그 기술을 수행하는 여러 부분이 하나의 단위로 좀 더 밀접하게 연결되는 단계*)는 무엇을 어떻게 해야 하는지 시범을 보여주는 것만으로 훈련생의 기술 지식(기량)을 얻을 수 없다. **학생은 시각과 촉각으로 근육을 잘 조화시킬 수 있는 훈련이 필수이다. 다양한 항공기 정비기술 또는 비행기동을 수행하기 위해서 실습 혹은 훈련은 필수이다.** 훈련이나 실습의 또 다른 장점은 훈련생의 기술(기량)이 숙련됨에 따라 구술 교육(verbal instructions)이 더욱 의미가 있을 수 있다는 것이다. 학생이 숙련되기 전에 상세하고 긴 설명은 잠시 혼란을 초래할 수 있지만, 기술(기량)이 부분적으로 완성된 후에는 짧은 지시나 설명만으로 더욱 의미가 있을 수 있고 유용하다.

학습은 실습이나 훈련을 통한 기술의 저장이 계속됨에 따라 결과와 같은 성과에서 개별 단계와 연관시킬 수 있도록 학습된다. 훈련생은 더 이상 일련의 기억된 단계(memorized steps)를 수행하지 않지만, 진도를 나가는 동안 성과는 평가되고 조절될 수 있다.

훈련생이 기술(기량)을 수행할 때 신중한 주의(deliberate attention)를 필요로 하지만, 때로는 주의산만을 효과적으로 처리할 수 있어야 한다. 위의 사례에서 조종훈련생은 깊은각 선회에 진입하고 원하는 경사각을 달성하기 위해서 다시 노력할 것이다. 조종훈련생은 여전히 경사각(angle of bank)을 유지하려 노력하면서 고도(altitude)와 관련된 문제를 끊임없이 기억하고 고도계를 주시하고 있다. 조종훈련생은 항공기가 100피트 정도 강하한 것을 알아차리면서 조종간을 뒤로 당기고 트림을 약간 조절하였다. 이 조종훈련생의 지속적인 노력으로 고도를 유지하면서 경사각을 유지하기 위한 노력의 결과 훈련은 시작했을 때보다 80피트 높은 고도에서 종료될 수 있었다.

### (3) 자동반응 단계

**자동반응**(automatic response)**은 실습/훈련의 부산물**(by products)**의 하나**이다. 어떤 절차가 자동화됨에 따라 이를 수행하기 위한 주의를 덜 필요로 한다. 따라서 이것은 다른 것과 동시에 수행할 수 있어야 하거나 최소한 다른 것을 행할 때 불편하지 않아야 한다. 이 단계에서 기술(기량)의 훈련생 성과는 신속하고 유연(rapid and smooth)하다. 훈련생은 기술(기량)을 수행하는 동안 기동을 수행하기 위해서 더 세심한 주의를 기울이지 않아도 되고, 대화하거나 다른 과업을 수행할 수 있다. 훈련생은 그의 수행과 조종간의 조절에서 더욱 정교해지고 기술이나 힘을 적용하는 크기도 작아질 수 있다. **이 훈련생은 더 이상 절차에서 개별적 단계를 기억하지 않게 되고, 또한 기술을 어떻게 수행하는지 설명할 수 있게 된다.** 예를 들어 훈련생은 선회에 진입하면서 유연하게 동력을 증가시키고 조종간 후방압을 적용할 수 있게 된다. 교관은 선회 중 훈련생에게 선회와 무관한 주제를 질문한다. 훈련생은 작은 양의 피치와 트림을 조절하면서 질문에 답하고 원하는 고도를 유지하면서 선회정지 조작을 수행할 수 있다.

### 2.9.2 지식의 결과(오류 수정)

학생은 일부 **단순 기술(기량)의 학습에서 자신의 실수(errors)를 쉽게 발견한다. 그러나 항공기 정비기술, 비행기동, 또는 비행승무원 임무를 수행하는 것과 같은 복잡한 상황에서 실수(errors)는 잘 드러나지 않는다.** 학생은 무엇인가 잘못되었음을 인지했으나 이를 어떻게 수정해야 하는지 모를 수 있다. 이러한 상황에서 교관은 도움을 줄 수 있어야 하고 학생의 학습 진도에 영향을 미칠 수 있음을 인식해야 한다. 이것은 학생 자신이 언제 실수를 했는지 그리고 언제 올바른지를 아는 것이 매우 중요하다. 실수(errors)는 주어진 과업을 수행한 후 가능한 한 빨리 말해 주어야 하고, 잘못된 방법을 반복하도록 허용해서는 안 된다. 실수를 고치는 것이 더 어려울 수 있고 처음 학습하는 것보다 기술(기량)을 더 정확하게 학습해야 한다. 학생이 자신의 진도를 의식하도록 하는 한 방법은 시범 또는 사례를 반복해서 보여줌으로써 궁극적으로 이들 성과가 적합한 표준인지를 보여주는 것이다.

### 2.9.3 기술의 개발

인지 단계부터 자동반응 단계의 유연하고 일관된 성과까지 기술(기량)에 어떻게 진보하는지에 대한 의견은 공통으로 반복 실습이라는 데 일치한다. 자동화를 향한 진도는 반복에 반복을 거듭함으로써 달성할 수 있는 것으로 보고 있다. 기술(기량) 학습에서 첫 시도는 수행능력은 늦고 과제별 협력 역시 떨어진다. 빈번한 실수를 하지만 연속된 후속 시도에서 수행능력은 점차 향상된다. **어느 한 기술(기량)이 능숙해지는데 얼마나 많은 시간이 걸리는가에 관한 연구에 따르면 진도는 "실습누승법칙"에 따라 향상되고 있음을 보여주고 있다. 이 법칙은 과업의 성과 속도는 과업을 수행한 횟수에 따라 향상되는 것이라고 서술하고 있다.** 특정 과제를 위한 반응시간의 로가리듬(logarithm; *대수*)은 수행한 실습 횟수의 로가리듬에 선형으로 감소한다.

실습누승법칙은 성과를 질적으로 향상한다고 할 수 있다. 다음 쪽 그림의 "실습누승법칙" 그래프에서 기술은 실습한 기간 대비 기술을 수행 성과의 관련성을 보여주고 있다. 이것은 학생이 성숙할 때까지 기술(기량)을 발달시키는데 얼마를 실습해야 하는지 예측하는 것은 불가능하지만, "실습누승법칙"에서 단서를 얻을 수 있다. **학습 진도는 시작 단계에서 매우 빠르게 상승하고 성과가 어느 정도 달성됨에 따라 느려지는 경향이 있다.** 학습 후반기에는 더욱 느리게 진행되고 있다. 일단 곡선이 수평이 되었다면 이것은 상당 기간을 수

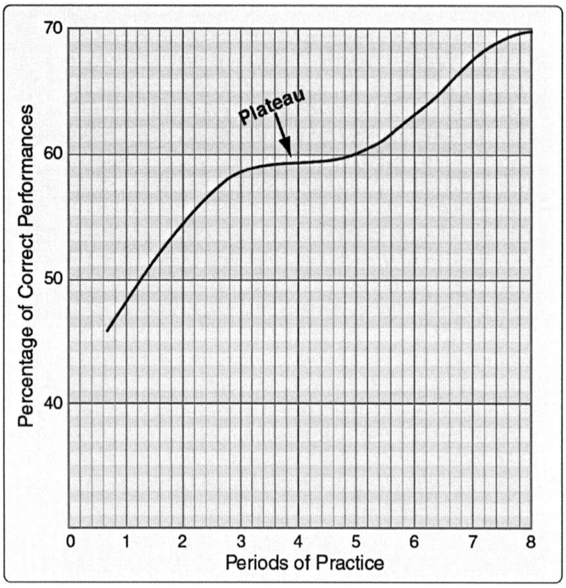


◀ 대부분 학생은 특정 시점에서 학습고원을 경험하게 될 것이다.

평 상태가 유지되고 그 이상의 진도 향상(progress improvement)이 이루어지지 않을 것 같이 보일 수 있다. 이것을 학습고원(learning plateau)이라 한다.

### 2.9.4 학습고원

**학습고원(learning plateaus)은 정상 학습과정의 한 부분이고 일시적으로 정체되는 경향이 있지만, 교관과 학생은 이를 알고 대비**해야 한다. 예를 들어 학생은 능력의 한계에 도달할 수 있고, 기술(기량)의 수준을 굳히는 데 관심이 줄어들기(waned) 때문에 학생은 이를 극복하고 진도를 나가기 위해서 더욱 효율적 방식이 필요하다. 교관은 어떠한 과제를 3~4회 반복한 후 학생이 학습고원에 빠지는 것을 피하도록 잠시 중단해야 한다. 숙련도의 향상이 뚜렷하게 부족한 것이 필연적으로 학습을 중단해야 한다는 것을 의미하지 않는다는 것을 명심하라. 학습운동기술(learning motor skills)에서 수행 기술이 수평에 도달하거나 학습고원은 정상적이라는 점과 초기 학습 단계에서 빠른 성과를 달성한 후 예상할 수 있어야 한다.

교관은 학생이 이 시기에 스스로 실망하지 않도록 이에 대비해야 한다. 만약 **학생이 이 학습고원을 의식하고 있다면 좌절은 최소화**될 수 있다. **교관은 학습고원에 빠진 학생을 교육/훈련 교육과정에서 다른 부분으로 전환하거나 현재 과업을 중단하는 방법으로 학생을 도울 수 있다.** 또한, 교관은 학생의 과도한 훈련으로 학습고원에 빠질 수 있다는 것을 인식하고 있어야 한다. 때때로 학습고원 문제는 교관이 교육 내용, 훈련/실습을 위한 이유, 그리고 학생이 어떻게 극복할 수 있는지를 더욱 상세하게 설명함으로써 완화될 수도 있다.

## 2.10 연습의 종류

일단 학생이 기술(기량)을 익혔다면 확립된 기술을 더 향상하고 유지하기 위해서 계속 실습/훈련하는 것이 중요하지만 **"연습누승법칙(power law of practice)"은 계속된 연습에도 더 이상 진전되지 않는 시점과 관계없이 진행되어야 하는지 물음이 남는다.** 이와 유사하게 운동 코치는 성과를 극대화하는 데 집중하고 있으므로 이에 관한 많은 연구가 진행됐다. 최근 몇 년 동안의 연구에 따르면 그들이 습득한 것을 어떻게 잘 보존할 수 있는지에 대한 어떤 훈련 방식이 중요한 역할을 하는지 보여주고 있다. 특정 결과를 얻기 위한 기술(기량)을 습득하는데 다음과 같은 3종류의 실습/훈련이 있다.

첫째, 신중 실습/훈련
둘째, 구획 실습/훈련
셋째, 무작위 실습/훈련

(1) 신중 연습/훈련

학생이 기술 지식을 얻기 위해서 그리고 자동반응 수준에서 기술을 어떻게 수행해야 하는지 학습하기 위해서 학생은 정교하게 계획된 프로그램에 따라 실습/훈련해야 한다. 이 훈련/실습은 특정 목표에 초점을 두고 있다. **신중 연습(deliberate practice) 중 학생은 성과 향상을 위한 특정 영역을 실습에 실습을 거듭한 후 특정 피드백(feedback)을 받는다. 피드백은 실제 성과와 추구하는 성과 목표 사이에 불일치를 지적한다.** 학생은 신중 실습 중 이들 불일치를 줄이는 데 초점을 두어야 한다. 만약 신중 실습 중 주의산만을 피할 수 있다면 기술 지식의 연구는 더욱 양호한 결과를 얻을 수 있게 한다. **학생 성과를 수정하기 위해서 피드백이 필요할 때 간단명료(brief and explicit)해야 한다.** 조종사를 위한 개별 기량의 사례는 착륙, 실속, 깊은각 선회, 그리고 절차 흐름(procedure flow) 등이다. 정비과정 학생을 위한 사례는 왕복엔진에서 피스톤 링의 정확한 설치, 엔진 타이밍 세팅, 그리고 태코미터, 발전기의 장착 등이다.

(2) 구획 연습

**구획 연습(blocked practice)은 운동이 자동화될 때까지 동일 과제를 반복연습하는 것이다.** 동일 과제를 반복함으로써 더 많은 단기성과를 거둘 수 있지만, 장기 학습에는 기대한 만큼 성과가 나지 않을 수 있다. 이것은 학생과 교관 모두에게 기술(기량)이 잘 학습된 것으로 생각하게 할 수 있다. 구획 실습이 최근 성과를 올리는 동안 **개념 학습**(concept learning; *개념이란 특정한 사물, 사건이나 상징적인 대상들의 공통된 속성을 추상화하여 종합화한 보편적 관념이다. 개념은 구체적 개념과 추상적 개념으로 구분된다*)의 형성이 늦어나 장기기억으로부터 회상(recall)이 향상되지 못한다.

(3) 무작위 연습/훈련

무작위 연습(random practice)은 **실습 기간에 습득된 기술(기량)을 결합하는 것이다. 이 종류의 연습/훈련은 더욱 양호한 기술 보존을 제공한다.** 일련의 분리된 기술을 무작위로 행하기 때문에 학생은 더욱 의미가 깊은 기술의 유사성과 차이점(similarities and differences)을 인지하기 시작하게 될 것이다. 또한, 학습자는 장기기억 속에 더욱 효과적으로 기술(기량)을 저장할 수 있다. 학생은 자신이 여러 과제 사이의 패턴을 인식하는 데 도움이 되는 장기기억으로부터 단계와 변수들을 검색할 필요가 있다. 구획 실습 성과는 무작위 실습 성과와 비교할 때 실제 실습 중 좋은 점수를 받는다. 그러나 다음 날 주어진 테스트에서 무작위 실습은 구획 실습보다 더욱 양호한 성과를 낼 수 있다. **항공지식의 장기 보유를 위해서 훌륭하게 작성된 SBT(시나리오 기반)를 사용하는 교관은 무작위 실습을 권하고 더욱 양호한 정보 보존이 될 수 있도록 지도해야 한다.**

특정 기술(기량)에 능숙해지는데 얼마의 실습이 필요한가? 학생 기술(기량) 획득을 위한 계획수립에서 주요 고려사항은 실습에 전념하는 시간이다. 초보 학생에게 추가 실습 시간은 비생산적(unproductive)이고 때로는 유해할 수 있는 시점에 도달한다. 이 시점에 도달했을 때 실수가 증가하고 동기부여가 현저히 떨어진다. 그러나 학생이 경험을 얻게 됨에 따라 더 긴 실습 기간은 유리할 수 있다. 또 다른 고려사항은 훈련 기간을 분리해야 하는지에 관한 문제이다. 아마도 교관은 여러 구획으로 나누어야 할 필요가 있거나 아니면 연속적이고 통합된 순서로 계획하는 것이 더 장점이 있을 수 있다.

이에 대한 해답은 기술(기량)의 특성에 달려 있다. 일부 기술(기량)은 이전 과제와 서로 독립되어 밀접하게 관련된 단계로 구성되어 있다. 낙하산을 포장하는 것은 좋은 사례이다. 다른 기술은 서로 관련된 하위그룹으로 구성되어 있다. 항공기 엔진의 오버홀을 학습하는 것은 좋은 사례이다. **학습으로부터 가장 좋은 성과를 얻기 위한 실습을 구성하는 한 방법은 학생에게 다른 상황(different contexts)에서 동일 지식과 기술에 노출되도록 하는 것이다.** 예를 들어 항공기의 단거리 활주로 착륙(short field landing)을 훈련한 후 교실로 들어가 장난감 비행기를 이용해서 절차를 다시 한번 실습(rehearse)해 보는 것이다. 다음, 다양한 연속 착륙을 보여주는 비디오를 시청하고 어느 것이 잘못되었고 어느 것이 잘 된 것인지를 토론(discuss)하는 시간을 갖는다. 이들 각각의 실습/훈련 방식은 훈련생의 기본 기술(기량)에 새로운 지각과 통찰력(perceptions and insights)을 제공하면서 조종훈련생에게 기동을 실습할 기회를 제공한다.

## 2.11 평가와 비평

기술(기량) 습득(skill acquisition)의 초기 단계에서 실용적 암시가 학생에게 점수보다 더 가치(valuable)가 있을 수 있다. **통상 초기 평가(evaluation)는 교관 지향적이다.** 이것은 교육적 효율성(teaching effectiveness)의 점검과 함께 최종적으로 학생의 학습 숙련도를 예측하는데 사용할 수 있으며, 교관에게 특별 문제 영역을 찾아내는 데도 도움을 줄 수 있다. 평가의 기본이 되는 관찰(observation) 역시 학생의 장단점을 찾아낼 수 있고, 긍정적 혹은 건설적 비평(constructive criticism; *맹목적 비판이 아닌 근거와 형식을 바탕으로 한 비판*)을 위한 전제조건이다. 학생이 기술을 실습하는 동안 기술을 정확하게 수행하는 것이 중요하고 실습에 따른 기술이 완성될 때까지 발달해야 한다. 교관은 학생의 실습을 모니터링하여 기술 발달에 대해서 피드백을 제공하면서 정확하게 실습하고 있는지 확인해야 한다. **학생은 누군가가 자신의 실행이나 성과를 주시하고 있다는 것만으로도 도움이 되고 실수를 방지하는데 건설적 비평을 받을 수 있다. 학생이 정확하게 수행된 기술을 칭찬하는 것은 긍정적 평가를 유지하는 데 도움이 된다.** 학생이 그의 성과에 대해서 비평을 허용함으로써 학생중심 훈련(student-centered training)이 향상될 수 있다. 교관은 어느 기술 획득 단계에서 의도하는 성과 방식에 차이가 있는지 주시해야 한다.

### 2.11.1 과잉학습

**과잉학습(overlearning)은 초기 숙련도를 달성한 후에도 기술(기량)을 계속해서 실습(훈련)하는 것이다.** 실습이나 훈련이 우수한 성과를 거둘 수 있는 정도의 시점을 넘어서 계속된다면 과잉학습이 될 수 있다. 때때로 과잉학습은 지식의 적용을 더욱 유연하게 하는 데 효과가 있을 수 있다. 반면 자동화된 일상 업무(automated routines)의 발달에는 문제가 발생할 수 있다. 예를 들어 구술 점검표 절차(verbal checklist procedure)는 자동화되어 있어 점검표 항목(items)들의 유연한 암송은 실제 행동으로 실천해야 하는 점검표 항목과 분리될 수 있다. 다시 말해서 머리 따로 손 따로 행동하는 경우이다. 이때 조종사 또는 정비사는 각 항목을 세밀하게 점검할 수 없다. 자동화 기술(기량)의 발달은 그 이상으로 학습되는 것을 방해하거나 전반적인 지식의 망각으로 이어질 수 있다. 예를 들어 조종훈련생은 매일 훈련하던 항공기와 다른 항공기의 성능 차트를 이용해서 무게와 균형 문제를 해결할 것을 요청받았다.

첫째, 매일 비행하는 소형 단발엔진 비행기
둘째, 비행 경험이 없는 다른 소형 단발엔진 비행기

조종훈련생은 익숙하지 않은 비행기의 차트를 사용할 때 점수가 낮게 나왔다. 이 같은 결과는 익숙해 있는 항공기 성능 차트의 사용이 일상적이고 자동화된 절차에 익숙해진 학생은 무게와 균형(weight and balance)의 전체적인 개념을 이해할 수 있는 능력이 현저히 떨어지고 있음을 보여주고 있다. 교관은 과잉학습으로 인한 결과와 함께 학생의 기술(기량) 발달에 대해서 인지하고 있어야 한다. 또한, 그들의 **바탕 지식**(underlying knowledge; *기본적으로 갖추고 있는 지식*)을 활용할 수 있도록 지속해서 지도해야 한다. 학생의 진도가 나감에 따라 지식과 기술 사이의 중요한 차이가 확실해진다. 일단 초보자의 서투른 기술

성과를 지지하고 있던 주제에 관해서 기억된 사실은 더욱 깊이 이해할 수 있도록 발달시키는 경향이 있다. 기술 획득은 학생이 절차적 지식 영역(procedural knowledge realm)에 진입하고, 더 이상 개별 단계(individual stages)를 의식하지 않는 시점에서 연속자동처리(continuous automated process)가 되도록 개별적 단계들의 융합된 학습이 포함된다.

### 2.11.2 기술(기량)의 적용

**학생에게 학습에 관한 최종적이고 가장 중요한 질문은 "학생이 배운 것을 활용할 수 있는가?" 하는 것이다.** 일주일 혹은 한 달 동안 새로운 지식 혹은 기술(기량)을 학습하기 위해서 학교 학습에 열중하였지만, 이들의 능력이 실무(직업)에 적용되지 못하고 있음을 발견하는 것은 어려운 일이 아니다. 이 문제를 해결하기 위해서 다음과 같은 2개의 조건이 제시되어야 한다. 이 중 두 번째 조건은 다음 장에서 소개하게 될 **학습전이**의 문제를 포함한다.

첫째, 학생은 기술이 습관처럼 행해질 수 있도록 학습되어야 한다.
둘째, 학생은 기술을 활용하기에 적절한 상황을 인식해야 한다.

### 2.11.3 교관 행동

교관은 학생이 기술을 습득하는 데 도움이 되도록 다음과 같이 행할 것을 권고한다.

첫째, 기술/기량을 반복 실습하여 습득하고 향상되도록 하는데 필요한 핵심을 소개하라.
둘째, 학생의 기술 실습을 모니터하고 즉각적인 피드백을 제공하라.
셋째, 학생이 개별적 기술을 실습할 때 대화 혹은 다른 주의산만 행동을 피하라.
넷째, 학습고원은 대부분 학생에게 공통 현상이고 훈련으로 극복할 수 있음을 설명하라.

## 2.12 지식 또는 기술의 통합

조종훈련생이 항공기를 비행할 수 있기 전까지 또는 정비과정 학생이 항공기 엔진을 재조립하기 전까지 많은 기술 지식이나 기량들이 훈련되고 학습된다. 이를 위한 특정 기술 혹은 기량을 실습하는 것은 필수이지만, 지방횡단비행(cross country flying)을 하는 것 또는 고장 난 착륙장치를 수리하는 것은 이를 성공적으로 완수하기 위해서 그동안 학습이나 훈련된 과제를 종합할 수 있는 능력이 필요하다. 다음은 고착과 부주의에 관한 문제를 극복하면서 주의산만과 방해를 만족스럽게 처리하고 이들과 관련된 문제를 극복하는 여러 과제를 한 번에 수행하기 위한 학습을 소개한다. 또한, 이것은 학생의 능력 개발을 위한 실질적인 훈련 시나리오의 장점이기도 하다.

### 2.12.1 다중업무

**다중업무**(multitasking; *동시에 여러 가지 일을 하는 능력*)**는 2개 이상의 과업을 동시에 수행하는 것**이다. 모든 숙련 조종사 또는 정비사는 다중업무를 수행할 수 있는 능력을 갖추고 있다. 항공에서 다중업무를 수행할 수 있는 능력은 다음과 같은 2개의 다른 능력을 포함한다. 이들 두 종류의 능력을 발달시키는 것은 항공훈련의 중요한 부분이다.

① 주의력 전환(attention switching)
② 동시 수행(simultaneous performance)

#### (1) 주의력 전환

**주의력 전환(attention switching)이란 2개 이상의 과업 사이에서 주의를 적절하게 배분할 수 있는 능력**이다. 예를 들어 비행 전 점검(preflight inspection)을 수행하기 위해서 점검표를 사용할 때 학생은 점검표(checklist)와 점검해야 하는 부품 사이에 자신의 주의를 전환할 수 있어야 한다. 학생은 점검 절차에서 다음 단계를 확인하기 위해서 점검표를 보아야 하고 이를 실행하기 위한 부품을 보아야 한다. 항공 임무를 성공적으로 마칠 때까지 지속해서 적절한 주의력 분배(attention distribution)가 되어야 한다. 예를 들어 인간이 2개의 다른 것을 동시에 관찰한다는 것은 가능하지 않다. 시각의 초점 영역인 중심와(fovea)는 폭이 매우 좁고 한 번에 한 방향만 지향한다. 이와 유사하게 인간은 동시에 2개의 대화를 정확하게 들을 수 없다. 만약 2개의 대화가 동시에 귀에 전달되었을 때 어느 하나만을 들을 수 있도록 주의를 집중한다. 때때로 심리학자는 이 같은 인간의 정보처리 능력의 제한 특징을 병목현상이라 한다. 예를 들어 사람들은 청각과 시각의 개별적 지각 채널 내에서 **병목현상**(bottleneck)을 갖는다. 또 다른 중요한 병목현상은 인간이 기억으로부터 지각되었거나 상기된 정보를 처리하고자 시도할 때도 뚜렷해진다. 실제로 동시에 2개의 다른 것들에 대해서 생각하는 것은 불가능한 것처럼 보인다.

#### (2) 동시 수행

**동시에 여러 과제를 수행하거나 동시 수행(simultaneous performance)은 두 번째 종류의 다중업무이다.** 이 종류의 다중업무는 병목현상이 없을 때 그리고 수행하고자 하는 과업의 하나 이상이 자동화되는 시점까지 발달한 기술일 때 가능할 수 있다. 예를 들어 경험이 풍부한 계기비행(IFR) 조종사는 ATC와 교신(contact)을 하면서 자세계기비행(attitude instrument flying)을 수행할 수 있다. 이 조종사들은 작은 조종량으로 계기 스캐닝과 최저 자세 변화에 대한 반응은 거의 자동으로(습관적으로) 수행되지만, 조종사의 주의력 수단들은 다른 주제에 관한 생각과 대화에 지장이 없다.

여기서 **과업을 동시에 수행할 수 있는 능력은 쉽게 무너질 수 있는 현상이라는 점에 주의해야 한다.** 예를 들어 갑자기 난기류를 만났을 때 조종훈련생은 자세조종과 ATC와 교신해야 하는 상황을 가정하자. 이 상황에서 자세조종 과업의 어려움이 급격하게 증가하고 더욱 신중한 주의(deliberate attention)를 필요로 하기 시작했다면 두 과업을 수행하기 위한 훈련생의 능력은 동시에 급격하게 떨어질 수 있다.

### 2.12.2 다중과업의 학습과 훈련

항공훈련에는 한 번에 여러 과업을 동시에 수행할 수 있는 상황을 자주 접할 수 있으므로 교관은 학생이 두 종류의 다중과업 능력을 갖출 수 있도록 지도해야 한다. 교관은 학생에게 한 번에 여러 과제를 수행할 것을 요청하기 전에 각각의 개별 과업을 충분하게 수행할 수 있을 정도로 훈련되어 있는지 확인해야 한다. 개별 과업이 충분히 발달하지 않았을 때 이들과 다른 과업을 결합하는 것은 훈련에 방해가 될 수 있다. 예를 들어 항공도에서 익숙하지 않은 부호를 판독하는 데 주의를 집중하고 있을 때 자세 또는 기수방위에서 벗어날 수 있다. 이것은 학생에게 더 많은 개별 훈련이 필요하다는 의미한다. 이 경우 학생이 차트의 부호를 더욱 확실하게 이해하도록 도와주는 것 외에 다른 방법은 없다.

### 2.12.3 주의산만과 방해

**주의산만(distraction)은 학생의 주의(attention)가 순간적으로 흩어짐을 초래하는 예기치 못한 일이다.** 교관은 주의산만이 학생의 주의나 행동을 정상적으로 유지하는 것을 보장해주지 못한다는 것을 강조해야 한다. 교관은 훈련 중 조종훈련생의 주의산만 상태라고 판단되었다면 주의를 다시 그가 행하고 있던 것으로 되돌리거나 적절한 다른 조치를 해야 한다. 방해(interruption)는 학생이 과업의 완수를 중단시키는 예기치 못한 일이다. 방해는 실수의 중요한 원인이 될 수 있고, 학생은 방해로 인해서 잠재적으로 실수할 수 있다는 것을 인식하고 실수를 다스리기 위한 지식과 기술을 발달시켜야 한다. 전형적인 사례는 학생이 서술된 절차 또는 점검표에 따라 점검하는 동안 발생하는 방해이다. 학생은 점검표에 따라 점검 중 방해 요소가 등장했을 때 점검표를 내려놓고 적절한 조치를 한 후 점검 절차로 되돌아오지만, 실수로 다음 항목으로 진행하거나 한 개 이상의 항목 혹은 단계를 빠뜨리는 경우이다.

### 2.12.4 고착과 부주의

인간의 주의(attention)는 매우 제한적이고 쉽게 방해를 받을 수 있어 사람들은 다음과 같은 2종류의 문제를 해결하는데 취약(vulnerable)하다.

① 고착(fixation)
② 부주의(inattention)

**고착은 학생이 다른 과업을 배제하고 오직 한 과업의 수행에만 몰두할 때 발생한다.** 교관은 학생의 과업 수행 중 많은 사례를 관찰할 수 있다. 초임 계기비행 조종사는 특정 계기에 고착(집착)하는 경향이 있다. 다른 요소들이 나빠지고 있음에도 불구하고 오직 한 과업에만 집중하고 있다. **항공훈련 중 고착은 어느 한 과업이 개별적으로 잘 훈련되지 못했음을 나타낸다.** 다시 말해서 학생은 다른 과업을 함께 주었을 때 이를 처리할 수 있을 정도로 충분히 숙달되지 않았다는 것을 의미한다. 학생이 자신의 제한적 주의력 자원에 대한 관리의 중요성을 아직 인식하지 못했을 때 개별 과업이 충분히 숙달되었을지라도 고착이 발생할 수 있다.

**부주의 혹은 방심(inattention)은 학생이 중요한 과제에 주의를 집중하지 못할 때 발생한다. 부주의는 고착의 자연적 부산물이기도 하다.** 이 같은 부주의는 학생이 한 과업을 수행하는데 너무 바빠서 다른 과업을 수행할 수 없거나 바쁘지 않을 때도 발생한다. 이것은 업무가 지루하거나 과업이 이들의 주목을 받을 정도의 가치가 없을 때이다. 이 종류의 부주의는 훈련과 실습을 통해서 없애기가 어렵다. 예를 들어 **인간은 수동으로 모니터하는 역할을 잘 수행하지 못한다는 것은 잘 알려진 사실이다.** 실제 많은 연구에 따르면 인간이 수동적으로 게이지, GPS 항법 컴퓨터, 오토파일럿 그리고 자동화 시스템의 과정을 요청받았을 때 성과가 빠르게 떨어지는 것을 보여주고 있다. 인간은 시스템의 신뢰성이 더 높아질 때 모니터링하는 과업을 수행하는 능력은 더욱 떨어진다. 이 종류의 부주의에 대한 첫 번째 방어선은 문제에 대해서 경고하는 것이고, 학생에게 주의 집중을 유지할 수 있는 습관이 발달하도록 도와주어야 한다.

### 2.12.5 고착 또는 부주의 문제의 발견

교관이 학생의 고착과 부주의에 따른 문제점을 식별하기 위한 한 방법은 학생이 보고 있는 곳을 응시하고 행동을 따라 해보는 것이다. 이를 위해서 교관은 학생이 응시(gaze)하고 있는 것을 관찰할 수 있도록 학생을 곁눈질(glance)해서 볼 수 있다. 만약 상당한 시간 동안 어느 한 계기를 바라보고 있는 학생은 고착에 관한 문제가 있음을 발견할 수 있다. 엔진 계기를 향해서 눈길을 주지 않는 학생은 부주의에 따른 문제로 간주할 수 있다. 학생의 눈을 따라 움직이는 방법은 유용하지만 때로는 동일 방향에서 보고 있는 것이 학생이 보고 있는 것과 같은 것이 아닐 수 있으므로 제한적일 수 있다는 점에 주의해야 한다.

## 2.13 시나리오 기반 훈련

학습과 실증적 경험은 후에 활용되는 지식과 기술(knowledge and skills)에서 실제 환경과 유사한 시나리오에서 실습이나 훈련하는 것이 유용하다는 것을 보여주고 있다. 교관은 학생이 무엇을 학습해야 하는지 알 수 있도록 시나리오를 작성할 수 있어야 한다. 이것은 다른 학생은 다른 시간에 다른 것을 필요로 하고, 또한 다른 작업 환경은 다른 실습이나 훈련하는 기회를 제공하기 때문에 어려운 과제일 수 있다. 시나리오는 다음과 같은 요소들이 포함되어야 한다.

첫째, 뚜렷한 실습이나 훈련 목표를 갖추었는가?
둘째, 학생의 능력에 맞게 다듬어졌는가?
셋째, 국지적 환경의 미묘한 차이를 이용하고 있는가?

예를 들어 한 교관이 학생에게 연료가 거의 소모된 비상상황을 소개하는 중이다. 초기 단계에서 교관의 훈련 목적은 학생에게 이 비상상황에서 적절한 일련의 행동을 상기시키기 위한 것이다. 그는 첫 실습 시나리오로서 교실 환경을 활용하고자 결정했다. 교관은 학생에게 비상상황에 처했을 때 학생이 취해야 하는 일련의 조치에 대해서 질문했다. 학생은 일부 합리적 생각을 하고 있었지만, 학생에게 다음 교시 전에 더 생각할 것을 요청했다. 다음 교시에 교관은 학생에게 동일 훈련 상황을 제시했다. 이때 학생의 답변은 더욱 조리 있고 통찰을 갖추었다. 교관은 이 시나리오가 학습 목적에 기여한 것으로 결정하였다. 다음, 비행 중 교관의 목표는 학생이 교실에서 행했던 것을 상기하고 단계를 수행할 수 있어야 한다. 교관은 착륙 공항에 도착하면서 훈련생에게 연료 부족 시나리오 상황을 부여하였다.

교관은 훈련생이 교실에 실습했던 것들을 대부분을 기억하고 있는지 주시하였지만 다소 흥분된 상태에서 몇 가지를 망각하였다. 교관은 다음 비행에서 다른 공항에서 동일 시나리오를 부여하였고 조종훈련생은 훌륭하게 상황을 처리하였다. 이후의 훈련에서 교관의 다음 목표는 다른 조종 업무를 수행하면서 비상상황 단계를 상기하고 수행할 수 있어야 한다. 이들은 멀리 있는 다른 공항까지 지방횡단비행을 출발했고, 교관은 순항항로 비행 중 주변에 오직 하나의 공항만 있고 찾아내는데 쉽지 않은 상항에서 다시 연료 부족 비상상황을 부여하였다. 조종훈련생은 공항을 찾아냈고 도착하기 위해서 가용한 항법 자원을 성공적으로 활용하였다. 교관은 모기지(home base) 공항에 되돌아왔을 때 조종훈련생의 새로운 능력을 일반화(generalization)하려고 시도하였고 동일 문제에 대해서 다른 방향에서 판단할 수 있도록 하였다.

교관은 주변의 8개의 공항에서 이 상황에 가장 적절한 공항을 선택하도록 하는 연료 부족 시나리오를 제시하였다. 모든 공항은 평면도(planview)가 있고 조종훈련생은 이 중 하나를 선택해야 한다. 이들 각 시나리오는 조종훈련생에게 다음 학습을 위해서 필요한 무엇인가를 가르쳐 주고 주변과 가용한 환경을 활용할 수 있도록 하고 있다. 이들 사례에서 설명한 것과 같이 **모든 학생에게 활용할 수 있는 정형화된 시나리오는 없다. 교관은 각 학생이 훈련에 필요로 하는 것들을 고려해야 하고 현지 환경이 주는 유리한 특징을 활용하면서 그들 자신만의 시나리오를 작성할 수 있어야 한다.**

### 2.13.1 전문가를 향한 학습 방향

교관, 평가관, 그리고 다른 조종사와 정비사가 진정한 전문가(professional)로 존경받기 위해서는 다양한 지식과 기술(기량)이 잘 조화되어야 하고 최종적으로 많은 실습/훈련이라는 생각으로 귀결된다. 개별 기술(기량)의 완벽함은 반복된 실습/훈련에 따라 달라지는 것과 같이 현실에서 조종사 또는 정비사의 실세계(real world) 직업을 구성할 수 있도록 지식과 기술(기량)의 조합은 꼭 필요한 요소이다.

"진정한 전문가가 되기 위해서 얼마의 실습/훈련이 필요한가?"

전문가의 연구에서 한 심리학자는 과학자에서 음악가까지 관련 분야에서 최소한 10년을 노력과 활동하지 않는 한 진정한 전문가에 도달하기 어렵다는 결론을 내렸다. 전문가는 자신의 분야에서 전문지식을 얻는 데 도움이 되는 다음과 같은 2개의 도구를 사용하고 있음을 발견할 수 있다.

① 인지전략(cognitive strategies)
② 문제해결 방법(problem-solving tactics)

### (1) 인지전략

인지전략 아이디어는 50년 전 인간 정보처리이론(information processing theory)의 배경에서 나왔다. **인지전략(cognitive strategies)은 절차 지식 또는 사실 지식에 반하는 무엇인가를 어떻게 해야 하는 가에 대한 지식**이라고 볼 수 있다. 이들은 문제를 해결하거나 과업을 완수하기 위해서 정신적으로 지식을 이해하고 보존을 높이기 위한 학습 구조를 제공한다. **인지전략은 학습자가 더 높은 수준의 업무를 수행할 수 있도록 학습자 내부 절차(internal procedures)를 발달시키도록 돕는다. 학생들은 경험이 쌓이면서 자주 접하는 문제를 다루기 위한 자신만의 전략(strategic)을 발달**시킨다. 예를 들어 한 학생이 야간 계기 기상상태(IMC)에서 부주의한 비행을 피하기 위한 자신만의 전략을 개발하는 것이다. 조종 훈련생은 출발 전 기상을 점검하고 매시간 최신 기상을 받아보고 예기치 못한 기상에 조우(encounter)할 것으로 예상할 때 대체 목적지(alternate destination)로 전환(divert)하기 위한 계획을 수립한다. 교관은 학생에게 인지전략의 개발에 도움이 될 수 있도록 전문가가 사용하는 전략을 연구하도록 하고 동일시하도록 조언하는 것이다.

### (2) 문제해결 방법

**문제해결 방법은 특정 결과를 얻기 위한 행동이고, 이 종류의 지식은 전문가의 지식창고에서 가장 표적화된 지식**이다. 예를 들어 학생은 이륙거리 차트를 여러 차례 사용해 본 후 얼마나 쉽게 실수하는지 알아차릴 수 있다. 학생은 손을 차트 위에서 상하로 움직일 때 약간씩 벗어나고 있고 때때로 숫자를 잘못 처리하고 있음을 알아차렸다. 학생은 정확한 숫자를 얻을 수 있도록 다음과 같은 여러 방법을 형식화하였다.

① 작업을 천천히 그리고 신중하게 하라.
② 자를 이용하라.
③ 수행한 작업을 다시 한번 더 확인(double-check the work)하라.

**전문가들도 부단한 연습을 한다.** 연구자들은 베를린 음악 학교에서 바이올리니스트는 단지 "very good"라고 하는 학생과 "best" 등급 학생을 비교하였다. 이들 각 학생의 인생 중 얼마의 시간을 실습에 소비해야 하는가에 대한 조사에서 "best" 바이올리니스트는 평균 7,000시간을 실습했고, very good 바이올리니스트는 약 5,000시간의 실습을 한 것으로 조사되었다. 전문가의 과학적 연구에서 **"연습이나 훈련만이 전문가를 만든다"**라는 격언을 보여주고 있는 사례이다.

### 2.13.2 미지 경험에 대한 인식

전문가 지식의 중요한 한 측면은 학생들이 무엇을 모르고 있는지를 인식(awareness)하는 것이다. 교관은 학생들이 서적을 통해서 습득된 지식을 알고 있지만 다른 지식과의 조화 혹은 경험으로부터 나오는 더 깊은 이해를 아직 습득하지 못했다는 것을 인식해야 한다. 예를 들어 조종훈련생은 단발엔진 항공기에 대한 상당한 지식을 습득한 후 동일 제작자에 의한 4인승 항공기는 과신이 아닌 주의해서 접근해야 한다는 것을 지도해야 한다.

### 2.13.3 교관 행동

교관은 학생들이 지식과 기술(기량)을 효율적으로 실습/훈련하는 데 도움을 줄 수 있도록 다음과 같이 지도할 것을 권장한다.

① 두 종류의 다중과업 처리를 설명하고 종류별 사례를 제공하라.
② 학생에게 여러 과업을 한 번에 수행할 것을 요청하기 전에 개별 기술(기량)이 잘 훈련되었는지 확인하라.
③ 학생에게 주의산만과 방해를 어떻게 처리해야 하는지 설명하고 실습/훈련할 기회를 제공하라.
④ 고착과 부주의가 발생했을 때 즉시 지적하라.
⑤ 실질적 문제해결과 결심을 위해서 자신의 지식과 기술(기량)을 사용할 수 있도록 시나리오를 만들어라.
⑥ 성과 목표를 높여 지속적인 실습/훈련이 필요하다는 것을 설명하라.

## 2.14 실수

**인간이라면 누구나 실수(errors)할 수 있다.** 전문가는 물론이지만 초보자들은 실수할 가능성이 더 크다. 여기서 중요한 것은 실수에 대해서 이해할 수 있어야 한다는 것이다. **그들의 행위로부터 실수를 없앴을 수 있다고 믿는 것이 가장 큰 실수를 하는 것이다.** 교관과 학생은 공통 종류의 실수에 대한 학습을 통해서 실수에 대비하고, 실수를 최소화하는 방법, 실수로부터 배울 수 있는 것은 무엇인가 그리고 실수했을 때 실수로부터 어떻게 회복할 수 있는가 등을 집중적으로 학습해야 한다.

### 2.14.1 실수의 종류

일반적으로 실수(errors)는 과실(slip)과 실수(mistake) 두 종류가 있다.

(1) 과실

**과실(slip;** ***못 보고 빠뜨림*****)은 무엇인가를 계획할 때 발생하지만 주부의 하게 행해지는 것이다. 과실은 행동의 실수(errors of action)이다.** 과실은 다른 형태의 불일치일 수 있다. 과실의 가장 공통적인 형태의 하나는 무언인가를 단순하게 소홀히 하는 것이다. 또 다른 형태의 과실은 사람들이 유사한 두 개의 사물을 혼동할 때 발생하는 것이다. 때때로 꼭 필요한 것을 참고하고자 할 때 유사한 매뉴얼을 사용하는 것은 이 종류 과실의 사례이다. 또는 누군가가 일상적인 절차를 약간 다른 방법으로 행할 것을 요청받았을 때도 발생한다. 예를 들어 조종훈련생이 지난 훈련에서 RWY 30을 지시받았으나 오늘 아침 ATC는 RWY 12를 지정하였다. 조종훈련생은 장주에 접근함에 따라 습관적으로 RWY 30을 위한 장주로 진입하였다. **시간압박(time pressure)은 또 다른 형태의 공통 과실의 원인**이다. 다양한 과업을 수행하는 사람들을 연구한 결과에 따르면 속도-정확도 교환(speed-accuracy tradeoff; *반응시간 과제처럼 속도가 중시되는 과제에서는 사람들이 흔히 실수를 범하게 되는데, 신속하게 반응하려 할 때 더 많은 실수를 범하기 쉬우므로 반응시간과 정확도 간의 교환 관계를 말한다*)이라고 하는 현상이 발생하고 있음을 보여주고 있다. 다시 말해서 서두를수록 과실의 가능성은 커진다.

(2) 실수

**실수(mistake)는 사람들이 잘못된 것을 행하도록 계획하고 이를 실제 행했을 때 발생한다. 실수는 사고의 오류(error of thought)이다.** 때때로 실수는 학생의 이해에 어떠한 갭 또는 그릇된 생각(gaps or misconceptions)의 결과일 수 있다. **실수의 한 종류는 학생이 현상의 이해를 명확하게 한 다음 나중에 이것이 부정확하고 불완전하다**는 것을 보여주는 상황을 우연히 알게 된다. 예를 들어 기상을 지나치게 과소평가하는 것은 무경험 학생을 예측 불가능한 상황에 빠지게 할 수 있다. 때로는 익숙해 있는 문제의 지식을 끌어오고 익숙한 해법을 이용하여 이들에게 반응하는 방법에서 전문가 역시 실수를 하지 않는다고 할 수 없다. **전문가의 실수는 특정 경우를 부정확하게 분류할 때 발생**할 수 있다. 예를 들어 유경험 조종사는 지상에 있는 많은 항공기가 이륙 전에 그들의 트랜스폰더를 "ON" 시키고 있는 동안 모기지 공항에 접근 중일 때 교통경고장치(traffic alerting system)에서 발령되고 있는 성가신 경고를 습관적으로 무시하게 될 수 있다. 어느 날 야간 그는 여느 때처럼 교통경고장치에서 발령되고 있는 경고를 무시했지만, 이것은 실제 다른 항공기의 근접에 대한 경고였고 최종접근경로 선상에서 그를 향하여 선회하고 있었다.

### 2.14.2 실수의 감소

교관과 학생은 실수를 완전히 없앨 수는 없지만 이를 최소화하기 위해서 노력해야 하고, 다음 사항들을 고려할 것을 권고한다.

(1) 학습과 실습/훈련

**실수에 대한 첫 방어선은 학습과 실습/훈련**(learning and practicing)이다. 지식과 기술(기량)의 수준이 높을수록 실수의 빈도와 크기는 감소한다.

(2) 시간적 여유

학습/훈련 혹은 작업하는 동안 **편안한 속도에서 신중한 작업으로 실수를 줄일** 수 있다. 학습 혹은 훈련을 서두른다고 해서 그동안 지속적인 실습/훈련으로 얻어진 개인 기술(기량)의 향상과 같이 동일 결과를 얻을 수 없고 실수의 가능성만 커진다.

(3) 실수의 확인

**실수를 줄이는 데 도움이 되는 또 다른 방법은 실수의 증거를 적극적으로 관찰하는** 것이다. 대부분 항공 과업은 실수를 줄이기 위한 점검 수단이 제공된다. 학생은 자신이 행하고 있는 과업을 점검하기 위한 새로운 방법을 찾아낼 수 있도록 노력해야 한다.

(4) 되생각의 활용

**실수는 시각적 되생각**(visible reminders; *생각나게 하기 위한 조언, 주의, 메모 등*)**이 있고 이를 적극적으로 활용할 때 최소화**할 수 있다. 점검표와 다른 발행된 절차는 되생각하기의 사례이다. 고도계와 같은 항공기 계기들은 조종사에게 부여된 고도, 대기속도, 기수방위, 그리고 코스 등에 대해서 조종사의 기억을 상기시키는데 사용할 수 있는 버그(bugs)를 제공하고 있다. 정비사와 조종사 모두는 필요한 사항을 그때그때 기록할 수 있는 메모지를 사용할 수 있고 그렇지 않으면 모든 것을 기억해야 하지만 이것이 실수의 한 원인이 될 수 있다.

(5) 표준화 절차의 활용

**일상적인 과업**(routine tasks)**을 위한 표준화된 절차의 사용은 실수를 줄이는 데 도움이** 되는 것으로 잘 알려져 있다. 점검표 절차가 가용하지 않거나 비현실적일 때조차 학생은 표준화된 절차를 적용함으로써 실수 가능성을 낮출 수 있다.

(6) 인식 수준의 향상

실수를 줄이기 위한 또 다른 방어선은 실수가 발생할 수 있는 상황에서 운용할 때 또는 실수에 대한 방어가 절충될 수 있는 조건에 있을 때 개인의 인식 수준을 높이는 것이다. 예를 들어 첫 번째 사례는 경로, 시간압박에서의 변화이고 두 번째 사례는 피로, 최근 실습의 부족 등이다.

### 2.14.3 실수로부터 회복

**실수(errors)를 피할 수 없는 상황이 있을 수 있다.** 이 같은 실수로 인한 심각한 결과를 방지하고 공통 실수로부터 회복할 수 있도록 학습이나 훈련이 되어야 한다. 모든 조종훈련생은 비행 중 항로를 잃은 상황에서 회복할 수 있는 항로상실절차(lost procedure)를 배우고 훈련해야 한다. 이것은 다른 공통 조종훈련생 실수에 대한 동일 종류의 실수를 대비하는 데 유용하다.

### 2.14.4 실수로부터 학습

**실수는 가치 있는 학습 자원(learning resources)이 될 수 있다.** 학생이 실수하는 것은 당연하고 교관은 학생이 잘못하고 있는 것을 방관하지 않고 이를 학습에 활용할 수 있어야 한다. 학생이 실수했을 때 학생에게 왜 실수가 발생했는지 그리고 같은 실수가 반복되지 않게 하려면 어떻게 해야 하는지 질문하는 것은 좋은 학습 방법이다. 일부 사례에서 실수는 더 많은 훈련이 필요하다는 것이 드러나는 단순한 과실(slip)일 수 있다. 또 다른 경우의 실수(mistake)는 학생의 사고방식 또는 습관을 고쳐야 하는 문제가 될 수도 있다. 예를 들어 초임 계기비행 조종훈련생이 동시에 2개의 무선통신을 관리할 때 하나는 현재 사용 중이고 다른 하나는 예비 주파수(standby frequency)로 사용하는 것에 대한 공통 실수가 될 수 있다. 조종훈련생이 특정 목적(e.g., ATIS, ground, tower frequencies)을 위해서 각각의 무선장비를 사용하기 위해서 학습할 때 실수 가능성은 빠르게 감소한다.

**교관은 대부분 사람이 실수를 인정하지 않으려는 경향이 있다는 것을 인식해야 한다.** 다시 말해서 실수를 해명(explanation)하려 하거나 이 같은 실수는 결코 다시 발생하지 않을 것이라는 일회성 사건에 불과하다고 축소하려는 경향이 있다. 이 같은 현상은 다른 사람의 실수를 관찰했을 때도 발생한다. 예를 들어 조종사 또는 정비사가 사고 또는 준사고 보고서(accident and incidents reports)를 읽으면서도 다른 사람이 실수했지만, 나에게는 발생하지 않는 무언가로 인한 실수로 간주하고 있다는 것이 쉽게 드러난다. 이 종류의 선입관은 결코 자만 또는 과신(ego or overconfidence)의 결과가 아니라는 것을 알아차리는 것이 중요하다. 그렇다면 이것은 우리 모두 무엇인가 다르게 의심해야 하는 것이 있다는 것을 인식해야 한다.

심리학자 바루크 피쇼프(Baruch Fischoff)는 상황의 묘사와 그들의 최종 결과를 제출했던 사람들에 의해서 지난 일에 대한 **사후과잉확신 해명**(hindsight explanations; *사물의 본질을 꿰뚫어 보는 안목과 식견*)을 연구했다. 이미 발생했던 사건에 대해서 그리고 결과를 알았던 것에 대한 해명을 제공하기 위해서 질문했을 때 사람들은 그 결과는 "명백한(obvious)" 그리고 "예측가능(predictable)"한 것이라고 설명했다. 두 번째 그룹에는 동일 사건에 관한 결과를 제시하지 않았을 때 그 결과에 대한 사람들의 예측은 예상했던 것보다 더 좋지 않았다. 이 연구에 따르면 사후과잉확신(hindsight)은 "...insight is 20/20..."이라는 유명한 격언을 잘 설명해 주고 있다. (내가 지금 알고 있는 것을 그때도 알았더라면...)

> ❖ 사후과잉확신편향
> Hindsight bias는 심리학에서 사후과잉확신편향 또는 "내가 그럴 줄 알았어"와 같은 효과(knew-it-all-along effect), 잠행성 결정론(creeping determinism)은 이미 일어난 사건을 그 일이 일어나기 전보다 더 예측 가능한 것으로 생각하는 경향을 말한다. 이것은 기억의 왜곡을 초래하여 내용의 회상과 재구성이 잘못된 이론적 결과로 이어지게 할 수 있다.

### 2.14.5 교관 행동

교관은 학생의 실수를 최소화하고 이에 대비할 수 있도록 다음과 같이 지도할 것을 권장한다.

첫째, 모든 수준의 기술(기량)과 경험에서 실수를 범할 수 있다는 것을 설명하라.
둘째, 기술(기량)과 경험이 증가할수록 실수의 빈도와 크기가 줄어든다는 것을 설명하라.
셋째, 과실(빠뜨림)과 실수의 차이를 설명하고 각각의 사례를 제공하라.
넷째, 실수를 최소화하는 데 도움이 되는 방법을 제시하라.
다섯째, 공통 또는 반복 실수를 가능한 한 빠르게 극복할 수 있도록 도와주어라.
여섯째, 실수를 범했을 때 지적해 주고 왜 실수를 했는지 설명할 수 있도록 질문하라.

## 2.15 동기

동기(motivation; *행동을 일으키게 하는 내적인 직접 요인의 총칭*)**는 특정 방법에서 행동하도록 하는 이유가 된다. 동기는 행동하도록 하는 목표의 중심이 된다.** 동기는 학생에게 어려운 과업을 할 수 있도록 하고 학생의 성공에 영향을 준다. 때로는 우연한 기회가 드물게 성공을 보장하지만, 동기는 최고를 향하기 위해서 일상적으로 추진된다. 항공교관 직업의 중요한 부분이 각 학생을 어떻게 동기화시키고 어려운 과제를 어떻게 해결할 수 있는지를 연구하는 것이다. 동기는 학생의 진도(progress)와 학습하기 위한 능력에 대한 지배적인 힘(dominant force)이고 교관이 장점으로 활용할 수 있다.

동기는 다양한 형태일 수 있고 부정적 또는 긍정적일 수 있다. 부정적 동기는 두려움을 유발할 수 있다. 때로는 부정적 동기가 특정 상황에서 유용할 수 있지만, 특성상 긍정적 동기만큼 효과적인 학습을 향상하지 못한다. 긍정적 동기는 보상(compensation)을 약속함으로써 형성될 수 있고, 보상은 개인적 혹은 사회적으로 될 수 있다. 이들은 돈으로 보상하거나 자기개념(self-concept)의 만족, 개인 이득, 또는 대중적 인정(public recognition) 등이 될 수 있다.

**동기는 실체적 또는 비실체적(tangible or intangible)일 수 있다.** 비실체적 보상을 추구하는 학생은 개인적 편안함과 안전, 그룹 인정, 그리고 선호되는 자아상을 원하는 것으로 동기유발이 될 수 있다. 개인적 편안함과 안전을 위한 욕구는 교관이 가끔 망각하는 동기의 형태이다. 모든 학생은 안전하고, 즐거운 상태 그리고 안전한 환경을 원한다. 만약 이들이 학습하고자 하는 것이 이들 목적을 촉진하리라는 것을 인지한다면 더 쉽게 주의를 끌고 유지할 수 있다.

**불안전과 불편한 훈련 상황은 학습을 방해할 수 있다.** 또한, 학생은 그들의 노력을 위한 실체적 보답(tangible return)을 원한다. 이 수준에서 동기가 효과적으로 되기 위해서 학생은 이들 노력이 보상받기에 적합하다는 것을 신뢰해야 한다. 이들 보상은 교육 중 학생에게 일정한 기준에 따라 명확하게 알 수 있어야 한다. 항공의 실체적 보답은 훈련 중 항상 분명한 것은 아니다. 전통적 훈련과정에는 학생에게 즉각적으로 와 닿지 않는 것이 목표로 되어 있는 과업이 포함되어 있을 수 있다. 만약 학생이 모든 목표를 운용상 필요성과 연관시키고 있다면 이들 과업은 학생들이 만족해하지 않고 학습 효과가 다소 떨어질 수 있다. 교관은 학생들이 즉각적으로 보이지 않을 수 있는 이들의 적용을 인식하도록 확실하게 해주어야 한다. 또한, 교관은 이 문제를 줄이기 위해서 실습/훈련해야 하는 요소들이 포함된 적절한 시나리오를 개발해야 한다.

어느 사람도 훈련 혹은 비행 중 고통과 부상(pain and injury)을 원하지 않는다. 조종훈련생들은 부상이라든지 생명을 위협할 수 있는 것들을 방지할 수 있는 기술 또는 절차를 배우기를 원한다. 특히 조종훈련생들은 적시 적절한 결심을 내렸을 때 또는 비상상황을 정확하게 처리할 수 있는 능력이 확고한 원칙을 바탕으로 하고 있다는 것을 알았을 때 자신감을 갖게 될 것이다. 또한, 학습되어야 하는 활동에 관심을 끌 수 있는 특징은 강한 동기유발 요소가 될 수 있다. 학생은 이들의 장점을 활용할 수 있는 기술(기량)을 배우기를 원한다. 만약 이들이 각 과업이 앞으로 활동을 준비하는 데 유용하다는 것을 이해한다면 이들은 이를 더 배우고자 하는 열정을 보일 것이다.

**또 다른 강력한 동기유발 요소는 그룹을 인정하는 것이다.** 모든 사람은 동료 그리고 상급자들로부터 인정받기를 원한다. 관심(interest)은 본능적 욕구가 쌓이면서 자극될 수 있고 유지될 수 있다. 대부분 학생은 그룹에 속해 있는 감정을 즐기고 동료들 속에서 자신의 위상을 높이기 위한 성취에 관심이 있다. 또한, **모든 사람은 자신이 선호하는 자아상(self-image)을 확립하기를 원한다.** 이 자아상은 특정 순간에 불안전 또는 의기소침의 감정 속에 감추어질 수 있다. 다행히도 과업과 관계된 대부분 사람은 성공(success)이란 환경과 행운(lucky)이 결합해야 가능한 것으로 믿는다. 이 믿음은 학생에게 강력한 동기유발의 힘이 될 수 있다. 교관은 지각의 소개를 통해서 학생들이 쉽게 인지할 수 있는 이전에 학습된 확고한 사실적 정보(factual information)를 바탕으로 이 동기를 효과적으로 불러일으킬(foster) 수 있다.

각각의 부가 학습 블록(block of learning)은 궁극적인 훈련 목표에 기여하면서 전체 훈련 프로그램에서 학생의 자신감을 높이고 통찰(insight)을 형성하는 데 도움이 된다. 동시에 학생이 선호하는 자아상(self-image)을 개발하는 데도 도움이 된다. 이 확신이 진전되고 자신감이 높아짐에 따라 학습이나 훈련 진도는 더욱 빨라지고 동기는 강화된다.

**긍정적 동기(positive motive)는 진정한 학습에 필수이다.** 어느 경우라도 비난 또는 위협(reproofs or threats)의 형태에서 부정적 동기가 과신이나 충동적 학생이 되지 않도록 피해야 한다. 학습 침체(slumps; *어떤 현상이나 사물이 진전하지 못하고 제자리에 머무름*)는 동기유발(motivation)이 약해지면서 발생할 수 있다. 동기는 항상 변함없이 높은 수준이 유지되지 않는다. 동기는 신체적이나 정신적 혼란 또는 부적절한 교육과 같은 외부 영향을 받을 수 있다. **교관은 가능한 한 동기를 최상의 상태로 유지되도록 부단히 노력**해야 한다. 이외에도 교관은 학생의 동기유발이 약해지지 않도록 지속 관찰 및 경고하고 대응할 수 있어야 한다.

## 2.15.1 학습을 위한 동기는 어디에서 나오는가?

**학습에 대한 동기는 많은 요소로부터 나올 수 있다.** 일부 학생은 일찍부터 하늘을 날아보고픈 꿈을 동경해 왔고 항공기와 비행 경험에 상당한 매력을 갖고 있다. 또 다른 학생들은 항공이 넓은 다양한 기술, 물리적, 의사소통, 그리고 문제해결 능력을 개발하기 위한 기회를 얻을 수 있을 것으로 믿고 항공에 입문하였다. 일부는 항공을 그들의 자아상 또는 자아를 증진하기 위한 한 방법으로 보고 있다. 다른 학생은 전통에 따라 동기화되고 친척이나 친구의 권유에 따라 항공에 입문하였다. 일부 학생은 이것이 유망한 경력(promising career)을 제공하기 때문에 항공훈련을 추구하기 위해서 동기화된다. 또 다른 사람들에서 항공은 사회 그룹 내에서 명성(prestige) 또는 승진(promotion)을 제공한다. 일부 지원자는 항공은 즐거움과 흥미의 대상 혹은 더욱 편안한 운송 수단이라는 단순함에서 시작된다. 그러나 **이들 모두는 공통으로 항공기 조종이라는 어려운 과업을 수행한 결과로 자신이 원하는 보상과 교환하고 있다는 공통점이 있다.**

항공교관은 학습 경험을 추구하고자 하는 성인 학습자(adult learner)는 본질 면에서 동기화되어 있다는 사실을 잘 알아야 한다. 성인 학습자들은 그들이 추구하고자 하는 지식 또는 기술(기량)을 활용하고자 하는 적극적 의지를 갖고 있기 때문이다.

"학습은 그 자체가 끝이 아니라 끝을 향한 수단이다."

이를 바탕으로 교관은 학생이 왜 이 과정에 등록했는지를 파악할 수 있다. 이를 통해서 교관은 학생의 선호도 그리고 기반 지식을 기초로 학생과 간단한 개인적 면담을 하거나 학생 정보 양식을 작성할 수 있다. "왜 당신은 이 길을 택했는가?" 또는 "이를 위해서 지식정보를 사용할 수 있도록 어떻게 계획하였는가?"라고 질문하는 것은 좋은 사례이다.

### 2.15.2 학생 질문서

학생의 부가적 배경 정보를 모으는데 짧은 질문서(short questionnaire)는 도움이 될 수 있다. 이것은 학생이 주제(subject matter)에 익숙해 있는지 알아보는 데 유용하다. "항공정비 코스를 받은 적이 있는가?" 또는 "경비행기를 조종해 본 적이 있는가?" 또는 "항공전자에 대한 OJT(on-the-job training; *직장 내 훈련*) 경험이 있는가?"라고 하는 질문은 필요한 정보의 종류를 축적할 수 있다. 또한, 간단한 질문지는 교관에게 학생을 어떻게 교육할 수 있는지를 발견할 기회를 제공한다. 학생에 관한 정보를 수집할 수 있는 다른 방법은 교육을 받게 될 경험을 포함하여 간단한 자기소개서(brief autobiography)를 써보도록 하는 것이다. 교관은 항공훈련에서 학생에 관해 수집된 정보는 훈련 코스를 위한 개인적 목표를 달성하는 데 활용하고 학생의 학습 선호도(learning preferences)와 함께 학생의 목표와 동기유발을 위해서 수집되어야 한다.

## 2.16 동기 유지

동기는 한 사람으로부터 다른 사람으로 전이(transition)될 수 있는 무인가인가가 아니다. 교관은 학생의 동기에 어떠한 문제가 있을 수 있음을 인식할 수 있어야 하고 학생에게 지속해서 최상의 결과를 얻을 수 있도록 격려할 수 있다.

(1) 성공 보수를 부여하라.

긍정적 피드백(positive feedback)은 학생의 용기(courage)를 돋워 준다. 긍정적 피드백은 다음과 같이 훈련되어야 한다.

- 훈련 중 점진적 성공을 칭찬하라.
- 매일매일 학습 목적(목표)에 대한 성취와 연관시켜라.
- 학생 진도와 수준 능력에서 선호되는 것을 논평하라.

학생이 훈련을 통해서 단원 목표를 성취할 때마다 촌평(*매우 짧게 비평함*)하고, 학생이 첫 과제를 혼자서 수행했을 때 칭찬한다. 동일 기술(기량)이 중간 수준에 도달했을 때 학생의 성과는 PTS의 요건에 거의 도달했음을 격려한다. 학생의 수준이 PTS 요건에 도달했을 때 기술(기량) 습득을 긍정적으로 촌평한다. 학생이 PTS 요건을 넘어섰다고 판단될 때 실기평가 또는 실제 비행 혹은 정비와 같은 압박을 받는 상황에서 이를 수행할 수 있다는 자신감을 가질 수 있게 격려한다.

(2) 새로운 도전을 제시하라.

현재 주어진 과업(과제)을 성공적으로 수행했을 때 다른 과제에 대해서 도전할 준비를 하도록 한다. 예를 들어 학생이 PTS 필수요건에 부합하는 기술(기량)을 수행하기 시작했을 때 이를 더 향상하도록 도전 과제를 부여함으로써 기술(기량)은 어떠한 압박 하에서 또는 혼란스러운 상황에서도 수행할 수 있다. 또한, 교관은 학생에게 새로운 문제 또는 상황을 부여하여 새로운 도전(challenge)을 할 수 있도록 한다.

### (3) 동기 약화에 주의하라.

**교관은 어느 순간 학생의 동기가 약해질 수 있는 다양한 환경을 다룰 수 있도록 준비**되어야 한다. 첫 비행훈련의 흥분이 가신 후, 또는 단독비행, 평가, 또는 실기평가(practical tests)와 같은 주요 훈련 목표를 달성한 후 동기가 다소 약해지는 것은 자연스러운 현상일 수 있다. 동기가 약해지는 것은 다양한 현상으로 나타날 수 있다. 학생이 학과/훈련 준비를 소홀히 하거나 항공훈련에 대해서 중요시하지 않는 경향이 나타날 수 있다. 이 시기에 조종사 혹은 정비사가 되고자 했던 자신의 목표를 상기시켜주는 것은 동기를 강화하는 데 도움이 될 수 있다. 학습고원(learning plateau)은 좌절, 실망/낙담, 그리고 학생의 동기가 약해졌을 때 발생할 수 있는 현상이다. 이 상황에 대한 첫 방어선은 모든 조종사 또는 정비사들 역시 학생의 경우처럼 성공 사다리를 매일 정확하게 한 계단씩 밟고 올라가지 않은 사람이 없다는 것을 설명해 주어야 한다. 교관은 학생이 어려운 과제에 부딪혔을 때 이를 극복할 수 있도록 격려해 주어야 하고 반드시 그에 대한 보답이 따른다는 것을 재차 확인시켜주어야 한다.

### (4) 교관 행동

교관은 학생이 어려운 과제를 지속해서 도전할 수 있도록 관심을 가져야 한다.

첫째, 조종사 혹은 정비사가 되기 위한 목표가 무엇인지 질문하라.
둘째, 학습 성과에 대해서 보상하라.
셋째, 새로운 도전 과제를 제시하라.
넷째, 학생의 항공 입문 목표를 상기하도록 하라.
다섯째, 학습고원은 누구에게나 올 수 있고 지속적인 노력을 극복할 수 있음을 설명하라.

# 2.17 기억

**기억(memory)은 학생이 학습한 정보를 보유하고 있다가 학습한 것들을 적용할 수 있는 인지 과정 사이의 중요한 연결고리**이다. 이것은 정보를 부호화, 저상, 그리고 인출(*다시 끄집어낼 수 있는 것*) 할 수 있는 사람 또는 다른 유기체 능력이다.

① 부호화(encode); 정보의 초기 지각과 등록
② 저장(store); 부호화된 정보의 장시간 보존
③ 인출(retrieve); 저장된 정보의 사용과 연관시키는 과정

사람이 과거 경험을 기억해 냈을 때 경험에 대한 정보는 부호화(encode), 저장, 그리고 인출을 의미한다. 비록 인간이 어떻게 기억하게 되는지 통일된 의견은 없을지라도 널리 수용되고 있는 3개의 모델은 다음과 같다.

① 감각기억(sensory memory): 빠른 스캔(fast scan), 프리코딩(precoding)
② 단기기억(short-term memory): 코딩(coding), 리허설(rehearsal), 리코딩(recoding)
③ 장기기억(long-term memory): 처리(precess), 저장(store), 기억(memory)

## 2.17.1 기억의 종류

### (1) 감각기억

감각기억(sensory memory; *정보를 매우 짧은 시간 동안 저장하는 기억. 감각 정보가 인지 체계에 처음 등록되는 곳이라는 의미에서 감각 등록기라고도 한다*)은 환경으로부터 초기 자극을 받아 이것이 중요한 것이 무엇인지에 대한 개인의 선입개념(preconceived concept)에 따라 처리하는 기억기관의 한 부분이다. 다른 요소들 역시 감각기억에 의한 정보를 받아들이는 것에 영향을 줄 수 있다. 예를 들어 입력(inputs)이 5감 중 하나보다 극적이고 충격적이라면 그 정보는 더 강한 인상(impression)을 남기게 될 것이다.

감각기억은 환경으로부터 1초 이내에 자극을 처리하고, 무관한 것은 폐기하며 개인적으로 관련이 있는 것을 저장한다. 이것은 감각 등록기(sensory register)가 특정 자극을 인지하여 이들을 즉시 행동을 위한 단기기억(short-term memory; STM)으로 전달하는 선택 과정이다. 이 과정을 프리코딩(precoding)이라 한다. 감각 프리코딩의 사례는 화재경보를 인식하는 것이다. 어떠한 일이 발생하고 있는지에 관계없이 감각 등록기는 화재경보를 감지했을 때 즉각적으로 작업기억(working memory)이 경고를 인지하여 사전에 설정된 반응을 시작한다. 감각기억은 매우 짧은 시간 동안만 정보를 보유할 수 있고 1초 이내에 관련 정보는 STM에 보낸다.

(2) 단기기억

단기기억(short-term memory; STM)은 정보를 대략 30초 동안 저장하는 기억기관의 한 부분으로 이들 기억은 개인적 우선순위에 따라 빠르게 사라지거나 장기기억에 통합된다. 정보가 STM 속에 저장될 수 있는 여러 공통 단계가 있다. 이들은 정보의 리허설 또는 반복 그리고 체계적인 그룹 속으로 분류하는 것들이 포함된다. 소팅(sorting; *데이터를 특정 조건에 따라 일정한 순서가 되도록 다시 배열하는 일*) 과정은 통상 부호화(coding; *정보를 계산 조작에 편리한 부호로 바꾸는 일*) 또는 청킹(chunking; *기억 대상이 되는 자극이나 정보를 서로 의미 있게 연결하거나 묶는 인지 과정*)이라 한다. STM의 제한은 정보를 정확하게 코드화하는 데 대략 5~10초가 소요되고 만약 코딩 과정(coding process)이 방해된다면 그 정보는 쉽게 상실할 수 있다. 이것은 오직 30초 정도만 기억되기 때문이다. STM의 목표는 정보를 즉각적으로 사용할 수 있도록 하는 것이다.

STM은 시간상으로 제한이 있을 뿐만 아니라 통상 정보의 7-비트 또는 청크(seven bits or chunks of information) 정도의 용량으로 제한된다. 일반적으로 전화번호가 7개의 숫자로 구성된 것은 STM을 적용한 사례이다. 앞서 언급한 것과 같이 **시간제한은 반복 실습으로 극복할 수 있다. 이것은 정보는 반복적인 기억 과정을 통해서 학습**된다는 것을 의미한다. 물론 기계적 암기(rote memorization; *내용을 이해함이 없이 암기하는 것*)는 상기될 수 있는 지속시간과 정확성 모두에서 불완전할 수 있다. 코딩(부호화) 과정(coding process)은 학습 상황에 더 유용하다. 이외에도 부호화 과정은 개인 경험에 대한 정보를 조절하기 위한 리코딩(recoding; *재부호화*)이 포함될 수 있다. 이것은 실질적인 학습이 발생하기 시작할 때이다. 따라서 리코딩은 유입되고 있는 정보를 이미 기억 속에 있는 개념 또는 지식과 관련시키는 과정이라고 할 수 있다. 두뇌 연구에 따르면 STM은 주요 공항의 관제탑(control tower)에 비유할 수 있고 모든 도착 및 출발하는 항공기를 계획하고 조정하는 책임을 갖는다. STM은 다음과 같은 3개의 기억이 활용되고 있다.

① 영상기억(iconic memory)
② 청각기억(acoustic memory)
③ 작업기억(working memory)

영상기억은 시각 이미지(visual images)의 짧은 감각기억이다. 청각기억은 짧은 소리 기억의 부호화된 기억(encoded memory) 또는 STM 속에 소리를 저장할 수 있는 능력이다. 청각기억은 영상기억보다 더 오래 지속된다. 작업기억(working memory)은 기억된 것들이 사용될 때까지 정보를 보존하기 위한 적극적 과정이다. 이것은 말로 한 문장 또는 숫자의 끈을 기억해 내는 데 유용하다. 또한, 스크래치-패드(scratch-pad) 기억이라고도 하는 작업기억은 시간이 짧고 용량(capacity)이 제한된다. 작업기억의 목표는 STM으로부터 장기기억으로 정보를 이동시키지 않고 단지 정보를 즉시 사용할 수 있도록 한다. STM 보존은 기억을 반복적으로 실습했을 때 더 오래 지속된다. 예를 들어 학습자가 여러 차례 반복한다면 이것은 더 오래 저장되는 장기저장의 종류에 전달될 수 있다. 학습자는 정보를 더 긴 시간 동안 보유하기 위해서 STM에서 LTM으로 전달되어야 한다. 이 과정은 정보를 다시 꺼낼 수 있는 LTM 속으로 정보를 인코딩하거나 합병하는 것을 포함한다.

### (3) 장기기억

장기기억(LTM)은 무제한 정보가 영구적으로 저장되고 때로는 평생 장기기억 속에 저장되어 있을 수 있다. 장기기억 속에 저장되는 것은 개인의 지각에 영향을 줄 수 있고 특히 주목을 받았던 깊은 인상에 영향을 받을 수 있다. 단기기억에서 장기기억으로 전달된 정보는 이들과 연관된 중요한 의미가 있다. 예를 들어 조종사의 첫 비행 또는 단독비행의 사례이다. 이날은 조종사의 비행경력에서 매우 중요한 날이기 때문에 정보가 처리될 때 중요성이 따라붙고 정보는 중요하게 처리되어 장기기억 속으로 전달된다. 보통 사람의 두뇌에는 수많은 사소한 사실들이 저장되어 있으므로 정보가 장기기억으로 전달되는 특별한 이유가 있어야 한다. 이를 위한 한 사례는 반복(되풀이)이다. 사람들은 반복 실습이나 훈련을 통해서 사물을 더 잘 기억할 수 있다. 또한, 정보에 무엇인가 중요한 것이 딸려 있을 때 장기기억에 저장된다. 사람들은 여자 친구에게 프러포즈를 한 날 입고 있는 그녀의 드레스 색을 기억할 수 있다. 드레스의 색은 중요한 역할을 하지 못하지만, 청혼의 기억에 부속되어 있다.

사람들이 저장된 정보를 유용하게 사용하기 위해서는 단기기억에서 정보의 인코딩 또는 합병(encoding or consolidation) 중에 약간의 특별한 노력을 더 해야 한다. 인코딩은 신구 정보 사이에 의미와 연계성(meaning and connections)을 제공해야 한다. 만약 초기 인코딩이 정확하게 수행되지 못했다면 기억은 왜곡되어 기억해 낼 수 없다. 인코딩이 효과적일수록 기억하기가 더 쉽다. 그러나 단기기억은 복원(reconstruction)이지 정보 또는 이벤트의 순수한 상기가 아니라는 것에 유의해야 한다. 또한, 이것은 시간, 편견, 그리고 대부분 개인적 잘못으로 인한 제한을 받을 수 있다. 이것은 왜 두 사람이 동일 사건 혹은 사물에 대해서 완전히 다르게 기억하는지를 설명해 준다.

또한, **기억은 정신운동 기술(psychomotor skills)에 적용된다.** 예를 들어 테니스 플레이어는 훈련을 통해서 테니스공을 빠른 속도와 정확성으로 서브할 수 있다. 이것은 약간의 사고로도 이루어질 수 있다. 조종사의 경우 정교한 손기술과 정확성(manual dexterity and precision)이 필요한 특정 기동 또는 과업을 수행할 수 있는 본능적 능력은 명백한 이점을 제공한다. 예를 들어 이 같은 본능적 이점은 조종사에게 항법, 관제사와 교신, 그리고 다른 항공기의 시각 관찰 등과 같은 다른 필수 조종실 업무에 더 많은 시간을 집중하도록 한다.

단기기억(STM)에 있는 정보는 사람들이 정보를 조직하고 해석하도록 돕는 인지구조가 되도록 서로 관련된 도식(schema)의 네트워크 속에 저장된다. 도식은 무엇이 발생하게 될 것인지에 대한 예측(prediction)을 제공함으로써 새로운 정보의 인지와 이해(recognition and understanding)를 안내한다. 단기기억은 도식 속으로 조립되기 때문에 교관은 의식적으로 단기기억에 새로운 정보를 전달할 수 있도록 학습자에게 충분하게 유익미한 훈련과 관련이 있는 방법을 찾아야 한다. 이것은 새로운 정보를 보여주기 전 기존 도식(existing schema)을 활성화시켜 이루어질 수 있다. 예를 들어 간단한 토론, 비디오, 질문 등을 통해서 이전 과업을 간단하게 복습해 보는 것이다.

> ❖ 도식
> Schema(도식)은 피아제가 주창한 개념으로 어떤 사물에 대해서 의미가 있다고 판단하여 기억 속에 저장되어 조직화된 인지구조나 틀이다. 예를 들어 계기비행 인가를 받아 적은 것은 어려운 과제 중 하나이지만 많은 연습을 통해 스키마(도식)가 형성되었다면 어렵지 않게 계기비행 인가를 받아 적을 수 있다.

### 2.17.2 기억 되살리기

(1) 학습 내용 기억

사람들이 새로운 것을 배우는 순간 이것을 정보와 기술(기량) 목록에 추가하고 이를 다시 기억해 내는 2차 과제(secondary tasks)와 맞서게 된다. 인간이 기억을 망각하는 것은 자연적인 현상이므로 다시 기억해 내기가 쉽지 않다. **망각(forgetting)은 통상 사람들이 기억에서 주제를 끄집어낼 때 생각해야 하는 인간 기억의 명백한 한 부분**이다. 다음은 예측 가능 방법에서 일상생활의 필요에 적합하도록 인간 기억을 유지하는 데 도움이 되는 것들을 어떻게 기억하고 망각이 발생하는지 다루어야 한다. 교관과 학생은 기억해야 하는 것 그리고 망각해야 하는 것을 결정하는 요소들을 이해함으로써 기억을 되살리는 데 도움이 될 수 있다.

(2) 기억 활용법

기억에서 지식 또는 기술(기량)을 끄집어내는 능력은 다음과 같은 2개의 주요 요소들과 관련이 있다.

첫째, 지식이 과거에 얼마나 많이 사용되었는가?
둘째, 최근에 지식을 얼마나 많이 사용하였는가?

이들 두 요소는 **지식 또는 정보를 사용하는 빈도와 최신 활용**(frequency and recency of use)이라고 할 수 있다. 빈도와 최신 활용은 개별적 또는 결합해서 나타날 수 있다. 빈도와 최신 활용 모두 적절했다면 관련 지식은 쉽게 그리고 빠르게 끌어낼 수 있다. 이것은 현재에도 계속 사용하고 있으면서 과거에 많이 사용되었던 지식이다. 이것은 사용해야 하는 지식과 기술(기량)을 위한 이상적 상황이다. 과거에 많이 사용되었던 지식이지만 최근에 사용되지 않은 지식은 쉽게 잊힐 수 있다. 이 종류의 지식은 기억해 내기가 쉽지 않고 때로는 전혀 기억할 수 없게 된다. 이 지식과 기술(기량)을 끄집어내기 위해서 약간의 연습/실습이나 훈련이 필요하다. 최근에 사용되었고 과거에 경험이 없는 지식은 최근에 얻어진 지식이다. 이 종류의 지식은 매시 발표되는 기상예보와 같이 "듣고 잊어버리는 지식(throw away knowledge)"으로부터 이를 잘 구분할 수 없어 쉽게 망각할 수 있다. 이 정보를 기억하기 위해서 빈도가 형성될 수 있도록 규칙적인 실습/연습 프로그램이 필요하다.

### 2.17.3 망 각

**망각(forgetting)은 기억의 상실이라고 할 수 있고 통상 기억을 되살리지 못하는 것이다.** 이것은 단기기억에 일시적으로 저장되었던 정보가 약해지거나 너무 많을 때 발생할 수 있지만 통상 **망각은 장기기억으로부터 정보의 상실**(lost of information)을 의미한다. 정보는 상실되지 않지만, 그 자체로 개인의 장기기억에 있는 다른 곳으로 저장되어 이를 끄집어내거나 기억해 내지 못하는 것이다. 우리는 다음과 같이 질문해 볼 수 있다.

- 왜, 사람들은 망각하는가?
- 왜, 모든 것을 기억하지 못하는가?
- 우리는 모든 것을 기억해야 할 필요가 있는가?

사람들이 매일 접하는 대부분 정보는 짧은 시간 동안만 유용할 뿐 이를 오랫동안 기억할 필요가 없다. 예를 들어 "모든 사람이 10년 전의 기상예보를 상세하게 기억해야 하는가?" 하는 것이다. 따라서 지식을 망각하는 것이 항상 나쁘다고 할 수 없다. 이것은 오래된 정보를 망각하는 것은 새로운 정보를 채워 넣기 위한 자연스러운 현상이다. 사람들이 왜 망각하는지에 대한 이론들이 인출 실패(retrieval failure), 감쇠(fading), 간섭(interference), 그리고 억제 또는 억압(repression or suppression)에 관한 현상으로 설명하고 있다.

(1) 인출 실패

**인출 실패(retrieval failure)는 정보를 끄집어내지 못하는 단순한 무능력**(inability)이다. 사람들은 단어의 의미와 질문에 대한 답을 알고는 있지만 이를 생각해 낼 수 없다면 이것은 설단 현상(tip-of-the-tongue phenomenon; *어떤 사실을 알고는 있지만, 혀끝에서 빙빙 돌기만 할 뿐 말로 표현되지 않는 현상. 심리적 압박이나 불안을 느끼고 있을 때 나타나는 일종의 망각현상으로 주변의 누군가가 작은 단서라도 주게 되면 쉽게 기억해 낼 수 있다*)이라 한다. 또한, 이것은 사람들이 정보가 잘 부호화되지 않았고, 정보가 장기기억 속에 완전히 저장되지 않았거나 장기기억에 대해서 그 자체가 부속되기 전에 상실했을 때 원인이 될 수 있다. 때때로 이것은 저장 실패로 간주하기도 한다.

(2) 감퇴

감퇴 이론(theory of fading)은 사람들은 장시간 사용되지 않은 정보는 점차 잊히면서 사라져 버린다고 주장한다. 또한, 인간은 심리적으로 적절하게 나타나지 않는 정보는 결국 지워지도록 프로그램화되어 있다고 주장한다. 반면 실험 연구(experimental studies)에 따르면 최면에 걸린 사람(hypnotized person)은 정상적인 기억 능력을 넘어서는 특정 사건 혹은 일을 상세하게 기억해 내고 있음을 보여주고 있다. 이것은 확실한 기억은 마음의 어느 깊은 곳에 자리하고 있다는 것을 의미한다. 기억을 이어주는 의식 또는 회복하기 위해서 기억을 상기하기는 쉽지 않다.

(3) 간섭

간섭 이론(interference theory)은 특정 경험이 기억을 가리기(overshadowed) 때문에 또는 유사한 것을 학습한 것들 사이에 끼어들었기(intervened) 때문에 무엇인가를 망각한다고 주장한다. 이 이론은 학교를 졸업하고 경험의 범위가 어떻게 잊히고 지식을 상실해 가는지 설명하고 있다. 다시 말해서 새로운 이벤트는 학습되었던 많은 것들을 대체한다. 이를 실험하기 위해서 간섭에 관해서 다음과 같은 최소한 2개의 결론을 끌어낼 수 있다.

첫째, 유사한 경험이나 지식은 완전히 다른 것들에 비해서 기억에 더 많이 간섭한다.
둘째, 학습이나 훈련 중 잘 학습되지 않은 경험이나 지식은 쉽게 간섭을 받을 수 있다.

(4) 억제 또는 억압

프로이트(Freudian) 심리학은 억제 또는 억압(repression or suppression)으로 무엇인가 망각한다고 보는 관점으로 발전하였다. 억제 또는 억압에서 개인이 이것과 관련된 감정을 기억하기를 원하지 않기 때문에 기억을 되살리는 것을 방지한다. 억제는 망각의 무의식 형태(unconscious form)이지만 억압은 의식적 형태(conscious form)이다. 정보를 망각하는 것은 이것을 영원히 지워버린다는 것을 의미하지 않는다.

## 2.18 학습 보존

망각 이론은 인간이 무엇인가를 망각했을 때 이것은 실제 상실한 것이 아니라는 것을 함축하고 있다. 다만 이를 단순하게 기억해 내지 못하는 것이다. 교관의 문제는 학생이 학습된 것을 "어떻게 하면 쉽게 기억해 낼 수 있는가?" 하는 것이다. 다음과 같은 사항들은 도움이 될 수 있다. **정보는 의미와 함께 확실하게 교육하라. 철저하게 학습된 재료는 잘 잊히지 않을 것이다.** 이것은 실제 실험에서 확인되었다. 이에 따라 의미가 깊은 학습은 시나리오기반훈련(SBT)을 무엇인가를 실행해야 하는 이유가 되도록 학습자의 의식에서 상관관계의 패턴을 형성한다. 반대로 **암기식 학습은 피상적이고 쉽게 보존되지 않는다. 유의미 학습**(meaningful learning)**은 학생 자신의 경험을 오래 기억하도록 원리와 개념이 포함되어 있어 깊은 학습이 가능**하다. 다음은 기억을 되살리는데 적용할 수 있는 5대 원칙을 강조한다.

### (1) 칭찬은 기억을 촉진한다.

칭찬 또는 즐거움(pleasuring)은 이전에 행한 것들을 다시 해보고자 하는 반응이 반복되는 경향이 있다. 칭찬 또는 인식이 없는 것은 실망하는 경향이 있고, 어느 형태의 부정적 인식은 기억을 되살릴 수 있는 능력을 떨어뜨릴 수 있다.

### (2) 기억은 연관성과 함께 향상된다.

앞서 언급한 것과 같이 학습된 것과 무엇인가 관련된 각 정보 또는 행동의 단서는 학생에게 차후 기억을 쉽게 하는 경향이 있다. 사실 혹은 정보의 특성이 없고 관련성이 없을 때 쉽게 망각하는 경향이 있다.

### (3) 호감 태도는 기억보존에 도움이 된다.

사람들은 오직 알고자 원하는 것만 학습하고 기억한다. 동기가 없다면 기억을 되살릴 기회도 적다. 가장 효과적인 동기는 목적에 대한 긍정적 사고와 보상을 바탕으로 한다.

### (4) 모든 감각의 학습이 가장 효과적이다.

비록 사람들이 눈과 귀를 통해서 학습된 것을 받아들이지만 다른 감각기관 역시 대부분의 지각에 기여한다. 여러 감각이 함께 반응할 때 더욱 완전하게 기억을 되살릴 기회를 얻을 수 있다.

### (5) 유의미한 반복은 기억을 되살리는 데 도움이 된다.

학생에게 매번 반복 혹은 암송(recitation)하도록 하는 것은 관련 주제를 더욱 명확하고 정확한 지각을 얻을 기회를 제공하지만, 단순한 암기 방식은 보존을 보장해주지 못한다. 연습/실습은 학습을 위한 기회를 제공하지만, 이것이 원인이 되지 않는다. 일부 연구에 따르면 실습이 3~4회 정도 반복될 때 최대 효과를 제공하지만 이후 학습률(learning rate)과 보존 가능성은 급격하게 떨어지는 것으로 알려졌다. 연구에 따르면 첫 10~15분 후 보유율(retention rate)은 학생이 다시 정신을 차리는 마지막 5~10분까지 크게 떨어진다. 학생은 24시간 중 대략 5% 보유율을 갖는 수동적으로 강의를 듣지만, 학습 과정에 활발하게 참여하는 학습은 더 높은 보유율을 갖는다. 활동적인 학습은 단지 강의를 듣는 것보다 우월하다는 것을 명확하게 보여주고 있다.

### (6) 연상기호

연상기호(mnemonic)는 정보의 기억을 되살리는 데 도움이 되는 문자, 부호, 시각 이미지, 또는 관련성의 패턴이나 리듬(pattern or rhythm)을 활용하는 것이다. 이것은 학습자가 이미 알고 있는 정보에 새로운 정보를 연결함으로써 기억을 높이는 전략이다. 연상기호로 얻을 수 있는 주요 가치는 기억하기 어려운 정보를 학습자에게 더 쉽게 기억해 내는 방법으로 부호화(encoding)하여 특정 순서로 기억해야 할 필요가 있는 정보를 기억해 내는 것을 돕는 것이다. 연구에 따르면 기억할 수 있는 기술을 받은 학생은 정보를 기억해 내는 능력이 향상되었음을 보여주고 있다.

연상기호에는 약어(abbreviation), 두문약어(acronyms; *각 단어의 첫 자를 따서 조합한 것*), 각운(rhymes), 또는 연쇄작용(chaining) 등으로 한정되지 않는다. 약어는 다른 단어의 첫 문자를 조합하여 만들어 낸 문자이다. 예를 들어 AIM은 "Aeronautical Information Manual"의 약자이다. 이합체(acrostic)는 각 라인 또는 단어의 첫 문자가 학습자가 기억하고자 하는 것을 생각해내는데 실마리(cue)가 되도록 시(poem), 단어 퍼즐(word puzzle), 또는 다른 조합 방식이다. 예를 들어 "Every Good Boy Does Fine"은 음악에서 G-clef notes(음자리표 건반)의 순서를 기억하기 위해서 사용된다. 항공에서도 자기나침반 오차를 기억하기 위한 "ANDS"는 전형적인 각운 사례이다. 각운과 멜로디(melody)는 정보를 기억하기 위한 또 다른 방법이다. 대부분 어린이는 "Twinkle, Twinkle, Little Star"와 같은 익숙한 멜로디를 이용해서 알파벳을 익힌다. 연쇄반응(chaining)은 순서 또는 무작위 목록을 위해서 사용되고 기억하고자 하는 각 단어 또는 생각이 다음 생각의 실마리가 되도록 하는 스토리를 만들어 내는 방식이다. 부호화 과정의 다양성은 끝이 없다. 부호화 정보를 위한 논리적 전략을 개발하는 것은 학습 과정에서 중요한 단계이다.

## 2.19 학습 전이

**학습 전이**(transfer of learning)**는 각 주제에서 학습된 지식 또는 절차를 새로운 주제에 적용할 수 있는 능력**이라고 정의할 수 있다. 만약 학습자가 이전 학습으로부터 일부 지식 또는 기술(기량)을 가져온다면 학습이 더 빠르게 진행되고 학습자는 과제를 더 깊이 이해할 수 있다. 학습의 긍정적 전이(positive transfer)는 SBT의 가치를 새롭게 인식하면서 학습자가 다양한 조건에서 실습할 때 발생한다.

통상 차별성(distinction)은 근전이와 원전이(near and far transfer) 사이에서 이루어진다. 근전이는 주어진 환경에 처해 있는 초기 학습으로부터 밀접하게 관련 있는 것까지 전이로 이루어진다. 원전이는 한 세팅에서 학습된 것을 초기에 얻어진 지식과 함께 공통 구조를 공유하고 있는 신규 문제(novel problems)를 해결하기 위한 능력과 함께 다른 것에 사용할 수 있는 능력으로 볼 수 있다.

전이에 대한 세 번째 방법으로 생산성이 있다. 학습자는 새로운 문제를 해결하기 위해서 자신이 능력을 갖는다는 것을 의미한다. 학습 경험 중 이전에 학습된 것들은 통상 학생에게 도움이 되지만 때로는 이전 학습이 최근 학습 과제에 간섭을 초래할 수 있다. 예를 들어 다음과 같은 두 개의 기술을 가정해 보자. 기술 A의 학습이 기술 B의 학습에 도움이 된다면 이것은 긍정적 전이가 발생한 것으로 본다. 반대의 경우가 발생한다면 이것은 부정적 전이가 발생한 것이다. 예를 들어 저속비행 기량의 훈련은 조종훈련생의 단거리 활주로 착륙에 도움이 된다. 그러나 비행기의 착륙 접근을 위한 훈련이 헬리콥터의 착륙 접근을 위한 학습에 방해가 될 수 있다. 다른 주제에 전이되는 긍정적 또는 부정적 기술 전이는 기술의 보유 또는 숙련도(retention or proficiency)에 영향을 미칠 수 있다는 것에 유의해야 한다. 이들 과정이 망각의 간섭 이론을 구체화하는 데 도움이 될 수 있지만, 이들은 여전히 학습 전이와 관련 있다.

**모든 학습에 일부 전이가 포함되는 것은 확실하다.** 이것은 특정 본능적 반응(inherent responses)을 예외로 하고 모든 새로운 학습이 이전에 학습된 경험을 토대로 이루어지고 있기 때문이다. 사람들은 새로운 것들에 대해서 그들이 알고 있는 지식을 바탕으로 해석하는 경향이 있다. 대부분의 학습 측면에서 이 종류의 전이는 도움이 되고, 특정 영역에서 동등한 능력의 학생들이 왜 성공 정도가 다르게 나타나는지를 설명해 준다. **부정적 전이는 학습 일부를 방해하고 긍정적 전이는 도움이 된다.** 이것은 학생의 과거 경험과 이미 학습된 것을 알아야 할 필요가 있다는 것을 지적한다.

교관은 수업과 강의계획서 개발(lesson and syllabus development)에서 코스 재료와 유의미 순서에서 개별적 수업 재료를 조직함으로써 전이를 위한 계획을 할 수 있다. 교관은 각 단계에서 무엇에 따라야 하는지를 분석하여 학생의 학습을 도와야 한다. 학습이 어떻게 전이가 이루어지는지 정확하게 결정하기가 쉽지 않지만, 전이가 발생한다는 것에 대해서는 이견은 없다. 교관에게 전이의 중요성은 학생이 이를 성취하도록 도움을 줄 수 있다는 사실이다. 다음과 같은 교육 심리학자의 제언은 교관들의 학생 지도에 도움이 될 것이다.

① 전이를 1차 목표(primary objective)로 계획하라. 만약 교관이 이를 정교하게 성취할 수 있도록 계획한다면 모든 교육영역에서 성공 기회는 높아진다.
② 학생이 학습한 것을 다른 상황에 적용할 수 있도록 계획하고 이들이 다른 적용을 추구할 수 있도록 준비하라.
③ 고차원 학습 표준을 유지하라. 학생이 확실하게 재료를 이해하는 것은 이들이 새로운 상황에 대한 이들의 관계를 더 잘 볼 수 있을 것이다. 불필요한 암기는 전이를 일으키는데 어려움을 줄 수 있어 피하는 것이 좋다.
④ 학습을 전이(transfer)하기 위한 학생들의 능력에 자신감(confidence)을 갖도록 유의미 학습 경험을 제공하라. 이것은 지식과 기술(기량)을 적용하기 위한 상상력과 창의성(imagination and ingenuity)을 실습하기 위해서 도전하는 활동성을 권고하라.
⑤ 확실한 개념과 일반화를 형성하는 데 도움이 되는 교육 재료를 활용하라. 이를 위해서 상호관계를 명확하게 하는 재료를 활용할 수 있게 계획하라.

### (1) 습관 형성

학습 초기에 형성된 정확한 습관은 다음 학습을 위해서 그리고 훈련을 마친 후 정확한 성과를 위해서 꼭 필요한 요소이다. **학습의 기본 원칙 중 하나는 최고가 되도록 강조하는 것이다.** 따라서 훈련의 시작부터 정확한 습관 패턴이 형성되도록 정확한 기술과 절차를 강조하는 것은 교관의 책무이다. **초기의 습관을 잘 형상하는 것이 나중에 잘못 형성된 습관**

**을 바로 잡기보다 더 쉽다.** 조종사와 정비사 모두 높은 수준의 지식과 기술(기량)이 필요하므로 실습/훈련은 전통적으로 빌딩을 쌓는 개념(building block concept)에 따라왔다. 이것은 새로운 학습과 습관 패턴은 경험과 이전 학습의 견실한 기초에 근거하고 있다는 것을 의미한다. 복잡한 인지 과정으로부터 단순한 운동기술(motor skills)까지 모든 것은 학생이 이미 알고 있는 것 그리고 그 지식을 현재에 어떻게 적용할 수 있는지에 달려 있다. 지식과 기술이 향상됨에 따라 미래에 형성되는 기반이 튼튼하게 확장된다.

### (2) 기억에 어떻게 영향을 주는지 이해하라.

기억할 수 있는 능력은 학습되었던 것에 대한 이해 수준에 따라 크게 영향을 받는다. 많은 연구에 따르면 기억에서 **정보처리 깊이효과**(depth of processing effect; *한 사람이 객체의 의미 혹은 모양을 생각한 것과 관련하여 객체에 대한 차후 상기에서의 증진을 일컫는다*)를 보여주고 있다. **사람들이 학습한 것을 더욱 깊이 생각할수록 나중에 그 지식을 더 잘 끄집어 낼 수 있다**는 것을 의미한다. 이 효과는 앞서 설명한 학습활동(learning activities)의 자연적인 결과이다.

기억된 정보와 함께 이를 더욱 정교하게 관련시키고, 건설적 설명과 함께 이해를 추구한다면 모든 기억에서 정보처리 깊이효과는 아주 강력하고 단순한 시도로부터 학습되었던 것을 세부적으로 설명하는 결과를 얻을 수 있다. 예를 들어 "조종사는 늦게 도착했다"라고 같은 문장을 암기할 것을 요청받은 참가자들의 절반은 단순하게 문장을 암기하고 있었다. 그러나 일부 다른 참가자들은 "악기상 때문에 늦어졌다"라고 같은 문장과 결합해 더 세부적으로 내용을 암기하도록 요청했다. 시험에 들어갔을 때 세부적으로 설명을 들은 참가자들이 문장을 기억해 내는데 더 나은 능력이 있음을 보여주었다. 따라서 기억이 점점 사라져 갈 때 의미 있는 문장으로 암기하는 것이 좀 더 세부적으로 기억된 단어가 이들을 다시 기억하는 데 도움이 된다는 것을 의미한다.

### (3) 실습/훈련 중 기억해 내기

학생에게 부딪치는 첫 도전(challenge)은 매일매일 학습한 것을 기억해 내는 것이다. 학생에게 매일 새로운 지식이 제시됨에 따라 새로운 지식과 이전에 학습된 모든 지식을 더한 것을 유지하기 위해서 노력한다. 실제로 실습/훈련 중 기억해야 하는 것은 매일 그 크기가 증가하는 것으로 나타난다. 새로 습득된 지식에 대한 첫 위협(first threat)은 과거에 사용된 경험이 없는 점이다. 이 위협에 대처하기 위해서 학생들은 학습한 것을 규칙적으로 실습/연습(regular practice)해야 한다.

새로 학습된 지식에 대한 두 번째 도전은 학생이 이것을 다시 기억해 내는 데 도움이 될 수 있는 이해의 부족이다. 학습은 최상의 결과로 이어지는 지식의 이해를 높이기 위한 노력과 함께 반복된 지식의 결과라는 것을 보여주고 있다. **연구 질문**(study questions; *학습자나 연구자가 연구를 통하여 얻거나 해결하고자 하는 불확실한 문제 혹은 질문이다*)에 관한 독서의 아이디어는 기억 연구자들에 의해서 상당한 주목을 받았었다. 실험에 따르면 연구 질문에 답하는 것이 기억력 향상에 더 기여할 뿐만 아니라 연구 질문을 만들어 내는 데도 매우 활동적이라는 것을 발견하였다. 학생이 교재를 읽은 다음 이들의 이해력을 시험한 연구에 따르면 그들 자신의 연구 질문을 써본 다음 버린 학생은 단순하게 교재를 읽은 학생에 비해서 더 잘 기억하고 있음을 보여주었다.

### (4) 훈련 후 기억하기

학생들은 자격증명(certificates)이 그동안 학습된 모든 것을 기억하고 있다는 것을 보장해주지 않는다는 사실을 인식해야 한다. 어느 사람도 망각 과정으로부터 예외일 수 없다. 지식과 기술(기량)은 실습/훈련만이 학습한 것을 지속해서 보존하는 유일한 수단이고, 유자격 조종사 또는 정비사가 된 후에도 훈련을 받을 때와 같이 실습/훈련하는 것은 매우 중요하다는 사실을 상기시켜야 한다. 조종사의 항공지식 보유에 관한 한 연구에 따르면 일부 주제에 대해서 학생의 보존 능력이 교관이 보유한 지식보다 더 높다는 것을 보여주고 있다. 이것은 지식과 실기평가(practical test)를 위한 준비에서 이들 지식 주제에 대한 학생의 활발한 활용과 최근 실습이 교관보다 더 자주 사용함으로써 활용의 효과를 중요시하고 있는 것으로 볼 수 있다. 이것은 교관이 최근에 훈련되지 않았을 때 교관의 지식 망각은 취약할 수 있음을 잘 보여주고 있다. 동일 연구에서 규정(regulation)을 세부적으로 기억할 수 있는 유자격 조종사의 능력은 각 학생의 마지막 비행자격유지비행(flight review) 이후 개월의 수와 관련이 있을 수 있다. 따라서 조종사는 비행자격유지비행 전에 그들의 지식을 갈고닦기 위해서 그리고 비행자격유지비행 사이에서 지식과 기량이 감소하기 전에 단계를 밟을 것을 제안하고 있다. 또한, 훈련 중에 자동화된 각 기술(기량)은 불용기간(period of disuse) 후 자동으로 유지되지 않는다.

❖ 비행자격유지비행(biennial flight review or BFR)
조종사는 2년에 한 번 비행자격유지비행(국가마다 다를 수 있음)을 의무적으로 받아야 조종사 권리를 유지할 수 있고 이를 통상 "BFR (biennial flight review)"이라 한다. BFR은 유자격 교관에 의해서 최소한 1시간의 지상교육과 1시간의 비행으로 이루어진다. 기장으로 활약하기 위해서는 이전 24개월 이내에 비행자격유지비행을 수행한 기록이 있어야 한다.

### (5) 지식의 근원

항공학생은 조종사 또는 정비사가 되기 위한 훈련 중 다양한 지식 출처(sources)들로부터 지식을 얻는다. **항공교관은 학생의 주요 지식 원천이지만 교관은 다른 지식 출처들을 권장해야 한다.** 이들은 서적, 사진, 비디오, 도형과 차트, 그리고 다른 교육 재료들이 포함된다. 학생들은 이들 다양한 교육 재료로부터 정보를 얻을 수 있도록 하고 다른 사람들에게 쉽게 전이되기 때문에 매우 중요하다. 또한, 학생들에게 정보 획득을 위한 자기-페이스(self-pace)를 유지하도록 하고 학생들에게 잠시 중지(pause), 생각, 공식화, 그리고 학습자의 이해를 다시 공식화하도록 한다. 교관은 학생이 실제 항공 세계에서 경험을 얻을 수 있도록 용기를 돋워 주어야 한다. 이들 경험은 학생의 **우연학습**(incidental learning; *주의를 다른 곳에 쏟고 있어 어떤 것을 학습하려는 동기나 준비 없이 이루어지는 학습*)이 향상된다. 다른 조종사 또는 정비사의 관찰, 학습한 것에 대한 복습, 스키마 형성, 그리고 학습한 것을 서로 조화시킬 수 있는 능력이 향상된다. 비행훈련 계획서와 연계된 컴퓨터 기반 교육 프로그램과 상호작용은 또 다른 우수한 지식 원천이다.

(6) 교관의 행동

교관은 학생이 학습한 것을 기억해 내는 데 도움이 될 수 있도록 다음과 같이 학생을 지도할 것을 권고한다.

첫째, 단기기억과 장기기억 사이의 차이를 토론하라.
둘째, 기억과 망각에서 지식 사용의 빈도와 최신 활용의 효과를 설명하라.
셋째, 기억과 망각에서 정보처리 깊이효과를 설명하라.
넷째, 학습 중 연상할 수 있는 도구를 활용할 것을 권장하라.
다섯째, 규칙적으로 학습할 때의 장점과 벼락공부(cramming)의 단점을 설명하라.

# 제3장 의사소통

## 3.1 개 요

교관은 조종훈련생에게 처음으로 뒷바퀴 조향(tailwheel) 비행기의 훈련을 계획했다. 이에 교관은 뒷바퀴 조향 비행기의 정상 이륙 과정에서 발생할 수 있는 빗놀이(yawing) 현상을 설명하면서 비행 전 브리핑을 시작했다. 이 요잉 경향(yawing tendency)은 이륙 중 뒷바퀴 조향(steering) 비행기를 불안정하게 하는 착각을 일으킬 수 있다. 모든 단발엔진 프로펠러 비행기 이륙에서 이 요잉(yawing) 경향이 발생하기 때문에 이 현상은 예측할 수 있고 조종사는 이를 수정할 수 있어야 한다. 교관은 뒷바퀴 조향 비행기의 꼬리가 3-포인트(three-point; *2개의 앞바퀴와 1개의 뒷바퀴가 수평 자세를 잡는 것*) 자세에서 수평비행자세(level flight attitude)로 들릴 때 요잉이 뚜렷하게 발생하는 세차(precession) 현상에 대해서 강의했다. 이 자세의 변화는 프로펠러의 수평축을 기울게 하여 발생하는 세차 현상으로 인해서 항공기 기수는 왼쪽으로 빗놀이(yawing) 하게 한다.

조종훈련생은 이 경향을 실험해 보기 위해서 모형 항공기의 프로펠러를 데스크 램프 아래에 놓았다. 뒷바퀴 조향 방식 비행기이고 꼬리가 수평비행사세로 들렸을 때 프로펠러를 돌리면 그림자는 프로펠러의 피치 변화를 보여 주고 있다.

교육에서 효과적인 의사소통(communication)은 필수이다. 항공교관은 고차원 지식을 갖추고 있지만, **학생들과 이 지식을 공유하기 위한 효과적인 의사소통을 위한 능력을 향상해야 할 필요가 있다.** 비록 의사소통이 복잡한 과정이기는 하지만 항공교관은 학생이 원하는 정보를 공유하고 목표에 적합한 소통을 위한 편안한 스타일을 개발할 필요가 있다. 또한, **의사소통은 쌍방향(two-way) 과정이라는 것을 인식하는 것이 무엇보다 중요하다.** 이 장에서는 효과적인 의사소통 요소들, 의사소통 장애요소, 그리고 의사소통을 발달시킬 수 있는 기술에 대해서 다룬다.

## 3.2 의사소통 기본 요소

의사소통은 한 사람이 다른 사람 또는 여러 사람에게 생각이나 감정을 전달할 때 이루어진다. 의사소통의 효율성은 전달하고자 하는 생각과 받아들인 생각 사이의 유사성으로 알 수 있다. 소통 과정은 다음과 같은 3가지 요소들로 구성되어 있다.

① 말하는 사람(source; 발신인, 강연자, 저자, 인코더, 송달자 또는 교관)
② 매체(단어)나 부호(전달하고자 하는 메시지를 구성함)
③ 수신자(receiver; 청취자, 독자, 디코더, 학생)

이들 3요소는 상호 동적으로 관련이 있다. 이것은 효율적인 의사소통이 이루어지기 위해서 다른 요소들에 달려 있기 때문이다. 또한, 말하는 사람과 듣는 사람 사이의 관계 역시 동적이고 이들 사이의 부호(언어, 혹은 모델)의 쌍방향 흐름에 달려 있다. 의사소통의 원천은 상황에 대한 의사소통을 정확하게 다듬기 위한 수신자로부터 피드백에 달려 있다. 또한, 이들 원천은 원하는 수신자 반응을 보강하기 위해서 수신자에게 피드백을 제공한다.

(1) 말하는 사람

의사소통의 시작은 말하는 사람, 연설하는 사람, 글을 쓰는 사람, 암호기(encoder), 트랜스미터, 또는 교사(교관)가 된다. 의사소통의 역할에 작용하고 있는 사람들의 효율성은 다음과 같은 최소한 3개의 기본 요소들과 관련이 있다.

**첫째, 언어를 선택하고 활용할 수 있는 능력은 수강생이나 독자들에게 의미가 있는 부호(언어)를 전달하는 데 필수이다.** 의사소통의 효율성은 듣는 사람이 사용하고 있는 부호 또는 단어를 이해할 수 있는 능력에 달려 있음을 인식하고, 이를 위한 의사소통의 원천으로서 연사(화자) 또는 저자의 책임이다. 예를 들어 정비교관이 항공 약어 ADs, TCDS or STCs 등을 사용한다든지 또는 비행교관이 조종훈련생에게 ILS, TCAS, or TAWS와 같은 용어를 사용한다면 불가능한 것은 아니지만 의사소통이 매우 어려울 수 있다. 항공 약어 또는 기술언어의 사용이 필수이지만 학생들에게는 관련 언어를 가르치는 것이 우선이다. 그러나 말하는 사람이나 저자와 유사한 배경이 있는 수강생에게는 관련된 어휘를 사용하여 높은 수준의 기술 또는 전문적 배경에 의존할 수 있다.

**둘째, 말을 하는 사람은 자기 자신에 관해서, 소통하고자 하는 생각에 관해서, 그리고 학생에게 의식적 또는 무의식적으로 자세를 들어낼 수 있다.** 만약 이들이 효과적으로 의사소통되고 있다면 이들 태도는 메시지를 전달하는 동안 확실해야 한다. 말하는 사람은 자신감을 가져야 한다. 이들은 메시지는 중요하다는 것과 듣는 사람은 제시된 내용이나 생각을 알아야 할 필요가 있다는 것을 확실하게 설명해야 한다.

**세 번째, 말하는 사람은 정확한 최신 메시지나 자료를 바탕으로 말하거나 쓰일 때 더욱 성공적일 수 있다.** 말하는 사람은 가능한 한 가장 최신 그리고 관심이 있는 정보를 갖출 수 있도록 끊임없이 노력해야 듣는 사람의 관심을 잡을 수 있다. **오래된 정보는 교관에게 듣는 사람으로부터 교관의 신뢰성(credibility)을 상실하게 하는 원인이다.** 단조로운 말씨 또는 관심이 떨어지는 정보는 듣는 사람의 주의를 끌지 못한다.

(2) 매체 또는 부호(메시지)

의사소통의 기본 수준에서 단순한 구술과 시각 코드와 같은 부호(symbols)를 통해서 달성할 수 있다. 어휘에 있는 단어는 기본 코드를 구성한다. 통상 몸짓과 얼굴 표현은 다른 것으로 보일 수 있지만, 단어와 몸짓만으로 생각을 나타낼 수 없다. 생각, 문장, 구절, 강연, 또는 장(chapter)과 같이 듣는 사람에게 무엇인가 의미 있는 생각은 부호가 유의미를 가질 때만 소통이 이루어질 수 있다. 이들 부호가 문장 단위와 결합할 때 각 부분은 효과적인 소통에서 중요시된다.

의사소통은 부호를 통한 더 높은 수준에서 다른 지각 때로는 채널이라고 하는 그들의 해석으로 달성된다. 의사소통의 부호에 **관한 많은 이론 중 한 가지 대중적 이론에서 부호는 3개의 감각 채널(시각, 청각, 또는 운동감각)의 하나를 통해서 지각된다**는 것을 강조하고 있다.

제2장에서 다룬 것과 같이 시각 학습자(visual learners)는 보는 것에 의존하고, 청각 학습자(auditory)는 듣고 말하는 것을 좋아하고, 운동감각 학습자(kinesthetic learners)는 접촉, 조작, 활용 또는 행하는 것과 같은 신체적 경험을 통한 정보를 처리하고 저장한다. 교관은 다양한 채널을 활용함으로써 학생의 주의를 얻고 보존하는데 더 성공적일 수 있다. 예를 들어 조종훈련생이 주어진 항공기 자세(aircraft attitude)를 유지하기 위해서 노력하는 동안 조종훈련생에게 트림 조절을 말하는 대신 교관이 트림 휠(trim wheel)을 움직일 수 있다. 조종훈련생은 트림 휠이 항공기 자세를 유지하는데 필요한 조종 스틱 압력(control stick pressure)의 양에 영향을 미치고 있다는 것을 감각적으로 경험한다. 동시에 교관은 조종훈련생에게 조종간의 전후 압이 피치에 어떠한 영향을 주는지 설명할 수 있다. 그 후에 조종훈련생은 조종압(control pressure)과 트림(trim)의 정확한 의미를 이해하기 시작하고, 조종압을 완화하기 위해서 트림을 조절할 것을 말했을 때 조종훈련생은 교관이 원하는 방식에서 반응하게 될 것이다.

대부분의 말하는 사람은 듣고 보는 채널(channels of hearing and seeing)을 선택한다. 운동기술을 위해서 접촉(touch)의 감각, 또는 운동감각 학습은 훈련생이 기술을 반복 실습이나 훈련함에 따라 향상되고 오래 보존된다. 따라서 소통을 최적화하기 위해서 교관이 학생으로부터 얻어지는 피드백은 필요에 따라 부호를 수정하기 위해서 일정하게 모니터하는 것이 필요하다.

교관이 학생으로부터 받은 피드백(feedback; *어떤 원인에 의해 나타난 결과가 다시 원인에 작용해 그 결과를 줄이거나 늘리는 자동 조절 원리이다*) 외에 학생은 이들이 어떻게 수행하는지를 교관으로부터 피드백도 필요하다. 피드백은 이들 성과(performances)를 학생에게 알려줄 뿐만 아니라 유용한 동기 유발 요소로도 작용한다. 교관의 칭찬은 학생의 자신감(student's self-confidence)을 갖도록 해주고 선호되는 행동을 보강한다. 반면 부정적 피드백은 주의해서 활용되어야 한다.

**학생이 곤경에 빠지지 않도록 부정적 피드백은 비공개로만 활용**되어야 한다. 이 정보는 개인적 판단이 아닌 실제적 수행이나 성과를 설명하는 방식으로 전달되어야 한다. 예를 들어 안전철선(safety wire)이 만족스럽지 않다는 것을 정비교육 학생에게 적절하게 말할 수 있어야 하고, **경솔한 언행은 좋지 않을 수 있으며 학생의 자존심(self-worth)에 상처를 줄**

**수 있다.** 전체 생각의 한 부분으로 의사소통의 시작 또는 결말에 어느 것이 가장 적합한지 판단하고, 명쾌하게 혹은 강조하기 위한 목적에 가장 적합한지를 결정하기 위해서 분석되어야 한다. 이들 모든 기능은 효율적인 생각의 전환을 위해서 필요하다. 최종적으로 이들 전달을 위한 과정은 가장 적합한 매체의 결정에서 최고조에 이른다.

(3) 듣는 사람/수화자

수화자/듣는 사람(receiver)은 메시지가 향하는 개인 또는 개체가 되는 듣는 사람, 독자, 디코더/해독기(decoder), 또는 학생이다. 효율적인 의사소통은 메시지를 받아들이는 사람의 반응과 관계되어 있다는 것을 명심해야 한다. **만약 듣는 사람이 이해하면서 반응하고 말하는 사람이 의도하는 데로 그의 행동이 변했을 때(또는 행했을 때) 효과적인 의사소통이 이루어졌다고 할 수 있다.** 의사소통 과정을 이해하기 위해서 다음과 같이 듣는 사람의 3가지 특성을 이해해야 한다.

① 능력(abilities)
② 태도(attitudes)
③ 경험(experiences)

**첫째, 교관은 정확한 의사소통을 위해서 학생의 능력을 결정해야 할 필요가 있다.** 이 요소 중 하나가 학생의 배경(background)이다. 예를 들어 학생이 항공에 대해서 어떻게 알게 되었는지 알아보는 것이다. 일부는 공항 주변에서 성장하면서 항공에 대해서 자연스럽게 친숙성(familiarity)이 발달하였거나 아니면 전혀 항공과 친숙성이 없을 수도 있다. 일부 학생은 운동기술이 높게 발달해 있을 수 있고 다른 학생은 이들 기술을 발달시키기 위한 기회를 갖지 못할 수 있다. 이들 요소는 학생에게 정보가 제공될 때 반드시 고려해야 한다.

항공교관은 다른 교사들보다 독특한 장점(unique advantage)이 있고, 성인 학습자와 같은 항공학생은 동기와 자신감의 감각이 더 많이 발달해 있다. 일반적으로 항공학생은 일반학교의 학생과 다른 학습 환경이 되기를 원하고, 학습을 위한 시간과 비용을 기꺼이 지불할 용의가 있다. 이외에도 이들은 상당한 사전 지식의 양을 갖추고 있을 뿐만 아니라 많은 인생 경험, 그리고 이미 상당한 의사결정 기술이 발달한 상태에서 학습과 훈련에 임한다.

**교관은 문화적 차이가 다를 수 있는 사람들의 관점과 배경**(viewpoint and background)**을 이해해야 하지만 사람들 사이의 의식 차이가 과장**되어서는 안 된다. 교관은 가능한 차이를 의식하고 있어야 하지만 이들의 차이로 인하여 과도하게 반응하거나 특정 가치를 가정해서는 안 된다. 예를 들어 대학을 졸업한 학생이라고 해서 항공훈련의 진도가 빨라질 수 있음을 보장하는 것은 결코 아니다. 학생 교육은 교관의 표현력 방식(style)에 영향을 받지만, 그 방식은 항공에서 훈련해야 하는 주제에 대한 학생 지식의 평가에서 표준이 되어야 한다.

**두 번째, 학생이 보여 주는 태도는 저항**(resistance), **의지**(willingness), **또는 수동적 중립**(passive neutrality)**으로 나타날 수 있다.** 학생의 주의를 끌고 유지하기 위한 태도는 정보를 받아들이는 것이 향상되는 형태로 변형되어야 한다. 이들은 다른 태도를 갖기 때문에 다양하게 소통할 수 있는 접근 방식은 대부분 학생에게 최적으로 작용한다.

**세 번째, 학생 경험, 배경, 그리고 교육수준은 교관이 선택할 수 있는 접근 방식을 결정한다.** 학생의 능력과 태도 속에서 학생이 알고 있는 것은 교관에게 의사소통하도록 길을 안내한다. 교관은 능동적인 의사소통(dynamics of communication)을 이해하는 것이 중요하지만 학습을 방해할 수 있는 다양한 의사소통 장애요소도 있다는 것도 의식해야 한다.

## 3.3 의사소통의 장애요소

언어의 속성과 이를 사용하는 방법에 따라 때로는 오해를 일으킬 수 있다. 일반적으로 의사소통을 방해하는 4개의 장애요소가 존재한다.

① 공통 경험의 부족
② 부호와 상징물 사이의 혼동
③ 추상적 단어
④ 간섭

(1) 공통 경험의 부족

**교관과 학생 사이의 공통 경험의 부족(lack of common experience)은 효과적인 의사소통에 가장 큰 단일 장애요소다.** 의사소통은 관련이 있는 사람의 경험(신체, 정신적, 그리고 감정적)이 유사할 때만 효과적일 수 있다. 의사소통은 마치 트럭으로 벽돌을 한 장소에서 다른 장소로 운반하는 것과 같이 단어도 송화자에서 수화자로 의미가 전달되는 것으로 많은 사람은 믿고 있지만, 단어는 교관의 마음(mind of the instructor)으로부터 학생의 마음 속까지 동일 의미가 정확하게 전달되는 경우가 드물다. 실제 단어 그 자체가 의미를 전달하는 것은 아니다. 송화자(교관) 또는 저자들은 단어를 학생의 반응을 불러일으키기 위해서 자극하는 데 사용한다. 학생들이 과거에 경험했던 단어와 생각들은 교관이 말하는 것에 관해서 학생이 어떻게 반응하는가를 결정한다. 수강생(학생) 또는 독자가 이들 단어와 관련된 주제 또는 개념(objects or concepts)과 함께 약간의 경험을 갖지 않는 한 송화자의 단어는 다른 사람에게 원하는 의미로 소통할 수 없다.

이것이 **어휘(vocabulary)를 구성하는 학생의 경험이기 때문에 교관은 학생과 같은 언어로 말해야 한다는 것이 필수**이다. 만약 교관의 전문용어(terminology)가 생각을 전달하는 데 필수라면 학생이 이 전문용어를 이해하는 약간의 시간이 필요하다. 예를 들어 정비교관이 학생에게 마그네토의 타이밍(timing)을 조절하라고 말했다. 정비 분야에 생소한 학생은 필수 과제를 수행하는데 스톱워치 또는 시계가 필요하다는 것을 생각하게 될 것이다. 교관은 이 절차는 일상적인 시간 개념으로 행해지지 않는다는 것을 학생에게 이해시킬 필요가 있다.

영어를 포함한 대부분 언어는 의미(meaning)가 다른 단어(words)들이 많다. 예를 들어 농부에게 트랙터(tractor)는 농사일에 사용되는 기계이지만 트럭 운전사에게는 트레일러를 끌기 위해서 사용되는 차량이고, 항공에서는 트랙터 프로펠러(tractor propeller; *견인식 프로펠러*)는 추진식 프로펠러(pusher propeller)의 반대가 되는 용어로 사용된다. 이와 유사하게 우리말의 "말" 역시 동물을 지칭하기도 하고 사람의 생각을 표현하고 전달하는데 쓰는 언어의 수단으로 쓰이기도 한다. 따라서 언어는 각각의 기술적 분야에 적합하게 사용되고 있음을 알 수 있다. 기술 단어는 그 분야 외의 사람들과 완전히 의미가 다르기도 하다. 따라서 효율적인 의사소통을 위해서 학생이 사용하는 단어의 의미를 이해하는 것은 교관의 이해와 같아져야 할 필요가 있다.

### (2) 부호와 상징물 사이의 혼동

부호와 상징물(symbolized object) 사이의 혼동은 단어가 의미를 나타내고자 하는 것과 혼동될 때 발생한다. 비록 이들은 다르게 전달될 수 있는 단어와 함축된 의미일지라도 때때로 사람들은 확실하게 구분하지 못한다. 항공정비사(aviation maintenance technician; AMT)는 기술자로서 소개될 수 있다. 그러나 많은 사람에게 기술자라는 용어는 자동차를 정비하는 사람들의 이미지를 떠올린다. 일부 사람들의 마음속에 항공기 정비사로 인식되는 것은 개선되었지만 AMT의 훈련과 기술을 떠올리지 못한다. 단어와 부호는 모든 사람에게 항상 같은 것을 나타내지 못한다. 말하는 사람과 저자는 효율적인 의사소통을 위해서 이들 차이를 인식하고 있어야 하고, 다음, 말하는 사람 또는 저자가 의도하는 것을 나타낼 수 있도록 단어와 부호를 선택해야 한다.

### (3) 추상적 단어

추상(abstraction)은 특정 혹은 구체적으로 말하기보다 개략적으로 표현하는 것이다. 대상자에 대한 구체적인 단어 또는 용어는 그들 자신의 경험과 직접 관련이 있다. 이들 단어나 용어는 지각될 수 있는 생각 또는 시각화(visualized)할 수 있는 것을 구체적으로 설명한다. 반면에 **추상적 단어(abstraction words)는 직접 경험할 수 없는 생각이나 학생의 마음속에 정신적 이미지(mental images)를 그릴 수 없는 것을 나타낸다.** 예를 들어 항공기라는 단어는 하나의 추상 단어이다. 이것은 학생의 다양한 상상력에서 특정 항공기를 마음속에 불러올 수 없다. 한 학생은 비행기를 시각화하고, 다른 학생은 헬리콥터를 연상할 수 있으며, 또 다른 학생은 비행선(airship)을 연상시킬 수 있다. 비록 이 단어는 비행기가 더 구체적이지만 많은 학생이 Boeing 777 to a Piper Cub까지 연상하게 될 것이다. 항공기 엔진은 또 다른 추상적 단어를 나타낸다.

교관이 항공기 엔진을 언급했을 때 일부 학생은 제트엔진(jet engine)을 생각할 수 있고, 다른 학생은 왕복엔진(reciprocating engine)을 연상시킬 수 있다. 왕복엔진이 더 추상적 단어이다. 이것은 성형엔진, 직렬엔진, V-형 엔진, 또는 대향엔진 등이 있기 때문이다. Lycoming IO-360과 같은 엔진의 기술적 언어의 사용은 엔진의 종류를 더욱 좁혀주지만, 항공기 엔진에 대한 전문용어를 알고 있는 학생들만 이해할 수 있다.

대부분의 학습 과정에서 추상 단어는 사용을 피해야 하지만 때로는 필수적이고 유용할 때가 있다. 공기역학은 모든 항공기에 적용될 수 있고 비행 특성을 이해하는데 필요한 전형적인 추상 단어의 사례이다. **추상 단어를 사용했을 때 위험은 교관이 의도하는 것과 같은 학생들의 마음속에 같은 특정 경험의 항목을 불러일으키지 못한다**는 것이다. 이 같은 용어가 사용되었을 때 이들은 사례와 삽화를 통한 특정 경험으로 연결되어야 한다. 예를 들어 착륙 접근이 불안하게 수행되고 있을 때 학생에게 "적절한 조치를 해야 한다"라고 말하는 것은 원하는 행동을 얻을 수 없다. 대신 학생에게 "복행(go-around)을 실행하라"라고 말하는 것이 더 좋다. 이것은 학생과 교관 모두 같은 의미로 생각하고 있기 때문이다. 정비과정 학생이 엔진에서 볼트의 토크(torque)에 대해서 교육 중일 때 단순하게 볼트의 토크를 정확한 값으로 주이라고 하는 것보다 해당 엔진의 정비 메뉴얼(maintenance manual)에 따른 볼트의 토크를 적용하라고 말하는 것이 좋다. 추상의 수준은 구체적이고 상세한 용어를 사용하여 줄여나가야 한다. 이것은 학생의 마음속에 생긴 이미지를 더 잘 정의하고 조절할 수 있게 해줄 것이다.

### (4) 간섭

일부 의사소통 장애요소는 교관이 통제할 수 있다. 간섭(interference) 또는 활동의 방해는 정보가 교관의 통제를 벗어나 정확하게 전달되지 못하도록 하는 요소들이다. 이들 요소는 생리적(physiological), 환경적(environmental), 그리고 심리학적(psychological) 간섭이 포함된다. 교관은 효과적인 의사소통을 위해서 이들 요소의 영향을 고려해야 한다. 생리적 간섭은 청각 손실, 부상, 또는 질병과 같은 부호 이해력(symbol reception)을 방해할 수 있는 생물학적 문제이다. 다른 생리적 요소들 역시 학생을 불편하게 하므로 의사소통을 방해할 수 있다. 교관은 학생이 상황에 대해서 더욱 편안하게 느끼고 새로운 생각을 더 잘 받아들일 수 있도록 표현을 조절해야 한다. 이에 대해서 학생이 아프다고 했을 때 병이 나을 때까지 수업을 미루는 것과 같이 단순한 조치가 필요하다. 이외에도 학생이 비행기에서 더욱 편안하게 착석할 수 있도록 시트 쿠션(seat cushion)을 사용하는 것도 한 방법이다.

**항공전자의 발달과 함께 다중업무(multitasking)가 생리적 간섭의 형태로 등장**하고 있다. 다중업무는 한 번에 한 프로그램 또는 과업 이상을 동시에 수행할 수 있는 컴퓨터 능력으로부터 유래하였다. **비록 인간이 동시에 여러 업무를 처리할 수 있다고 하지만, 인간은 컴퓨터가 아니다.** 연구에 따르면 인간 이해력은 2개의 단순하고 낮은 수준의 인지 과업을 한 번에 처리할 수 있지만, 고차원 인지 과업(higher level cognitive task)을 수행하기 위해서는 두뇌 기능과 집중이 더 필요하다. **단순한 활동이 추가되는 것조차 이해와 기억할 수 있는 능력 모두를 떨어뜨린다.** 연구에 따르면 다중업무는 단지 일련의 일정한 사소한 방해 그리고 "stop-go" 결심이고, 이들 모두는 정신적 그리고 운동감각 실행 능력을 떨어뜨리는 경향이 있음을 보여 주고 있다.

**환경적 간섭(environmental interference)은 외부 물리적 조건**에 따라 초래된다. 한 사례로서 대부분 경항공기에서 발생하는 소음 수준(noise level)이다. 소음은 의사소통을 어렵게 하고 장기적으로 청각 기능에 손상을 줄 수 있다. 이 문제를 해결하는 한 방법이 헤드폰을 사용하거나 기내통신장치(intercom system)를 사용하는 것이다. 만약 인터컴이 가용하지 않다면 귀마개(earplugs)를 사용하는 것이 한 방법이 될 수 있다. 귀마개는 청각을 보호할 뿐만 아니라 더욱 뚜렷하게 소리를 들을 수 있다. 진동(vibration)은 또 다른 환경적 간섭이다. 이것은 특히 회전날개 항공기에서 더욱 심한 진동을 느낄 수 있다.

**심리적 간섭은 교관과 학생이 대화가 진행될 때 어떻게 느끼는가에 따라 발생하는 현상이다.** 만약 교관 또는 학생 중 어느 한 사람이 대화 과정에 귀를 기울이고 있지 않다면 대화는 잘 이루어지지 못한다. **교관과 학생 사이의 상황 또는 불신의 두려움은 의사소통의 흐름을 심각하게 방해한다.**

## 3.4 의사소통 기술의 개발

의사소통 기술은 교관이나 학습자 스스로 발달시키도록 노력해야 한다. 이들의 효율적인 의사소통을 위한 능력은 경험으로부터 나온다. 교육적 의사소통의 경험은 역할연기(role play)에서 시작된다. 대화 기술은 교관이 되기 위한 훈련 중 또는 실제 교육 중 계속되고 훈련 경험이 쌓이면서 향상된다.

### 3.4.1 역할연기

역할연기(role playing)는 학생에게 특정 역할을 하도록 하는 학습 방식이다. 학습자에게 일반 상황을 설명한 다음 역할을 하기 위한 새로운 기술 또는 지식을 적용한다. 교관의 초기 훈련 중 교육적 의사소통의 경험은 실제 이를 행해 봄으로써 얻어지고 역할연기로 시작해서 배우게 된다. 예를 들어 비행교관 지원자는 조종훈련생의 역할을 하는 교관과 비행할 수 있다. 교관은 조종훈련생의 역할에서 학생 반응을 따라 행동한 다음 교관으로서 지원자의 역할을 비평(critique)하도록 한다. **멘토**(mentor; *경험 없는 사람에게 오랜 기간에 걸쳐 조언과 도움을 베풀어 주는 유경험자 또는 선배*) 또는 감독관(supervisor)은 정비교관 지원자를 위한 학생 AMT로서 역할을 할 수 있다.

비행교관은 공중에서 수행될 수 있는 것에 대해서 조종훈련생이 대비할 수 있도록 비행교육 기술과 함께 훌륭한 학술교육 기술을 발달시켜야 한다. 이와 마찬가지로 정비교관은 교실에서 정비교육 학생이 실기시험과 실습과제(hands-on tasks)를 대비한 교육기술을 발달시켜야 한다. 이들 두 사례에서 효율적인 의사소통은 시도했던 기술을 보강하고 결과를 평가 또는 비평하는 것이 꼭 필요하다.

**교관의 의사소통 능력은 경험이 쌓이면서 꾸준히 발달한다. 교관은 처음 익혔던 경험들을 더욱 다듬거나 약간 다른 기술로 대체할 수 있다.** 대부분의 신임 교관은 위협적이 아닌 환경에서 편안한 의사소통 방식을 원한다.

최근 비행훈련은 기동기반훈련표준(maneuvers-based training standard)으로부터 시나리오기반훈련(scenario-based training; SBT)으로 변하고 있다. SBT는 학생들이 실제와 유사한 시나리오에 참여함으로써 학생이 학습하도록 허용한 다음 그들의 지식을 적용할 수 있도록 하는 효과적인 접근 방식이다. 이 교육과 학습 방식은 훈련 중 학생에게 이론에서 실제 기술의 적용으로 옮겨가도록 허용한다.

교관 지원자(비행 또는 정비)는 교관 교육을 받는 동안 SBT에 관해서 학습할 필요가 있다. SBT는 이들이 현장에서 접할 수 있는 상황에 적절하게 반응할 수 있도록 대비할 수 있을 뿐만 아니라 교관으로서 학생들을 위한 시나리오를 작성하는 데도 도움이 된다. 예를 들어 비행교관 지원자는 학생의 역할을 하는 비행교관에 맞는 시나리오를 작성하는 것은 PTS를 대비한 실속을 수행하기 위한 학습이다. 교관은 보조 교관에게 비행 전 기동을 간단하게 설명하고 실속 시범을 보인 후 기동을 통해서 비행교관에 말로 설명한다. 보조 교관은 근심이 많은 조종훈련생과 같이 행동하고, 그 자신에게 여러 반응을 반복하면서 조종훈련생에게 경험하도록 한다. 비행 후 보조 교관은 이들의 교육 결과를 비평한다. SBT의 비중이 높아짐에 따라 역할연기의 중요성도 함께 증가하게 될 것이다.

### 3.4.2 교육적 의사소통

**교육은 교관이 특정 내용이나 절차를 설명한 후 학생으로부터 원하는 반응이 발생한 것으로 결정되었을 때 이루어진 것으로 판단**한다. 교관은 다양한 의사소통 기술을 적용하여 소통을 향상시킬 수 있다. **자연스러운 대화 방식에 사용되는 기본 원칙 중 하나는 그들이 이해할 수 있는 무엇인가를 말하게 한 수 있도록 학생을 격려**하는 것이다. 만약 항공정비를 위한 코스에서 정비에 대한 배경이 없다면 교육은 성공적으로 이루어질 수 없다. 교관은 자신이 잘 알고 있는 무언가를 말할 때 그리고 높은 자신감을 갖는 것에 대해서 더 잘 수행한다. 교관은 특정 주제를 설명하는데 과거 경험의 사례를 사용하는 것을 주저해서는 안 된다. 예를 들어 계기기상상태(IMC)에서 계기접근(instrument approach) 중 시각 참고로 전환을 위해서 적용되는 절차를 설명할 때 학생에게 동일 조건에서 경험했던 사례를 들어 설명하는 것은 큰 도움이 된다. **교관의 개인적 경험은 교재에 있는 것과 같은 정보를 읽는 것보다 더욱 가치 있는 교육이 될 수 있다. 그러나 교관은 이들 종류의 토론이 마치 "전쟁 체험기"와 같이 잘못된 영웅심을 심어주지 않도록 주의해야 한다.**

의사소통은 원하는 결과가 이루어지지 않는 한 정상적으로 이루어지지 않은 것으로 보아야 한다. 교관은 결과를 결정하는 몇 가지 방법이 필요하고 사용된 방식은 예상된 결과와 관련해야 한다. 비행훈련의 경우 교관은 기동의 실제 수행을 판단할 수 있다. 정비과정 학생의 경우 교관은 정비절차가 진행된 수준을 판단할 수 있다. 두 경우 모두 교관은 학생이 실제로 지식을 습득했고 보유하고 있는지 아니면 일회성인지 아닌지를 결정해야 한다.

항공학생은 어떻게 그리고 왜 무엇인가를 수행해야 하는지 알아야 한다. 예를 들어 정비과정 학생은 특정 조임쇠(fastener)를 이용한 지정된 토크를 어떻게 조이는지 알아야 하지만, 학생이 정확한 토크에 따른 조임쇠의 안전과 무결성(security and integrity)에 대해서 아는 것이 더 중요하다. 이 방식에서 학생은 앞으로 사용하게 될 모든 조임쇠를 정확한 토크를 적용할 수 있게 될 것이다. 조종훈련생이라면 이륙과 착륙을 위한 단순한 대기속도의 차이를 아는 것만으로 충분하지 않다. 특정 상황에서 정확한 대기속도 조종의 중요성을 완전히 이해하기 위해서 대기속도가 다른 이유를 아는 것이 더 중요하다. 일반적으로 교관은 몇 개의 평가 종류를 사용하여 학생의 이해 수준을 결정해야 한다.

### 3.4.3 청취

교관은 효율적인 대화를 위해서 담당 학생에 대해서 무엇인가를 알아야 한다. 앞서 언급한 것과 같이 교관은 학생의 능력을 결정해야 하고 정확한 의사소통을 위해서 학생을 이해해야 한다. **자신의 학생에 대해서 더 잘 알고자 하는 한 방법이 훌륭한 경청자(listener)가 되는 것이다. 같은 청취라 할지라도 단순하게 듣는 것과 목적과 의도를 갖고 듣는 것은 차**이가 있다.

| Hearing | Listening |
|---|---|
| • Accidental(우연적) | • Focused(집중적) |
| • Involuntary(비자발적) | • Voluntary(자발적) |
| • Effortless(특별한 노력이 없음) | • Intentional(의도적임) |

교관은 학생이 교육 내용을 잘 들을 수 있도록 다양한 기술을 활용할 수 있다. 이것은 청취하는 기술(art of listening)을 마스터하기 위해서 아래와 같이 경청하고자 하는 태도를 발달시키는 것이 중요하다. 교관은 더 잘 청취할 수 있도록 다양한 도구를 사용해야 한다.

- 대화를 중단시키지 마라.
- 미리 판단하지 마라.
- 대답하기 전에 생각하라.
- 들을 수 있도록 더 가까이 다가가라.
- 비언어적 행위를 주시하라.
- 편견에 유의하라.
- 밑바닥 감정을 추구하라.
- 집중하라.
- 듣는 동안 답변을 준비하지 마라.

훌륭한 경청자가 되기 위해서 듣고자 하는 것이 교관에게 중요한 것처럼 학생에게도 청취하고자 하는 자세가 중요하다. 교관은 학생에게 어떻게 수업을 들어야 하는지에 대해서 지도함으로써 정보 전달의 비율을 높일 수 있다. 학생은 청취를 위해서 다양한 수단과 단계를 적용하여 청취 기술을 향상해야 한다. 일반적으로 어떠한 소리를 듣는 것(hearing)과

주의를 집중해서 듣는 것(listening) 사이에는 차이가 있다.

- 몽상에 대해서 경계하라.
- 기록할 준비를 하라.
- 청취하고자 하는 마음의 준비를 보여 주라.
- 반박이 아닌 이해하기 위한 청취를 하라.
- 책임감 있는 청취를 하라.
- 청취 중 주요 의도가 무엇인지 파악하는 청취를 하라.
- 감정적으로 침착해져라.

**경청은 더 많이 듣는 것이다.** 대부분 교관이 경청은 이해하면서 듣는 것이라는 개념에 익숙해 있다. 학생이 내화하면서 무엇인가 듣고 있을 때 학생에게 전달되고 있는 것을 이해하지 못할 수 있다. 반면 학생이 진정으로 대화를 듣고 있을 때 학생은 그들 지식을 바탕으로 대화를 해석한다.

정보는 이해 수준으로 처리되고, 당면한 과업에 관해서 대화가 이루어진 정보의 상호관계를 이해하려 시도한다. 조종학생과 정비과정 학생의 높은 동기는 이것을 더욱 쉽게 처리하도록 한다. 또한, 학생의 감성적 정보를 많이 보유하고 있는지 결정하는데 상당한 역할을 한다는 것을 상기할 필요가 있다. **교육에 집중을 위한 감정적 영역은 억누르는 것보다 이해하기 위해서 청취하는 것이다.** 예를 들어 일상적으로 알고 있는 비행방식에서 급격한 변화가 예상되는 계기비행 훈련생은 많은 것을 걱정한다. 이 같은 마음 자세로 계기비행 지식을 청취하고 많은 것을 보유하기는 매우 어렵다.

이외에도 **교관은 담당 학생이 특정 과제에 관한 감정을 의식하고 있다는 것을 확실하게 알아야 한다.** 만약 특정 영역에서 학생의 감정이 야기되었다면 학습은 이를 의식해야 하고 주의해서 청취할 수 있는 부가적인 수단이 제공되어야 한다. 예를 들어 학생이 스핀(spin)에 대해서 두려움을 갖고 있다면 학생이 느끼는 감정은 강의를 듣는 것을 압도할 것이다. 만약 학생이 이 가능성을 의식하고 이를 대처하기 위해서 의식적으로 노력한다면 수강은 더욱 성공적으로 될 수 있다.

**또 다른 청취 기술은 주요 생각(main ideas)을 청취하는 것이다.** 강의 또는 프레젠테이션을 청취하기 위한 기술은 때로는 실천적 상황에 적용해야 한다. 사실을 기억하거나 기록하는데 집중하는 사람들은 큰 그림을 그릴 수 없어 메시지를 쉽게 잃어버릴 수 있다. 청취자는 내가 듣고자 하는 것의 목적이 무엇인가를 자문해야 한다. 이로써 청취자는 전체 개념에서 단어들을 연관시킬 수 있다.

**교관은 학생이 몽상(daydream)에 빠지지 않도록 주의해야 한다.** 대부분 사람은 빠르게 말하는 사람이 말하는 것보다 더 빠르게 청취할 수 있다. 이것은 일부 다른 주제에 빠질 수 있는 마음속의 공간을 남긴다. 이 문제를 의식하고 있는 청취자는 말하는 사람의 단어를 반복하고, 의역하기(*다른 말로 바꾸어 표현하다.*) 또는 요약하여 말하는 것을 집중할 수 있다. 말하는 사람의 단어를 보강하기 위한 여분의 시간을 사용하게 함으로써 학생은 더 많은 정보를 보유하도록 한다.

**모든 것을 다 기억할 수 있는 사람은 없다.** 노트를 휴대하도록 권장하는 것은 수업 중 강의 내용을 재구성하기 위한 학생에게 좀 더 체계적으로 사용하도록 한다. 모든 학생이 약간 다른 체계를 갖고 있지만, 강의를 그대로(lecture verbatim) 기록하지 않도록 해야 한다. 이 경우 속기 또는 약어(shorthand or abbreviated system)의 사용을 권장한다. 노트에 기록하는 것은 강의를 재생하기 위한 좋은 방법이다. 이 같은 필기기술(notetaking skills)은 언제든지 정보를 기록해야 할 때 교실 밖에서 사용될 수 있다. 예를 들어 계기비행인가(clearance)를 일반 단어로 그대로 받아쓰기가 쉽지 않다. 전형적인 비행인가의 형식을 알고 있음으로써 계기비행 훈련생은 자신에게 익숙한 약어 또는 속기(shorthand) 방법을 발달시킬 수 있다. 이것은 훈련생에게 비행인가를 복창(read back)할 수 있는 유용한 형식으로 받아 적을 수 있는 능력을 갖추게 된다. 이들 기술의 일부 또는 전부를 잘 조합함으로써 학생은 더 많은 정보를 보유할 수 있다. 교관은 담당 학생들이 가능한 한 최상의 청취 기술을 갖추게 함으로써 학생의 정보 보유는 크게 향상할 수 있을 것이다.

### 3.4.4 질문하기

**학생이 질문을 잘하는 것은 학생이 강의 내용을 얼마나 잘 이해하고 있는지를 결정할 수 있는 척도이다.** 또한, 질문은 교관이 학생에게 관심을 두고 있음을 보여 주고 학생의 반응(response)에도 관심이 있다는 것을 보여 준다. **교관은 집중적이고 개방형 질문(open-ended questions)을 해야 하고 폐쇄형 질문(closed-ended questions)은 피해야 한다.** 집중 질문은 원하는 영역에 집중하도록 허용한다. 교관은 추가 세부사항, 사례, 그리고 학생의 이해 여부를 판단하기 위해서 질문할 수 있다. 이것은 교관에게 추가로 질문할 수 있도록 하고 필요하다면 다음 프레젠테이션은 학생의 이해에 맞게 수정될 수 있다.

**개방형 질문은 학생 자신의 지식과 지각을 이용하여 완전하고, 유의미한(meaningful) 답변을 할 수 있도록 계획할 수 있지만, 폐쇄형 질문은 짧고 단답형 질문**을 하도록 한다. 개방형 질문은 폐쇄형 질문보다 통상 왜(why) 그리고 어떻게(how)와 같은 단어를 사용하여 더욱 객관적이다. 가끔 개방형 질문은 서술적 질문이 아니지만, 완성을 위한 질문은 함축적으로 서술될 수 있다. 교관은 개방형 질문을 할 수 있는 능력을 발달시켜야 한다.

폐쇄형 질문은 학습의 기계적 암기 수준에서 학생의 이해를 평가하는 경향이 있다. 폐쇄형 질문은 "yes" or "no"로 대답한다. 폐쇄형 질문은 다중선택 시나리오에서 사용될 때 응답자가 선택하도록 한 정형화된 세트의 답으로 구성되어 있다. 학생 반응을 발달시키는 것은 학습 과정에 통찰(insight)로 이어질 수 있다. 폐쇄형 질문의 한 장점은 수집된 데이터를 통계적 분석(statistical analysis)으로 표준화(standardize)할 수 있다. 폐쇄형 질문의 단점은 개방형 질문에 비해서 쓰기가 더 어렵고, 학생에게 원하는 답변을 하도록 유도하거나 특정 환경에서 교관 자신의 의제(agenda)를 향한 대화를 지향하도록 한다는 점이다. 교관은 질문의 종류와 관계없이 효과적인 질문을 위해서 학생의 능력, 경험, 그리고 훈련 단계에 적응되어야 한다. 질문은 "누가, 언제, 어디서, 무엇을 그리고 왜"와 같은 용어를 사용하고 이들을 혼용하여 질문이 복잡해지지 않도록 해야 한다. 학생에게 효과적으로 질문하는 것은 학생에 대한 도전이 되고 때로는 다소 어려운 질문은 학습을 자극하는 것으로 작용한다.

학생과 교관이 같은 방법에서 사물을 이해하는 것을 확인하기 위한 두 방법은 의역하기(paraphrasing; *다른 말로 바꾸어 표현하다*)와 지각 확인하기(perception checking; *방금 들은 것을 자신의 말로 요약하여 그 질문이 맞는지 확인하는 방식*)의 활용이다. 교관은 학생의 서술이 교관이 의미하는 것인지를 보여 주기 위해서 의역하기(paraphrasing)를 활용할 수 있다. 이 방법에서 학생은 명확하게 설명하기 위한 서술에서 수정하거나 확대할 수 있다.

지각을 확인하는 것은 학생에게 감정을 얻는 것이고, 교관은 학생의 행동이 갖는 지각이 무엇인지 서술하고 필요하다면 설명할 수 있다. **교관은 학생에 대해서 가능한 한 많이 이해하는 것이 중요하고 학생의 입장이 되어 봄으로써 더욱 향상된 청취 기술과 효과적인 질문으로 더 큰 효과를 얻을 수 있다. 질문은 학생이 의사결정과정과 올바른 판단을 내릴 수 있도록 초점을 두도록 해야 한다.** 교관에게 교육적 의사소통에서 주제 재료와 기술의 지식은 필수이다. 교관은 어느 한 영역에서 지식의 깊이가 높아질수록 더욱 유능해질 것이다.

### 3.4.5 교육적 향상

**유능한 교관이 되기 위해서 끊임없이 연구 노력해야 한다.** 제8장에서 전문가로서 갖추어야 할 자질에 관해서 다루지만, 교관이 주제에 대해서 더 다양한 지식을 갖추고 있을수록 교관은 그 정보를 더 잘 전달할 수 있다. 예를 들어 교관이 교육하고자 하는 것과 동일 훈련 수준을 갖추고 있다면 최소한 만족한 수준에서 가르칠 수 있다. 만약 교관의 지식수준을 초과하는 질문을 받았다면 교관은 답변을 연구하여 다시 학생에게 대답해 주어야 한다. 교관이 해당 주제에 관한 그 이상의 지식 또는 충분한 경험을 갖추고 있다면 첫 질문에 충분히 대비할 수 있다. 또한, 부가적인 지식과 훈련은 교관의 신뢰성을 높여주고 교육 프레젠테이션은 더욱 깊은 지식을 제공한다. 모든 정보는 학생의 학습 수준에 맞게 다듬어져야 한다.

# 제4장 교육과정

## 4.1 개 요

정비교관은 오늘 계획된 수업을 준비하기 위해 교실에 예정보다 30분 일찍 도착했다. 교실을 잠깐 둘러본 그는 교실 등화가 잘 되어 있고, 데스크는 정돈되어 있으며, 교실은 전반적으로 깔끔하게 정돈되었음을 확인했다. 그는 강의 노트를 연단에 놓고 모든 수업 준비가 정상적으로 되어 있는지 확인하였다. 또한, 컴퓨터와 프로젝터를 켜서 시청각 장치들이 정상적으로 작동하는지 확인하였다. 시각 프레젠테이션을 빠르게 돌려보고 강의 준비가 완전히 되었는지 다시 한번 확인하였다. 다음, 그는 학생들에게 배포하기 위해서 준비한 유인물을 세어 보았다. 이즈음 학생들이 교실에 들어오기 시작했다.

모든 준비는 마쳤고 교관은 학생들과 인사하면서 이전 강의 내용에 관한 질문에 답변할 수 있는 여유가 생겼다. 오늘 수업은 항공기의 무게와 균형(weight and balance)에 관한 내용을 소개하는 것이다. 교관은 소프트웨어 프로그램을 이용하여 균형(balance)이 벗어난 항공기로 인해서 발생할 수 있는 문제의 사례를 슬라이드로 보여줄 수 있도록 준비하였다. 교관은 안전비행에서 항공기 무게와 균형의 중요성을 소개하였다. 다음, 교관은 일반 항공기에서 무게와 균형(weight and balance)을 계산하는 방법을 교육하였다.

교관은 강의(lecture)를 보강하기 위해서 학급을 소그룹으로 나누고 무게와 균형 문제가 포함된 유인물(handouts)을 나누어 주었다. 각 그룹의 학생들이 첫 번째 무게와 균형 문제를 해결하였다. 이 과정에서 교관과 학생들은 특정 항공기를 위한 무게와 균형 문제를 어떻게 해결했는지 자유롭게 토론하였다. 일단 문제가 해결되었다면 교관은 무게와 균형을 계산하는데 적용된 단계를 반복 설명했다. 다음, 교관은 학생들에게 교실 안에서 독립적으로 해결할 수 있도록 다른 문제를 부여하였다. 각 학생이 이 과제를 완성한 후 교관은 다음 수업을 위한 숙제로써 학생들이 나머지 3개의 무게와 균형 문제를 성공적으로 해결할 수 있다고 확신했다.

교수법(teaching methods; *강의, 그룹 학습, 그리고 토론*)과 교보재(instructional aids; *시청각 그리고 유인물*)의 결합을 활용함으로써 학생이 무게와 균형을 어떻게 계산하는지 학습되었을 때 교관의 교육 목표를 달성하였다고 판단할 수 있다.

교관은 무게와 균형에 관한 수업을 진행하기 위해서 앞 장에서 다룬 인간 행동, 사람들이 어떻게 학습되는지 그리고 교실 환경에 적합한 의사소통에 관한 개념과 원리를 활용하였다. 교관은 교육 과정에서 활용된 이들 지식을 실제 교육 현장에 활용하였다. 이 장에서는 이전에 토론된 이론 지식을 바탕으로 항공학생을 교육하기 위해서 이들 정보를 어떻게 활용해야 하는지에 대해서 다룬다.

## 4.2 교육이란 무엇인가?

**교육(education)이란 누군가를 가르치거나 훈련하는 것, 또는 누군가에게 직업에 필요한 지식과 기술을 가르치는 것이다.** 여기서 누군가를 가르치는 사람을 교사, 교원, 또는 교관이라 한다. 교관이 되기 위해서는 규정에 정한 교육 과정을 이수한 후 관련 자격증명을 취득하고 규정에 정한 표준을 준수해야 한다. 심리학자 "Stanford C. Ericksen"은 "훌륭한 교사(교관)는 가치가 충분한 코스 재료를 선택하고 조직하여, 이들 재료를 학생들이 알기 쉬운 형식에서 주지시키고 통합함으로써 교과의 절차와 방식에서 능력을 보장할 수 있도록 학생을 이끌고, 지적 호기심을 유지하며 독립적으로 학습하는 방법을 향상하는 것이다"라고 정의하고 있다.

### 4.2.1 필수 교육기술

교육계에서는 훌륭한 교사(교관)를 양성하기 위한 많은 연구가 진행됐다. 이들 연구에 따르면 유능한 교관은 다양한 형식에서 배출되지만, 다음과 같이 4개의 필수 교육기술을 갖출 것을 강조하고 있다.

① 대인관계
② 주제 전문성
③ 관리기술
④ 평가기술

#### (1) 대인관계

**대인관계 기술(people skills)은 사람들과 상호교류, 대화, 이해, 공감, 그리고 인연을 맺을 수 있는 능력**이다. 유능한 교관은 주변 사람들과 좋은 관계를 유지하고 있다. 의사소통에 대해서는 제3장에서 다루었다. 대인관계를 유지하는 데 있어서 교관이 기억해야 하는 사항들은 다음과 같다.

첫째, 교관이 사람들과 효과적으로 대화할 수 있는 능력이 없다면 기술적 지식은 무용지물이다.
둘째, 대화의 쌍방향 과정은 학생을 가르치는 것은 물론이고 잘 들을 수 있다는 것을 의미한다.

이전 사례의 시나리오에서 교관은 무게와 균형 문제를 해결하기 위해서 소그룹 토론 방식을 활용했다. 이들의 토론과 질문을 청취함으로써 문제가 되는 것들을 지적해 낼 수 있고 문제해결에 관한 복습 과정에서 더 완전하게 설명할 수 있었다. 교관이 대인관계 기술에서 진도를 따라오지 못하는 학생을 발견했다면 학습을 위한 동기를 불어넣고 학생의 요구에 순응하고 존중하는 상호작용을 할 수 있는 능력을 갖추어야 한다. **교관이 활용할 수 있는 또 다른 중요한 대인관계는 학생의 노력을 지원하는 동안 지능적으로 학생이 도전하도록 하는 것이다.** 또한, 교관은 그들의 주제 문제에 열정(enthusiasm)을 보이고 그들 스스로 명쾌하게 표현하도록 해주어야 한다. 교관은 개인적 교육 스타일에 대한 학생의 학습 스타일을 맞추는 방법을 꾸준히 찾아야 한다.

### (2) 주제 전문성

주제 전문성(subject matter expertise; SME)은 특정 영역에서 높은 수준의 전문지식, 또는 기술(기량)을 갖춘 사람이다. 예를 들어 교관은 개방 시나리오에서 항공정비 SME이다. 유능한 교관은 항공에 대한 지식뿐만 아니라 교육하는 것에 대한 지식을 갖추어야 한다. 앞서 언급한 것과 같이 **높은 수준의 기술적 지식을 보유했다고 해서 잘 가르치는 것은 아니다. 유능한 교관은 학습을 향한 긍정적 태도와 함께 가르치고자 하는 강한 동기를 갖추어야 한다.** 사람들이 어떻게 학습되는지에 관한 연구는 백 년의 역사 동안 계속됐다. 여기서는 이와 관련된 주요 내용을 소개함으로써 항공교관이 교육 분야의 전문가가 되는 데 도움이 될 것이다. **교관은 진심을 갖고 학습과 직업적 성장에 관심을 가져야 한다.** 항공교관을 위한 여러 전문성을 발달시킬 기회*(예를 들어 항공 관련 세미나, 산업 총회, 전문가 조직, 그리고 온라인 학습 등과 같이)*가 제공된다. 새로운 전략을 학습하기 위해서 다른 교관과 교류하고 관찰하는 것 역시 큰 도움이 된다. **교관은 평생 학습자(lifelong learner)가 됨으로써 항공전문가로서 항공과 교육 모두에서 최신 상태를 유지**할 수 있을 것이다.

### (3) 관리기술

관리기술(management skills)은 계획, 조직, 지도, 그리고 감독할 수 있는 능력이 포함된다. 교관은 이들 기술을 수업에 반영할 수 있어야 한다. 교관이 수업계획을 잘 수립했다는 것은 관리기술을 연습하기 위한 충분한 시간이 있고 수업에 잘 활용하기 위한 시간을 할애할 수 있도록 한다. 항공학생의 평균 연령은 34세이다. 어린 학생들과 달리 규칙적으로 등교하지 않아도 되고, 이들은 훈련을 위해서 기꺼이 비용을 지불하고 있으며, 이들은 교관이 이들의 시간을 현명하게 활용할 것이라고 믿고 있다.

**교관은 가용한 시간에 교육 목표를 달성할 수 있도록 주어진 시간을 관리하고 어떻게 사용할 것인지 계획해야 한다.** 교관은 주어진 시간 내에서 실질적으로 달성할 수 있는 것이 무엇인지 이해하고 가용한 시간을 최대로 활용할 수 있도록 계획함으로써 교육 목표 달성을 위한 충분한 시간을 허용해야 한다. 또한, 예상하지 못한 것에 대비한 우발시간(contingency time)의 확보와 함께 부여된 시간에 적절한 과제 분량을 계획함으로써 스트레스를 최소화해야 한다. 이외에도 관리기술은 교실에서 학생을 가르치는 항공교관을 위한 역할이 될 수 있다. 이 교관에게 효율적 교실 관리는 학습 능력을 향상시킨다.

교관은 교실에 일찍 도착했고 교실이 잘 정돈되어 있으며 모든 학습 준비가 되어 있는 개방 시나리오를 가정하자. 그는 컴퓨터와 프로젝터가 정상적인 순서로 되어 있는지 확인했다. 이것은 긍정적 교육 환경에 기여한다. **항공교관의 교육 효율성을 향상하는 또 다른 관리기술은 학생을 감독하는 것이다.** 예를 들어 비행교관에게는 조종훈련생의 비행 전 점검 절차를 감독하는 것이고, 정비교관의 경우라면 기화기의 교환을 모니터링하는 것을 의미한다. 학습계획에서 학생에게 활동적 학습을 하도록 실천적 과제를 제공하는 것도 중요하지만 과제를 안전하고 정확하게 완료하도록 하는 것 역시 중요하다.

#### (4) 평가기술

제2장에서 학습은 "경험의 결과로써 학습자의 행동에서 변화"라고 정의하였다. **행동은 신체적이고 외현적(physical and overt)일 수 있고, 지능적 또는 태도적일 수 있다.** 학습을 평가한다는 것은 복잡한 과정이고 평가의 목적에 대해서 명확해야 하는 것이 무엇보다 중요하다. 교관에게 학습 평가는 또 다른 중요한 기술이다. 평가는 적시에 수행되어야 효과가 있고 항공교육에서 평가 시점은 다음과 같다.

① 훈련 전(before training)
② 훈련 중(during training)
③ 훈련 후(after training)

교관은 학생이 알고 있는 것과 함께 학생들이 어떻게 학습되었는지 평가하기 위해서 다양한 도구를 사용할 수 있어야 한다.

① 지식 평가(knowledge test)
② 구술 평가(oral quiz)
③ 수행 평가(performance tests)

## 4.3 교관의 행동수칙

교관으로서 갖추어야 할 많은 특성이 다른 모든 교관에게 적용되지만, 항공교관은 항공사회의 일원인 조종사 또는 정비사로 양성하기 위한 부가적인 책임을 갖는다. 다음은 항공교관이 조종사 또는 정비사의 교육에 명심해야 하는 기본 행동수칙(code of conduct)들을 열거한 것이다.

➲ 안전을 최우선으로 강조하라.
➲ 의사결정에서 현명한 판단을 발달시키고 실행하라.

- 위험을 효과적으로 인지하고 관리하도록 하라.
- 행동에 대한 책임을 갖도록 하라.
- 책임감 있고 정직하게 행동하도록 하라.
- 운용 실무절차와 개인적 운용 변수들을 신중하게 준수하도록 하라.
- 관련법과 규정을 준수하도록 하라.

이외에도 비행교관은 조종사 교육을 위해서 다음과 같은 사항을 명심해야 한다.

- 항공기 조종을 능숙하게 할 수 있도록 하라.
- 안전하고 적절한 방법에서 조종실 관리기술을 활용하도록 하라.
- 다양한 비행 상황에서 자신감을 갖도록 하라.
- 비행 권리가 존중받을 수 있도록 하라.

교육 과정(teaching process)은 교관이 학생들을 교육하고자 하는 것을 이해할 수 있도록 관련된 모든 자료를 체계적으로 조직하는 것이다. 교육 과정은 다음과 같이 4단계로 이루어진다.

① 준비(preparation)
② 발표/프레젠테이션(presentation)
③ 적용(application)
④ 평가(assessment)

교관이 사용하고 있는 교육 또는 훈련 전달방식과 관계없이 교육 과정은 동일하다. 교관은 대인관계, 주제 전문성, 관리기술, 그리고 평가기술을 잘 활용할 수 있어야 유능한 교관이 될 수 있다. 여기서는 학습 자료를 어떻게 준비하고, 발표, 적용, 그리고 평가하는지에 대한 일반적인 내용을 소개한다.

## 4.4 훈련 코스

교육에서 **훈련 코스(training course)는 특정 목표 달성으로 연결되는 일련의 완성된 학습 과정이다.** 학생들의 목표는 자격증명, 졸업, 또는 학위 취득이 될 수 있다. 예를 들어 조종훈련생은 자가용 자격증명 코스에 등록하고 모든 코스의 필수요건을 이수했을 때 자격증명을 받을 수 있다. 또한, 훈련 코스는 고성능 항공기를 운항하는데 필요한 부가 훈련 등이 추가될 수 있다. 훈련 코스와 밀접한 관련이 있는 용어는 교육 과정(curriculum), 교수학습계획서(syllabus), 훈련코스개요(training course outline) 등이다. 이들 용어는 대부분 혼용해서 사용되지만 약간의 차이가 있다.

| Lesson 1 | Flight Planning |
|---|---|
| Objective(목표) | 비행계획수립과 기상 브리핑을 받을 수 있는 능력을 개발한다. |
| Elements(구성요소) | • 기상 채널, 라디오 또는 시각적으로 바람과 기상상태 관측하기<br>• 기상 브리핑을 위해서 FSS 호출하기<br>• 출발 지점 선택하기 |
| Equipment(장비) | • 기상정보양식<br>• 항공도와 도로 지도<br>• 플로터<br>• 나침반<br>• 탐측기구(Pibal) |
| Instructor Action<br>(교관 행동) | • 학습 토론하기<br>• 기상정보 얻기<br>• 탐측기구로 지상풍 관측하기<br>• 출발 지점 결정하기<br>• 차트에 출발 지점 표시하기<br>• 비행 방향에서 추측항법 선을 그리고 선에 거리 또는 시간 표시하기<br>• 비행 중 위치를 확인하기 위한 지표를 제안하기<br>• 공역 고려요소 확인하기<br>• 비평 계획 수립하기 |
| Student Action<br>(학생 행동) | • AFSS로부터 기상 브리핑받기<br>• 양식에 기록된 정확한 기상정보를 바탕으로 출발 지점 권장하기<br>• 교관이 승인한 비행계획을 그리기 |
| Completion Standards<br>(완성 표준) | • AFSS로부터 완성된 기상정보를 획득하고 이 정보를 관측된 기상상태와 상호 관련시킬 수 있는 능력을 보여줄 수 있어야 한다.<br>• 차트에 출발 지점을 표시할 수 있어야 한다.<br>• 추측항법 선에 시간 표시와 함께 제시된 코스를 그릴 수 있어야 한다.<br>• 비행계획을 수정하기 위한 융통성의 필요성을 이해할 수 있어야 한다.<br>• 비행 중 위치를 확인하기 위한 지표를 선택할 수 있어야 한다. |

▲ 학습(훈련) 계획서는 단위 훈련 중 완수할 것으로 예상하는 목표를 서술하고, 교육을 위한 계획, 그리고 학습 단위 또는 단계 중 평가 과정을 지시함으로써 한 훈련 단원을 정의한다.

① 교육과정(curriculum)은 교육기관에서 제공하는 특정 범위의 한 세트로 구성된 코스이다. 통상 비행학교를 위한 교육과정은 다양한 조종사 자격증명과 한정증명을 위한 코스가 포함된다. 항공정비사(AMT)를 위한 교육과정은 항공안전법에 명시된 주제 범위가 소개될 수 있다.

② 교수학습계획서(syllabus)는 학습 목표와 달성해야 하는 표준 등이 포함된 각 학과에 대해서 기술되어 있는 학습 코스에 관한 요약 또는 개요이다. 이것은 단계적 절차이고 항공에서 “training syllabus”가 주로 사용된다. 위 [표]와 같이 규정된 학습 단계에서 규칙적인 복습과 평가를 위한 준비와 함께 학습의 빌딩 블록과 같이 진행된다. 일부에

서는 "강의계획서"로도 한다.

③ 훈련코스개요(training course outline)는 교육 또는 훈련 과정에 있는 특정 코스에 관한 내용이다. 이것은 교육 목표의 서술, 훈련 보조재료의 서술, 평가 기준의 정의, 그리고 원하는 결과에 관해서 간략하게 서술되어 있다.

## 4.5 학습 준비

어떠한 종류의 교육이든 시작 전에 목표와 표준(objectives and standards)이 먼저 결정되어야 한다. 비록 일부 학교와 독립 교관은 자기 자신의 학습(훈련)계획서를 작성하여 사용할 수도 있지만, 실제 대부분 교관은 항공훈련 프로그램에서 사용할 수 있도록 여러 항공학교에서 이미 선택된 교수학습계획서를 사용한다. 항공교관을 위해서 교수학습계획서에 수록된 목표는 교육을 위한 시작점이 된다.

### 4.5.1 훈련 목적과 표준

일반적으로 항공훈련은 다음과 같은 학습과 훈련 목표를 포함해야 한다.

① 성과기반(performance based)
② 결심기반(decision based)

성과기반훈련은 각 훈련 과목 중 무엇을 해야 할 필요가 있으며 어떻게 해야 하는 가를 정확하게 정의하는 것이다. 교관은 학생이 더 높은 수준의 성과와 이해를 통해서 진전됨에 따라 훈련 초점을 결심기반훈련(decision-based training)으로 옮겨야 한다. **결심기반훈련의 목적은 더욱 동적인 훈련 환경을 허용하고 시나리오 형식 훈련에 적합하다.** 교관은 항공학생의 비평적사고기술(critical thinking skills)을 교육하기 위해서 결심기반훈련 목적을 활용해야 한다. 또한, 위험관리와 항공의사결정(risk management and aeronautical decision-making; ADM)과 같이 원하는 수준의 학습은 목적에 부합해야 하고 이들 학습 목표 수준은 학습-인지(learning-cognitive; knowledge), 감정적(affective; attitudes, beliefs, and values), 그리고 정신운동(psychomotor; physical skills)과 같이 3개의 영역에서 하나 이상이 적용될 수 있어야 한다. 표준은 학습 목표와 밀접하게 연관되어 있다. 이들은 조건과 기준에 따라 특정 용어로 규정되어 있는 지식, 행동, 또는 기술(기량)이 포함되어 있기 때문이다. 학생이 잘-정의된 표준(well-defined standards)에 따라 수행할 수 있을 때 학습 성과는 명확하다. 표준 속에 원하는 학습 결과, 또는 행동의 포괄적 사례가 포함되어야 한다.

제2장에서 언급한 것과 같이 인지 영역과 정신운동 영역에서 학습 수준을 위한 표준은 쉽게 확립할 수 있다. 그러나 **감정적 영역**(affective domain; attitudes, beliefs, and values)에서 학생의 학습 또는 외현적 행동(overt behavior; *외부에서 직접 관찰 가능한 학생의 행동*)**의 수준을 평가하기 위한 표준은 더 어렵다.** 전체 항공훈련 코스의 목적은 대부분 잘 정립되어 있고, 일반 표준은 다양한 규칙과 관련 간행물에 포함되어 있다. 예를 들어 조종사와 항공정비사를 위한 자격요건, 지식, 숙련도, 그리고 경력요건은 항공안전법에 규정되어 있다. 표준은 해당 PTS(practical test standard; 실기평가표준) 또는 구술과 실기 평가(oral and practical tests; O&Ps)에 발행되어 있다. PTS 그리고 O&P 표준은 대부분의 가장 중요한 과제로 제한된다는 것에 유의해야 한다.

조종사 훈련 코스의 넓은 의미에서 최종 목적은 조종훈련생이 규정된 조건에서 특정 항공기를 운용할 수 있는 적절한 능력을 갖춘 안전 조종사로서 자격을 부여하는 것이다. 해당 자격에 적합한 훈련이 되었는지를 결정하기 위해서 확립된 기준 또는 표준은 조종사 자격증명 요건을 규정한 항공안전법에서 요구하고 있는 항공지식과 필기평가에 통과해야 한다. 항공정비사도 유사한 목표와 표준이 자격요건에 규정되어 있다. **항공교관은 학생들의 목표가 조종사 또는 정비사 자격증명을 위한 요건만 충족하도록 제한되어서는 안 된다.** 또한, 교육 목적은 공식 간행물에 수록된 것들 이상으로 확장되어야 한다. 교관은 이들 학생을 어떻게 교육해야 하는가 하는 것뿐만 아니라 어떻게 그리고 언제 교육해야 하는지 알아야 한다. 항공교관은 ADM과 위험관리를 각 학습 과정에 통합시킴으로써 학생이 의사결정 과정을 학습, 발달 그리고 보강할 수 있도록 도와주어야 한다. 이것은 궁극적으로 현명한 판단과 양호한 의사결정 기술로 이어진다.

### 4.5.2 성과기반 목적

**성과기반 목적은 교육이나 훈련 중 학생의 수행 과정에서 달성해야 하는 성과를 서술하는 것이고 측정**할 수 있어야 하며, 합리적인 수행 표준을 설정하기 위해서 사용된다. 비록 이것이 성과로서 교육적으로 고려될지라도 이는 통상 행동적 목표를 포함한다. 여기서 학생의 행동은 모두 같은 것으로 간주한다. 이들 목표는 학생이 다음 진도를 나가기 전에 학생이 달성해야 하는 성과 수준이 얼마인지를 서술해 주는 방법을 제공한다. 이때 목표는 명확하고, 측정 가능하며 그리고 반복되어야 한다. 이들은 학생이 어떠한 지식을 갖추고 있든지 간에 모두 같다는 것을 의미한다. **성과기반 목표는 글로 작성해야 한다. 만약 글로 쓰이지 않았다면 이들은 기억하면서 해석하는 것이 틀릴(fallibility) 수 있고 시간이 지나면서 목표의 특징을 상실**할 수 있다. 성과기반 목적은 다음과 같이 3개의 요소로 구성된다.

① 기술(기량) 또는 행동의 서술: 측정할 수 있는 구체적 용어로 서술된 원하는 훈련 결과
② 조건(conditions): 시연된 기술(기량) 또는 행동 하에서의 주요 내용
③ 기준(criteria): 목표 달성을 측정하기 위해서 사용되는 표준

이들 각 부분에서는 모든 학생에게 같은 목표의 그림을 그려질 수 있어야 하고, 어떻게 수행하는지, 그리고 성과 수준은 얼마인지 그리고 측정하는 방법은 무엇인지 서술되어야 한다.

(1) 기술(기량) 또는 행동의 서술

기술 또는 행동의 서술(description of the skill or behavior)은 교관이 학생으로부터 원하는 교육 결과를 설명하는 것이다. 이것은 실제로 지식, 기술(기량) 또는 태도라고 할 수 있는 학습된 능력이다. 이에 관한 서술은 측정될 수 있는 구체적 용어가 되어야 한다. 예를 들어 "...의 지식" 그리고 "...의 인식"과 같은 것은 측정하기가 쉽지 않아 피해야 한다. 그러나 "...목록에서 선택할 수 있는" 또는 "...에 대한 단계를 반복할 수 있는" 것과 같은 어법은 측정할 수 있는 무엇인가를 기술하고 있으므로 적절한 방법이다. 또한, 서술된 기술(기량) 또는 행동은 논리적이고 전체 교육계획에도 포함되어야 한다.

(2) 조건

조건(conditions)은 기술(기량) 또는 행동을 보여주어야 하는 규칙을 명확하게 설명하기 위해서 필수적이다. 만약 어느 한 학생의 원하는 능력을 "A 지점에서 B 지점까지 비행해야 한다"라고 목표를 서술하는 것은 모든 학생이 같은 방법으로 수행하기에는 충분하지 않다. 이를 위해서 이 서술은 장비, 도구, 참고 자료, 그리고 다른 제한 변수들을 포함하여 서술해야 한다. 이들 조건과 함께 목표를 다음과 같이 서술할 수 있다.

"시계비행 항공도, 비행 컴퓨터, 그리고 Cessna 172를 활용하여 표준반구고도에서 지점 A에서 지점 B까지 비행하라"

때로는 목표를 정하는 과정에서 어려움에 부딪힐 수 있다. 이것은 "그러나 만약...이라면"과 같이 누군가에게 말하는 것일 수 있다. 이것은 원래 의도가 그 사람에게 혼동되고 있음을 잘 나타내고 있다. 만약 한 사람에게 혼동하고 있다면 이것은 다른 사람에게도 혼동할 수 있으므로 반드시 수정되어야 한다.

(3) 기준

**기준(criteria)은 교육계획에 정한 목표를 달성했는지 측정하는 표준이 된다.** 기준은 목표에 충족되었는지에 의문이 없도록 서술되어야 한다. 이전 사례에서 기준은 "...A 지점에서 B 지점까지 항행은 기계획된 비행시간(preplanned flight time)의 5분 이내에 완료되고 순항항로 고도는 200피트 이내에서 유지되어야 한다..."는 것이 포함될 수 있다. 조건과 기준은 필요에 따라 다시 정의될 수 있다. 앞서 언급한 것과 같이 PTS는 이미 성과기반 목표를 필요로 하는 많은 요소를 갖고 있다. 대부분 목표의 범위를 서술하기 위한 충분한 조건들과 함께 수록된다. 또한, PTS는 성과를 높이기 위한 특정 기준 또는 표준이 지정되어 있다. 그러나 기준은 특정 과목이나 훈련을 위해서 항상 충분할 수 없다. 교관은 관련 과목 또는 원하는 훈련 결과에 맞게 성과기반 목적을 서술해야 한다. 예를 들어 기준의 마지막 몇몇 구절에 공식화된 목적은 과업으로부터 잘 정의된 과목이나 훈련 목표가 될 수 있다.

### 4.5.3 항공훈련에서 PTS의 중요성

PTS(practical test standard)는 항공훈련 교육과정(aviation training curricula)에서 중요하게 활용된다. 이것은 교관에게 항공 자격증명과 한정증명(certificate or rating)에 충족되어야 하는 표준을 기반으로 지정된 성과(performance) 목표를 제공하기 때문이다. 최근 항공환경에 이들의 유효성(validity)을 유지하기 위한 시도에서 평가 항목들을 자주 검토하고 있다. PTS는 평가 항목과 평가 부분의 내용이 모두 기준에 충족하고 유효해야 하며 항공사회에서 널리 받아들일 수 있는 간편한 소책자이다.

**내용 유효성(content validity)은 특정 기동 또는 절차에서 원하는 것들을 그대로 모방하**고 있다는 것을 의미한다. 기준 유효성(criterion validity)은 평가를 위한 성취가 수용 가능한 표준을 반영하고 있다는 것을 의미한다. 예를 들어 비행훈련에서 내용 유효성은 조종훈련생이 무동력 실속으로부터 회복할 수 있는 것과 같이 실제 비행에서 필요한 기동을 그대로 따라 해야 하는 특정 기동이 반영된 것이다. 기준 유효성은 평가를 위한 완성 표준이 실제 비행에서 받아들일 수 있는 표준을 반영하고 있다는 것을 의미한다. 따라서 조종훈련생은 PTS에 있는 무동력 실속에 포함된 모든 요소의 지식을 보여주어야 한다.

제2장에서 다룬 것과 같이 인간은 세상과 실제적 상호작용을 통해서 인지기술을 발달시킨다. 이 개념은 항공을 포함한 여러 분야에서도 시나리오기반훈련(SBT)의 채택으로 이어졌다. **유능한 항공교관이라면 PTS의 기동기반훈련(MBT)을 활용하면서 SBT 훈련의 장점을 적용할 수 있어야 한다.** SBT 방식을 활용하고 있는 조종훈련생은 기동기반훈련만을 적용하여 훈련된 훈련생보다 스틱과 러더 스킬(stick-and-rudder skills; *손발을 이용한 기술*)이 동등하거나 더 우수한 것으로 나타났다. 이보다 더 중요한 것은 SBT로 훈련한 학생은 기동기반으로 훈련한 학생에 비해서 더욱 양호한 의사결정 기술을 갖추고 있음을 보여주고 있다. 이들의 훈련은 실질적 비행기동을 수행하고 평가만을 위한 인위적 기동이 아니기 때문이다.

또한, **전통적 MBT 기술보다 SBT는 향상된 조종술과 항법 기술로 이어질 수 있음을 보여주고 있다.** SBT 훈련에 참여한 조종훈련생은 MBT에 참여한 훈련생과 동일 수준의 기량과 지식을 보여주고 있지만, 기동은 시나리오의 내용에 따라 훈련되었다. 대부분 시나리오는 조종훈련생이 필수 기술(기량)을 갖추어야 할 뿐만 아니라 이들이 필요로 하는 조건들과 관련시킬 때까지 기동과 연계되어 있다. 또한, 또 다른 연구에 따르면 훈련 조건에서 기동이 필요할 때 SBT 참여자는 기동기반훈련 접근 하에서만 훈련된 참여자에 비해서 신속하고 더욱 정밀하게 반응하고 있음을 보여주고 있다. SBT 교육이 부족한 참여자는 상황에 맞는 기동을 연결하기 위한 기억을 되살려야 한다.

### 4.5.4 결심기반 목표

결심기반 목표(decision-based objectives)는 조종사의 판단력과 ADM 기술을 발달시키기 위해서 특별히 개발되었다. 항공사고의 상당 부분은 부적절한 조종사 결심으로 인한 것으로 분석되었다. 시나리오의 주어진 범위 내에서 전통적 과업과 기동훈련의 적절한 조화는 결심기반 목적은 더 높은 수준의 학습과 적용을 쉽게 한다. 교관은 동적 그리고 유의미한 시나리오(dynamic and meaningful scenarios)의 활용으로 학생들이 정보를 어떻게 수집하고 이들 정보에 근거하여 안전하고 적시 적절한 결심을 내릴 수 있도록 학생들을 교육해야 한다.

결심기반훈련은 새로운 개념이 아니다. 실제 경험이 풍부한 비행교관들은 지방횡단비행, 비상절차, 그리고 중요 비행기술에 동적 문제해결이 필요한 시나리오를 활용해 왔다. **결심기반훈련 목적과 비행훈련 시나리오의 활용은 전통적인 기동기반훈련을 방해하지 않는다. 대신 비행기동은 훈련 시나리오 속에 통합되고 이들이 실제 현장에서 발생하는 것처럼 수행된다.** 이 비행기동들은 반복이 필요하고 중앙 집중된 세트에서 교육이나 훈련되어야 한다. 일단 이들 훈련 방식에 적용했다면 학습 또는 훈련은 더욱 현실적이고 동적인 비행 상황에 통합될 수 있다. 또한, 결심기반훈련의 목적은 항공정비사의 교육계획 수립에도 유용하다. 항공정비사(AMT)는 ADM을 활용하고 위험관리 기술은 직업 현장뿐만 아니라 항공기의 수리와 정비에서도 적용된다.

### 4.5.5 훈련 목표 외의 다른 적용

성과기반과 결심기반 목표는 교관이 학습계획을 수립하는 데도 도움이 된다. 교관은 목표를 결정한 후 학습계획(lesson plan)에서 여러 단계를 완성하기 위해서 사용할 수 있다. 예를 들어 교관이 학생들에게 어떻게 목표를 성취할 것인지를 결정했다면 학습 요소들과 이벤트의 스케줄을 결정하는 대부분 작업은 끝난 것이다. 그리고 학습(훈련) 중 예상되는 교관과 학생의 행동 그리고 필수 장비들 역시 구체적으로 열거되어야 한다. 교관은 훈련 목표를 달성하기 위한 기준 목록을 작성함으로써 학습계획의 한 부분에 포함된 완성 표준을 정할 수 있다. 또한, 학습이나 훈련 목표의 활용은 예상할 수 있는 지식과 함께 학생에게 큰 그림에서 더 잘 이해하도록 한다. 이 개념은 학생의 마음속에 남아 있는 불확실성과 좌절의 근원을 상당 부분 완화할 수 있다. 제1장에서 소개한 것과 같이 학습이나 훈련 목표는 다음과 같은 3개의 모든 영역에 적용된다.

① 학습인지(learning cognitive; knowledge)
② 감정적(affective; attitudes, beliefs, values)
③ 정신운동(psychomotor; physical skills)

이외에도 각 영역은 다양한 교육적 또는 기술 수준이 포함되어 있으므로 훈련 목표는 지식 또는 기술의 특정 성과 수준에 쉽게 적응될 수 있다. 훈련 목표는 학생들이 잘 이해할 수 있도록 명확하게 정의해야 하고 현재 사용하고 있는 교육이나 훈련 기술과 관계없이 모든 학습(훈련) 과정의 필수이다.

## 4.6 학습 프레젠테이션

다음은 교관이 준비한 학습계획을 학생들에게 어떻게 효율적으로 전달할 수 있는지 구체적인 수단에 관해서 연구해야 한다. 아래 [표]의 단계는 학습 프레젠테이션을 위한 가이드라인 형식이다. 이들 중 많은 것들이 실제 프레젠테이션(actual presentation) 중 조합될 수 있다. 예를 들어 무게와 균형에 관한 강의 중 비디오 시청을 고려할 수 있다.

| Before the Lesson(학습 전) |
|---|
| • 주제를 결정하라.<br>• 학습을 위한 시간을 결정하라.<br>• 개요를 작성하라.<br>• 소개하고자 하는 개념의 흐름 또는 순서를 정하라.<br>• 학생에게 너무 세부적이고 과도한 부담을 피하라.<br>• 연습하라.<br>• 전달방식을 생각하라.-마이크가 필요한가?<br>• 먼저 교실에 도착하여 학생을 환영하는 분위기를 조성하라.<br>• 학생에게 학습 전에 약간의 시간이 가용하도록 하라.<br>• 학습을 위한 확실한 말씨/톤(tone)을 설정하라. |
| During the Lesson(학습 중) |
| • 학생의 주의를 끌어라.<br>• 지속적인 시각접촉을 유지하라.<br>• 과제별 뚜렷한 학습 목표를 결정하라.<br>• 학생을 위한 활동을 계획하라.<br>• 소개로 시작해서 중간에 학습을 보충하고 결론으로 이어질 수 있도록 학습을 유연하게 진행하라.<br>• 시간을 효율적으로 그리고 효과적으로 활용하라.<br>• 슬라이드, 비디오 등과 같은 다중매체를 활용하라.<br>• 학생의 학습 집중을 위해서 소과제로 나누어라.<br>• 학습 중 주변을 배회하라.<br>• 학생에게 뜻을 더 분명하게 설명하기 전에 질문에 답할 수 있는 시간을 부여하라. |
| After the Lesson(학습 후) |
| • 학습 마무리를 계획하라.<br>• 오늘의 핵심을 요약하라.<br>• 학생이 너무 빨리 학습을 종료했을 때 학생을 위한 최종 과제를 준비하라.<br>• 마지막에 질문을 위한 시간을 남겨두어라.<br>• 학생의 질문이 기본이라 할지라도 최선을 다해서 답변하라.<br>• 학생에게 교실 밖에서 강의 자료로 무엇인가를 행할 수 있도록 하라.<br>• 학생에게 다른 학습 자원을 제공하라.<br>• 학생이 더 잘할 수 있도록 지속적으로 격려하라.<br>• 학습을 비평하라. 잘했던 것과 더 잘할 수 있는 것들을 노트에 기록하라. |

▲ 학습 프레젠테이션 가이드라인

비디오는 강의를 보조하는 다중매체 요소(multimedia element)이고 주의를 끄는데 양호한 수단일 뿐만 아니라 학습(훈련) 목표를 시각적으로 보여주기 위해서 사용될 수 있다.

## 4.7 학습자료의 조직

교관이 해당 과목 지식에 정통해 있을지라도 관련 자료 및 교보재를 적절하게 조직할 수 있어야 한다. 일단 목표와 표준이 결정되었다면 교관은 원하는 목표를 향한 논리적 코스를 통해서 학생을 이끌어갈 실행 계획을 수립해야 한다. 항공학생을 위한 목표는 자가용 조종사 자격증명, 계기한정, 또는 AMT 자격증명이 될 것이다. 이 모든 경우에 실행의 체계적 계획은 적절한 훈련계획서(training syllabus)의 사용이 필요하다. 일반적으로 강의(훈련) 계획서는 목표와 완성 표준을 포함하여 각 과목 또는 훈련에 관한 내용의 서술이 포함된다. 교관은 통합 학습계획으로 과업을 더 잘 관리할 수 있도록 훈련 블록을 조직하는 것이다. 전통적인 강의계획서의 조직은 다음과 같이 작성한다.

① 서론(introduction)
② 본문(development)
③ 결론(conclusion)

### 4.7.1 서론

서론/소개(introduction)는 앞으로 진행될 교육 또는 훈련을 위한 단계를 설정하는 것이다. 서론은 다음과 같은 3개의 요소로 구성한다.

① 주의(attention)
② 동기(motivation)
③ 학습개요(overview of what is to be covered)

#### (1) 주의

학생 교육에서 **주의 목적은 각 학생의 주의(student's attention)를 수업에 집중하도록 하는 것이다.** 교관은 강의 줄거리를 말하거나, 비디오 클립을 보여주는 것, 질문에 답변하거나, 또는 유머를 하는 것으로 강의를 시작한다. 어느 것을 활용하느냐에 관계없이 주제와 연관해야 하고 학습 결과를 발달시키기 위한 배경으로 활용되어야 한다. 주제와 전혀 관련이 없는 이야기를 하거나 유머는 학습에 방해될 수 있다. 강의 시작을 위한 주요 관심은 모든 사람의 주의를 얻고 주제에 집중하도록 하는 것이다.

#### (2) 동기

**동기(motivation)의 목적은 학생이 학습이나 훈련 내용의 중요성을 인식하게 하고, 이해**

**및 적용함으로써 손다이크의 준비 원칙 개념을 수행하기 위한 특별한 이유를 제공**하는 것이다. 예를 들어 교관은 학습과 관련 있는 지식이 적용되었던 사건에 관해서 설명해 줄 수 있다. 교관은 다가오는 테스트를 상기시키도록 할 수 있다. 이 동기는 각 학생에게 개인적으로 호소하고 학습 자료를 학습하고자 하는 욕구를 일으킨다.

(3) 학습개요

서론은 **모든 학습에서 지정된 기간에 어느 범위까지 학습해야 하는가에 대해서 학급에 말해주는 개요(overview)가 포함되어야 한다.** 목표와 개요에 관한 명쾌한 그리고 간결한 프레젠테이션은 학생들이 따라가야 하는 경로의 로드맵(roadmap)을 제공한다. 시각 교보재는 학생들에게 그들이 가야 하는 길을 보여주는 데 도움을 줄 수 있다. 서론의 학습 목표에서 학생의 주의를 집중하게 하는 데 도움이 되지 않는 이야기, 유머, 또는 사건 등을 거론하지 않아야 한다. 또한, 교관은 길게 하는 설명 방식의 소개는 피하는 것이 좋다. 이것은 수업 중 학생의 관심을 떨어뜨릴 수 있기 때문이다.

## 4.7.2 본론

본론(development)은 학습의 주요부이다. 교관은 원하는 학습 결과를 달성하도록 학생을 돕는 방법으로 주제(subject matter)를 다루어야 한다. 또한, 교관은 요점의 관계를 보여주기 위해서 학습 자료를 논리적으로 조직해야 한다. 교관은 다음과 같이 요점을 전개하는 방식으로 이들의 주요 관계를 보여주어야 한다.

① 과거에서 현재로(past to present)
② 단순한 것에서 복잡한 것으로(simple to complex)
③ 알고 있는 것에서 모르는 것으로(known to unknown)
④ 사용 빈도가 많은 것에서 적은 것으로(most frequently used to least used)

(1) 과거에서 현재로

본문을 전개해나가는 과정에서 주제는 연대순으로 과거에서 현재까지 정렬한다. 이 같은 시간의 상관관계는 무선항법 시스템의 발달과 같은 역사가 중요시될 때 적합하다.

(2) 단순함에서 복잡함으로

교관이 사실의 설명을 단순함에서 복잡한 형식, 단순한 사실이나 생각으로부터 복잡하게 관련된 현상이나 개념을 이해하도록 하는 것이 학생을 이끌어 가는 데 도움이 된다. 예를 들어 제트추진(jet propulsion)을 학습할 때 학생은 잡고 있던 풍선을 놓았을 때 발생하는 작용-반작용으로부터 시작해서 복잡한 가스터빈엔진의 토론에 참여함으로써 마무리된다. 학습 과정을 단순화하기 위해서 중요도가 낮은 정보를 생략하는 것을 주저하지 마라. 만약 Class D, E, 그리고 Class G 공역은 조종훈련생이 활용하게 될 주요 공역(airspace)이라고 한다면 Class A, B, 그리고 Class C 공역의 토론은 이들이 종류가 다른 공역을 익숙하게 운용할 수 있을 때까지 남겨두어라. 초기 중요성이 낮은 정보는 쉽게 흡수될 수 있다.

#### (3) 알고 있는 것에서 모르는 것으로

교관은 출발선에 있는 학생이 이미 알고 있는 것을 활용하는 것은 새로운 생각과 개념으로 이끌어 주는 데 유용하다. 예를 들어 교관이 RMI(radio magnetic indicator)를 설명하기 전에 진공구동(vacuum-driven) 기수방위 지시계(heading indicator)를 소개하는 것이 더 효율적일 수 있다.

#### (4) 사용 빈도가 많은 것에서 적은 것으로

일부 주제에서 특정 정보 또는 개념은 학습 자료를 사용하고 있는 모든 사람이 공유하고 있을 수 있다. 따라서 학생들이 잘 모르는 주제에 관해 진도를 나가기 전에 먼저 공통 활용으로부터 먼저 시작할 수 있다. 교관은 대부분 항공기가 일부 종류의 항법(navigation) 시스템을 갖추고 있을지라도 학생들에게 항법에 관한 기본을 교육해야 한다. 예를 들어 기본 지도판독(basic map reading)은 꾸준한 연습이 필요하다. 이를 소홀히 했을 때 쉽게 잊힐 수 있는 기술(perishable skill)이다.

또 다른 사례는 조종훈련생이 전 시간 주변 지형(terrain)을 인식하고 있어야 하는 추측항법(dead reckoning)이다. 기본 VOR/NDB 무선항법 절차 역시 쉽게 잊힐 수 있으므로 꾸준히 훈련되었다면 위험에서 벗어날 수 있다.

조종훈련생이 단일 항법 수단으로 GPS를 사용하기 전에 기본 내용에 대해서 교육되어야 한다. 각 학습 요점에서 부수적인 요점은 자연적으로 한 곳에서 다른 곳으로 이어진다. 한 요점으로부터 다른 요점까지 유의미 전환은 학생에게 그들이 어디까지 와 있는지, 그리고 어디를 향하고 있는지 인식하도록 방향을 유지하도록 한다. 이것은 작업기억 또는 단기기억에서 효과적 정보의 소팅(sorting; *수의 크기순, 알파벳순, 코드 순 등으로 나열하는 것*) 또는 범주화하여 **청크**(chunk; *단기기억에 최적인 숫자, 단어, 또는 문장의 기억단위를 지칭한다. 예를 들어 전화번호 7자리 숫자는 전형적인 청크의 사례이다*)하도록 한다. 학생은 학습을 조직함으로써 쉬운 과제가 아닌 논리적 생각의 관계를 이해할 수 있지만, 학생은 학습한 것을 복습하고 기억하는 것이 필수이다. 만약 정보가 부실하게 조직되었다면 이해가 어렵고 기억이 쉽지 않아 학생에게 거의 가치가 없는 것이 된다.

### 4.7.3 결론

결론(conclusion)은 그동안 학습의 중요한 요소들을 복습하고 교육 또는 훈련 목표와 연관시킬 기회를 제공한다. 교육이나 훈련 내용을 다시 한번 상기하고 요약해 보는 것은 학생의 학습을 더욱 보강하고 학습되었던 것의 기억을 향상시킨다. 결론에 새로운 생각을 소개해서는 안 된다. 이 시점에서 새로운 생각을 말하는 것은 학생에게 혼동을 일으킬 우려가 있기 때문이다. 교관은 수업 자료를 논리적 형식(logical format) 속에 조직함으로써 학생들이 원하는 정보를 보유할 수 있도록 기회를 최대로 끌어 올릴 수 있다. 수업(강의) 세팅과 목표는 각각의 교육 상황(teaching situation)이 독특하므로 어느 교육 방식을 사용할 것인지 신중하게 판단해야 한다.

## 4.8 학습 또는 훈련 전달방식

오늘날의 교관은 다양한 방식을 이용한 강의, 토론, 유도토론(guided discussion), 문제 기반, 그룹 학습, 시범 성과, e-러닝(e-learning)과 같은 교육 자료들을 선택할 수 있다. 학습이나 훈련 전달방식은 그 자체가 드물게 사용되는 것들을 기억하도록 하는 데 중요한 역할을 한다. 일반적으로 유능한 교관들이 많이 사용되고 있는 방식을 결합하여 활용한다. 예를 들어 한 교관이 오프닝 시나리오에서 강의하지만 어떻게 무게와 균형을 계산하는지 지식을 제공한 후 그는 강의를 보강하기 위해서 그룹 학습(group learning)을 활용하였다. 유능한 교관이 되기 위해서 어떠한 학습 방식이 정보를 전달하는 데 가장 효과적인지 결정하는 것 역시 중요하다.

### 4.8.1 강의 방식

교관은 강의(lecture)를 통해서 다소 비활동적인 학생들에게 지식을 전달할 수 있다. 강의는 학생에게 부족한 주제에 대한 전반적인 이해를 전달하고자 할 때 가장 적합하다. 이것은 프레젠테이션의 형식에서 많이 활용되고 교관은 강의를 어떻게 전개해 나갈 것인지를 알아야 하지만 강의 장단점 역시 잘 이해하고 있어야 한다. **강의는 새로운 주제, 아이디어의 요약, 이론과 실습 사이의 관계를 보여주거나, 요점을 다시 강조하는 데 유용**하다. 강의 방식은 소그룹 또는 대그룹을 포함하여 다양한 방식의 세팅에 적용할 수 있다. 또한, 강의는 교육이나 완성 훈련 프로그램의 단원을 소개하는 데도 사용될 수 있다. 최종적으로 강의는 부가 의미와 방향을 제공하기 위한 다른 교육 방식과도 결합할 수 있다.

교육적 강의 방식은 상당한 융통성이 필요하다. 이것은 다른 방식으로 활용될 수 있기 때문이다. 예를 들어 교관은 학생에게 정보를 전달하기 위해서 시각 교보재에 의존하는 삽화를 넣은 이야기와 같이 다양한 종류의 강의가 있을 수 있다. 교관은 강의를 지원하는 학습 자료들은 사실을 간결하게 배열하여 제시해야 한다.

공식 강의(formal lecture)에서 교관의 목적은 학생의 구술참여(verbal participation) 없이 강의하고, 설득시키고 이해할 수 있도록 해야 한다. 교관은 교육적 강의를 활용할 때 학생에게 일부 참여를 허용하고 원하는 학습 결과를 지향하는 데 도움이 되는 방식에서 구술 프레젠테이션(oral presentation)을 계획하고 전달할 수 있어야 한다. 일반 강의에서는 토론(discuss)하게 될 주제의 소개로 시작하라. 이것은 이 시점에서 강의를 환영하면서 질문할 수 있음을 학생들에게 알리는 좋은 생각이다. **강의의 마지막에서 강의의 요점**(key points)을 요약해 주어야 한다.

(1) 수업 강의 개요

수업 강의(teaching lecture)는 학생들에게 약간의 활동적 참여를 허용하기 때문에 항공 교관에 선호된다. 교관은 주제에 대한 욕구를 발달시키는데 활용될 수 있는 방식을 결정해야 한다. 또한, 교관은 학급 규모와 프레젠테이션의 깊이를 주의해서 고려해야 한다. 제3장에서 다룬 것과 같이 주제를 너무 세부적으로 다루는 것은 개략적으로 다루는 것보다 역효과가 있을 수 있다. 수업 강의의 성공은 강의 방식이나 깊이와 관계없이 교실에서 효과적으로 소통할 수 있는 교관의 능력에 달려 있다. 교관은 시범 성과 또는 유도토론과 같은 다른 교육 방식에서 말이나 몸짓언어(speech and gesture) 형식으로 학생으로부터 직접 반응을 얻어야 한다. 그러나 **수업 강의에서 피드백은 명확하지 않기 때문에 이를 판단하기가 쉽지 않다.** 교관은 수업 강의에서 기록하거나, 학급에서 명확한 관심 또는 무관심 방식으로 학급의 표정 언어(class-facial expressions)로서 난해한 반응에 대한 예리한 지각을 발달시켜야 한다. 유능한 교관은 이들 반응의 의미를 해석할 수 있고 수업을 적절하게 조절할 수 있어야 한다.

(2) 강의 준비

강의실 강의(preparing the teaching lecture)를 세심하게 준비하는 것은 성공적 강의를 위한 중요한 요소 중 하나이다. 이 준비는 프레젠테이션하기 훨씬 이전에 시작되어야 하고 준비 단계에서 따라야 하는 4개의 단계는 다음과 같다.

① 목표와 원하는 결과를 확립하라.
② 주제를 연구하라.
③ 학습 자료를 조직하라.
④ 생산적 교실 활동을 계획하라.

교관은 강의를 위한 모든 준비 단계에서 강의에 포함된 내용에 관한 유의미한 사례, 비교, 통계, 또는 입증자료(statistics, or testimony)로 뒷받침되어야 한다. **교관은 주제 전문성(SME)으로부터 확실하게 입증되지 않았거나 무의미한 사례 혹은 통계, 또는 비교가 없는 것은 학생들이 이들에 대한 신뢰가 떨어지거나 이해하려 하지 않는다**는 것을 알아야 한다. 교관은 수업이 진행되는 동안 학습 주제와 관련이 있는 사례와 개인적 경험을 소개할 것을 권장한다. 교관은 수업계획의 예비 계획수립과 쓰기를 완성한 후 자신감을 가질 수 있도록 강의를 연습해야 한다. 예행연습이나 모의 연습(rehearsals, or dry runs)은 노트, 시각 교보재, 그리고 다른 교육 도구의 기계적 사용을 유연하게 하는 데 도움이 된다. 교관은 가능하다면 실기 세션(practical section)을 관찰하고 비평가 역할을 해줄 수 있는 풍부한 지식과 존경을 받는 다른 교관의 도움을 받을 수 있도록 계획하는 것도 좋은 방법이다. 이 과정에서 다른 교관의 비평은 교관에게 프레젠테이션과 함께 교육 지원 자료와 시각 교보재의 적절함을 판단하는 데 도움이 된다.

### (3) 적합한 언어 선택

교실에서 강의할 때 가능한 한 복잡한 단어보다 단순한 용어 혹은 단어를 사용해야 한다. 신문은 단순한 단어의 효율적인 사용의 사례이다. 주제에 적합하다면 회화적 속어(picturesque slang; *그림의 성격을 띠는 또는 그런 것*)와 격식이 없는 구어체는 학습 강의에 대한 다양성과 활기를 더해 줄 수 있다. 그러나 **비표준 언어를 사용해서는 안 된다. 문법에서 실수와 야비한 언어는 교관의 위상을 떨어뜨리고 학생의 지성을 무례하게 할 수 있다.** 만약 주제가 기술 용어(technical terms)들이 포함되어 있다면 교관은 각 용어를 명확하게 정의함으로써 학생은 그 의미에 대해서 의심하지 않는다. 교관은 일반 단어를 사용하기보다 명확한 전문용어를 사용해야 한다. 예를 들어 "연료라인에서 누출"이라고 말하는 것은 일반 용어 "기계적 결함"이라고 하는 것보다 더 명확한 단어이다. 교관이 강의에 대한 생명을 더할 수 있는 또 다른 방법은 교관의 음성의 높낮이를 변화시키거나 말하는 속도를 조절하는 것이다. 이외에도 문장의 길이를 다르게 하는 것 역시 도움이 된다. 일정한 단문을 사용하는 것은 일관성이 없으며, 부실한 구조의 장문은 따라 하기가 어렵고 쉽게 혼란을 일으킬 수 있다. 일반적으로 교관은 명확성과 다양성을 보장하기 위해서 단문과 중간 정도 길이의 문장을 사용해야 한다.

### (4) 전달의 방식

특정 환경의 요건에 따라 강의는 통상 다음과 같은 4가지 방법의 하나로 전달된다.

① 원고 읽기
② 원고 없이 기억된 것들을 나열하기
③ 즉흥적으로 개요 말하기
④ 준비 없이 즉흥적으로 말하기

**수업 강의(teaching lecture)는 즉흥적인 방식에서 가장 잘 전달된다.** 따라서 암기하고 있는 것을 그대로 강의하거나 서면 개요(mental or written outline)를 읽어가는 방식의 강의는 큰 효과가 없다. **교관의 생각을 나타내는 단어는 기억을 되살려 읽거나 말하는 것보다 무의식적으로 나오는 것이므로 강의는 개인에 맞게 더 다듬어져야 한다.** 교관은 학생에게 직접 말하기 때문에 그들의 반응이 쉽게 관찰될 수 있고, 그들의 반응을 기초로 하여 적절하게 강의를 조절할 수 있다. 교관은 상황을 더 잘 통제할 수 있어야 하고 어떠한 우발상황(contingency)에 맞게 강의를 변화시킬 수 있으며, 그리고 각 생각을 학생 반응에 적합하도록 다듬을 수 있어야 있다. 예를 들어 교관이 여러 학생이 강의 내용을 이해하지 못하는 난해한 표현을 인지했다면 학생 반응이 이해했음을 나타낼 때까지 그 요점은 더욱 상세하게 설명해야 한다. 즉흥적인 프레젠테이션(extemporaneous presentation)은 교관의 개인적 열정(passion)을 반영하고 다른 방식에 비해 더욱 융통성(flexible)이 있고 학생들의 관심을 더 끌 수 있다.

(5) 공식과 비공식 강의

강의는 공식 또는 비공식(formal versus informal lectures)으로 진행될 수 있다. 비공식 강의(informal lecture)는 활발한 학생 참여를 포함한다. 강의 방식에서 주요 고려사항은 모든 다른 교육 방식과 같이 원하는 학습 결과를 성취하는 것이다. 만약 학생이 친근하고 편안한 분위기에서 활발하게 참여한다면 학습은 최고의 성과를 달성한다. 따라서 비공식 강의의 활용이 권장된다. 공식 강의(formal lecture)는 새로운 주제를 소개할 때와 같이 일부 주제와 특별한 경우에 선호(preferred)되고 있음을 알아야 한다. 비공식 강의에서 교관은 질문을 통해서 학생의 활발한 참여를 유도할 수 있다. 이 같은 방법으로 학생이 강의를 보충하는데 기여할 수 있도록 격려해야 한다. **교관은 학생들의 욕구에 맞게 강의를 다듬을 수 있도록 강의 다양성을 추가하고, 관심을 북돋우고, 그리고 학생 이해를 확인하기 위해서 적절한 질문을 준비하고 활용할 것을 권장한다.** 그러나 전체 학습 분위기를 주관하고 계획, 발달, 그리고 적절한 주제를 제시하는 것은 교관의 책임이다.

(6) 수업 강의 방식의 장단점

수업 강의는 많은 장점이 있고, 실제 대그룹의 학생들을 교육하는데 편리하다. 실내방송설비는 교관의 음성을 증폭하는데 사용할 수 있다. **강의는 학생이 연구에 필요한 충분한 시간을 갖지 못했거나, 또는 이들이 참고 자료에 접근(access)할 수 없을 때 유용**하다. 또한, 강의는 다른 학습 도구와 방식을 유용하게 그리고 성공적으로 보충할 수 있다. 본론에 들어가기 전 간단한 서론적 강의(brief introductory lecture)는 강의 주제에 대한 방향과 목적을 제공하거나 다루게 될 주제에 관해서 무엇인가를 말함으로써 토론을 준비하도록 한다. 교관은 강단에서 상대적으로 짧은 시간에 많은 내용을 발표할 수 있고, 논리적으로 잘 정리된 사실과 생각을 빠른 순서로 간결하게 나타낼 수 있다. 강의는 주어진 양의 학습 자료를 나타내는데 필요한 시간 조건에서 대부분의 다른 학습 방식보다 더 경제적이다.

**특히 수업 강의는 새로운 주제를 소개하고 필수 배경 정보를 설명하는 데 적합하다.** 이 방법에서 강의를 활용함으로써 교관은 필수 원칙과 사실의 공통 이해에 대한 다양한 배경을 학생들에게 제공할 수 있다. 비록 강의 방식이 정보를 제공하는 데 유용하기는 하지만 짧은 시간에 대량의 정보를 학습하는데 효과적인 방식은 아니다. 또한, 강의 중 다루어진 내용에 대한 학생의 이해 여부를 예측하기란 쉽지 않다. 교관은 단기간에 학생이 흡수할 수 있는 것보다 더 많은 정보를 부지불식간에 강의(unwittingly present)할 수 있고, 강의 방식이 학생의 진도를 확인할 수 있는 정확한 수단을 제공하지 않는다. 대부분 교관은 강의 중 모든 학생의 주의를 끝까지 유지하는 것이 어렵다는 것을 인지하게 된다. 따라서 교관은 강의를 통해서 원하는 학습 결과를 얻기 위해서는 말을 잘 할 수 있는 기술이 필요하다.

제2장에서 언급한 것과 같이 학생의 보유 비율(rate of retention)은 강의의 첫 10~15분이 지난 후 상당히 떨어질 수 있고 끝날 무렵 다시 높아진다. 또한, 순수한 강의 형식은 학생 참여를 방해한다. **연구에 따르면 학생이 학습에 더 활발하게 참여할수록 학습 효과가 더 높다는 것을 보여주고 있지만, 학생은 강의 주제를 이해하는데 필요한 기초지식을 갖추어야 한다.** 강의의 한 단점은 실천적 연습을 통한 완벽해야 하는 정신운동 기술과 같이 특정 종류의 학습 결과를 불러일으키지 못한다는 것이다. 따라서 교관이 강의 중간에 학생의 활동적 참여를 유도했다면 학생 수업 수용 능력이 크게 높아질 것이다. 강의 중에 수업 보존을 높이기 위한 한 방법으로 토론 방식을 적용할 것을 권장한다.

### 4.8.2 토론 방식

**토론 방식**(discussion method)**은 수업 강의를 통한 순수 강의**(lecture) **형식을 변형한 것이고 학생들을 활발하게 학습 과정으로 끌어들이는 방법**이다. 교관은 토론 방식에서 학생들에게 기본 지식을 제공할 수 있도록 20분 이내에 간단하게 주제 내용을 강의한다. 이후 교관-학생 그리고 학생-학생 토론 방식으로 진행한다. 이 방식으로 각자의 생각을 토론하고 교환한다. 모든 사람에게 자신의 의견을 말하고, 듣고, 생각하고 참여할 기회를 제공해야 한다. 토론에 활발하게 참여시킴으로써 학생은 미래에 활용할 수 있는 능력을 향상시킨다.

교관은 토론(discuss)이 주제에서 벗어나지 않도록 지도해 줄 수 있어야 한다. 교관은 유도질문(leading questions)을 시작하고, 토론 중에 논쟁이 벌어졌을 때 심판 역할을 해야 한다. 모든 학생이 토론에 참여하도록 유도하고 토론이 끝난 후 주요 내용을 요약해 주어야 한다. 강의에 토론을 접목하는 것은 학생의 활발한 참여를 유도할 뿐만 아니라 학생에게 고차원사고기술(HOTS)을 개발하도록 한다. 토론 방식의 의견교환(give and take)은 학생들에게 생각, 개념, 그리고 원리를 평가하도록 하는 데 도움이 된다. 토론 방식의 목적은 학생의 적극적 참여이기 때문에 교관은 토론에 끼어들지 않도록 주의해야 한다. 유도토론(guided discussion)은 학생에게 주제 정보를 정확하게 받아들이고 해석하도록 보장해 주어야 한다.

### 4.8.3 유도토론

**유도토론 방식**(guided discussion method)**은 토론을 시작하기 전에 관련 내용을 읽게 하거나 토론하고자 하는 주제를 간단하게 강의한 후 학생이 알고 있는 것을 끌어내는 것이다.** 이것은 교관이 토론을 주관하는 방식으로 교관-유도(instructor-guided discussion) 토론 방식을 채택한다. 이 방식은 교실, 비행 전과 비행 후 브리핑(debriefing) 중 활용될 수 있다. 토론은 학생이 알고 있는 모든 지식과 경험 수준을 반영할 수 있다. 교관은 토론 강도가 높고 참여도가 높을수록 학습 효과가 더 높다는 것을 기억해야 한다. 교관은 모든 학생을 공평하게 대하고, 질문하도록 유도하면서, 인내와 기지를 발휘하여 모든 반응에 응대할 수 있어야 한다. **교관은 학생의 어떠한 반응에 결코 빈정거림이나 비웃지 않아야 한다.** 이 같은 행위는 학생의 자발적 참여를 방해하기 때문이다. 교관은 유도토론에서 수업과 관련된 학습 목표를 보강할 수 있도록 토론을 유도해야 한다. 교관은 학생들 사이에서 토론을 촉진하기 위한 관리자이다.

### (1) 유도토론에서의 질문

**유도토론에서 학습 성과는 세련된 질문(questions)을 통해서 달성**된다. 질문은 기능과 특성에 따라 다양하게 분류한다. 이들 구분을 이해하는 것은 교관에게 더욱 세련된 질문 사용자가 되도록 하는 데 도움이 된다. 가끔 교관은 토론 영역을 선정하기 위해서 질문을 활용하기도 한다. 이를 선도 질문(lead-off question)이라 하고, 목적은 토론을 개시하기 위한 것이다. 또한, 교관은 도론이 시작된 후 토론을 유도하기 위해서 **후속 질문**(follow-up question)을 할 수 있다. 교관은 학생이 무엇인가를 좀 더 원하거나 토론이 다른 방향으로 진행되었을 때 이를 다시 주제로 되돌리는 데 중요한 역할을 한다. 질문은 특성 면에서 전체질문, 수사학적 질문, 직접질문, 역질문, 그리고 중계 질문과 같이 분류한다.

① **전체질문**(overhead question)은 학생의 사고를 촉진하고 각 그룹 구성원으로부터 반응을 얻기 위해서 그룹 전체에 질문하는 것이다. 교관은 선도 질문의 태도를 보이기 위해서 전체질문을 활용할 수 있다.
② **수사학적 질문**(rhetorical question)은 그룹 사고를 촉진하기 때문에 사실상 유사하지만, 교관은 이 질문에 답을 제공해야 한다. 따라서 수사학적 질문은 유도토론보다 강의에서 더 많이 사용된다. 교관은 학생들이 따라오도록 하는 목적(follow-up purposes)으로 한 질문은 원하는 전체질문 방식을 선택할 수 있다.
③ **직접질문**(direct question)은 어떠한 반응을 특정 개인으로부터 원했을 때 그 학생에게 직접질문하는 것이다.
④ **역질문**(reverse question)은 반응을 위한 동일 학습자가 다른 학습자에게 질문하는 것으로 교관은 질문에 대답해 주어야 한다.
⑤ **중계 질문**(relay question)은 학습자가 질의하는 것이고 교관은 다른 학생에게 답변을 요청하는 방식이다.

**교육에서 질문(questions)은 교관과 학생 사이의 피드백을 위한 매우 중요한 역할을 한다. 교관이 질문을 잘 활용했다면 어느 다른 교육 방식보다 더 높은 학습효과를 얻을 수 있다.** 교관은 짧은 사실적 서술 또는 "yes or no" 대답 그리고 사고를 자극하고 정신적 활동이 필요한 **개방형 질문**(open-ended questions; *응답자가 응답에서 미리 제시된 범주를 선택하는 것이 아니라 자신의 완전한 응답이 자유롭게 허용된 설문지나 인터뷰에서 사용되는 질문 유형이다*)을 해야 한다. 대부분의 항공훈련은 높은 수준의 학습 이해력이 필요하므로 질문은 학생들이 개념을 잡을 수 있고 유사성과 차이점에 관해서 설명할 수 있어야 한다. 이외에도 인과관계(cause-and-effect relationships; *어떤 행위와 그 후에 발생한 사실과의 사이에 원인*

*과 결과의 관계가 있는 일*)를 추론할 수 있어야 한다. 수업 목표가 사전에 명확하게 설정되었다면 교관은 계획된 방향에서 토론을 이어가는데 필요한 적절한 질문을 더 쉽게 할 수 있음을 알게 될 것이다.

| 효과적인 질문의 특징 |
|---|
| • 목적이 뚜렷해야 한다.<br>• 의미가 명확해야 한다.<br>• 하나의 생각만 포함되어야 한다.<br>• 사고를 자극할 수 있어야 한다.<br>• 명확한 답변이 필요해야 한다.<br>• 이전 지식이나 정보와 관련해야 한다. |

◀ 효과적 질문의 특징

(2) 유도토론을 위한 교관 준비

유도토론을 계획하는 것은 강의를 계획하는 것과 유사하다. 교관은 토론 수업을 계획하는 데 있어서 다음과 같은 제안은 도움이 될 것이다.

① **학생이 유익하게 토론할 수 있는 주제를 선택하라.** 학생이 다른 학생과 교환할 수 있는 일부 지식을 갖추지 않는 한 토론 방식에서 원하는 학습 결과를 얻을 수 없다. 따라서 필요하다면 학생에게 수업 주제를 토론하는데 필요한 적절한 배경을 제공하는 과제를 부여한다.

② **원하는 학습 결과와 함께 특정 수업 목표를 확립하라.** 학생들은 토론을 통해서 지식, 경험, 그리고 배경을 공유하여 주제의 이해력을 발달시키기 때문에 목표는 학습의 이해력 수준에서 결정해야 한다. 원하는 학습 결과는 목표로부터 기인한다.

③ **주제에 익숙해지기 위해서 적절한 학습을 실행하라.** 교관은 학습하는 동안 특정 그룹의 학생들을 위해서 수업을 다듬어 항상 최상의 방법을 생각할 수 있도록 주의를 기울여야 한다. 이와 유사하게 교관은 강의실에서 학습을 진행하는 동안 사전 토론 과제를 준비해야 한다. 또한, 교관은 이 학습 과정 중에 학생들이 배경 자료와 같이 특별하게 선택할 수 있는 독서 자료를 배당해야 한다. 이 같은 자료는 잘 조직되어야 하고 기본에 충실해야 한다.

④ **논리적 순서에서 수업의 주요 그리고 하위 요점을 정리하라.** 유도토론은 3개의 주요 부분으로 되어 있다.

ⓐ 소개(introduction)
ⓑ 토론(discussion)
ⓒ 결론(conclusion)

소개는 "주의(attention), 동기(motivation), 그리고 개요(overview)"와 같이 3개의 요소로 구성된다. 교관은 토론에서 논의된 요점들을 목표와 함께 논리적으로 정립될 수 있도록 해야 한다. 이 방식으로 체계화함으로써 교관은 산만한 토론 가능성을 최소화하고 주제를 확실하게 이해하는 데 도움이 되는 질문을 한다.

⑤ **학습 결과를 달성하기 위해서 최소한 선도 질문을 계획하라.** 교관은 질문을 준비하는 데 있어서 단지 답변을 듣기 위한 것이 아닌 토론을 활성화하는 데 목적을 두어야 한다는 것을 기억해야 한다. 선도 질문(lead-off questions)은 통상 “어떻게 또는 왜”로 시작한다. 예를 들어 “항공기가 더 긴 이륙거리를 예상할 수 있는가?”라고 질문하는 것보다 “항공기는 왜 더 긴 이륙거리가 필요한가?”라고 하는 질문이 더 좋다. 학생은 첫 번째 질문에는 단지 특정 공항이라고만 답변할 수 있지만 두 번째 질문은 공기밀도, 엔진 효율성, 그리고 성능에서 기온의 효과 등의 토론을 시작할 수 있다.

### (3) 유도토론을 위한 학생 준비

**교관의 책임은 학생 스스로 토론을 준비하도록 돕는 것이다.** 토론에 참여하는 각 학생은 토론에 참여하고 토론에서 무엇인가 이점을 얻을 수 있도록 하는 책임을 받아들이도록 격려해야 한다. 교관은 전 시간 학생이 토론을 준비할 수 있도록 하고 수업 목표를 인식시켜 주어야 한다. 때때로 사전에 충분하게 준비할 기회 없이 학생을 맞이할 수 있다. 이 경우 학생에게 소개할 때 주제에 관한 일반 개요를 제공하는 것이 좋다. 일반적으로 학생들에게 토론 주제에 관한 배경 없이 주제를 토론하도록 해서는 안 된다.

### (4) 교관의 토론 주관 기술

**토론을 주관하는 기술은 연습과 경험(practice and experience)이 필요하다.** 교관은 토론을 계속 유지해야 할 필요가 있고 질문을 중재하거나 그룹의 토론 방향을 정해야 하는 시기를 알아야 한다. 다음은 성공적 유도토론의 수행을 위한 중요한 정보를 제공한다.

① 소개

유도토론에서 소개/서론은 강의와 유사하고 다음과 같은 요소들이 포함되어야 한다.

ⓐ 주의 요소(attention element)
ⓑ 동기 요소(motivation element)
ⓒ 핵심 내용의 개요(overview of key points)

교관은 학생의 열정을 북돋우고 토론을 촉진하기 위해서 비공식이고 편안한 분위기를 조성해야 한다. 교관은 각 학생에게 주제의 다양한 측면에서 토론할 기회를 제공하고, 토론하기에 자유롭다는 것을 느껴야 한다. 또한, 학생은 토론에 기여하기 위한 개인적 책임을 느끼도록 해야 한다. **교관은 학생들의 생각과 활발한 참여가 자발적이고 꼭 필요하다는 것을 느낄 수 있도록** 해야 한다.

② 토론

**교관은 준비된 선도 질문의 하나를 이용해서 토론을 시작한다.** 토론을 위한 질문은 학생들이 쉽게 이해할 수 있어야 하고, 교관은 토론을 위한 주제를 제시하고 조용히 따라야 한다. **교관은 인내심(patient)을 가져야 하고 학생이 반응할 기회를 제공해야 한다.** 교관은 질문하기 전에 마음속에 답을 알고 있어야 하고, 학생이 답변하기 전에 질문에 대해서 생각할 필요가 있다는 것을 알아야 한다.

교관은 자료를 다시 생각해 내고, 어떻게 대답할지, 또는 사례를 생각해 내는 데 시간이 걸릴 수 있다는 것을 명심하라. 질문이 어려울수록 답변하는데 학생은 더 많은 시간이 필요하다. 만약 교관이 학생들의 난해한 표현(puzzled expressions)을 인지했다면 학생이 질문을 확실하게 이해하지 못한 것으로 간주하고 약간 다른 형식으로 말을 바꾸어 질문해야 한다. 질문의 본질은 수업 목표와 원하는 학습 결과로 결정되어야 한다. **일단 토론이 진행되었다면 교관은 토론 중 학생이 제시하고 있는 생각, 경험, 그리고 사례들을 적극적으로 경청**해야 한다. 교관은 토론 준비 중 예상할 수 있는 학생들의 반응에 대해서 목록을 작성하고, 만약 학생이 토론을 주관하고 있다면 이들이 주제를 벗어나지 않도록 관찰해야 한다. 교관은 토론이 진행됨에 따라 주제를 더 세부적으로 토론할 수 있도록 격려하고 주제를 더 깊이 탐구할 수 있도록 학생들을 자극할 필요가 있다는 것을 발견하게 될 것이다.

교관은 "how" and "why"와 같은 후속 질문을 하여 학생들이 토론의 주제를 이해하는데 도움이 되도록 하면서 목표를 향한 토론으로 이끌어갈 수 있어야 한다. 교관은 학생들이 토론의 특정 부분을 혼동하고 있는 것으로 보일 때 또는 부분 성과를 얻은 것으로 판단될 때 중간 요약(interim summary)을 이용해서 학생들이 성취한 것들을 설명해 주어야 한다. 이 요약은 교관에게 가용한 효과적인 도구의 하나이다. 중간 요약은 토론된 생각을 지지하고 관련 그룹에서 어떻게 사고가 발달하는지를 보여주면서 각 학습 토론의 결과를 하나로 통합하도록 하는 데 도움을 준 후 즉시 요약을 해주어야 한다. 중간 요약은 특정 학습 결과에 관련된 학습을 보충한다. 또한, 주제를 요약하고 전환하는 도구로 사용되는 것 외에도 그룹이 주제에서 벗어나지 않도록 하거나, 또는 토론의 다른 구성원에게 돌리는데 활용될 수 있다.

③ 결론

유도토론은 토론 중 다룬 모든 자료를 요약함으로써 종료된다. 교관은 결론에서 토론된 다양한 관점이나 주제를 하나로 합쳐야 하고, 얻어진 사실과 이들 사실의 실용적 적용 사이의 관계를 보여주어야 한다. 예를 들어 교관이 밀도고도에 관한 토론의 결론에서 과도한 화물을 적재한 항공기는 기온이 매우 높은 상태와 높은 표고 공항(high-altitude airport on a hot day)의 단거리(short field) 활주로로부터 이륙을 시도했을 때 발생할 수 있는 사고사례를 소개할 수 있다. **요약은 간결해야 하지만 불완전해서는 안 된다.** 만약 토론이 특정 범위에서 그룹 구성원의 한 사람 이상이 이해하지 못한 것이 드러났다면 교관은 이 자료를 다시 명확하게 설명해 주어야 한다.

(5) 유도토론의 장점

토론(discussion)이 포함된 교육이나 훈련 방식에서 교관은 학생들의 참여를 유도하고 학생들 사이에 토론 내용을 잘 듣고 학습할 수 있도록 격려해야 한다. 이외에도 앞서 언급한 것과 같이 토론은 비평적사고기술(critical thinking skill)이 포함되어야 한다. **유도토론에서 활용된 종류의 개방형 질문은 위험관리(risk management)와 ADM의 개념을 쉽게 접목**할 수 있다. "What If?(*만일에 과거의 사건이 이렇다면 현재 어떻게 되었을까 하는 가정의 문제*)"의 꾸준한 사용은 학생에게 정확한 의사결정 능력을 향상하는 데 도움이 된다. 이 방법이 그룹 상황에서 유도토론 기술에 가장 적합하다는 것이 명확하지만 상호작용하는 일대일 학습상황을 위해서 수정될 수 있다. 항공교관은 유도토론의 질문 방법을 연구하고 효율적 유도토론이 완성될 수 있도록 계획해야 한다.

## 4.9 문제기반학습

1966년 McMaster University School of Medicine(Canada)에서는 새로운 교육과 커리큘럼 접근 방식으로 **문제기반학습(problem-based learning; PBL)**을 연구하였다. PBL**에서 학습 초점은 교관 중심 접근에서 학생 중심 접근으로 전환이다.** PBL에 관한 많은 정의가 있지만, 핵심 내용은 실세계 해법(real world solution)에 도달할 수 있도록 학생이 현실에서 접할 수 있는 문제를 해결할 수 있도록 하는 학습 환경의 한 종류이다. PBL은 하나의 해결책이 아닌 주의 깊게 구성된 문제로 시작한다. PBL의 이점은 정보를 더 깊이 이해할 수 있도록 학습자 이해를 돕고, 정보를 기억해 낼 수 있는 학생의 능력을 향상하는 데 있다. 이 종류의 문제는 분석, 종합 그리고 평가의 인지기술은 물론 문제해결 그리고 의사결정과 같은 인지 과정이 포함된 HOTS의 발달을 촉진한다. PBL의 중요한 구성요소는 학생들이 학습을 시작하고, 동기유발, 그리고 집중하기 위한 양호한 문제를 개발하는 것이다. PBL의 효율적 문제는 다음과 같은 조건을 갖추어야 한다.

① 학생들이 문제를 해결함으로써 현실과 연관되도록 하라.
② 학생들이 결심을 내릴 수 있도록 요구하라.
③ 개방형 질문을 하고 한 개의 정답으로 제한하지 마라.
④ 새로운 지식과 함께 이전에 학습된 지식을 연계시켜라.
⑤ 수업 목표를 반영하라.
⑥ 학생들이 비평적 사고에 도전하도록 하라.

### 4.9.1 고차원사고기술(HOTS)

위험관리(risk management), ADM, 자동화 관리, 상황인식(situational awareness), 그리고 관제상태지형충돌(CFIT) 인식은 HOTS(higher order thinking skills)를 통해서 성

취될 수 있는 기술이다. 교관은 PBL을 활용하여 현명한 결심과 판단을 내리는데 필요한 인지기술을 가르치기 위해서 수업 중에 분석, 종합, 그리고 평가를 통합할 수 있어야 한다. HOTS는 교육과정을 통해서 단순함에서 복잡함으로 그리고 구체적에서 추상적으로 교육되어야 한다. HOTS를 교육하기 위한 기본 접근은 다음과 같다.

① 문제를 설정하라.
② 문제를 위한 학습 결과를 결정하라.
③ 문제 또는 과제를 해결하라.
④ 문제해결 과정을 반영하라.
⑤ 학습 중 유도된 발견을 통해서 부가적인 해결을 고려하라.
⑥ 부가 옵션과 함께 해법을 재평가하라.
⑦ 이 해법을 반영하고 이것이 왜 최상의 해법인지 설명하라.
⑧ 최상의 의미가 있는 것이 무엇인지 고려하라.

### 4.9.2 문제기반 교육의 종류

문제기반 교육이 교육 성과에 어떻게 이바지하는지에 대한 많은 의견이 있지만, 이것은 통상 문제해결을 위한 격려가 포함되거나 문제를 해결해야 할 필요가 있다는 것을 강조해야 한다. 해답을 어떻게 찾을지 판단하고, 가능한 해법을 추구하며, 그 해법(solutions)에 도달하기 위해서 사용된 이유를 설명하고 해법에 대한 반향이 포함되어야 한다. 여기에서는 3종류의 문제기반 교육에 대해서 다룬다.

① 시나리오 기반(scenario based)
② 협업 문제해결(collaborative problem-solving)
③ 사례 연구(case study)

#### (1) 시나리오 기반 훈련

**시나리오 기반 훈련 방식**(scenario-based training method; SBT)**은 실제 운용 환경에서 항공훈련 목표를 다루기 위한 실세계 경험이 크게 반영된 일종의 각본**(scenario)**으로 실제 상황을 조성한다.** SBT는 학생에게 상황을 머릿속에 그려보도록 하고 다양한 지식을 실질적으로 적용할 수 있도록 한다. 시나리오는 실세계에서 접할 수 있는 상황을 반영해야 하므로 어느 하나가 정답 또는 오답(wrong answer)이 될 수 없다. 교관은 결과가 긍정 또는 부정인지 미리 이해할 수 있는 것이 중요하고 학생에게 안전을 위협하지 않고(jeopardizing safety) 현명한 결심과 부실한 결심(good and poor decisions) 모두를 할 수 있도록 자유를 부여해야 한다. SBT는 학생에게 그의 경험 수준에 맞고 긍정적 결과를 얻을 수 있는 결심을 내리도록 한다. 일단 교실에서 무게와 균형을 계산할 수 있는 능력을 완수했다면 교관은 현실에서 무게와 균형을 어떻게 적용할 수 있는지 교육 목표와 함께 따라야 하는 시나리오를 제공하도록 결정해야 한다.

예를 들어 한 고객이 자신의 Piper Cherokee 180에 테일 스트로브 등화(tail strobe light)를 설치하고자 한다. 이 등화의 설치가 항공기의 무게와 균형에 어떠한 영향을 줄 수 있는가를 생각해 보자. 학생은 먼저 항행등(navigation lights)을 제거하고, 전원 공급 장치를 설치한 후, 테일 스트로브 등화를 장착할 수 있다. 이 과정에서 학생은 항공기의 최종 무게와 균형에 영향을 주는 여러 결심을 해야 한다. **현실적 문제는 학생들에게 필요한 절차에 대해서 분석, 평가, 그리고 결심을 내리도록 한다.** 조종사의 결심은 비행을 위한 동기(motivation)에 달려 있으므로 비행 이유(reasons)와 함께 시작되는 스토리는 훌륭한 시나리오(good scenario)가 될 수 있다.

예를 들어 Mark의 가장 친한 친구는 플레이오프 게임을 관람하기 위한 표(tickets)를 가져왔고 이들은 그에게 비행기 임대비용을 지불했다. 또 다른 친구는 공항에서 그들과 합류하기로 계획하였고 이들을 경기장까지 인내하게 되어 있다. Mark는 그의 친구들을 야구장까지 비행하고자 하는 강한 동기가 있다. College Airport AWOS에 따르면 현지의 기상상태는 구름이 없고 시정이 양호하다는 것을 확인하였다. 그의 비행은 College Airport로부터 약 15마일 정도의 위치에 있다. 그가 낮은 구름 아래에서 비행할 수 있도록 1,000피트까지 강하하였고 비(rain)로 인하여 시정(visibility)이 3마일로 감소하는 상황에 봉착하였다. 주변 지형은 특별히 발행된 장애물이 없는 평평한 경작지다. 그가 현재할 수 있는 것은 무엇인가? 조종사는 미래를 예측할 수 없고 미래에 발생할 수 있는 모든 발생 가능한 것들을 종합할 수 있도록 훈련할 방법이 없으므로 이 상황에서 SBT는 우수한 학습 도구가 될 수 있다. 이 사례에서 예상할 수 있는 우수한 시나리오는 다음과 같다.

① SBT는 시험이 아닌 실제 상황이다.
② 정답은 하나가 아니어야 한다.
③ 명확한 정답을 제공하지 않아야 한다.
④ 실수를 조장하지 않아야 한다.
⑤ 상황인식과 의사결정을 위한 기회를 향상시켜야 한다.

### (2) 협업 문제해결 방식

문제를 해결하기 위한 협업은 전체 교육 시간에 활용될 수 있다. 교육훈련에서 협업 문제해결 방식(collaborative problem-solving method)은 교관이 문제를 풀어야 하는 그룹에 문제를 부여했을 때 여러 사람이 공동으로 문제해결을 위해서 노력하는 것이다. 교관은 필요할 때 조언할 수 있지만, 학생들은 교관의 조력 없이 문제 또는 과제를 해결하는 것이 학습 과정의 한 부분이라는 것을 기억하라. 이 방식은 독립 항공교관이 협업을 활용하기 위해서 상호작용 방식의 일대일 학습상황을 위해서 수정될 수 있다. 교관은 학생들이 문제를 해결하는 데 조언을 최소로 제공하면서 학생들이 문제를 해결하는 데 참여해야 한다.

### (3) 사례 연구

**사례연구방식(case study method)은 학생 교육에 필수 메시지가 포함된 실세계 상황을**

**반영한 서면 또는 구술이다.** 대중적 교육 방식이 증가하면서 사례 연구는 학생에게 현실에서 봉착할 수 있는 상황을 현명하게 처리할 수 있도록 학생과 관련된 사례가 포함되어야 한다. 교관은 학생에게 사례를 제시하고 학생은 이를 분석하여 결론을 얻어 가능한 해법을 제출할 수 있어야 한다. 효율적 사례 연구에서 학생은 비판적 사고기술을 활용할 수 있어야 한다. NTSB는 수많은 사고사례를 보관하고 있으며 원하는 자료에서 발취한 사례에서 원인을 빼고 사례 연구에 활용할 수 있다. 다음은 한 사고사례이다.

"자가용 조종사는 계기기상상태(IMC)에 봉착하기 시작했을 때 시계비행(VFR) 지방횡단 비행 중에 있었다. 조종사는 가장 가까운 공항으로 긴급전환(diversion)을 위해서 Atlanta 접근관제소(approach control)에 착륙을 요청하기 전에 약 30분을 더 계기기상상태 속으로 계속 비행하였다. 관제사는 조종사에게 2개의 다른 인접한 공항을 제시하였지만 두 공항 모두의 기상상태는 최저치(minimum) 이하였다. 조종사는 관제사에게 연료가 부족한 상태이고 가능한 한 빨리 착륙해야 한다는 것을 통보하였다.

관제사는 조종사에게 Columbus Metropolitan Airport, Columbus, Georgia로 향하도록 지시했다. 조종사는 관제사에게 계기접근을 시도하겠다는 것을 통보했다. 조종사는 4회의 접근 모두 성공하지 못했다는 것을 관제사에게 통보했다. 조종사는 다섯 번째 접근에서 활주로로부터 5마일 위치에서 연료 고갈(fuel starvation)로 인하여 양쪽 엔진이 정지되었다는 것을 통보했다. 조종사는 "Mayday, Mayday..."와 함께 비상상황을 선언하였고, 불시착(forced landing) 중 나무와 충돌하였다. 이 과정에서 오른쪽 날개와 왼쪽 날개의 절반이 떨어져 나갔고 동체는 전도되었다. 조종사는 접근을 시도하는 과정에서 비행기의 기계적 결함을 보고하지 않았다. 이 사고로 한 명은 중상, 다른 한 명은 경상, 그리고 나머지 한 명을 어떠한 상처도 입지 않았다."

비행교관은 학생들이 사고 내용을 분석하도록 하고 사고의 가능한 원인을 암시하였다. 다음, 교관은 NTSB의 사고 원인을 인용하였다. 조종사가 IMC 상태 속으로 계속 VFR 비행을 위한 부적절한 결심은 연료 고갈(fuel starvation)로 인한 동력상실의 결과가 되었다. 교관은 토론을 통해서 이 종류의 사고를 어떻게 피할 수 있는지 결론을 도출할 수 있어야 한다.

## 4.10 전자학습

현대 전자학습 또는 e-러닝(e-learning)은 **어느 종류의 교육에도 사용할 수 있는 인터넷, 네트워크, 개인 컴퓨터, CD/DVS, 화상 회의, 웹 사이트, 또는 e-메일과 같은 전자 기기(electronics devices)를 포함한 포괄적 용어**가 되었다. e-러닝은 다양한 매체로 활용되고 있다. 이것은 학습자가 강의부터 시험까지 치를 수 있고 개별 소프트웨어 프로그램이 될 수 있으며, e-메일 토론 그리고 과제와 함께 강의실에 출석(class attendance)하는 혼합된 형태로 상호작용 웹 기반 교육코스(interactive web-based course of instruction)가 될 수 있다. e-러닝은 e-메일을 통한 온라인(online) 대학 코스의 기본이 될 수 있고 또는 헬리콥터 시뮬레이터에서 정교한 비행기술과 같이 복잡할 수 있다.

이 방식은 시간적 융통성, 비용 경쟁력, 학습자 중심, 업데이트의 용이성, 언제 어디에서도 접근이 가능한 특성과 함께 e-러닝은 교육 분야에서 대중화될 수 있는 많은 장점이 있다. 앞으로도 더 많은 e-러닝이 확산할 것으로 예상한다. 현재 e-러닝은 다양한 수준에서 훈련을 위해서 활용되고 있다. 예를 들어 비행훈련장치와 시뮬레이터는 비행학교부터 군을 포함한 주요 항공사에서 누구나 활용할 수 있다.

운항지원사업자(fixed-base operators; FBOs)는 계기한정(instrument rating)이 필요한 조종사에게 계기비행 시간의 일부로 승인될 수 있는 개인용 컴퓨터 기반 항공훈련장치(personal computer-based aviation training devices; PCATDs) 또는 비행훈련장치(flight training devices; FTDs)를 사용할 수 있다. 주요 항공사들은 기종전환 조종사가 비행 시뮬레이터를 이용하여 모든 자격에 충족할 수 있을 정도로 실제 비행과 거의 유사한 고성능 비행 시뮬레이터(flight simulators)를 갖추고 있다. 또한, 군 조종사들도 A-10과 같이 2인승 훈련 버전이 없는 항공기의 비행을 준비하기 위해서 비행훈련장치 또는 비행 시뮬레이터를 사용하고 있다.

e-러닝과 함께 복잡한 데이터베이스는 신속한 정렬과 검색, 그리고 상호 참조할 수 있는 많은 양의 정보를 조직할 수 있다. e-러닝의 활용성으로 인하여 전체 학습 과정은 다양한 방법에서 향상된다. 프로그램이 잘 조직된 것은 학생에게 학습하고자 하는 것을 적절히 통제하고 학습의 진도를 조절할 수 있도록 한다. 이들은 관심이 있는 영역을 집중적으로 탐구할 수 있게 하고 그들이 자신 있는 주제에 대해서 더 잘 발견하도록 한다. 이외에도 e-러닝은 규칙적인 강의실 학습보다 더 즐거움을 찾을 수 있다.

이들의 주요 장점은 전통적인 강의실 교육보다 시간을 절약할 수 있고, 더 높은 수준을 마스터할 수 있으며 더 다양한 지식의 보유를 제공한다. 원격 학습 또는 교관과 학생이 떨어져 있을 때 교육을 전달할 수 있는 전자 매체의 사용은 e-러닝의 또 다른 장점이다. 이 수업에 참여하고 있는 사람들은 동일 교육 경험을 공유하면서 다른 대륙에 있을 수도 있다. 또한, 원격 학습(remote learning)은 학습을 위한 자원과 학생을 이어주는 시스템과 과정(system and process)이라고 정의할 수 있다. 정보에 접근하기 위한 자원들이 확장됨에 따라 원격 학습을 위한 가능성은 증가한다.

e-러닝이 많은 교육적 장점이 있지만 사용되는 e-러닝 방식에 따라 동료 간의 상호작용과 개인적 피드백이 부족한 것이 한 단점이다. 교관에게는 학습상황을 유지하기 위한 통제가 어려울 수 있다. 또한, 특정 주제에서는 양호한 프로그램을 찾기가 어려울 수 있으며, 장비, 소프트웨어, 그리고 시설을 구매하는데 드는 비용을 고려해야 한다. 이외에도 교관과 학생은 가용한 소프트웨어 프로그램의 장점을 최대로 활용하기 위한 개인 컴퓨터를 이용할 수 있는 충분한 경험이 부족할 수 있다.

**e-러닝의 부정확한 활용 또는 과도한 사용은 피해야 한다.** 예를 들어 비행교관은 조종훈련생을 위한 학술교육(ground instruction)을 수행하기 위한 장주와 착륙에서 소프트웨어 프로그램에 과도하게 의존해서는 안 된다. 조종훈련생들은 항공기를 이용해서 장주 패턴과 착륙에 대한 시범을 보여줄 것으로 예측한다. 이와 마찬가지로 정비과정 학생이 e-러닝 수업을 받았다면 이 학생이 항공기 엔진에서 압축점검(compression check)을 안전하고 정확하게 수행할 것으로 예상하는 것은 적절하지 않다. 다양한 종류의 e-러닝 방식과 마찬가지로 컴퓨터의 교육적 활용을 기술하는데 사용되는 다양한 용어들이 있다. 아래와 같이 용어들 사이에는 약간의 차이가 있지만, 대부분의 "컴퓨터 지원 학습(computer-assisted learning)" 용어로 많이 사용한다.

- 컴퓨터 지원 학습(computer-assisted learning; CAL)
- 컴퓨터 지원 교육(computer-assisted instruction; CAI)
- 컴퓨터 기반 훈련(computer-based training; CBT)
- 컴퓨터 기반 교육(computer-based instruction; CBI)

### 4.10.1 컴퓨터 지원 학습 방식

컴퓨터 지원 학습(computer-assisted learning; CAL)은 교육훈련 도구를 구성하기 위해서 멀티미디어 소프트웨어와 개인용 컴퓨터를 결합한 것이다. 예를 들어 주요 항공기 제작자는 항공종사자들에게 항공기 시스템과 정비 절차를 교육하기 위해서 CAL 프로그램을 개발하였다. 이것은 새로운 장비를 훈련하는데 필요한 필수 인력을 감소시킨다. 주요 항공사와 같은 항공기의 최종 사용자는 항공종사자의 초기 및 보수훈련(initial and recurrent training) 모두를 수행하기 위해서 항공기와 함께 훈련 재료를 구매할 수 있다. **CAL의 주요 장점은 학생이 그들에게 편안한 조건에서 진도를 나갈 수 있고 가끔은 자신의 편리에 따라 CAL을 평가할 수 있다.**

또 다른 CAL의 장점은 학과시험을 준비하는데 유용한 테스트 준비 가이드로 활용된다. 이들 프로그램은 학생들에게 테스트를 선택하도록 하고, 테스트를 마친 후 즉석에서 결과를 알 수 있고 학생은 틀린 문제를 복습할 수 있다. 일부 첨단 CAL 적용은 학생들에게 프레젠테이션이 그들의 반응 결과에 따라 다르게 나타나는 일련의 상호작용 세그먼트를 통해서 진도를 나가도록 한다. 만약 학생이 특정 범위를 학습하고자 한다면 컴퓨터 마우스를 이용해서 스크린의 특정 부분을 클릭하여 학습할 수 있다. 학생들은 학습하고자 하는 범위를 선택하여 집중할 수 있다. 예를 들어 특정 항공기의 재급유(refueling)에 관한 정보를 찾아보고자 하는 정비과정 학생은 재급유 섹션(refueling section)에 접속하여 관련 절차를 CAL 프로그램을 통해서 학습할 수 있다. 만약 학생이 섹션 또는 일부 섹션을 반복하고자 한다면 해당 아이콘을 클릭하여 언제든지 반복해서 학습할 수 있다.

교관은 CAL 프로그램에서 항공학생의 교육에서 교육에 필요한 다른 참고로써 활용할 수 있다. 학생이 교재에 있는 섹션을 다시 읽는 것과 같이 학생은 관련 내용을 이해할 때까지 CAL 프로그램의 부분을 복습할 수 있다. 교관은 평상시처럼 학생의 진도를 모니터하고 평가를 계속해야 한다. 이것은 학생이 훈련(교육 또는 강의) 계획표(training syllabus)에 따라 진도를 나가고 있는지 확인하는 데 꼭 필요한 절차이다. **교관은 학생들이 보통 강의실 세팅에 있는 것보다 더 일대일 교육이 필요하다는 것을 느끼게 될 것이지만 교육의 반복성은 컴퓨터로 이루어질 수 있다.** 실제로 이것은 교관에게 일대일 교육을 위한 더 많은 시간을 제공한다.

이 교육 방식은 학생이 어려움을 겪고 있을 때 컴퓨터는 이를 아는 방법이 없다는 것을 기억해야 한다. 또한, 학생 진도의 모니터링과 감독을 해야 하는 것 그리고 필요할 때 조언하는 것은 교관 책임이다. 실제로 CAL과 함께 상호작용은 학습의 주제에 흥미를 갖도록 하는 무엇인가 유의미한 행위를 함으로써 학생이 교육에 확실하게 참여하고 있다는 것을 의미한다. 예를 들어 학생은 교육 진도를 조절하고, 이전 자료를 검토하기 위해서 앞으로 이동하고, 그리고 순간 피드백을 얻을 수 있다. CAL이 첨단 추적 특징을 갖추었을 때 학생의 성취를 평가하기 위해서 활용할 수 있고, 결과를 과거 성적과 비교함으로써 학생의 부족한 영역을 발견할 수 있다.

대부분의 항공훈련에 사용되는 컴퓨터는 유용한 교육 교보재로 생각되어야 하고 전체 항공훈련 프로그램을 컴퓨터에 의존하는 것은 권장되지 않는다. 에어라인 시뮬레이터 프로그램조차도 훈련 목적에 맞게 다듬어져야 하고 수동 상호작용이 필요하다. 반면 CAL은 항공교관에게 유용한 도구이다. 예를 들어 항공정비 교육에서 다양한 항공기 제작자들이 제작한 CAL 프로그램은 학생들에게 정비학교에서 쉽게 찾아볼 수 없는 장비를 보여주는데 사용될 수 있다.

컴퓨터의 또 다른 사용은 교관이 다른 교관과 함께 핸드-온 훈련(hands-on training; *개인이 실제로 참여하는 훈련*)을 하는 동안 학생들에게 자신의 진도에서 절차를 복습할 수 있도록 한다. CAL의 주요 장점은 학생의 입력에 따라 컴퓨터는 다른 방법으로 상호작용하여 반응한다. 교관은 CAL을 사용할 때 학생의 학습상황을 감독하거나, 질의응답 또는 학생 진도에 지속해서 접속하여 평가를 위한 주제에서 유도토론 등을 활용함으로써 학생과 함께 활동하고 있다는 것을 인식시켜 줄 필요가 있다.

### 4.10.2 시뮬레이션, 역할연기, 그리고 교육용 게임

시뮬레이션(simulation; *실제와 같이 재현*), 역할연기(role-playing), 그리고 비디오 게임은 새로운 방향에서 e-러닝을 학습할 수 있게 한다. 항공이라는 독특하고 복잡한 상황에서 시뮬레이션 게임의 대중성은 교관에게 학생의 학습 보유를 돕는 상호작용 교육용 게임을 추구할 수 있도록 게임 분야로 확대되고 있다. **시뮬레이션 또는 역할연기 게임의 장점은 학생이 새로운 정보를 학습하거나, 기술(기량)의 발달, 정보를 연계시키고 정교하게 다룰 수 있도록 하는 데 있다.** 교육용 게임(educational games)은 학습자에게 현실 시나리오를 이용해서 필요한 역할연기를 함으로써 직면한 상황을 극복할 수 있도록 한다. 이들 교육

매체를 사용한 학습은 **학습게임과 함께 학생의 상호작용 결과로서 도출(evolves)되고, 이들 게임은 통상 비평적 사고기술의 발달에도 도움이** 된다. 모든 항공학습 목표가 이 교육방식을 통해서 전달되지 않지만, 교육용 게임의 수와 내용이 많이 증가하면서 교관의 유용한 교육 보조 도구임이 입증되었다.

## 4.11 협업 또는 그룹 학습 방식

협업 또는 그룹 학습(cooperative or group learning)은 학생 자신과 함께 다른 학습을 최대화하기 위해서 함께 할 수 있는 학생들을 소그룹으로 조직하는 것이다. 연구에 따르면 그룹 학습이나 협업 학습 그룹을 마친 학생들은 다른 학생들에 비해서 높은 점수를 얻고, 높은 자존감(self-esteem), 사회성 향상, 그리고 학습된 주제에 대해서 더 잘 이해하고 있는 것으로 알려져 있다. 그룹 학습의 가장 중요한 특성은 학습 과정에서 학생의 활동적인 참여를 요구하고 있는 점이다.

### 4.11.1 조건과 통제

이 같은 장점에도 불구하고 협업 또는 그룹 학습의 성공은 조건과 통제(conditions and controls)에 달려 있다. 교관은 그룹이 학습할 수 있는 것 그리고 그들 자신이 행할 수 있는 것이 무엇인가 초기에 결정하기 위한 계획수립을 시작해야 한다. 그룹 과제는 학습 성취도, 인지 능력, 또는 신체적 기술이 강조될 수 있지만, 교관은 학생들 자신이 획득하고 보여줄 수 있는 지식과 능력을 서술할 수 있도록 뚜렷한 학습 목표를 제시해야 한다. 다음 조건과 통제는 협업 학습에 유용하지만 교관이 그룹 학습 프로젝트를 할당할 때마다 활용할 필요는 없다.

① 소규모 혼합 그룹
② 학생들이 무엇을 해야 하고, 어떠한 순서와 자료를 사용해야 하는지 그리고 지향하는 내용과 기술(기량)의 숙달(숙련) 증거로서 학생들이 무엇을 해야 하는가에 대한 명확하고 완전한 지시
③ 그들 자신의 개인적 목표와 같은 학생의 지각
④ 학생 성공을 위한 기회
⑤ 학생의 필수 정보의 접근과 이해
⑥ 학습을 위한 충분한 시간
⑦ 개인적 책무
⑧ 그룹 성공을 위한 인식과 보상
⑨ 이들이 팀원과 함께 어떻게 작업했는지를 체계적으로 반영할 수 있는 그룹 과제를 완성한 후 시간 갖기

실제로 항공훈련에서 협업 또는 그룹 학습은 학교 수업 방침 또는 다른 이유에 따라 적용할 수 있도록 수정될 수 있다. 예를 들어 협업(collaborative), 학생주도(student-led), 교관주도(instructor-led), 또는 작업 그룹(working group; *같은 목적을 갖고 함께 일하는 그룹*) 전략은 그룹 학습의 순수한 형식을 대체한다. 이들 사례에서 학생주도가 되거나 교관은 필요할 때 그룹에 참여할 수 있도록 격려하고 주제에서 벗어나지 않게 하려면 그룹과 상호작용하는 관리자로서 역할을 해야 한다.

## 4.12 시범실행 방식

시범실행 방식(demonstration-performancc mcthod)은 훈련이 필요한 정신적 또는 신체적 기술을 터득하기 위한 가장 좋은 방법이고, 사람들은 무엇인가를 행함으로써 학습될 수 있다는 원칙에 기초한다. 이 방식에서 학생은 기술을 관찰한 다음 이를 그대로 따라 하는 것이다. 이것은 공장에서 용접(welding)하는 것을 가르치는 것과 같은 정비교관, 그리고 조종기술(piloting skills)을 가르치는 비행교관에 아주 적합하다. 모든 교관은 학습 과정에서 학생 실행의 중요성을 인식해야 한다. 교관은 시범과 실행이 포함된 학습이나 훈련 초기에 가장 중요한 학습 결과를 확인할 수 있어야 한다. 다음, 가르쳐야 하는 기술(기량)을 수행하는데 포함된 단계를 설명하고 시범을 보여준다. 모든 학생에게 단계별로 훈련할 수 있는 시간을 부여함으로써 이들은 기술을 스스로 수행할 수 있는 능력이 발달한다. 시범실행 방식은 다음과 같이 5개의 단계로 분류해 볼 수 있다.

① 설명(explanation)
② 시범(demonstration)
③ 학생 수행(student performance)
④ 교관 감독(instructor supervision)
⑤ 평가(evaluation)

### (1) 설명 단계

설명(explanation)은 명확해야 하고 특정 수업 또는 훈련 목적에 부합해야 한다. 또한, 학생이 알고 있는 경험과 지식을 바탕으로 해야 한다. 교관은 교육기술에서 학생에게 이들이 수행해야 하는 정확한 행동을 전달해야 한다. 교관은 필수 단계 외에 이들 노력의 최종 결과를 설명해 주어야 한다. 이 단계를 넘어가기 전에 교관은 학생들이 이해하지 못하는 어떠한 절차의 단계에 대해서 질문할 수 있도록 허용해야 한다.

### (2) 시범 단계

교관은 학생들에게 기술을 따라 하는데 필요한 행동을 보여주어야 한다. 만약 학생들이 명확하게 이해하고 있다면 교관은 시범(demonstrations)에 일부 무관한 활동을 포함해서 설명한 행동이 정확하게 수행되는지 관찰해야 한다. 만약 일부 예기치 못한 환경으로 인하여 시범이 설명한 것과 일치하지 않았다면 이를 즉시 학생에게 알려 주고 내용을 설명해야 한다.

(3) 학생 수행과 교관 감독 단계

이들 두 단계는 분리되어 있지만 거의 동시에 수행되기 때문에 단일 주제로 다룬다. 첫 번째 단계는 이전에 설명되었고 시범을 보였던 정신적 또는 기술(기량)에 대한 학생의 실행이고 두 번째 활동은 교관의 감독이다. 학생 수행은 학생들에게 교관이 시범을 보인 행동을 따라 실행하도록 요구한다. 학생들은 기술(기량)을 익히기 위해서 연습해야 한다. 따라서 교관은 유의미(meaningful)한 학생 활동을 위한 충분한 시간을 부여해야 한다. 학생들은 행동을 통해서 정확한 절차를 따르는 것을 학습하고 확립된 표준을 달성할 수 있다. 교관은 학생들에서 시범을 보인 후 가능한 한 빨리 기술을 수행할 기회를 부여하는 것이 중요하다. 비행훈련에서 교관의 기동 시범 중 조종훈련생들이 조종기술을 따라 할 수 있도록 해야 한다. 그 후 즉시 교관은 조종훈련생이 그 기동을 수행할 수 있도록 하고 필요하다면 적절하게 조언할 수 있어야 한다. 교관은 필요하다면 개방 시나리오에서 과제를 수행한 학생과 성과 단계를 종료하기 전에 감독과 지도를 목적으로 최소한 한 번은 과제를 혼자서 완수할 수 있도록 해야 한다.

(4) 평가 단계

이 단계에서 교관은 학생 수행(performance)을 평가한다. 학생은 자신의 모든 능력을 보여주어야 하고, 교관은 기술(기량)이 얼마나 향상되었는지 판단해야 한다. 교관은 이 단계 전체를 통해서 각 학생의 능력을 측정할 수 있도록 학생이 혼자서 수행할 것을 요구하고 각각 수행된 기술(기량)에 대해서 약간의 의견을 제시한다. 교관은 이 평가로부터 학생 성취에 따른 교육의 효율성을 결정해야 한다.

## 4.13 반복 연습

전통적인 훈련 전달방식에서 꾸준한 실습과 훈련(practice and drill)으로 학습의 연계성을 강화하는 것은 제2장에서 다룬 **연습의 원칙**(learning principle of exercise)을 기반으로 한다. **이것은 반복을 통해서 학습을 향상하는 것으로 대부분 반복되는 것들이 잘 기억되기 때문이다.** 인간의 마음은 새로운 개념 또는 한 번의 연습으로 이를 기억, 평가 혹은 적용할 수 있는 능력은 크게 기대할 수 없다. 이것은 정비과정 학생이 용접을 한 번에 배우지 못하거나 조종훈련생이 일 회의 교육비행으로 측풍 착륙(crosswind landing)을 수행할 수 없는 것과 같은 사례이다. 학생들은 들었던 것과 보았던 것을 적용해 봄으로써 학습된다. **학습이나 훈련은 연습할 때마다 향상된다.** 실습과 훈련의 효과적인 활용은 발달 중인 기술(기량)을 점차 알아가고 있는 과정이다. 교관은 학생에게 연습할 기회를 제공해야 하고, 동시에 이 과정이 확실하게 학습 목표를 향하도록 해야 한다.

결론적으로 유능한 교관은 가능한 한 많은 교육 방식(education methods)에 익숙해야 한다. 대부분 강의와 시범실행 방식이 주로 사용되고 있지만, 유도토론과 같은 다른 교육 방식들도 참고해야 한다. 이외에도 협업 학습, 그리고 컴퓨터 지원 학습(CAL)은 교관에게 다양한 학습상황을 더 잘 준비하도록 한다. 여기서 분명한 사실은 교관은 효율적 교육을 위한 중요한 책임을 갖는다는 것이다. 교육 방식에 관한 유경험 교관의 지식과 기술은 정비사의 공구 박스(tool box)에 비교할 수 있다. 교관의 도구는 교육 방식이다. 정비사가 다른 것보다 특정 공구를 더 많이 사용하는 것과 같이 교관은 다른 방법보다 더 자주 일부 방식을 선호한다. 정비사의 경우와 같이 비록 많이 사용되지 않는 공구이지만 특정 상황에서 정확한 도구가 필요할 때가 있다. 교관의 성공은 다양한 매체를 조직할 수 있고 특정 수업에 적절한 교육 방식을 선택하고 활용할 수 있는 능력에 따라 결정된다.

## 4.14 수업의 적용

적용(application)은 교관이 제시한 교육 자료들을 학생들이 사용하는 것이다. 이것이 강의실 프레젠테이션이라면 학생은 새로 제시된 과제를 설명하도록 요구될 수 있다. 이것이 새로운 비행기동이라면 학생은 시범을 보았던 것과 같이 수행하도록 요구될 수 있다. 대부분의 교육적 상황에서 교관의 설명과 시범 활동은 학생실행과 노력을 번갈아 하면서 수행될 수 있다. 교관은 수정이 필요하거나 그 이상 시범이 필요하다면 학생의 실행 혹은 훈련을 중단할 수 있다. 이것은 학생들에게 초기에 양호한 습관(good habits)이 형성될 수 있도록 각 학생이 정확한 방법으로 작업 또는 기동을 수행할 수 있도록 하는 데 중요하다. **초기에 잘못 형성된 습관은 고치기가 어렵고 가능한 한 빨리 수정해 주어야 한다.** 특히 비행교관은 이 문제를 잘 인식하고 있어야 한다. 이것은 조종훈련생들이 교관 없이 많은 양의 훈련을 할 수 있기 때문이다. 조종훈련생이 적절한 성과를 보여준 후에만 단독으로 특정 기동을 훈련할 수 있도록 해야 한다.

교관에 의한 주기적인 검토와 평가는 학생들이 어떠한 나쁜 습관을 들이지 않도록 하는데 꼭 필요하다. 교관은 학생들의 기초 비행술 또는 정비 절차에서 수준이 향상됨에 따라 이전에 학습한 것들을 적용하기 위한 수단으로써 ADM의 중요성을 반복해서 강조해야 한다. 예를 들어 조종훈련생은 특정 비관제공항(uncontrolled airport)까지 비행하기 위한 계획을 수립할 것을 요청받을 수 있다. 이를 위한 비행계획(flight plan)에는 기상상태, 비행로(flight route), 무선통신절차(radio communication procedures), 가용 활주로(runway available), 장주 패턴(traffic pattern), 그리고 예상치 못한 상황(unexpected situation)이 발생했을 때를 대비한 우발계획(contingency plan) 등이 포함되어야 한다.

## 4.15 학습 또는 과제 평가

교관은 교육 기간이 종료하기 전에 수업 혹은 훈련 중 다룬 것을 복습(review)하고 학생은 학습 목표에 부합하는 것들을 잘 보여줄 수 있어야 한다. 복습과 평가는 강의실 교육과 비행교육의 통합 부분이다. 교관의 평가는 비공식적일 수 있고 학생을 위한 다음 수업을 계획하는 데 교관이 사용할 수 있도록 기록되어야 하지만 때로는 공식적일 수 있다. 평가는 학습 코스에서 학생의 진도를 입증하기 위해서 기록된 결과이기도 하다.

## 4.16 교보재와 훈련 기법

학습 과정에서 교보재(educational aids)는 교관을 보조하는 도구이다. 교보재 그 자체로 교육적 효과가 있는 것은 아니고 단지 교육하고자 하는 것을 지원, 보조 혹은 보충한다. 그에 반해 **훈련 매체(training media)는 통상 학생들에게 교육적 메시지를 소통하는 물리적 수단이라고 할 수 있다.** 예를 들어 교관의 목소리, 인쇄물, 비디오카세트, 상호작용 컴퓨터 프로그램, 분습 트레이너(part-task trainers; *주요 과제는 단원별로 나누는 방식*), 비행훈련장치, 또는 비행 시뮬레이터, 그리고 수많은 종류가 다른 훈련 장치들은 훈련 매체라 할 수 있다. 교관은 학교 세팅에서 교보재를 선택하고 준비할 수 있어야 하지만 이들은 이미 준비가 되어 있는 때도 있다. 독립 교관은 스스로 교보재를 선택하고 준비해야 한다. 교관은 교보재를 세팅할 때마다 이들을 어떻게 효과적으로 사용할 수 있는지 방법을 연구해야 한다.

*※ Part-task method(분습법); 학습과제를 몇 개의 부분으로 나누어 학습하는 방법으로 부분학습법이라고도 한다. ≠ 전습법(whole method)*

### 4.16.1 교육보조이론

교육자들은 수년 동안 의사소통 도중 두뇌와 기억기능이 어떻게 작용하는지에 대해서 많은 이론을 발전시켜 왔다. 이들 중 교보재의 사용에 대해서 많은 사람의 의견을 일치하는 몇 개의 요소들이 있음을 발견하였다.

**첫째, 의사소통 과정 중 기억의 감각 등록기(sensory register)는 필터와 같이 작용한다.** 자극을 받았을 때 개인의 감각 등록기는 일상 또는 다소 덜 중요한 비트(beat; *정보량의 최소 기본 단위*)로부터 중요한 정보의 양을 정렬하도록 작용한다. 1초 이내에 가장 중요한 정보로 지각된 것을 작업(working)하거나 장기기억에 저장하도록 처리하는 단기기억으로 보내진다. 이 복잡한 과정은 요점 또는 개념을 드러내고 강조할 수 있는 적절한 교보재의 사용으로 향상된다.

**둘째, 작업 중이거나 단기기억 기능은 시간과 능력 모두로 제한된다.** 따라서 정보는 효과적인 코딩(coding; *부호화*), 연습이나 실습, 또는 기록을 위한 유용한 비트 또는 청크에서 배열되는 것이 필수이다. 교보재의 효율성은 이 과정에서 매우 중요한 역할을 한다. 여기서 차트(charts), 그래프(graph), 그림(picture)과 같은 시각 보조물 그리고 잘 조직된 장과 절(chapter and section) 편성은 필수 정보의 보유와 마찬가지로 학생의 이해를 돕는 사례이다.

**셋째, 이상적인 교보재는 요점과 개념(key points and concepts)을 다룰 수 있도록 제작되어야 한다.** 이외에도 교보재의 내용은 정확한 사실에 근거해야 학생들이 기억하고 상기하기 쉽다.

### 4.16.2 교보재의 사용 목적

교보재는 학생에게 중요한 정보를 기억하는 데 도움을 주는 것 외에도 이들을 정확하게 활용했을 때 학생들에게 주의(attention)를 집중하고 유지할 수 있도록 해준다. 시청각 교보재는 2개의 중요한 감각이 포함되었기 때문에 주제를 보충하는 데 매우 유용하고 시각과 청각 자극 모두의 결합은 특히 효과적이다. 때때로 교관은 세일즈맨(salesman) 정신을 가져야 하고, 최고의 판매를 위해서는 잠재 고객(clients)의 관심을 끌 수 있는 기술을 갖추어야 한다. **교보재를 사용할 때 한 가지 주의해야 할 것은 학생 주의가 주제에서 벗어나지 않도록 하고 주의가 산만해지지 않도록 해야 한다.** 학생들은 교육이 적절한 교보재로 보조되고 있을 때 정보를 보유하는데 상당한 효과가 있다는 것에 동의한다.

모든 교육의 주요 목표는 학생들이 가능한 한 많은 주제의 지식(특히 핵심)을 보유할 수 있도록 하는 것이다. 이 같은 교보재를 어떻게 활용할 수 있는지 많은 연구가 시도되고 있다. 이들 연구에 따르면 최소한의 결과는 정보 보유에서 약 10~15% 향상되었고, 더욱 낙관적인 결과는 약 80% 이상 향상된 것으로 알려졌다. 또한, 훌륭한 교보재는 특정 언어 장벽 문제를 해결하는 데 도움이 될 수 있다. 이들 교보재를 매일 사용함으로써 기술적 전문용어가 꾸준히 확대되고 있음을 알 수 있을 것이다. 이것은 오늘날 문화적으로 다른 배경의 학생들과 조화되어 교관은 전문용어의 선택에서 더욱 정교해야 한다.

교보재에서 사용된 단어 또는 용어는 교관이 사용하는 것과 같이 학생에게 동일 의미가 전달될 수 있도록 신중하게 선택해야 한다. **교보재를 위한 또 다른 활용은 교육 자료의 목적과 개념(material objects and concepts) 사이의 관계가 명확해야 한다.** 이들의 관계를 시각적으로 보여줄 때 더 쉽게 이해될 수 있다. 예를 들어 물리적 단위 내에서 서브시스템(subsystems)은 도식 또는 도형(schematics or diagrams)의 사용을 통해서 서로 연관시키기가 상대적으로 쉽다. 또한, 부호, 그래프, 그리고 도형 역시 장소, 크기, 시간, 횟수, 또는 가치의 상관관계를 보여줄 수 있고 관련된 요소들을 부호화함으로써 추상적 상관관계를 시각화할 수 있다. 교관은 작은 시간 프레임(time frame)에서 잘 교육할 수 있도록 교보재를 더 자주 필요로 할 수 있고 이를 실제와 같이 활용할 수 있다. 예를 들어 소리, 물체, 또는 기능을 설명하기 위한 많은 단어를 사용하는 대신 소리를 녹음해서 틀어 주거나, 사물의 그림을 보여주거나, 또는 함수 도형으로 보여 줄 수 있다. 결론적으로 학생은 더 빠르게 그리고 더욱 정확하게 학습될 수 있고, 교관은 학습 과정에서 시간을 절약할 수 있는 부가적인 이점을 얻을 수 있다.

### 4.16.3 교보재의 사용 방법

교보재의 사용이 수업에서 특정 요점(key points)을 보충하는 데 꼭 필요하다면 다음과 같은 점들을 고려하여 결정해야 한다.

① **수업 목표를 명확하게 확립하라.** 무엇을 소통(주고받아야 하는지)해야 하는지 확실하게 하라.

② **지원 학습 자료를 조사하여 필수 데이터를 수집하라.**

③ **이들을 개요 또는 수업계획 속에 조직하거나 체계화하라.** 여기서 계획은 다루어야 하는 모든 핵심 요소들이 포함되어야 한다. 또한, 중요한 안전 고려요소를 포함해야 한다.

④ **교보재를 보충할 수 있는 아이디어를 선택하라.** 교보재는 핵심 요점에 집중되어야 한다. 이들 교보재는 기술적 표현이 긴 부문이 필수적일 때, 요점이 복잡하고 단어 속에 함축시키기 어려울 때, 시각적 이미지를 형성하고 있는 그들 자신을 발견했을 때, 또는 학생들이 설명 또는 서술로 혼란스러워할 때 적절할 수 있다.

**교보재는 단순해야 하고 달성하고자 하는 학습 결과와 잘 융화될 수 있어야 한다.** 교보재에 사용되는 정교한 장비의 설명은 세부적인 도해 또는 실물 모양(mock-up)이 필요할 수 있지만 복잡함이 다소 덜한 장비는 기본 모양 또는 특징만으로도 적합할 수 있다. 교보재는 통상 구술 프레젠테이션과 연관해서 사용되기 때문에 교보재의 단어들은 최소화되어야 한다. 교보재 중 시각 부호와 표어(symbols and slogans)는 세부적인 설명을 대체할 수 있다. 교관은 교보재를 마치 목발과 같이 사용하기 위한 유혹을 피해야 한다. 학생들의 주의를 산만하게 할 수 있는 교보재는 결코 사용해서는 안 된다.

**교보재는 학생에게 호소하는 것이어야 하고 교육적 설계의 건전한 원칙을 기반으로 해야 한다. 실제로 이들은 학생 참여를 촉진해야 한다.** 이들은 학생에게 유의미해야 하고, 원하는 행동적 또는 학습 목표로 이어질 수 있도록 적절한 보충 역할이 제공되어야 한다. 신체적 기술(physical skill)의 학습이 포함된 교보재는 학생들에게 관련 기술을 익히거나 수업 목표에 지정된 과제를 지향할 수 있도록 유도해야 한다.

**교보재를 들을 수 없거나 볼 수 없다면 이들은 학습 과정에서 가치를 갖지 못한다.** 소리와 강의를 녹음하는 것은 정확한 양과 이들을 사용하게 될 실제 환경에서 품질을 테스트해야 하고, 시각 교보재는 전체 교실에서 볼 수 있어야 한다. 모든 레터링(lettering; *글자 쓰기*)과 삽화(illustration)는 가장 멀리 있는 학생들이 쉽게 볼 수 있도록 충분히 커야 한다. 컬러를 사용하였다면 명확한 대비(contrast)를 제공하여 쉽게 볼 수 있어야 한다. 교보재

| 교보재의 특성 |
|---|
| ▪ 학습 주제를 지원해야 한다. |
| ▪ 학생 중심이 되어야 한다. |
| ▪ 이전 학습을 바탕으로 제작되어야 한다. |
| ▪ 학습 원칙에 부합하는 유의미한 내용이 포함되어야 한다. |
| ▪ 학생에게 호소력이 있어야 한다. |
| ▪ 학생의 주의와 관심을 끌어야 한다. |
| ▪ 학생의 참여를 유도할 수 있어야 한다. |
| ▪ 학습 목적에 지정된 행위 또는 학습 결과의 방향으로 학생을 이끌어야 한다. |
| ▪ 적절한 자극과 보상을 제공해야 한다. |
| ▪ 사진, 그래픽, 그리고 필요하다면 문자를 포함해야 한다. |
| ▪ 사용 전에 완성도와 기술적 정확성을 점검해야 한다. |
| ▪ 학생에게 적합한 전문용어가 포함되어야 한다. |
| ▪ 순서가 정확하고 순서에 따라 진행되어야 한다. |
| ▪ 이해가 쉬워야 한다. |
| ▪ 적절한 안전 예방책이 포함되어야 한다. |

▲ 교보재의 효과적 사용을 위한 가이드라인

의 유용성은 이전 학습에서 형성되었던 정확한 순서를 정함으로써 향상될 수 있다. 때때로 양호한 조직과 논리의 자연스러운 패턴은 순서를 지정한다. 강의계획표를 포함하여 표준화된 자료를 사용할 것을 권장한다. 또한, 순서를 정하는 것은 슬라이드의 오버랩(overlap), 차트, 칠판 또는 마커 보드(marker board) 위에 스트립핑 기술(stripping techniques; *한 겹씩 벗겨내는 기법*)을 이용하거나, 자석판(magnetic boards)의 활용으로 간난하게 향상할 수 있다. 순서 정하기(sequencing)는 컬러를 대비시키는 방법으로 강조할 수 있고 더욱 명확하게 할 수 있다. 교보재의 효율성과 준비의 용이성은 대략적인 초안 형식에서 초기 계획수립으로 향상될 수 있다. 이 시기 계획수립은 이미 완성된 다음에 개정하거나 수정하기보다 더 쉽다. 초안은 기술적 정확성, 적절한 전문용어, 문법, 스펠링(spelling), 적절한 균형, 명확성(clarity), 그리고 단순성 등을 주의해서 확인한다.

또한, 교보재는 위의 [표]와 같이 훈련 환경에서 전체적으로 이들의 사용이 가능한지 아닌지 그리고 학생들의 수준에 적절한지를 결정하기 위해서 확인해야 한다. 실제 교보재의 선택은 다양한 요소들에 달려 있고 가용성(availability), 실행 가능성(feasibility), 또는 비용은 이를 실현하는데 제한이 될 수 있다. 교실에 있는 학생 수와 가용한 시설은 또 다른 고려요소들이다. 일부 학교에서 교육 과정 기획자가 교보재의 사용을 결정하기 때문에 교관은 별도로 준비하기가 쉽지 않다. 반면 독립 교관은 상당한 허용범위를 갖지만, 자원이 제한될 수 있다. 때때로 교관은 양질의 교보재를 통합시킬 수 있도록 현재 환경에 즉흥적으로 적응시킬 수 있어야 한다.

### 4.16.4 교보재의 종류

교보재 중 가장 많이 사용되고 경제적인 것이 분필과 칠판(chalk or marker boards), 차트, 도형, 그리고 그래프를 포함한 인쇄물 등이다. 반면 프로젝터, 비디오, 컴퓨터 기반 프로그램, 그리고 모델, 실물모형(mock-up), 또는 절개도면(cutaways) 등은 고가라는 점을 고려해야 한다.

#### (1) 분필과 칠판

**분필과 칠판은 교관이 가장 많이 사용하는 도구(tools)이다.** 이들의 다양한 용도와 효율성(versatility and effectiveness)은 대부분의 교육에서 많은 장점이 있으며, 다음과 같은 장점이 있다.

첫째, 칠판에 쓴 내용을 쉽게 지울 수 있어 무한정 반복해서 사용할 수 있다.
둘째, 칠판은 강의실에서 학생-교관 활동을 연결하기 위한 우수한 매체로 사용될 수 있다.

다음은 분필과 칠판의 사용을 위한 기본적으로 준수해야 하는 절차들이다.

- 칠판을 깨끗하게 하라.
- 불필요한 것들은 지워라.
- 분필, 마커, 지우개 등 관련 물품들이 강의에 방해되지 않고 쉽게 사용할 수 있게 하라.
- 사전에 사용 공간을 계획하고 연습하라.
- 교실 내의 모든 학생이 잘 볼 수 있는 충분한 크기로 쓰거나 그려라.
- 칠판에 쓰는 줄 사이에 충분한 여백과 주변에 여백을 남겨 복잡해 보이지 않도록 하라.
- 내용은 최대한 단순하고 간결하게 사용하라.
- 한 번에 한 주제만 사용하라. 전체 개요는 학생의 주의를 산만하게 하고 논리적 전개를 어렵게 할 수 있다. 만약 쓰기가 사전에 준비되었다면 이는 반드시 덮어둔 다음에 한 번에 하나씩 벗겨야 한다.
- 그리기를 보조하는 데 필요하다면 자, 나침반, 또는 다른 도구를 사용하라.
- 주제를 강조하기 위해서 컬러 분필 또는 마커를 사용하라.
- 주제를 강조하기 위해서 관련 문장에 밑줄을 그어라.
- 칠판의 상부를 활용하라. 대부분 교실에서 학생들이 칠판 아랫부분은 볼 수 없을 수도 있기 때문이다.
- 중요한 정보가 가려지지 않도록 칠판의 한쪽에 서라.
- 필요하다면 포인터를 사용하라.
- 눈부심을 방지하는 데 필요하다면 조명을 조절하라.

### (2) 보충 간행물

사진, 그래픽, 삽화(illustrations), 그림(drawings), 벽 그림(murals), 만화(cartoons), 그리고 다른 인쇄물을 포함한 인쇄 매체 역시 유용한 교보재로 사용될 수 있다. 차트, 도형, 그리고 그래프 역시 이 범주에 속한다. 이들 대부분은 게시판(bulletin boards)과 브리핑실에 장기간 사용하기에 적합하다. 특히 사진이나 그림 등은 학생과 교관 모두에 공통 시각 이미지를 제공하기 때문에 효과적이다. 이외에도 이들은 중요한 주제의 시각 인식을 위한 현실감 있게 세심한 이미지를 제공한다.

대부분 이 종류의 보충 훈련 매체는 스크린 또는 다른 투명 표면 위에 투사(projection)하기 위한 형식으로 재생된다. 차트, 도형, 그리고 그래프는 표 형식(tabular form)에서 정보를 제공하는 인쇄물을 포함한다. 예를 들어 데이터를 보여주기 위해서 사용되는 파이 차트(pie charts), 플로 차트(flow charts), 그리고 조직도와 같은 다양한 종류의 차트가 있다. 어느 형태의 차트를 사용할 것인지는 교관이 전달하고자 하는 정보의 종류에 따라 다르고 중요한 것은 차트 형식이다. 차트는 일련의 단일 페이지로 구성되거나 여러 페이지를 플립-차트 형식(flip-chart format; *위로 넘기는 방식의 차트*)으로 함께 묶어 놓을 방식이기 때문에 이들을 사용하기 위한 장소와 다루는 방법을 사전에 충분히 계획해야 한다.

그래프는 상관관계를 보여주고 비교할 수 있도록 부호를 이용한 그림이다. 이 중 가장 많이 사용되는 것이 선 그래프와 막대 그래프(line graph and the bar graph)이다. 어느 주어진 상황에서 그래프의 선택은 교관이 전달하고자 하는 정보의 종류에 따라 다르다. 차트, 도형, 그리고 그래프는 상관관계, 연대 변화, 분포(distributions), 성분(components), 그리고 흐름(flow)을 보여주는 데 효과적이다. 이들은 만들기 쉽고 그림과 동일 방식에서 만들 수 있다. 이외에도 이들은 분필과 칠판에 그릴 수 있고 복사도 할 수 있다. 이들은 소량의 자료만을 보여주어야 하고 소재는 간단하지만 충분한 의미가 전달될 수 있도록 주의해야 한다. 다른 유용한 많은 인쇄물이 보충 학습이나 훈련 교보재로 사용될 수 있다. 이들 중 일부는 학습 가이드, 연습장(exercise books), 코스 개요(course outlines), 그리고 강의(훈련) 계획표 등에도 사용할 수 있다. 특히 잘 계획된 코스 개요는 학생들에게 유용하다. 여기에는 요점(key points)이 수록되어 있고 강의 중 체계적으로 기록하는 데 도움이 되기 때문이다.

### (3) 개량훈련자료

항공교관은 조종사와 정비사 양성을 위한 많은 항공지식과 기술(기량) 훈련을 다루어야 한다. 실제 훈련 필수요건(requirements)은 이들이 실기평가(practical tests)를 받을 때 평가관(examiners)이 사용할 수 있도록 규정된 것과 관련된 간행물(publications)을 기초로 교육한다. 항공교관은 모든 규정적 훈련 필수요건에 익숙해 있어야 하고 엄격한 규정의 준수를 위한 교관-중심 훈련 자료의 사용은 필수 훈련을 이수한 후, 자격 보증을 위한 배서(endorsement), 그리고 적절한 서류 작업(paper work)에 매우 유용할 수 있다.

독립 교관 또는 항공학교의 교관과 관계없이 모든 교관은 각 학생에게 많은 분야에서 중요한 모범이 될 수 있어야 한다. 이들 벤치마크(benchmarks; *표준 또는 본보기*)를 포함하여 개량훈련자료(enhanced training materials)들은 항공교관에게 필수 훈련을 완성하고, 배서, 그리고 기록을 관리하는 데 도움이 된다. 예를 들어 강의(훈련) 계획표는 향상된 훈련자료를 나타내고 교관 배서와 기록관리(record keeping)를 위한 준비가 포함되어야 한다. 이 같은 훈련(강의)계획표는 논리적인 단계적 훈련 코스, 빌딩 블록 순서를 제공할 뿐만 아니라 다가가고자 하는 중요한 규정적 훈련 벤치마크를 상기하기 위한 준비가 포함되어야 한다. 또한, 교관 배서를 위한 항목(blocks)은 적절한 요점이 포함될 수 있다. 훈련시간을 기록하기 위한 준비는 통합될 수 있으므로 강의계획표 역시 학생, 교관, 또는 학교를 위한 훈련 기록으로 사용될 수 있다. 조종훈련생의 비행기록부(pilot logbooks)에 있는 배서와 기록관리 규정이 훈련계획서에 계획될 때 교관으로서 필수 훈련을 이수했는지 그리고 학생의 진도를 확인하거나 기록을 증명하는 것이 더 쉬울 수 있다. 이 같은 훈련 기록은 학생이 다른 학교 또는 교관으로 옮겼을 때 확인할 수 있고 학생의 훈련 상태를 쉽게 평가할 수 있다.

조종사 훈련을 위한 교관 중심(instructor-oriented)으로 제작된 자료의 또 다른 사례는 PTS가 포함된 기동과 절차가 함께 기술되어 있는 기동 가이드(maneuver guide) 또는 핸드북이다. 조종훈련생은 기동 또는 절차(procedures)를 어떻게 수행하는지 시작부터 실행기준(performance criteria)에 익숙해야 한다. 기체(airframe)와 동력장치(powerplant) 정비사를 위한 평가관은 규정에서 요구하고 있는 각 주제 범위와 관련된 질문을 해야 한다. 또한, 평가관은 각 주제 범위로부터 실용적 프로젝트(practical project)를 부여할 필요가 있다.

독립 정비교관은 편집된 전형적인 문제와 프로젝트의 항목을 갖고 있어야 한다. 이들 질문과 프로젝트의 활용은 강의 또는 훈련계획서의 부분으로써 특정 학습을 위한 모든 주제범위를 다루는 교관에게 도움이 된다. 또한, 규정 준수(regulatory compliance), 필수 배서(required endorsements), 그리고 기록관리를 쉽게 하도록 계획된 훈련 자료와 통합하는 데는 여러 가지 방법이 있다. 컴퓨터 기반 훈련 역시 학생의 진도를 추적하고 기록할 수 있도록 계획될 수 있다. 항공교관에게는 훈련이 더욱 세분되고 복잡해짐에 따라 교관 중심 교육 자료는 유용한 교보재가 될 수 있다.

### (4) 투사기 종류

투사방식(projection methods)의 전통적인 교보재는 슬라이드, 영사 슬라이드, 그리고 OHP(overhead projection) 등이 있다. 최근에는 비디오(VHS, compact disk; CD), 디지털 비디오디스크(digital video disk; DVD) 또는 컴퓨터 파일(computer files), 그리고 교재와 통합된 컴퓨터 슬라이드, 그래픽, 비디오, 그리고 동영상(animations) 등은 전통적인 교육훈련 교보재를 대체하고 있다. 어느 종류의 투사방식 교육훈련 교보재를 사용하든지 내용은 반드시 최신 것이어야 하고 수업을 보충할 수 있어야 한다. 투사방식 교보재의 사용은 철저한 계획수립과 연습이 필요하다.

교관은 먼저 이들을 설치한 후 장비와 조명을 적절하게 조절하고 프레젠테이션을 사전에 시연해 보아야 한다. 교관은 강의실에서 학생에게 이를 보여주기 전에 프레젠테이션의 개요(overview of the presentation)를 제공해야 한다. 또한, **교관은 프레젠테이션 후 학생들에게 질문할 수 있는 시간을 부여하고 핵심 내용을 요약해 주어야 한다.** 오늘날 학생들은 컴퓨터를 이용한 슬라이드 쇼(slide show)를 선호한다. 강의실 교육을 위해서 컴퓨터, 스크린, 또는 프로젝터(projector)가 필요하지만 일대일 프레젠테이션을 위한 랩톱 컴퓨터(laptop computer)가 전부일 수 있다. 이들 슬라이드 쇼는 나열될 정보 또는 통합 동영상과 비디오 클립(video clips; *비디오의 짧은 부분 또는 단편*)만 사용될 수 있다.

교관은 수업을 위한 프레젠테이션을 다듬을 수 있고 또한 적절한 요점에서 그래픽이 포함될 수 있다. 무선 마우스(wireless mouse)는 강의실의 어느 곳에서나 슬라이드를 넘길 수 있도록 작동시키는데 사용될 수 있다. 또 다른 교보재 중 편리하고 경제적인 것은 OHP와 프로젝터이다. 교관은 오버헤드 아세테이트 또는 플라스틱 투명 슬라이드를 자신이 만들거나 시중에서 구매할 수 있다. 컴퓨터 워드 프로세싱과 그래픽 프로그램을 구성하고 있는 자료 역시 투명 슬라이드에 인쇄할 수 있다.

장비는 교실 전면에 놓아야 교관은 학생들과 시선 접촉(eye contact)을 유지할 수 있다. 이것은 가까운 거리에서 집중된 밝은 광원(brilliant light source)은 조명 구역에서 프로젝터를 사용할 수 있다. 또한, 교관은 수업 진도 등을 마치 칠판에 판서하는 것과 같이 공백 투명 슬라이드(blank transparency)에 원하는 글을 쓸 수도 있다. 투명 슬라이드 외에 이벤트 또는 디스플레이의 발달 과정을 보여주기 위해서 원판 위에 올려놓는 방식이 있다.

이외에도 오버레이(overlays)는 다양한 모양으로 자를 수 있고 원판과 연관해서 움직일 수 있다. 이것은 다이얼 지시를 보여주기 위해서 또는 구성품의 여러 부품을 함께 맞추어 보여줌으로써 상대운동 효과를 보여주는데 유용한 방법이다. 교관이 어떠한 영사 혹은 투사 장비를 이용하든 프로젝터가 학생의 가시선(line of sight)을 방해하지 않도록 주의해야 한다. 투사 각도는 이미지 왜곡(distortion)을 없애기 위해서 조절해야 한다. 최종적으로 비록 OHP가 작동하기 쉽고 정비가 필요 없지만 몇 가지 주의해야 할 단점이 있다. 대부분 프로젝터는 부피가 커 다루기가 쉽지 않고 보관하기 어려움이 있을 수 있고, 프로젝터 냉각 팬(cooling fan)은 소음(noise)이 심하게 발생한다는 점도 고려해야 한다.

다른 투사 장비와 다르기는 하지만, 불투명 프로젝터는 보통 투사 스크린 위에 그림 또는 3차원 물체(objects)의 표면으로부터 빛을 반사한다. 이 장비로 사용 가능한 물체(usable objects)의 높이는 아래에 있는 투사 플레이트(projection plate)의 상부와 프로젝터의 본체(body) 사이에 통상 2~3인치가 되는 공간으로 제한된다. 그림 또는 물체의 구역은 약 10×10인치까지 제한된다.

이 장비를 이용해서 투사될 수 있는 품목(items)은 실질적으로 무제한(limitless)이다. 우표(postage stamp), 교재 삽화, 또는 결함 스파크 플러그는 투사할 수 있는 전형적인 품목들을 나타낸다. 특히 이 장비는 확대 도형과 디스플레이 목적을 위한 작은 차트에 채택할 수 있다. 투사된 재료는 사전 준비가 필요하지 않기 때문에 비용이 거의 들지 않는 것도 장점이다. OHP의 많은 제한 사항들은 불투명 프로젝터/실물 투사기(opaque projector; *반사광을 이용하여 스크린 위에 책 같은 불투명한 물체를 투영하는 기계*)와 동일하다.

### (5) 비디오

오늘날 CD(compact disk)와 DVD(digital versatile/video disk)는 대중화된 영상 교보재이다. 일부 교육자는 텔레비전과 필름 산업이 학생들의 학습 방법을 실질적으로 변화시키고 있는 시각 문화를 생산하고 있는 것으로 믿고 있다. 학생들이 영화를 보는 것과 같은 패시브 비디오(passive video) 또는 움직임, 컬러, 음향, 그리고 대부분의 첨단 그래픽과 동영상 기술(animation techniques)을 이용한 특수 효과(special effects) 비디오를 제공한다. 고품질(high quality) 상업용 CD와 DVD는 거의 모든 항공훈련 주제에 활용될 수 있다. 결론적으로 CD와 DVD는 기존의 투사방식 교보재를 상당 부분 대체하고 있다. CD와 DVD의 편리함은 교관에게 확실한 장점을 제공한다. CD와 DVD의 중지, 그리고 반복 재생할 수 있는 기능은 교관과 학생 모두에 도움이 된다. CD와 DVD 그리고 관련 장비는 고가이기는 하지만 교육 효율성은 매우 높다.

다른 투사방식 교육 보조 장비와 달리 CD와 DVD는 랩톱 컴퓨터에서 활용할 수 있다. 반면 CD와 DVD 역시 몇 가지 주의해야 할 단점이 있다. 학생은 오락용으로 만들어진 것과 같은 극적(dramatic)이고, 액션이 많은 영화 또는 게임에 익숙해질 수 있다. 또한, 이들은 학생들이 보고 듣고 있는 것을 흡수하려 하지 않고 수동적인 방법에서 영화 또는 TV를 관람하는 경향이 있다. 교육적 CD와 DVD와 비교했을 때 이들은 흥미와 시각적 자극이 상당히 떨어지는 것은 사실이다. 이것이 부주의한 관람 스타일(inattentive viewing style)과 조화되었을 때 CD와 DVD의 교육적 가치를 떨어뜨릴 수 있다.

교관은 다른 교보재와 마찬가지로 CD와 DVD를 이용할 때 준수해야 하는 몇 가지 기본 가이드라인에 따라야 한다. 예를 들어 프레젠테이션이 교관을 대체할 수 있도록 계획해서는 안 된다. 사전에 계획을 수립하고 연습하는 것은 시연 중이라든지 아니면 요약의 한 부분으로 강조되어야 하는 요점과 개념을 결정하는 데 도움이 될 수 있다. 또한, 교관은 학생들에게 CD와 DVD 프로그램을 시청하는 데 있어서 주의해서 관찰해야 하는 것, 핵심, 그리고 가능하다면 무엇이 잘못되었는지 말해 줄 수 있도록 준비해야 한다. 이외에도 교관은 프레젠테이션을 요약할 수 있도록 준비하고 관련 내용에 대한 학생의 질문에 답변할 수 있도록 준비해야 한다.

### (6) ICD와 DVD의 상호작용

상호작용(interactive)은 사용자의 특정 선택과 명령(selection and order)에 신속하게 반응하는 컴퓨터 소프트웨어에 널리 사용된다. 전형적인 시스템은 CD/DVD 그리고 컴퓨터로 구성된다. **CD/DVD의 주요 장점은 광대한 양의 정보를 저장할 수 있는 능력**이다. 예를 들어 한 개의 CD/DVD는 AIM 전체는 물론 모든 항공 관련 정보를 포함할 수 있다. 검색 기능은 CD/DVD의 강력한 정보 출처이다. 소프트웨어는 완전 컬러 사진과 그래픽이 들어 있는 이미지 뱅크(image banks)와 같은 부가적인 특징이 포함될 수 있다. 또한, 학생들이 관련 코스에서 진도를 나가면서 이들을 위한 상호작용을 할 수 있도록 프로그램화하여 질문 또는 방향을 제시할 수 있다. 이 방식은 사용자에게 한 순서에서 다른 순서로 이동할 수 있도록 다양한 방책(course of actions)을 제공하는 분기 기술(branching technique; *수목의 가지처럼 여러 갈래로 나누어지는 것*)을 활용한 질문 또는 방향을 프로그램화할 수 있다. 상호작용 CD/DVD는 학습 과정에 학습의 참여를 높여주는 수동형 비디오의 주요 문제를 해결한다. 교육과정에서 잘 제작된 상호작용 비디오(ICD; interactive compact disk)를 적절하게 사용했을 때 교보재로서 높은 효과를 거둘 수 있고 각 학생은 맞춤형 학습 경험(customized learning experience)을 받아들여야 한다.

### (7) 컴퓨터 지원 학습

앞서 언급한 것과 같이 **컴퓨터 지원 학습**(computer-assisted learning; CAL)은 대중적인 교육훈련 전달방식이 되었다. 기본 방식에서 CAL은 일반 PC에서 볼 수 있는 오디오(audio), 교재(text), 그래픽, 그리고 비디오 필름과 같은 한 개 이상의 교육 매체와 결합해 사용된다. 컴퓨터 지원 학습으로 인해서 학생과 교관 모두의 역할은 변화되고 있다. 학생은 그들 자신의 학습에 더 많이 참여하게 되었고, 교관은 더 이상 전형적인 강의실 세팅에서 중앙 무대 위치에 있지 않아도 된다. 대신 교관은 더욱 협력적 관리자(supportive facilitators)가 되어야 한다.

이들은 가이드 또는 출처 전문가(guides or resource experts)로 사용되고 개인적으로 또는 소그룹에서 활동하는 학생들 속에서 순환된다. 이것은 상당한 일대일 교관-학생 상호작용 효과를 얻을 수 있다. 따라서 교관은 이것을 가장 필요로 하는 사람들에게 적절한 조언, 보강, 그리고 답변을 제공해야 한다. 이 상황에서 CAL은 전통적인 강의실 교육을 향상하기 위한 부가적인 교보재(add-on instructional aid)로서 고려되어야 한다. 교관은 더 이상 주의력 중심(center of attention)이 되지 않을지라도 학습 목표를 달성할 수 있도록 학습 환경에 대한 완전한 통제를 유지할 수 있도록 해야 한다.

**컴퓨터 기반 훈련의 더욱 발전된 적용은 교관 통제에서 벗어난다는 점이다.** 예를 들어 실험실-형식 환경은 각 학생을 위한 분리 학습 구역으로 구성될 수 있다. 이 셋업에서 물리적 시설은 통상 학습 센터 또는 훈련 센터(learning center or training center)와 같이 고려될 수 있다. 때때로 이들 센터에서 학생들은 학습방향 설정, 질의응답을 제공하고, 이들은 훈련에 대한 책임을 갖는 교관의 연결자로서 행동하는 교관의 보조자 또는 다른 훈련된 요원으로부터 모니터 될 수 있다. 이 경우에 책임을 갖는 교관은 필수 훈련을 성취할 수 있도록 절차를 확립할 필요가 있다. 학습자들은 학습이나 훈련 코스가 종료되는 시점에서 학생 능력을 입증해야 한다.

### (8) 모델, 실물모형 그리고 절개도면

모델, 실물모형(mock-up), 그리고 절개도면(cutaway)은 부가적인 교보재이다. 모델은 실물을 그대로 만든 것이다. 모델은 실물을 확대, 축소, 또는 같은 크기로 만들어질 수 있다. 축적 모델(scale model)은 실물을 정확하게 재생한 것이고 간이 모델은 실물을 세부적으로 묘사하지 못한다. 일부 모델은 고체(solid) 형태이고 오직 물체의 윤곽(outlines)만 보여주고 다른 것은 조작하거나 작동할 수 있도록 설계되기도 한다. **이들 모델이 실제 장비의 일부를 완전하게 복사할 수 없을지라도 이것은 다양한 종류의 장비 작동 원리를 설명하는 데 효과적이다.** 특히 모델은 학생들에게 질의응답(question and answer)을 장려하도록 하는 소그룹(small group) 토론에 적합하다. 모델을 분해하고 재조립할 수 있다면 교육 효과는 더 높아질 수 있다. 학생은 작동하는 모델의 디스플레이를 이용하여 각 부품이 다른 부품과 관련해서 어떻게 작동되는지를 관찰할 수 있다. 교관이 모델의 각 부분을 지적하면서 이들의 관계를 설명한다면 학생들은 관련된 기계적 원리를 더 잘 이해할 수 있을 것이다. 교보재로서 모델은 가볍고 쉽게 조작할 수 있다는 점에서 실물보다 더욱 실용적일 수 있다.

실물모형(mock-up)은 실제 또는 종합 자료(real or synthetic materials)에서 만들어진 3차원 또는 전문화된 작동 모델이다. 이것은 너무 고가이거나 너무 위험하여 실제 사용이 불가능하여 실물을 대체해서 학습, 훈련, 또는 테스팅에도 사용될 수 있다. 실물모형은 학습을 위한 요소 또는 구성품을 강조하거나 드러나게 할 수 있고 불필요한 요소들을 제거할 수 있다. 또 다른 교보재로 절개도면(cut-aways)은 섹션으로 만들어지고 내부 구조(internal structure)를 드러내기 위해서 분해할 수 있다. 절개도면에서 부품들의 상관관계를 명확히 하기 위해서 가능하다면 라벨 또는 컬러로 표시해야 한다. 생산과 장비 비용은 모델, 실물모형, 그리고 절개도면을 개발하고 활용하는 제한 요소가 될 수 있다. 이들은 실물을 묘사하는 본질 때문에 비용은 크게 달라질 수 있다. 예를 들어 축적(scale) 복제는 매우 고가일 수 있다. 일반적으로 만약 2차원 표현이 교관의 요건을 만족할 수 있다면 이를 사용할 수 있다.

## 4.17 평가 준비

학생 응시자(student applicants)를 돕기 위한 상업용으로 제작된 종이, 비디오, 그리고 컴퓨터 소프트웨어들은 최종적으로 평가를 준비하기 위해서 사용된다. 이들 평가 준비 재료(test preparation materials)들은 학생들의 자격평가를 준비하는데 효과적일 수 있지만, 학생들은 오직 시험에 합격(pass)하기 위해서 학습한다면 항공안전과 관련된 다른 중요한 필수 정보의 학습을 소홀히 할 수 있다. 이외에도 대부분은 응시자들이 어렵지 않게 필기평가(written tests)에 합격할지라도 평가관은 구술시험(oral test) 중 응시자들의 지식이 다소 부족하다는 것을 발견할 수 있다. 평가 준비 자료의 주요 단점은 모든 학습의 가장 낮은 수준인 암기식 학습(rote learning)에 의존하고 있는 점이다. 평가 준비 자료는 교육에서 오랫동안 계속됐다. 평가 준비 간행물을 사용하는 모든 교관은 이들 자료가 단독 학습 도구로 계획되지 않다는 것을 분명하게 강조해야 한다. 이들은 교관주도 훈련(instructor-led training)에 대한 보충으로 고려되어야 한다.

## 4.18 미래 학습

컴퓨터 데이터베이스, 음성 메일, e-러닝, e-메일, 인터넷, 그리고 위성기반, 무선통신 등을 포함한 전자통신(electronic communication)이 일상화될 것이고 정보 접근의 수단이 폭발적으로 성장하면서 항공훈련에도 큰 영향을 줄 것이다. 이들은 미래 학습에 더 중요하게 활용될 것이다. 컴퓨터 기술은 비약적인 진보가 계속될 것이고 전통적인 학습에 새로운 도전으로 등장할 것이다. 예를 들어 음성인식 기술(voice-recognition technology)은 컴퓨터에 키보드를 이용한 입력보다 말을 인식할 수 있도록 하는 기술적 훈련에 매우 효과적이다. 미니어처 전자광학(electronic optics) 도구는 초경량, 벨트 장착 컴퓨터(웨어러블)에 연결된 선글라스 모양의 장치에 전자적으로 투사하는 컴퓨터 보조 정보를 전달한다. 컴퓨터 보조 정보는 항공정비 활동에 특히 유용하다. 예를 들어 이것은 정비 문제의 진단과 수정하면서 컴퓨터 생성 데이터로부터 실제 소프트웨어까지 쉽게 전후로 움직일 수 있도록 정비사의 눈을 위해서 가능하다.

훈련 추세는 전형적인 강의실에서 컴퓨터 작업 또는 연구소를 갖춘 연구실 종류의 환경이 더 많이 사용할 수 있도록 진환되고 있다. 모의 도구(simulation devices), 컴퓨터 네트워크, 그리고 다중매체 프로그램(multimedia programs)을 활용함으로써 학생들은 그들 자신의 훈련을 위해서 더욱 활동적이고 책임감을 느끼게 된다. 항공 관련 훈련 학습 센터는 통상 대학(단과 또는 종합)이나 연구소에 설립되어 있다. 항공사는 일부 단과 대학과 종합 대학에서 항공 프로그램과 함께 수년 동안 유사한 시설들을 사용하고 있다.

또 다른 **컴퓨터 기반 기술로 가상현실(virtual reality; VR)은 참여자를 실제 환경과 거의 유사한 가상 경험을 해 볼 수 있도록 감각 경험을 만들어 낸다.** 가상현실은 실생활 경험의 전자적 버전을 재생하기 위해서 동영상, 음향, 그리고 이미지와 함께 그래픽을 사용한다. 이 도구의 엄청난 잠재력에도 불구하고 VR은 아직 개발 단계에 있다. 또한, 개발에 필요한 큰 비용과 함께 때로는 머리 장착 디스플레이의 버전은 비호감 이미지 효과를 만들어 낸다. 항공훈련과 이들을 연계시키기 위해서 도전은 훈련에 적용되고 가장 유용하고 비용 효과적인 것을 채택하기 위한 기술적 변화와 병행하고 있다.

**대부분의 새로운 기술은 컴퓨터 기술을 바탕으로 하고 있으므로 교관은 컴퓨터를 능숙하게 다룰 수 있는 능력이 필수이다.** 훈련 기술의 급격한 변화가 새로운 기회를 제공할지라도 교관은 이들의 주요 학습 목표를 기억해야 하고 새로운 가능성(new possibilities)을 선택적으로 받아들일 수 있어야 한다. 컴퓨터 네트워크와 게시판에 있는 전자 정보는 지역

사회, 정부 기관과 함께 상업 공급자(commercial providers)들이지만 이들 모든 정보가 항상 최신이어야 하고 때로는 정확성을 보장하지 않는다는 점에 유의해야 한다.

독립 비행교관(independent flight instructor)은 정식 비행학교에 소속된 교관은 아니지만, 교관 조종사 자격증명을 소지하고 개인적으로 활동하는 교관이다. 이들은 비행학교 소속일 수도 있고, 사업용 조종사일 수도 있지만, 때로는 다른 직업에 종사할 수도 있다. 교관 조종사 자격증명과 경력을 갖추고 있다. 따라서 일반인이나 직장인이 조종사 자격증명 취득에 더 자유롭게 도전할 수 있는 장점이 있다.

# 제5장 평 가

## 5.1 개 요

교관은 조종훈련생에게 내일 있을 비행계획에 관한 대략적인 내용을 e-메일로 통보하였다. 또한, 교관은 e-메일에 훈련계획표와 과제 목록 사본을 첨부하였고 아래와 같은 조종실 자동화(flight deck automation) 그리고 장주와 착륙 기술 모두 훈련해야 할 필요가 있다는 것을 강조하였다.

① 다기능 디스플레이(multi-function display; MFD)
② 위성항법시스템(global positioning system; GPS)
③ 주비행디스플레이(primary flight display; PFD)

조종훈련생은 장주(traffic pattern) 진입과 착륙 훈련을 할 수 있는 단거리 2구간 지방 횡단비행의 순항항로 구간에서 조종실 전자 디스플레이(electronic displays) 훈련을 준비하였다. 또한, 조종훈련생은 일련의 실속 훈련(stall train)을 추가하였다. 그는 마지막 수업 중 부동력 실속의 공기역학에 대해서 확실하게 이해하지 못했기 때문이다.

다음 날 조종훈련생은 교관에게 그의 계획을 설명했고 비행을 위해서 작성한 계획서를 제출했다. 교관은 실속 훈련이 추가된 것을 확인하였고 계획을 승인했다. 다음, 교관과 조종훈련은 아직 완전하게 이해하지 못한 내용을 토론하였고, 교관은 비행 중 부딪힐 수 있는 가능한 상황 그리고 결심(decision)과 함께 정확한 절차에 대해서 간단한 질문을 하였다. 교관은 비행 중 불쑥 코멘트와 질문을 하였다. 교관은 항상 조종훈련생을 토론에 참여시키면서 번갈아 시범과 질문을 하였고 대체 방책을 제시하였다. 착륙 후 조종훈련생과 교관은 비행을 평가하기 위해서 마주 앉았다.

교관은 조종훈련생의 지각(perspective)으로부터 비행을 토론하기 위해서 질문하기 시작했다. 교관은 조종훈련생이 말할 때 교관이 평가한 부분과 조종훈련생 자신이 평가한 성과에 어떠한 차이가 있는지 경청했다. 조종훈련생의 자체 평가를 마친 후 교관은 그의 평가 결과를 설명하였고, 교관과 조종훈련생은 서로 일치하는 않는 부분을 주제로 토론하였다. 초기 비행 후 평가를 이끌어가기 위해서 조종훈련생에게 질문하는 것과 교관 평가와 일치하는 않는 부분을 토론함으로써 교관은 조종훈련생의 비행경력을 통해서 필요로 하는 자체 평가할 수 있는 습관을 들이게 하고, 조종훈련생이 정확한 지각 능력을 갖출 수 있도록 학습하는 데 도움이 될 수 있다.

평가는 필수이고 교육과 학습 과정의 연속 구성요소이다. **교관에게 학생의 성과(성적)를 지속해서 분석, 평가, 그리고 판단할 수 있는 능력은 매우 중요하다. 교관은 전체 코스를 통해서 학생 진도를 평가하는데 필요한 정보를 수집해야 한다.** 이 정보는 교관에게 학생이 진도를 나가는데 필요한 도움을 주면서 학습 과정에서 보충해야 할 필요가 있는 내용을 구체화하는 데 도움이 될 것이다.

이 장에서는 학습 수준을 평가하는 교관의 역할을 다루고, 평가 방법, 그리고 효과적인 평가를 어떻게 구성하고 실행해야 하는지를 다룬다. 여기서 다루는 평가 기술과 방법은 항공정비 교관으로서 공장이나 정비시설에서, 또는 비행 교관으로서 조종실이나 브리핑실 그리고 강의실 등에 적용할 수 있다. 학생은 각자의 개성이 다르고 각 학습 상황이 독특하므로 결과는 교관이 예상했던 것과 다를 수 있다. **교관은 결과가 나올 때마다 학생 성과를 평가할 수 있어야 하고 이 정보를 학생에게 전달해야 한다.** 이를 위해서 교관은 다양한 평가 종류를 활용할 수 있어야 한다.

## 5.2 평가 기술

교관과 학생은 "등급 매기기(grading)" 혹은 "평가(assessment)"라는 용어에 익숙해 있어야 한다. 평가는 어떤 가치가 필요한지 측정 가능 정보를 모으는 과정이다. 이 용어는 평가 단계에서 교관에 의한 판단 그리고 학생과 협업 모두 포함된 생각을 전달하는 것이다. 여기서는 넓은 의미에서 평가의 범주를 소개한다.

**첫 번째는 필기평가(written test)가 포함되고 교관과 학생 모두 가장 익숙해 있는 점수 매기기와 같은 전통적인 평가(traditional assessment) 방식이다.** 예를 들어 선택형이라든지 맞는 것끼리 잇기(matching) 등이 있다. 학생은 전통적인 평가방식에서 합격 점수를 얻기 위해서 학습한 용어, 공식, 또는 데이터 등을 인지하거나 기억을 되살리기 위한 일정 시간을 갖는다. 이 방식의 평가에서 정답은 하나다. 결과적으로 전통적인 평가방식은 암기와 학습 수준의 이해에서 학생의 진도를 판단하거나 결과를 얻기 위해서 많이 사용된다.

**두 번째는 실제상황평가(authentic assessment)이다.** 이 평가는 학생이 단순 암기와 이해가 아닌 실제로 시연해 보이라고 요구하거나 학습의 적용(application)과 상호관계 수준을 평가하는 것이다. 실제상황평가는 학생에게 실세계 과제를 수행할 것 그리고 기술과 역량의 유의미한 적용을 시연할 수 있어야 한다. 따라서 이 평가는 학생에게 단순하게 반응을 선택하기보다 해결 과정을 전개하여 철저하고 면밀한 지식을 보여줄 수 있어야 한다.

**실제상황평가에서는 학생이 알아야 하는 지정된 성과 기준 또는 표준이 있어야 한다.** 용어 "criteria/criterion" and "standard"는 가끔 서로 혼용해서 사용하기도 한다. 실제상황평가와 관련되어 사용되는 또 다른 용어는 "rubric(채점표)이다. 채점표는 신뢰할 수 있고, 공정하며, 그리고 근거가 확실한 방법으로 점수를 매기는데 사용되는 가이드이다. 이것은 통상 학생 성과(성적)를 판단하기 위한 차원에서 등급(점수) 성과를 위한 스케일, 그리고 특정 성과 수준을 위한 표준 등으로 구성된다. 이들 평가(전통적 평가 혹은 실제상황평가)는 공식 또는 비공식 중 어느 하나가 될 수 있다. 공식 평가는 통상 퀴즈(quiz) 또는 필기시험과 같은 문서로 작성된 것들이 포함된다. 공식 평가는 학습이나 훈련 코스의 목표를 달성했는지를 측정하고 입증하기 위해서 과정이 종료되는 시점은 물론이고 전 과정이 진행되는 동안 주기적으로 시행되어야 한다. 구술평가를 포함하는 비공식 평가는 필요에 따라 시행되고 최종 평가의 한 부분으로 실시하는 것은 아니다. 평가와 관련된 다른 용어는 진단평가, 형성평가, 그리고 총괄평가 등이 있다.

① **진단(diagnostic) 평가**는 교육을 시작하기 전 학생의 지식 또는 기술(기량)을 평가하는 데 사용된다.

② **형성(formative) 평가**는 등급을 매기지 않고 학습 내용을 요약하여 다음 수업을 위해서 간단하게 소개하고자 할 때 사용된다. 이 종류의 평가는 수업 중 강의한 것으로 제한되고 교관에게 보충이 필요한 범위를 알려주고 안내해 준다.

③ **총괄(summative) 평가**는 원하는 목표까지 학습이 잘 진행되었는지 측정하기 위해서 학습이나 훈련 전체를 주기적으로 평가한다. 예를 들어 한 장이 끝날 때마다 간단한 퀴즈 또는 과정 마지막 테스트에서 학생의 전체 훈련 성과를 측정할 수 있다. 이들 평가는 훈련 코스와 마찬가지로 통합 수업의 한 부분이다.

## 5.3 평가의 목적

학습이나 훈련에서 평가(test, evaluation, examination)는 필수이고 교육과 학습 과정의 연속 구성요소이다. 평가는 교관과 학생 모두에게 중요한 정보를 제공할 때 효과가 있다. 교관과 학생 모두는 현재 진도(progress)를 얼마나 잘 나가고 있는지 알아야 할 필요가 있다. 평가는 학생들의 성과(performance)를 어떻게 향상할 수 있는지 방향과 안내를 포함하여 학생에게 실질적이고 명확한 피드백(practical and specific feedback)을 제공해야 한다.

여기서 가장 중요한 것은 잘 계획되고 효과적인 평가는 학생 자신들의 지식과 성과를 정확하게 평가할 수 있는 학생의 능력을 발달시키는 데 도움을 주어 항공의사결정과 판단 기술(aeronautical decision-making and judgment skills)의 발달에 도움이 되고 교관에게 매우 가치가 높은 도구가 되어야 한다. **학생 성과에서 부정확하거나 부적절한 부분들이 확실하게 드러나게 함으로써 교관은 강조해야 하는 부분이 어디인지를 판단할 수 있도록 한다.** 예를 들어 여러 학생이 “무게와 균형” 문제와 같은 단계에 도달하여 잘 풀어나가지 못하고 있을 때 교관은 더욱 상세한 설명, 또 다른 시연, 또는 후속 실행평가에서 특별한 강조가 필요하다는 것을 인식하게 될 것이다.

## 5.4 평가의 일반 특성

모든 평가는 학생의 성과(성적) 수준을 높이고 방향을 제공하기 위해서 사실에 근거하고 수업의 성취 표준(completion standards)과 일치해야 한다. 평가의 기본적인 특성은 다음과 같다.

① 객관성(objective)
② 융통성(flexible)
③ 수용성(acceptable)
④ 포괄성(comprehensive)
⑤ 구성적(constructive)
⑥ 조직적(organized)
⑦ 신중함(thoughtful)
⑧ 특정화(specific)

### (1) 객관성

평가는 객관성(objectivity; *주관에 좌우되지 않고 언제 누가 보아도 그러하다고 인정되는 성질*)이 있어야 하고 학생 성과에 집중되어야 한다. 여기서 주의해야 할 것은 **교관은 학생 성과의 판단에 개인적 친분(closeness), 호불호, 또는 편견(biases)이 반영되어서는 결코 안 된다.** 이외에도 동정심(sympathy)이라든지 과잉동일시(over-identification) 역시 후광 오류(halo error; *인사 평가 장면에서 직무 수행의 성과 차원에 대해 비슷하게 평가 점수를 줌으로써 발생하는 실수*)라고 하는 객관성에 영향을 줄 수 있다. 이외에도 개성(personality)과 상충하는 것 역시 의견을 왜곡시킬 수 있다. 평가는 철저하게 성과를 바탕으로 매겨져야 하고 평가가 객관적이었다면 이는 존중되어야 한다.

### (2) 융통성

교관은 학생이 주어진 과제를 완수한 내용에 대해서 학생의 전체 성과를 평가해야 한다. 때때로 우수한 학생이 낮은 점수를 받고 그 반대의 경우가 있을 수 있다. **우호적인 학생이 갑자기 냉담해지거나 비우호적인(hostile) 학생이 갑자기 우호적이고 협조적인 태도로 변할 수 있다.** 교관은 학생의 수준과 상황에 맞게 평가의 내용에 맞추어야 한다. 교관은 평가를 계획하고 실행해야 하므로 가변 요소를 고려해야 한다. 교관에게 당면한 도전(ongoing challenge)은 무엇을 이야기하고, 무엇을 가감하고, 무엇을 강조할 것이며, 그리고 어느 순간에 무엇을 최소화할 것인가를 결정하는 것이다.

### (3) 수용성

학생은 자신들의 평가를 기꺼이 받아들이기 위해서 교관에 순응해야 한다. 학생은 교관의 자격, 교육 능력, 성실성, 역량(competence), 그리고 권위(authority)에 대해서 신뢰하고 있어야 한다. 교관은 공식 평가에 들어가기 전에 학생들과 자신을 소개할 수 있어야 한다. 교관의 매너(manner), 태도(attitude), 그리고 주제에 대한 친밀감이 평가에 영향을 줄 것으로 예상한다면 평가는 권위(authority), 신념(conviction), 성실함(sincerity) 그리고 인지할 수 있는 능력의 위치로부터 공정(fairly)하게 치러져야 한다. **교관은 자신의 지위를 이용해서 학생들이 많은 점수를 받을 수 있도록 평가해서는 안 된다.**

(4) 포괄성

포괄평가(comprehensive assessment)가 반드시 긴 것이 아니고, 세부적으로 모든 성과(performance)를 다루는 것이 아니다. 교관은 소수의 장점(major points) 또는 많은 단점(minor points)에 관한 토론에서 더 큰 이짐을 읻을 수 있는지를 결징해아 한다. 교관은 가장 큰 성과를 얻을 수 있는 것 또는 학생의 성과가 향상될 것으로 예상할 수 있는 것만 평가할 수 있다. 평가는 학생 수행에서 잘못하는 부분(weaknesses)과 함께 잘하는 부분(strengths)도 함께 다루어야 한다. 교관의 과업은 이 둘 사이에 적절한 균형을 유지할 수 있어야 한다.

(5) 구성적

평가는 학생이 평가로부터 이익을 얻지 않는 한 의미(pointless)가 없다. 자화자찬은 가치가 없지만, 칭찬은 학생을 잘한 부분을 더욱 보강하고 강화하지만 아울러 성과가 다소 부족한 부분을 격려하기 위해서 매우 효과적일 수 있다. 교관이 학생의 실수 또는 취약점을 발견했을 때 이를 수정할 수 있는 긍정적 조언을 해 주어야 한다. 이렇게 해서는 더 좋은 성과를 얻을 수 없다거나 더 높은 수준의 성과(성적)에 대한 부정적 조언은 평가에서 자제되어야 한다.

(6) 조직적

평가는 체계적이어야 한다. 평가가 논리적이고 모든 패턴이 수용 가능하다는 것을 학생들이 알아야 한다. 패턴이 효과적으로 조직되었다면 성과 그 자체의 순서가 될 수 있다. 때때로 평가는 시범이 실패했을 시점, 그리고 실패로 이어진 단계를 통한 거꾸로 작업할 때 유익할 수 있다. 성공은 유사한 패션에서 분석될 수 있다. 대안으로 명백한 결점은 평가의 핵심으로 작용할 수 있다. 전체를 부분으로 나누거나 부분을 전체로 조립하는 것은 또 다른 가능성 있는 조직적 접근법(organizational approach)이다.

(7) 신중함

평가는 학생의 자존심(self-esteem), 의식(awareness), 그리고 인정을 받고자 하는 욕구(needs)에 대한 교관의 신중함을 반영해야 한다. 교관은 학생의 존엄과 인격을 소홀히 다루어서는 안 된다. **비웃음, 화를 내는 행위, 또는 농담 행위 등은 결코 평가에 반영되어**

**서는 안 된다.** 교관은 직설적이고 정직해야 하고 항상 학생의 개인감정(personal feelings)을 반영해야 한다. 예를 들어 교관은 사적 비평에 대해서는 개인적으로 전달하도록 노력해야 한다.

(8) 특정화

**교관의 비평과 권장**(comment and recommendations)**은 개괄적이 아닌 특정화**되어야 한다. 학생들이 교관이 권장한 것들을 확실하게 알지 못하는 한 학생들은 교관의 권장에 따라 행동하지 못한다. 예를 들어 교관의 다음과 같은 조언은 혼동의 여지가 있다.

"두 번째 기동은 첫 번째 기동보다 좋지 않다."
"두 번째 용접은 첫 번째 용접보다 못하다."

대신 교관은 첫 번째 것이 왜 잘못되었는지 그리고 어떻게 하면 더 잘할 수 있는지 방법을 제시하는 것이 좋다. 만약 교관이 명확하고, 근거가 충분하며, 그리고 수용할 수 있는 생각이 있다면 이를 확실하고 권위 있게 그리고 혼동되지 않는 용어로 표현해야 한다. 평가의 결론에서 학생은 잘한 것과 잘못한 것에 대해서 의심이 없도록 해야 하고, 무엇보다 가장 중요한 것은 교관의 비평과 권장이 어떻게 성과(성적)를 높일 수 있느냐 하는 것이다.

## 5.5 전통적 평가

앞서 언급한 것처럼 전통적 평가(선택형, 짝 맞추기, 공백 채우기 등)는 다양한 형태의 필기평가(written tests)이다. 필기평가는 지정된 시간 내에 마쳐야 하고 각 문항 당 정답은 하나다. 평가 또는 시험은 모든 학생이 같은 것을 배웠고 지식이나 사실의 기계적 암기에 의존하는 경향이 크다. 이 같은 이유로 필기평가는 기계적 점수이고 학생들의 사고기술의 사고과정(thought processes) 특성을 확인할 기회가 거의 없다. 전통적 평가방식은 통상 교관 중심이고 실증적 표준(empirical standard)에 대한 성과를 측정하는 것이 단점이다. 전통적 평가는 아래와 같이 아주 단순하게 등급을 매기는 방식이다.

<table>
<tr><td>만족(satisfactory)</td><td colspan="2">불만족(unsatisfactory)</td></tr>
<tr><td>우수(good)</td><td>보통(fair)</td><td>미달(poor)</td></tr>
<tr><td>숙달(proficient)</td><td colspan="2">미숙달(nonproficient)</td></tr>
</table>

이 평가방식의 문제는 첫 수업에서 만족한 점수는 세 번째 수업에서는 불만족할 수 있다는 것이다. 선택형(multiple choice), 서답형(supply type; *학력을 측정하기 위하여 출제하는 문항형식의 한 분류로서, 주어진 물음이나 지시에 따라서 학생이 스스로 답안을 만들어서 서술하고*

*기록해야 하는 문항형식의 통칭*), 그리고 이와 유사한 다른 시험들은 학생들이 알고 있는 지식, 개념, 용어, 과정, 그리고 더 높은 수준의 학습으로 넘어가는데 필요한 학생의 기초를 형성하는 규칙과 사실에 입각한 지식을 평가하는 데 유용하다.

### (1) 서면평가의 특성

교관은 자신이 문제를 내거나 혹은 문제은행을 사용하거나 관계없이 효과적인 평가의 구성요소를 알고 있어야 한다. **평가 또는 시험은 학생이 특정 지식이나 기술을 갖추고 있는지를 결정하려는 의도에서 실행되는 질문, 문제, 또는 실습이나 훈련 세트이다.** 평가는 오직 한 시험 항목으로 되어 있을 수 있지만 통상 여러 개의 평가 항목으로 구성될 수 있다. 평가 항목은 단일 주제를 측정하는 것이고 단일 정답을 요구한다. 평가는 쉬운 질문과 에세이(essay) 질문에 대한 정답과 같이 단순하거나 지식 또는 실기평가를 완성하는 것과 같이 복잡할 수 있다. 어느 목적을 달성하느냐에 관계없이 효과적인 평가는 다음과 같은 특성들을 공유한다.

① **신뢰성**(reliability)은 평가 결과가 반복된 측정과 일치할 수 있는 정도를 나타낸다. 만약 어느 한 계기가 동일 측정 방법으로 수차례 측정한 결과 같은 값을 얻을 수 있다면 이 계기는 신뢰할 수 있다. 필기평가의 신뢰성은 특정 개인 또는 그룹에 일정한 측정 방법을 적용했는지에 따라 결정된다. 이를 통해서 교관은 학생들의 첫 평가는 학습 도구로서 작용하기 때문에 후속 평가에서 동일 평가를 했을 때 더 좋은 성적을 얻을 수 있어야 한다는 것을 명심해야 한다.

② **타당성**(validity)은 평가로 측정하고자 하는 것이 무엇이고, 평가에서 가장 중요하게 고려해야 하는 것이 어느 정도까지인가 하는 것이다. 교관은 평가가 실질적으로 측정하고자 하는 것을 측정하고 있는지 주의 깊게 고려해야 한다. 타당성을 평가하기 위해서 여러 교관이 평가를 정밀하게 읽고 내용이 서술된 교육 목표에 부합하는지 판단해야 한다. 교육 목표에 타당하지 않은 항목들이 있다면 수정 또는 삭제해야 한다.

③ **활용성**(usability)은 평가의 기능성(functionality)에 대한 고려이다. 학생들이 어렵지 않게 읽을 수 있는 충분한 크기로 인쇄되었다면 사용 가능한 필기평가는 쉽게 제공한다. 평가를 위한 지시사항과 평가 항목들 모두의 단어 선택은 명확하고 간결해야 한다. 그래픽, 차트, 그리고 삽화는 평가 항목에 적절하고 명확하게 그려져야 한다. 평가는 점수를 쉽게 매길 수 있어야 한다.

④ **객관성**(objectivity)은 평가의 단일 점수를 기술하는 것이다. 에세이 또는 논문형식 질문(essay questions)은 이 원칙의 사례를 제공한다. 점수를 매기는 데 있어서 영향을 줄 수 있는 주제 범위, 글 쓰는 스타일(writing style), 또는 문법에서 교관 자신의 지식과 경험을 완전히 배제하기는 거의 불가능하다. 그러나 선다형 또는 진위형 질문(true/false)과 같은 선택형 평가 항목은 객관적 점수를 매기기가 더 쉽다.

⑤ **포괄성**(comprehensiveness)은 학습의 전체 목적을 측정하기 위한 평가이다. 예를 들어 정비과정 학생이 항공기 엔진 압축(engine compression)을 측정할 수 있는지를

평가한다고 가정하자. 단일 실린더에서 측정된 압축은 전체 엔진의 압축을 지시하지 않는다. 간단히 말해서 필기평가는 교육 목적의 적절한 단면을 평가하는 것이다. 교관은 코스 목적의 대표성과 포괄적 샘플링이 포함될 수 있도록 해야 한다.

⑥ **변별력**(discrimination)은 평가가 학생들 사이의 차이를 구분하기 위한 것이다. 강의실 평가에서는 학습 코스의 목표 달성과 관련해서 작은 차이를 측정할 수 있다. 평가는 학생들의 성취에서 차이를 구분하기 위해서 다음과 같은 3개의 특징을 갖는다.

➲ 넓은 점수 분포

➲ 전체 수준의 난이도

➲ 다른 과정 목표의 성취 수준과 함께 차이를 구분할 수 있는 항목들

## 5.6 실제상황평가

**실제상황평가는 학생들에게 실세계(현실) 과업을 수행하거나, 기술과 역량의 유의미한 적용을 시연해 보이라고 요청하는 평가**이다. 오늘날 실제상황평가는 비판적사고기술을 활용하기 위한 항공학생 훈련의 핵심이 되었다. 이미 결정된 반응을 단순하게 선택하는 것보다 이들이 학습한 것을 바탕으로 기술(기량)과 개념으로부터 반응을 만들어 내는 것이다. 실제상황평가는 개방형 질문과 확립된 성과 기준을 사용함으로써 학습 과정에 초점을 맞추고 실세계 기술(기량)을 발달시키면서, 아울러 더 높은 수준의 고차원사고기술(HOTS)을 발달시켜 학생들 자신의 작업과 성과를 평가하기 위해서 교육할 수 있다.

### 5.6.1 협업평가

**실제상황평가**(authentic assessment)**가 효과를 거두기 위해서 우선 고려해야 하는 것은 개방형 질문**(open-ended questions; *체계적인 설문조사뿐만 아니라 사회사업 면접에서 응답자가 그가 원하는 어떤 방식으로든 대답할 수 있도록 하는 질문 유형이다.*)이다. 이를 협업비평(collaborative critique)이라고도 하며 학생중심 점수 매기기의 형식이다. 앞에서 소개한 시나리오와 같이 교관은 일련의 4단계 개방형 질문을 사용하여 학생이 완전한 자기평가(self-assessment)를 할 수 있도록 지도한다.

① **반복 생각하기**(replay)는 학생에게 비행 또는 절차를 말로써 반복하도록 하는 방식이다. 교관의 지각이 학생의 지각과 다른 범위를 잘 듣고 무엇이 일치하지 않는지 토론해야 한다. 이 접근은 자신의 지각에 대해서 반론을 할 수 있도록 학생에게 기회를 제공하고, 교관에게는 자신의 판단 능력에 대한 중요한 통찰을 제공한다. 되뇌기

② **재구성 단계**(reconstruction stage)는 학생에게 학습할 수 있도록 한다. 학생들이 알고 있는 중요한 것을 확인함으로써 비행 또는 절차 중 다르게 했어야 했던 것, 또는 해야 했던 것들에 대해서 격려해 주어야 한다. 반추-통찰(reflect-insights)은 의미가 있고,

어떤 사건에서 반추(*어떤 일을 되풀이하여 음미하고 생각함*)가 필요한 매몰 지각과 경험으로부터 나온다. 예를 들어 재구성 단계는 다음과 같다.

➲ 오늘 당신이 배워야 하는 가장 중요한 것은 무엇인가?
➲ 당신에게 가장 쉬운 수업이나 훈련의 부분은 무엇인가?
➲ 가장 어려운 부분은 무엇인가?
➲ 당신을 불편하게 하는 것은 있는가? 그렇다면 언제 발생하는가?
➲ 당신 성과(성적)와 당신의 결심은 어떻게 평가하는가?
➲ PTS에 따라 수행하였는가?

③ **방향 재설정**(redirect)은 최종 단계에서 학생에게 이 수업에서 배운 것과 다른 경험과 관련시키고 이들이 앞으로 수업에서 어떻게 도움이 될 수 있는지 고려하는 데 도움이 된다. 다음과 같이 질문해 본다.

➲ 이 경험을 이전 수업에 어떻게 연관시킬 수 있는가?
➲ 앞으로 발생할 수 있는 상황에서 동일 위험을 어떻게 완화할 수 있는가?
➲ 이 경험의 어느 측면에서 앞으로 발생할 수 있는 상황에 어떻게 적용할 수 있는가?
➲ 개인 최저 한계는 무엇이고, 부가적인 숙련 비행 또는 훈련에 유용한 것은 무엇인가?

④ **자기평가**(self-assessment)의 목적은 학생의 사고과정에서 발달을 자극하는 것이다. 자기평가는 학생의 자기평가에 대한 교관의 평가를 비교하는 교관과 학생 사이에 심도 있는 토론(in-depth discussion) 후에 와야 한다. 이 토론을 통해서 교관과 학생은 채점표(rubric)에서 학생의 진도를 연계해서 결정해야 한다. 앞서 언급한 것과 같이 채점표는 믿을 수 있고, 공정하며 확실한 근거에 따라 점수를 매길 수 있어야 한다. 이를 통한 학생 성과를 판단하기 위한 차원, 각 차원에서 얻을 성과를 위한 스케일, 그리고 지정된 성과 수준을 위한 우수한 표준을 위한 차원으로 구성된다. 학생중심 점수 매기기에서 협업평가 과정은 두 개의 기본 채점표를 사용한다. 그중 하나는 학생의 기술(기량)에 중심을 둔 기동 또는 절차에서 숙련도 수준을 평가하는 것이고, 또 다른 하나는 비행훈련의 인식 또는 항공의사결정 측면이 되는 1인 조종사자원관리(single-pilot resource management; SRM)에서 숙련도 수준을 평가하는 것이다.

### 5.6.2 기동 또는 절차 점수 매기기

① **서술**(describe); 시나리오의 완성에서 학생은 시나리오 활동의 물리적 특징과 인지 요소들을 서술할 수 있어야 하지만 기동 또는 절차를 성공적으로 실행할 수 있도록 조언이 필요하다.

② **설명**(explain); 시나리오의 완성에서 학생은 활동 속에 포함된 시나리오 활동의 주요 개념, 원리, 그리고 절차들을 이해할 수 있고 서술할 수 있어야 하지만 기동 또는 절차를 성공적으로 실행할 수 있도록 조언이 필요하다.

③ **연습/실습**(practice); 시나리오의 종료 시점에서 학생은 시나리오를 계획하고 실행할 수 있어야 한다. 코칭, 교육, 그리고 조언은 교관이 확인한 실수와 잘못을 바로잡을 수 있다.

④ **수행/실행**(perform); 학생은 시나리오의 종료 시점에서 교관의 도움 없이 과업을 수행할 수 있어야 한다. 학생은 신속한 방법으로 실수와 잘못을 발견하고 수정할 수 있어야 한다.

⑤ 관찰되지 않음(not observed); 어느 일도 이루어지지 않았거나 요구되지 않는다.

예를 들어 조종훈련생은 착륙에 대해서 서술(describe)할 수 있어야 하고 교관에게 착륙의 물리적 특성과 현상을 설명(explain)할 수 있어야 한다. 날씨가 좋은 날 활주로에 직선 방향에서 불고 있는 바람 상태에서 학생은 기계적 학습 수준에서 여전히 역할을 다하고 있으면서 일부 성공적인 착륙을 훈련(practice)할 수 있다. 그러나 돌풍성 측풍 상황에서 조종훈련생은 다른 조건에 대응할 수 있는 더 깊은 수준의 이해가 필요하다. 만약 조종훈련생이 양력과 항력 그리고 측풍 수정과 관련된 모든 기본 물리적 현상에 관해서 설명할 수 있다면 훈련의 성공 가능성은 더욱 커지고 최종적으로 다양한 착륙 조건에서 성공적으로 착륙할 수 있는 능력을 갖추게 될 것이다.

### 5.6.3 1인 조종사자원관리-점수 매기기

① **설명**(explain); 학생은 말로써 비행 시나리오에 있는 본질적 위험을 식별, 서술, 그리고 이해할 수 있어야 한다.

② **연습/훈련**(practice); 조종훈련생은 실제 비행 상황에 대한 SRM(single-pilot resource management; SRM) 요소를 알아보고, 이해할 수 있으며 적용할 수 있어야 한다. 교관이 식별한 사소한 잘못과 오류는 즉각 지도, 교육, 그리고 조언으로 수정해야 한다. 학생은 활발한 의사결정자(decision maker)이다.

③ **관리-결심**(manage-decide); 조종훈련생은 조종실 내부와 외부 모두에서 가능한 방책(possible courses of action)을 찾아내고, 각 방책에서 본질적 위험을 평가하여 적절한 결심을 할 수 있는 가장 중요한 데이터를 정확하게 수집할 수 있어야 한다. 안전비행을 위해서 교관 중재가 필요하지 않을 수 있다. 학생은 SRM에서 첫 비행 중 기본 SRM 원리를 서술할 수 있어야 한다. 이후 학생은 SRM이 지상 또는 공중에서 접할 수 있는 다른 시나리오에 어떻게 적용되는지 설명할 수 있어야 한다. 실제로 학생이 SRM 기술을 바탕으로 현명한 결심을 내릴 수 있을 때 조종훈련생들은 관리-결심의 점수를 얻는다. 이 점수 매기기의 장점은 비행교관과 조종훈련생 모두 학습이 정확하게 어디까지 진행되고 있는지 알 수 있도록 해준다.

앞서 언급한 것과 같이 비행훈련 시나리오에서 채점표가 어떻게 활용되고 있는지 보자.

비행 후 디브리핑(debriefing) 중 CFI는 협업평가 하위 섹션(subsection)에 기술되어 있는 "Replay-Reconstruct-Reflect-Redirect" 유도토론을 이용해서 학생에게 그 날의 성과를 평가할 것을 요구했다. 이 평가를 기초로 교관과 조종훈련생은 기동과 절차 그리고 SRM을 위한 채점표의 어디에서 조종학생의 성과가 떨어지는지 토론하였다. 이 부분의 평가는 구술 토론으로 할 수 있고, 대안으로 각 비행 요소를 위한 교관과 조종훈련생이 분리해서 평가지(assessment sheet)를 만들 수 있다.

조종훈련생은 평가지를 연구할 때 "Describe, Explain, Practice, and Perform"를 발견하였다. 그는 어느 한 실수도 하지 않았기 때문에 그는 기준성과 수준에 도달해 있었음을 결정했다. 비행 시나리오는 동쪽에서 약 60마일 지점 혼잡한 B등급 공역에 2구간 계기비행규칙 시나리오로 이루어졌다. 조종훈련생은 접근 단계에 도착할 때까지 GPS와 MFD의 사전 프로그램화를 유지하면서 잘 수행되고 있음을 알 수 있었디.

그는 RWY 7L을 위한 ILS를 프로그램화하였고 ATC가 그에게 실패접근의 실행을 요청할 때까지 계획된 접근을 실행하였다. 조종훈련생이 교관의 평가지를 비교했을 때 이들 평가의 대부분이 일치하고 있음을 발견하였지만 "programming the approach"라고 라벨이 표기된 항목만 다르게 평가되었다. 조종훈련생은 "Perform" 항목으로 평가하였고, 교관은 "Explain" 항목으로 평가하였다. 이후 토론 중 조종훈련생은 그는 정확한 접근을 선택했으나 이를 활성화(activated)하지 않았다는 것을 알았다. 교관이 간섭하기 전에 ATC는 복행(go-around)을 지시했다.

교관의 "Explain" 항목은 조종훈련생이 GPS가 어떻게 작동되는지 실제로 이해하고 있지 못함을 말해 주고 조종훈련생은 이에 동의하였다. 이 접근에서 평가는 여러 가지 중요한 장점이 있다. 하나는 학생을 평가 과정에 활발하게 참여시키고, 안전 조종사로서 갖추어야 하는 중요한 자기평가와 건전한 반추(reflecting)의 습관을 형성한다. 또 다른 장점은 신뢰의 인식 수준을 기술하지 않기 때문에 이들 점수가 자존심과 관련이 없는 성과의 수준이다.

교관과 학생 모두 초기에 이 평가 방법을 사용하는 것을 꺼릴 것이다. 실제 교관은 이 방법이 더 건설적이고, 효과적이며, 그리고 전통적인 비행 후 비평의 협업 버전일 때 더 많은 시간이 필요하다고 생각할 것이다. 전통적인 평가방식에 익숙해 있는 교관의 점수 매기기는 기존의 A~F까지 점수를 매기는 형식 속에 갇히지 않도록 주의해야 한다. 이 유혹을 피하는 한 방법은 평가는 진행 적이어야 한다는 것을 염두에 두어야 한다. 조종학생은 매 수업 중 새로운 수준의 학습을 달성해야 한다. 예를 들어 첫 번째 비행에서 자동화 관리 구역(automation management area)이 "Describe" 항목이 될 수 있다. 세 번째 비행에서 이것은 "Practice" 항목이 되고, 다섯 번째 비행에서 이것은 "Manage-decide" 항목이 되어야 한다. 만약 그들이 이전에 이 같은 과정에 참여했던 기회가 없었다면 조종학생은 자기평가를 주저할 수 있다. 따라서 교관은 협업평가에 어떻게 활발하게 참여할 수 있는지 조종학생을 교육할 필요가 있다.

## 5.7 평가방식의 선택

항공교관은 학생의 진도를 어떻게 평가할지 결정할 때 다음과 같은 4단계의 과정에 따라야 한다.

첫째, 학습 목표의 수준을 결정하라.
둘째, 행동 지표의 목록을 작성하라.
셋째, 기준 목표를 설정하라.
넷째, 절대기준평가 항목을 개발하라.

이 과정은 학습의 인지와 감정 영역에 적용되는 평가에 매우 유용하고, 운동정신 영역에서 기술(기량) 평가를 위해서 사용될 수 있다. **절대기준평가**(criterion-referenced tests; *집단의 평균점을 기준으로 하여 각 학생 득점의 상대적 순위를 정하는 규준 지향 평가와 달리 학생들이 알아야 할 지식과 기술을 알고 있느냐 또는 모르고 있느냐를 따지는데 주안을 두는 평가*)를 위한 발달 과정은 일반-특정(구체적) 패턴에 따라야 한다. 교관은 훈련 초기 단계에서 실제상황 평가는 전통적인 평가만큼 유용하지 못할 수 있다는 것을 인식해야 한다. 이것은 학생이 완전하게 참여한 개념 또는 지식에 대한 충분한 정보를 갖고 있지 못하기 때문이다. 제2장 학습 과정에서 토론한 것과 같이 새로운 주제에 노출되었을 때 학생들은 처음 사실을 획득하고 기억하려는 경향이 있다. 이들은 학습 과정과 같이 자신들이 기억한 것들을 명확하게 이해할 수 있도록 지식을 조직하기 시작한다. 학생들이 분석, 종합, 그리고 평가하는데 필요한 지식을 보유했을 때 평가 과정에서 더욱 완전하게 참여할 수 있다.

### (1) 학습 목표의 수준을 결정하라.

적절한 평가를 발달시키는 데 있어서 첫 단계는 학습 목표의 전체적인 학습 수준과 함께 개별 목표를 서술하는 것이다. 목표는 제2장에서 다룬 인지, 감정적, 또는 정신운동 영역에서 학습 수준의 하나를 평가해야 한다. 인지 학습의 수준은 지식, 포괄, 적용, 분석, 종합, 그리고 평가를 포함한다. 이해 수준을 위해서 목표는 다음과 같이 서술되어야 한다.

"항공기 왕복엔진에서 압축검사를 어떻게 수행하는지 서술하시오."

이 목표는 학생에게 어떻게 압축검사(compression test)를 해야 하는지 설명을 요구하지만, 반드시 압축검사를 수행/실행하는 것은 아니다. 학생은 다른 엔진에서 압축검사의 결과를 비교하기 위해서 종류가 다른 엔진을 위한 압축검사를 계획하거나(application level; *적용 수준*), 또는 압축검사의 결과를 해석하는(correlation level; *수정 수준*) 것을 예상하지 못한다. 학습의 일반 수준은 학습 과제의 범위를 한정하기 때문에 테스트를 발달시키기 위한 양호한 시작점이다.

(2) 원하는 행위 지표 또는 샘플 목록을 작성하라.

두 번째 단계는 목표 달성을 가장 잘 나타내 주는 행위의 지표 또는 샘플 목록을 작성하는 것이다. 때때로 일부 학습 목표의 수준은 직접 측정할 수 없다. 따라서 측정할 수 있는 행위를 선택함으로써 최상의 학습을 증명할 수 있다. 예를 들어 교관이 학생으로부터 압축검사에서 학습의 이해 수준을 보여줄 것을 기대한다면 일부 특정 평가 질의응답은 정확한 장비의 셋업(proper equipment setup), 적절한 안전절차, 그리고 압축 값을 얻기 위해서 사용된 단계와 함께 적절한 공구와 장비를 서술해야 한다. 전체 테스트는 측정될 수 있는 실질적인 학습 대표성을 나타내기에 충분히 포괄적이어야 한다. 일반적으로 모든 면의 학습 목표의 수준을 측정하는 데 무리가 있지만, 샘플을 주의해서 선택함으로써 교관은 적절한 학습 증거를 얻을 수 있다.

(3) 기준 목표를 설정하라.

평가 발달 과정의 다음 단계는 기준(criterion; performance-based) 목표를 정하는 것이다. 예상되는 행위 외에도 기준 목표(criterion objectives)는 행위가 수행되어야 하는 조건을 서술하는 것이고 기준에 충족해야 한다. 만약 교관이 수업 계획을 작성하는 동안 성과기반 목표가 발달하였다면 기준 목표는 이미 만들어졌다. 기준 목표는 학습 목표의 수준을 측정하기 위해서 사용된 평가 항목을 발달시키기 위한 주요 구조적 틀(framework)을 제공한다. 압축검사의 사례에서 학습의 이해 수준을 측정하기 위한 기준 목표는 "학생은 최저 70% 합격 점수로 질문에 답변함으로써 왕복엔진 압축검사 절차의 이해를 시연해 보여야 한다."와 같이 서술될 수 있다.

(4) 절대기준평가 항목을 개발하라.

마지막 단계는 절대기준평가(criterion-referenced assessment) 항목을 발달시키는 것이다. 교관은 필기시험 문제를 내는 동안 기준 목표에서 기술된 행위를 측정할 수 있도록 시도해야 한다. 압축검사의 사례에서 질문은 절차를 이해하고 있는지 확인하는데 필요한 모든 영역을 다루어야 한다. 평가 결과를 이용해서 적절하게 다루지 못한 범위를 알 수 있다. **성과기반 목표는 평가 항목의 발달을 위한 참고로써 활용된다.** 만약 평가가 단독비행 전 지식평가라고 한다면 목표는 학생이 규정(regulation), 국지공역(local airspace), 항공기의 구조와 성능, 그리고 사용되는 절차를 이해할 수 있어야 한다. 평가는 이 지정 범위에서 학생의 지식을 측정해야 한다. 독립(개별) 교관은 담당 학생의 진도를 평가하기 위해서 그들 자신의 평가를 개발해야 한다. 만약 평가가 지식평가를 치르기 위해서 학생의 준비 여부(readiness of a student)를 측정해야 한다면 이것은 학생이 받게 될 모든 수업의 목표를 기초로 해야 한다.

**항공훈련은 기동 또는 절차를 위한 수행평가를 포함한다.** 조종사나 정비사의 자격증명 평가는 해당 평가관의 몫이다. 항공교관이 담당 학생들을 교육 훈련할 때 이들 자격평가에 포함된 것과 동일 기술(기량) 또는 수행평가가 포함되어야 한다. 교관의 직업은 학생들이 원하는 자격증명 평가를 받을 수 있게 준비하는 것이다. 따라서 실기평가의 각 요소는 응시자를 실기평가에 보내기 전에 평가되어야 한다.

**정비사와 조종사를 위한 실기평가는 절대기준평가**(criterion-referenced tests; *한 개인의 지식 또는 수행능력을 사전에 세분된 수행 준거 또는 목표를 이용해서 평가 점수가 해석되는 평가 방식이다.*)이다. 실기평가 또는 PTS는 절대기준평가로 볼 수 있다. 이것은 목표가 높은 수준의 지식을 요구하고, 기술(기량), 그리고 규정에 따라 필수 안전에 충족하기 위해서 모든 응시자를 위한 것이기 때문이다. PTS의 목적은 한정증명(rating)과 자격증명을 위해서 평가를 수행하는 평가관, 관선위임조종사평가관(designated pilot examiners; DPEs), 관선위임정비사평가관(DMEs)에 의해서 표준이 확립된다. PTS의 목표는 높은 안전 수준에 적합해야 하고, 높은 수준의 성과와 숙련도에서 조종사와 정비사의 자격증명을 보장하는 것이다.

항공종사자 자격증명과 한정증명(aeronautical certificates and ratings)을 위한 PTS는 위에서 언급한 자격요건의 필수요건이 반영된 운용과 과업의 범위가 포함된다. 운용 범위는 각각의 표준 범위 내에서 논리적 순서로 정렬된 실기평가의 단계를 지정한다. 이들은 통상 비행 전 준비로부터 시작해서 비행 후 절차로 종료된다. 평가 범위는 관련 항공지식과 비행절차 또는 자격 범위에 적합한 기술(정비사)이나 기동 등이 포함된다. 이들에 대한 세부 내용은 관련 규정 또는 간행물을 참고해야 한다. 예를 들어 자가용 조종사 응시자는 각 범위의 운용에 관한 모든 과업을 평가한다. 비행교관 응시자는 각각의 운용 범위에서 한 개 이상이 과업을 평가한다. PTS에 있는 모든 과제는 실기평가에서 다루어질 수 있으므로 교관은 정비과정 학생 또는 조종훈련생의 실기평가를 권장하기 전에 모든 과제를 먼저 평가해야 한다. 이 평가는 필연적으로 공식적이 아니지만, 절대기준평가에 따라야 한다.

## 5.8 비평과 구술평가

전통적인 평가 혹은 실제상황평가에 관련해서 사용되었을 때 비평은 교관-학생 평가이고 개별적 또는 강의실 환경에서 이루어질 수 있다. 앞서 언급한 것과 같이 단어 "비평(critique)"은 때때로 부정적 의미를 내포하고 있어 교관은 학생 성과에 대해서 과도하게 비판적이지 않도록 주의해야 한다. 학생의 서투른 성과, 각 학습 부분의 상관관계, 그리고 전체 성과에서 비평은 효과적인 것으로 고려된다.

**비평은 평가가 진행되고 있는 성과(성적)에 따라 내용도 달라야 한다.** 비평은 말로서, 글로서, 아니면 둘 다가 될 수 있다. 비평은 학생 실행 후 즉시 이루어져야 한다. 이것은 실행의 세부 내용을 쉽게 기억할 수 있기 때문이다. **교관은 학생의 기술(기량), 숙련도, 그리고 학습의 성과를 향상하기 위한 활동의 하나로 비평할 수 있다. 비평은 사적 또는 전체 학생 앞에서 이루어질 수 있다.** 전체 학생들 앞에서 비평하는 것은 연습 또는 과제를 부여받아 수행했던 학생은 물론이고 강의실에 있는 모든 학생에게 이점이 있다. 그러나 이 경우 교관은 교실 정면에서 학생을 당황하게 해서는 안 된다. 비평은 다음과 같은 유용한 방법들이 있다.

(1) 교관-학생 비평

교관은 강의실에 있는 학생들에게 성과에 관한 비평을 할 수 있도록 교관-학생 비평에서 그룹 토론을 주관한다. 이 방식은 명확한 목표 달성을 위해서 주의해서 통제하고 방향을 유도해야 한다. 이것은 조직적이어야 하고 무작위 토론이 되지 않도록 주의해야 한다.

(2) 학생주도 비평

교관은 학생주도 비평(student-led critique)에서 학생에게 평가를 주관하도록 한다. 교관은 조직과 기술의 패턴을 명시하거나 학생 리더의 판단(discretion)에 따라야 한다. 강의실에 있는 학생들은 대부분 경험이 부족하므로 학생주도 평가는 큰 효과를 거둘 수 없지만, 학생의 관심과 학습을 유발할 수 있어 전체적인 면에서 효과적일 수 있다.

(3) 소그룹 비평

소그룹 비평(small group critique)을 위해서 학급을 소그룹으로 나누어 각 그룹에서 분석해야 하는 특정 범위를 부여하고 각 그룹에서 토론한 결과를 제출하도록 한다. 이 방식은 교관에게 비평과 가이드라인을 제공하는데 선호되는 방식이다. 그룹들로부터 종합 보고서는 포괄평가(comprehensive assessment)의 결과가 될 수 있다.

(4) 다른 학생에 의한 개별 학생 비평

교관은 전체 평가(overall assessment)를 제공하기 위해서 다른 학생들의 비평이 필요하다. 이 같은 변화는 교관을 위한 것으로 성과의 방법과 품질에 관해서 여러 학생의 질문을 요청하기 위함이다. 때로는 성과에 관한 토론과 평가는 표현된 생각들을 더 많이 소유할 수 있도록 소그룹을 허용할 수 있다. 모든 평가가 학생 참여와 함께 이루어짐에 따라 교관은 전체 과정에서 확실한 통제를 유지하는 것이 중요하다.

(5) 자기비평

학생은 자기비평(self-critique)에서 개인의 성과를 비평한다. 다른 모든 방식과 같이 교관은 자기비평을 통제하고 감독해야 한다.

(6) 서면 비평

서면 비평(written critique)은 다음과 같은 세 가지의 장점을 들 수 있다.

첫 번째, 교관은 강의실에서 구술 평가하는 것보다 이를 통해서 더 많은 시간을 전념할 수 있게 한다.

두 번째, 학생은 서면평가 결과를 보관할 수 있고 필요할 때 언제든지 참고할 수 있다. 세 번째, 교관이 모든 학생에게 성과에 대해서 평가를 쓰도록 요구했을 때 학생-행위자는 다른 모든 학생의 제안, 권장, 그리고 옵션의 영구 기록을 갖는다.

**서면평가의 단점은 강의실의 다른 사람들이 함께 이익을 공유하지 못하는 것이다.** 어느 방식이든 교관은 논쟁이 되는 문제를 해결해 주어야 하고 잘못된 결과를 수정해 주어야 한다. **교관은 학생들의 경험이 상대적으로 부족하다는 것을 고려**해야 한다. 교관은 학생들의 평가가 종료되는 시점에서 토론에 빠졌거나, 충분히 강조되지 못한 부분, 또는 반복이 필요한 부분 등의 범위를 다루기 위한 시간을 확보해 놓아야 한다.

### (7) 구술평가

평가의 가장 공통 수단(common measures)은 교관이 학생들에게 직접 또는 간접적으로 구술 질문(oral questioning)을 하는 것이다. 질문은 사실 질문과 HOTS 질문으로 분류될 수 있다. 사실 질문에 대한 답변은 기억 또는 상기(memory or recall)를 기초로 한다. 이 종류의 질문은 통상 "who, what, when, and where"와 관련이 있다. HOTS 질문은 "why or how"가 포함되고, 학생에게 상황을 분석하고 문제를 해결하여 결론에 도달할 수 있는 능력으로 사실의 지식(knowledge of facts)을 결합할 것을 요구한다. 교관의 적절한 구술 문제는 다음과 같은 유용한 결과를 얻을 수 있다.

- 교관 훈련 방식의 효율성을 판단할 수 있다.
- 학습된 것에 대한 학생의 보존을 확인한다.
- 학생에게 이미 제시된 자료를 검토할 수 있게 한다.
- 학생의 관심을 보존하고 사고를 자극하는데 사용될 수 있다.
- 훈련 중점을 강조한다.
- 강조가 필요한 부분을 식별할 수 있다.
- 학습된 것에 대한 학생 이해를 확인한다.
- 중요 학습에 학생의 활발한 참여를 촉진한다.

### (8) 효과적 질문의 특성

교관은 주제에 적절한 내용의 문제를 사전에 출제할 수 있도록 고심해야 한다. 이를 위한 한 방법으로 질문은 학습계획을 대신하기 위한 것이어야 한다. 학습의 주요 골격으로써 그리고 학습 진도에 도움이 되도록 준비된 질문은 교관이 적절하다고 고려되는 즉흥적 질문(impromptu questions)과 같은 것들로 보충되어야 한다. 개방형 HOTS 질문은 다양한 가능성이 있는 해법을 제시할 수 있지만, 객관식 문제는 오직 하나의 정답만 갖는다. 일반적으로 효과적인 질문이 되기 위해서는 다음과 같은 조건을 갖추어야 한다.

➲ 교육 주제에 적합해야 한다.
➲ 간단명료해야 하지만 명확하고 확실해야 한다.
➲ 학생의 능력, 경험, 훈련 단계에 적합해야 한다.
➲ 오직 주제만으로 제한해야 한다.
➲ 학생에게 도전적 과제를 제시할 수 있어야 한다.

(9) 피해야 하는 질문

학생들에게 질문하는 방법에서 “yes/no” 질문은 효과적이라고 볼 수 없으며 다음과 같은 질문은 피해야 한다.

“이해했습니까?” 또는 “어떤 질문 있습니까?”

또한, 교관은 다음과 같은 종류의 질문을 피해야 한다.

① **난제**(puzzle); 유동력 바퀴 착륙 중 우측풍에서 왼쪽으로 돌아가는 경향을 보였다면 당신이 취해야 하는 첫 조치는 무엇인가?
② **광범위 주제**(oversize); 엔진 오버홀을 시작하기 전에 행해야 하는 것은 무엇인가?
③ **반반 가능성**(toss-up); 비상시에 트랜스폰더 코드 7700을 장입할 것인지 또는 착륙장소를 선정할 것인가?
④ **황당함**(bewilderment); 고도계의 판독에서 당신은 가장 가까운 관측소 기압에 기압고도계를 세팅하는 것으로 알고 있다. 만약 당신이 기온을 고려해야 한다면 한랭기단으로부터 온난기단 속으로 비행함에 따라 산악지형을 비행할 때 당신이 취해야 하는 예방조치는 무엇인가?
⑤ **함정 질문**(trick questions); 이들 질문은 학생에게 교관과 재치 싸움을 하고자 하는 감정을 일으키도록 하고, 교육과 관련된 중요한 주제를 상실할 수 있다.
⑥ **무관한 질문**(irrelevant questions); 평가 주제와 무관한 질문은 학생의 주제에 대한 지식을 평가하는 데 도움이 되지 않는다. 무관한 질문의 사례는 마그네토의 타이밍을 점검하던 중 타이어 팽창에 관해서 질문하는 것이다.

(10) 질문에 대답하기

특히 강의실에서 학생 질문에 효과적으로 답변해(answering student questions) 주는 방법은 다음 사항을 고려해야 한다.

① 답변하기 전에 질문을 확실하게 이해하고 있는지 확인하라.
② 학생 질문에 관심을 보이고 직접적이고 정확하게 답변할 수 있도록 구상하라.
③ 답변한 후 학생이 답변에 만족하고 있는지를 판단하라.

때로는 질문에 대한 답변이 현재 교육훈련에서 필요로 하는 답변보다 더 복잡하거나 앞서간다고 생각되는 것은 좋지 않을 수 있다. 이 경우 교관은 학생에게 좋은 질문을 하였고 타당하다는 것을 설명해 주어야 하지만 이 시점에서 세부 답변은 학습 성과를 달성하는데 불필요하다는 것을 잘 설명해 주어야 한다. 그리고 교관은 보류한 학생의 질문에 대해서 적절한 훈련 시점에서 답변을 해주어야 한다. 때때로 학생은 교관이 답변할 수 없는 질문을 할 수 있다. 이 경우 교관은 답을 모른다는 것을 기꺼이 인정해야 하지만 차후 답변을 해 주겠다고 약속하거나 학생이 가용한 참고서를 찾아보는 데 도움이 될 수 있도록 조언하는 것이 좋다.

# 제6장 교수활동계획

## 6.1 개 요

교관과 조종훈련생은 착륙을 훈련하기 위해서 주변에 있는 공항까지 단거리 비행 구간으로 구성된 훈련 시나리오에 따라 비행한 후 Class C 공역에 있는 출발공항(home base)으로 복귀하고자 한다. 조종훈련생은 비관제공항(uncontrolled airport)에서 착륙 훈련을 하면서 실링이 낮고 측풍이 강해지고 있음을 알 수 있었다. 그러나 교관은 약 30분 정도를 더 착륙 훈련을 한 후 출발공항으로 복귀할 의도가 있었다. 교관은 이를 조종훈련생에게 말하는 대신 여러 질문을 하였다. 완전착륙(full stop landing) 후 다시 활주하는 동안 그는 먼저 조종훈련생에게 다음과 같은 질문을 하였다.

① 출발공항을 출발한 후 비행 상황이 변했는가?
② 조종훈련생은 기상상황을 어떻게 생각하고 있는가?
③ 우리는 더 많은 정보를 어떻게 얻을 수 있는가?
- 무선으로 FSS에서 확인할 것인가?
- FBO에서 대기하면서 기상과 스케줄을 확인하기 위해서 FBO에 요청할 것인가?

④ 다른 문제들은 어떠한가?
- 연료
- 스케줄

⑤ 비행 방식(IFR/VFR)과 조종사 능력은 어떠한가?

조종훈련생은 출발공항으로 되돌아가는 것이 편안하고 기상이 더 양호한 상황에서 착륙 훈련을 하기로 하였다. 이것이 교관의 계획은 아닐지라도 정확한 상황인식과 양호한 위험관리기술을 기초로 한 훌륭한 계획이라고 판단했기 때문에 교관도 이에 동의하였다.

이제 학생은 자신의 판단과 의사결정기술에 대한 연습을 통해서 자신감을 갖기 시작했다. 학생은 비행 후 비평에서 교육 또는 훈련 과정을 더욱 학습할 수 있도록 다른 결심과 연관해서 토론을 주도하였다. 과거 항공교관들은 기본 훈련방식과 기술 전반에 거쳐 상당 수준까지 이해할 수 있는 유능한 조종사 또는 항공정비사였다. 그러나 최근 연구에 따르면 교관은 교사와 멘토(teacher and mentor)로서 역할과 더 많은 학술 지식을 제공할 수 있는 우수한 능력이 필요하다. 실제 현대 교관들은 교육방식(teaching methods), 학습 목표, 학습개요와 수업계획(outline and write lesson plans), 그리고 사례를 이용한 학습 동기를 유발할 수 있는 능력을 갖출 것을 요구하고 있다.

**교관은 항공기와 강의실에서 교육하는 것에 대한 책임을 갖는다. 학습량은 강의를 준비하는 것에 비례하고 교관이 학생들을 가르칠 수 있는 능력에 달려 있다.** 역사적으로 특정 절차와 기동(procedures and maneuvers), 그리고 학습이나 훈련의 성과에 초점을 맞추고 있는 항공교육은 객관적 표준(objective standards)으로 측정되어야 한다. 오늘날 항공교관에게 학습이나 훈련 기술과 혁신적 변화는 새로운 표준에 대한 교육방식과 교육을 활용하기 위한 기회와 함께 제공된다. 이들 방식 중 하나가 시나리오기반훈련(SBT)이다.

SBT는 오늘날 항공훈련의 통합 구성요소이므로 교관은 이들을 실행하는 데 중요한 역할을 한다. 교관은 SBT를 강조함으로써 학습 환경에서 학습자를 위한 조언자와 가이드(advisor and guide)로서 역할을 한다. 어느 교육훈련방식이든 잘 계획되고 조직된 항공교육의 핵심은 모든 규정적 승인 필수요건에 적합한 수업계획과 훈련계획표(lesson plans and a training syllabus)의 활용이 포함되어야 한다. 비행교관과 정비교관을 위해서 필수적인 대부분의 학습계획수립은 지식과 숙련도 필수요건에 따라 제공된다. 여기서는 항공교관에게 꼭 필요한 4개의 핵심 주제와 관련된 학습(훈련)계획수립에 대해서 다룬다.

① 훈련 코스(course of training)
② 학습 블록(blocks of learning)
③ 실습/훈련계획표(training syllabus)
④ 학습 계획(lesson plans)

또한, 이것은 항공훈련 과정에서 SBT, ADM(aeronautical decision-making), 그리고 위험관리(risk management)와 어떻게 통합시켜야 하는지 설명해 준다.

## 6.2 훈련 코스

교육훈련 코스는 자격증명, 졸업, 또는 학위(academic degree)를 받는 것과 같은 특정 목표의 달성(attainment of a specific goal)으로 이어지는 일련의 학습이다. 교관은 객관적이고 표준을 결정함으로써 훈련 코스 주변에 있을 수 있는 교육적 내용을 계획한다. 이것은 개별 수업계획, 평가항목, 그리고 학습수준을 결정한다는 것을 의미한다.

## 6.3 학습 블록

전체 교육훈련 목표가 확립된 후 다음 단계는 전체 목표의 필수 부분을 구성하고 있는 학습 블록(blocks of learning)으로 분류하는 것이다. 이것은 마치 피라미드를 쌓는 것처럼 일부 블록은 구조의 하부에 묻힐 수 있고 결코 표면에 드러나지 않지만, 이들은 구조물

첫 단독비행

↑

비상절차 • 단독비행 전 필기평가

↑

지상참조기동 • 저속비행과 실속 • 이착륙

↑

통신과 비행정보 • 지상운용 • 기본 기동 • 공항운용

과 일체가 되어 없어서는 안 되는 부분이다. 따라서 다양한 블록들이 주제와 고립되어 있지만, 전체의 필수 부분이라는 것을 인식해야 한다. 교관은 주어진 훈련 활동을 위해서 조립되어야 하는 학습 블록을 알아가는 과정에서 **각 블록이 구조의 한 통합 부분(integral part of the structure)이라는 것을 확실하게 인지될 수 있도록 반드시 평가를 포함**해야 한다. 특히 비행교육에서 주제와 관련 없는 교육 블록은 최종 목표를 달성하는 데 도움이 되기보다 방해가 될 수 있는 고비용 주름 장식이 될 수 있다.

**전체 교육훈련 목표를 결정하는 것은 계획수립 과정의 첫 단계이고 학습의 기초 블록을 조기에 식별하는 것 역시 필수**이다. 항공기의 조종기술 또는 엔진정비와 같이 복잡한 과업이 포함된 훈련은 이들의 정확한 상관관계에서 많은 학습 부문 또는 블록의 개발과 조립(development and assembly) 과정이 필요하다. 이 방법에서 학생은 전체 훈련 목표에 부합할 때까지 개별적으로 블록을 마스터할 수 있고 다른 관련 부분과 점진적으로 조화시킬 수 있다. 훈련 활동의 계획수립과 관리 중 확인된 학습 블록은 범위와 잘 조화되어야 한다. 이들 블록은 학습 기간의 순서가 아닌 측정과 평가를 위한 학습의 단위를 나타낸다. 예를 들어 자가용 조종사의 비행훈련은 위의 [표]와 같은 주요 블록으로 분류될 수 있다.

① 단독비행을 위한 필수 지식과 기술(기량)의 완성

② 단독 지방횡단비행을 위한 필수 지식과 기술(기량)의 완성

③ 자가용 조종사 자격증명을 취득하는데 필요한 지식과 기술(기량)의 완성

**빌딩 블록(building block) 방식은 학생에게 자신감(self-confidence)을 갖도록 한다.** 이것은 통상 블록이 완성될 때마다 이루어진다. 반면 정비사 자격증명을 취득하는 것과 같은 전체 목표를 얻기 어려운 것으로(unobtainable) 보일 수 있다. 만약 더 큰 블록을 더 작은 교육의 블록으로 나눈다면 소그룹 블록에서 각 블록을 다루기가 더 쉽다.

**인간은 단순한 것으로부터 복잡한 것을 배운다.** 예를 들어 조종훈련생은 단거리와 소프트 필드 착륙(short and soft field landings)을 훈련하기 전에 정상착륙(normal landing) 기술을 배우고 이해해야 한다. 헬리콥터 조종사는 유압 고장 접근과 착륙(no hydraulics approach and landing)을 훈련하기 전에 러닝 착륙(running landings) 기술에 숙달되어 있어야 한다. **교관은 학생의 경력이 쌓이면서 교육 블록의 순서를 계획할 수 있다.** 학생은 다른 범주의 조종사 자격증명을 소지하고 있거나 아니면 다른 비행경력을 갖추고 있을 수 있다. 이 정보는 교관이 적절한 훈련 블록을 계획하는 데 도움이 된다. 예를 들어 조종훈련생이 비행기로 기종전환을 하고자 하는 헬리콥터 조종사라고 한다면 이 조종훈련생은 속도를 조종할 수 있는 능력을 갖추고 있어 비행기의 속도를 조종하는 방법에 대한 교육을 계획하는 것은 불필요하다. 교관은 조종훈련생이 이미 알고 있는 것을 기반으로 교육 블록을 계획해야 한다.

## 6.4 훈련 교수계획표

현대 항공교관은 과학의 발달과 함께 더 많은 교육훈련 요건이 요구되고 있으므로 훈련계획표를 사용할 것을 강력하게 권장한다. 동시에 새롭고, 때로는 더욱 복잡한 규정(rules)이 제시되고 있는 상황에서 주어진 과업을 완수할 수 있어야 한다. 이외에도 항공교육은 다른 교육과 달리 훈련방식과 수단 그리고 기간 등에 관한 독특한 특성을 갖는다. 이들 요소는 항공교육의 연속 성과에서 항공훈련과 자격증명의 복잡성을 더해 준다. 교관은 논리적 순서에 따라 훈련을 진행해야 하고 모든 필수요건을 충족해야 할 뿐만 아니라 적절한 서류작업으로 학생들을 도와줄 수 있는 실질적 가이드(practical guide) 역할이 필요하다. 훈련계획서가 포괄적으로 잘 조직되었다면 이들 요구를 충족시켜 줄 것이다.

### (1) 훈련계획표 양식과 내용

교육훈련계획표의 양식과 내용(syllabus format and content)은 다양할 수 있지만, 항상 훈련 코스의 초록 또는 개요(abstract or digest)의 형식이 되어야 한다. 이것은 최적의 순서로 완성될 수 있는 학습 블록을 포함해야 한다. **훈련계획표는 교육훈련 코스를 요약하고자 하는 것이기 때문에 간결하면서 필수 정보가 포함되는 포괄적**이어야 한다. 이 정보는 통상 점진적 학습 범위의 개요 형식이 된다. 일부 훈련계획표는 [사례1]과 같이 전체를 위한 최저 시간 필수요건과 함께 각 수업이나 훈련을 위한 권장 훈련 시간을 보여주는 표(tables)가 포함되어 있다.

일부 교관들은 자신만의 훈련계획표를 작성하지만, 대부분은 이미 작성된 양식들을 사용하고 있다. 이들은 다양한 훈련 매뉴얼, 비행학교 훈련계획표, 그리고 다른 간행물에서도 사용되고 있다. 비행학교에서 사용되고 있는 훈련계획표는 항공규정에 요약된 특정 정보를 포함한다. 반면 정규 비행학교 외의 훈련을 위해서 계획된 훈련계획표는 등록을 위한 선결조건이라든지, 훈련 시간계획표, 그리고 각 훈련 단계별 학생의 성취도를 측정하기 위한 평가의 서술과 같은 면에서 정규 비행학교의 훈련계획표보다 내용 면에서 부족할 수 있다. 모든 훈련계획표는 효율적 훈련을 위해서 잘 조직된 학습 블록에 의존하기 때문에 각 수업

## STAGE 1 | GROUND LESSON 2

### LESSON OBJECTIVES

- Learn important safety of flight considerations.
- Become thoroughly familiar with airports, including marking and lighting aids.
- Learn the significance of airspace divisions and how to use the radio for communications.
- Understand the capabilities and use of radar and other ATC services.

### CONTENT

Introduce:

***Section A—Safety of Flight***

- ❑ Visual Scanning
- ❑ Collision Avoidance Precautions
- ❑ Blind Spots and Aircraft Design
- ❑ Right-of-Way Rules
- ❑ Minimum Safe Altitudes
- ❑ VFR Cruising Altitudes
- ❑ Special Safety Considerations

***Section B—Airports***

- ❑ Towered and Nontowered Airports
- ❑ Runway and Taxiway Markings
- ❑ Airport Signs
- ❑ Wind Direction Indicators
- ❑ Segmented Circle
- ❑ Noise Abatement Procedures
- ❑ Airport Lighting

***Section C—Airspace***

- ❑ Cloud Clearance and Visibility
- ❑ Special Use and Other Airspace Areas

***Section D—Radio Communications***

- ❑ VHF Communications Equipment
- ❑ Coordinated Universal Time
- ❑ Radio Procedures
- ❑ Common Traffic Advisory Frequency
- ❑ Flight Service Stations

***Section E—Radar and ATC Services***

- ❑ Radar
- ❑ Transponder
- ❑ FAA Radar Systems

### COMPLETION STANDARDS

The student will complete Private Pilot Exercises 2A, 2B, 2C, 2D, and 2E with a minimum passing score of 80%. The instructor will review each incorrect response to ensure understanding before the student progresses to Ground Lesson 3.

【사례1】 교육훈련에 필요한 이론교육 시간과 횟수가 지정되지 않았다. 상단에 학과/훈련 목표, 본론, 그리고 완성표준으로 구성된다.

을 위해서 잘 정의된 목표와 표준을 강조한다. 이에 적절한 목표와 표준은 전체 코스, 각각의 이론교육과 비행교육, 그리고 각 훈련 단계를 위해서 확립되어야 한다. 다른 세부 계획은 이를 어떻게 활용해야 하는지 설명할 수 있어야 하고 타당한 훈련과 참고 자료들을 기술해 줄 수 있도록 훈련계획표에 추가되어야 한다. 예들 들어 훈련과 참고 자료들은 교재, 비디오, 콤팩트디스크, 평가, 브리핑, 그리고 교육적 가이드 등이 포함될 수 있다.

## STAGE 1 | FLIGHT LESSON 4

**Dual—Local (1.0)**

*Note: A view-limiting device is required for 0.2 hours of dual instrument time allocated to Flight Lesson 4.*

### LESSON OBJECTIVES

- Practice the maneuvers listed for review to gain additional proficiency and demonstrate the ability to recognize and recover from stalls.
- The student will also receive instruction and practice in the maneuvers and procedures listed for introduction, including emergency operations and additional practice of airplane control by instrument reference (IR).
- Instructor may demonstrate secondary, accelerated maneuver, crossed-control, and elevator trim stalls.
- Emphasis will be on procedures related to airport operations, steep turns, slow flight, stalls, and stall recovery.

### CONTENT

Introduce:

- ❑ Systems and Equipment Malfunctions
- ❑ Emergency Procedures
- ❑ Emergency Descent
- ❑ Emergency Approach and Landing
- ❑ Emergency Equipment and Survival Gear
- ❑ Climbing and Descending Turns (VR)(IR)

Review:

- ❑ Airport and Runway Markings and Lighting
- ❑ Airspeed and Configuration Changes
- ❑ Flight at Approach Speed
- ❑ Flight at Various Airspeeds From Cruise to Slow Flight
- ❑ Maneuvering During Slow Flight
- ❑ Power-Off Stalls
- ❑ Power-On Stalls
- ❑ Normal Takeoffs and Landings
- ❑ Collision Avoidance Precautions
- ❑ Traffic Patterns

### COMPLETION STANDARDS

- Displays increased proficiency in coordinated airplane attitude control during basic maneuvers.
- Performs unassisted takeoffs.
- Demonstrates correct communications and traffic pattern procedures.
- Completes landings with instructor assistance.
- Demonstrates basic understanding of steep turns, slow flight, stalls, stall recovery, and emergency operations.
- Completes demonstrated stalls.
- Indicates basic understanding of airplane control by use of the flight instruments.

【사례2】 이론교육과 같이 비행훈련 학습 역시 목적, 내용, 그리고 완성표준이 반드시 포함되어야 한다. 단일 비행훈련에 한 개 이상의 목표가 포함되거나 적용되어야 한다.

**Typical syllabus notes**

- Students should read Chapter 1 of the textbook prior to Ground Lesson 1.
- All preflight duties and procedures will be performed and evaluated prior to each flight. Therefore, they will not appear in the content outlines.
- The notation "VR" or "IR" is used to indicate maneuvers which should be performed by both visual references and instrument references during the conduct of integrated flight instruction.
- A view-limiting device is required for the 0.2 hours of dual instrument time allocated to Flight Lesson 4.
- The demonstrated stalls are not a proficiency requirement for private pilot certification. The purpose of the demonstrations is to help the student learn how to recognize, prevent, and if necessary, recover before the stall develops into a spin. These stalls should not be practiced without a qualified flight instructor. In addition, some stalls may be prohibited in some airplanes.

【사례3】 노트 형식에 있는 정보는 훈련계획표의 개별 이론 또는 비행훈련에 필요한 사항들이 추가로 기록될 수 있다. 예를 들어 "학생은 비행이론 lesson 1 전에 참고서의 Chapter 1을 필독해야 한다."와 같이 기록될 수 있다.

(2) 훈련계획표의 사용

실제 훈련계획표는 [사례2]와 같이 융통성(flexible)이 있어야 하고 교육 안내서(guide)로써 활용되어야 한다. 또한, 필요하다면 훈련의 순서(sequence)를 정할 수 있고 학생의 진도(progress) 그리고 특별 환경의 필요에 맞게 변경시킬 수 있어야 한다. 예를 들어 이전 경험 또는 학습의 다른 진도는 때로는 학생 개인에 맞게 일부 수정 또는 반복이 필요하다.

또한, 훈련계획표는 충분한 융통성이 있어야 하고 기상 변화(weather variations), 항공기의 가용성(aircraft availability)에 적절히 대응할 수 있어야 한다. 이것은 교육 과정에 방해를 주지 않고 훈련을 완전히 중단하지 않고도 계획을 변경할 수 있다. 그러나 교육/훈련계획표에 계획된 순서가 변경되었을 때 학습 블록의 상관관계에 어떻게 영향을 줄 수 있는지를 고려하는 것은 교관 책임이다. 예를 들어 학생이 정상 접근과 착륙(normal approach and landing) 훈련이 어려워졌다면 교관은 학생의 현재 교육 블록을 다음 단계로 넘어가는 단거리 활주로 착륙 훈련으로 순차적 연기를 결정해야 한다. 교관은 학생의 불충분한 착륙 기술이 형성되는 것을 방지하기 위해서 학생이 더 잘 수행할 수 있고 자신감을 가질 기회를 제공하는 저속비행(slow flight)에 있는 블록을 다시 한번 복습하는 것을 선택할 수도 있다. 또한, 이 실습이나 훈련은 학생이 접근과 정상착륙을 마스터하는데 필요한 기량을 쌓는 데 도움이 되어야 한다.

항공학교에서 제공하는 훈련 코스는 통상 항공당국에서 승인한 훈련계획표에 따라 진행된다. 이들 정규 항공학교에서 훈련계획표는 훈련 코스 개요(training course outline)의 핵심 부분이다. 항공교육 시설, 공항, 항공기, 그리고 교관은 훈련계획표에 기술된 훈련 코스를 지원할 수 있어야 한다. 이들 규정에 따라 적절하게 승인된 훈련계획표에 따른 훈련 과정을 이수하는 것은 정상적인 졸업을 위한 필수요건이다. 따라서 훈련계획표의 효과적인 사용은 전체 훈련 코스를 통해서 반드시 참고해야 한다. 교관과 학생 모두는 공인 훈련계획표의 사본을 소지하고 있어야 하지만 앞서 언급한 것과 같이 훈련계획표를 준수하는 것이 때로는 융통성이 없는 것으로 인식될 수 있다. 따라서 훈련계획표는 학생 개인의 특별한 요구에 적응시킬 수 있을 정도로 충분한 융통성이 있어야 한다.

**이론교육과 교실 강의는 인지학습 영역에 집중한다.** 전형적인 수업은 학생들이 배우는 범위를 정하고, 라벨을 붙이고, 그리고 목록을 작성하는 것들로 이루어진다. 대부분의 항공지식 범위에서 비행안전, ADM, 그리고 판단력과 직접 또는 간접적으로 관련되어 있다. 이들 주제는 학습의 감정 영역과 관련되어 있어 전통적인 항공지식 속에 비행안전, ADM, 그리고 판단력을 강조하는 방법을 추구하는 교관은 학생의 태도, 믿음, 그리고 가치에 호의적(favorably)으로 영향을 줄 수 있다. 비행훈련 또는 항공기술 실험실 세션은 지식 범위를 포함하지만, 비행훈련은 학생이 "무엇인가를 실행해야 하므로" 학습의 정신운동 영역을 강조한다. [사례3]의 교육/훈련계획은 조종훈련생을 위한 이론 학습의 주요소를 보여준다. 이 종류의 훈련에서는 학습의 감정 영역이 중요하다. 항공안전을 위한 학생의 태도, 그리고 판단력은 교관의 주요 관심사가 되어야 한다.

비행에 관한 훈련계획표에는 사고 또는 경사고(accident and incident)의 원인이 될 수 있는 특별히 강조해야 하는 항목(items)들이 포함되어야 한다. 예를 들어 교관은 전체 비행훈련을 통한 공중충돌(midair collision)과 난기류 회피 절차(avoidance procedure)를 강조해야 한다. 이와 유사하게 정비과정 학생을 위한 훈련계획표 역시 공구의 위치가 확인되지 않았을 때 FOD를 초래할 수 있는 항공기 사고의 원인이 될 수 있다는 것을 강조해야 한다. 훈련계획표는 교육/훈련 목표, 내용(contents), 또는 표준을 추가하거나 명확하게 하는 여러 개의 다른 항목들이 포함될 수 있다. 교육훈련은 권장 교실 수업시간, 참고 또는 연구자료, 훈련순서, 그리고 다음 교육훈련을 위한 연구과제가 지정될 수 있다. [사례4]와 같이 이론교육과 비행훈련 모두 특정 교육훈련에 추가되어 이를 설명하고 있는 정보들을 기록해야 한다.

학습이나 (실습) 훈련계획표가 훈련 코스의 전체 목표를 어떻게 달성할 수 있는지 보여주는 로드맵(roadmap)을 제공하기 위해서 계획될 수도 있지만 다른 목적을 위해서도 유용하다. 앞서 언급한 것과 같이 필수 훈련 항목이 차례로 완수되는 것을 보장하기 위한 점검표로 활용할 수 있다. 따라서 **(학습이나 실습) 훈련계획표는 기록관리(record keeping)를 위한 유용한 도구로 사용될 수 있다.** 독립 교관(independent instructor)에게 개선훈련계획표는 기록관리에 매우 유용하다. 이 기록관리 기능은 통상 수업이나 훈련 범위, 절차, 또는 관련 기동 옆에 공백을 남겨두어 원하는 사항을 쉽게 기록하여 관리할 수 있도록 하였다. 대부분의 훈련계획표는 한 단위 수업이나 훈련에 필요한 각 절차 또는 기동이 소개되고 다음 수업이나 훈련에서 이들을 복습할 수 있도록 구성되어 있다.

**일부 실습/훈련계획표는 이론교육과 비행훈련 시간 모두에서 학생의 성과(성적)를 매기고 기록할 수 있는 공간이 포함**되어 있다. 교관과 학생 모두에게 정확한 기록관리는 훈련상태 또는 진도를 알 수 있는 중요한 기록물이다. 또한, 이들 기록은 학과시험과 실기평가

**FLIGHT INSTRUCTION LOG (GLIDER)**

**Student:**      **Instructor:**

| Flight Number | 1 | 2 | 3 | 4 | 5 | 6 | 7 | 8 | 9 | 10 | 11 | 12 | 13 | 14 | 15 | 16 |
|---|---|---|---|---|---|---|---|---|---|---|---|---|---|---|---|---|
| Lesson Number | | | | | | | | | | | | | | | | |
| Glider Assembly | | | | | | | | | | | | | | | | |
| Preflight Inspection | | | | | | | | | | | | | | | | |
| Ground Handling | | | | | | | | | | | | | | | | |
| Takeoff (Normal) | | | | | | | | | | | | | | | | |
| Crosswind Takeoff | | | | | | | | | | | | | | | | |
| Tow (High-Tow & Low-Tow) | | | | | | | | | | | | | | | | |
| Boxing the Wake | | | | | | | | | | | | | | | | |
| Slack Line Recovery | | | | | | | | | | | | | | | | |
| Straight Glides | | | | | | | | | | | | | | | | |
| Turns (Shallow & Medium) | | | | | | | | | | | | | | | | |
| Steep Turns (50 to 60 Degrees of Bank) | | | | | | | | | | | | | | | | |
| Slow Flight & Minimum Controllable Airspeed | | | | | | | | | | | | | | | | |
| Straight-Ahead Stalls | | | | | | | | | | | | | | | | |
| Turning Stalls | | | | | | | | | | | | | | | | |
| Accelerated Stalls | | | | | | | | | | | | | | | | |
| Spin Recovery | | | | | | | | | | | | | | | | |
| Traffic Pattern | | | | | | | | | | | | | | | | |
| Use of Spoilers | | | | | | | | | | | | | | | | |
| Forward Slips (With & Without Spoilers) | | | | | | | | | | | | | | | | |
| Landings (Normal) | | | | | | | | | | | | | | | | |
| Crosswind Landings (Simulated) | | | | | | | | | | | | | | | | |
| Off-Airport Landings (Simulated) | | | | | | | | | | | | | | | | |
| Airspeed Control | | | | | | | | | | | | | | | | |
| Vigilance & Collision Avoidance | | | | | | | | | | | | | | | | |
| Judgment | | | | | | | | | | | | | | | | |
| Use of Checklists | | | | | | | | | | | | | | | | |
| | | | | | | | | | | | | | | | | |
| **Flight Time (This flight)** | | | | | | | | | | | | | | | | |
| **Total Flight Time** | | | | | | | | | | | | | | | | |

【사례4】 훈련계획서

를 위한 배서(endorsements)와 권장을 위한 기초 자료로 사용된다. 일부 훈련계획표와 기록은 다른 교관을 위해서 학생의 진도와 지식 및 기술(기량) 수준의 평가를 기록하기 위한 코드 번호 또는 문자(coded numbers or letters)가 포함될 수 있다. 실습이나 훈련계획표의 또 다른 장점은 학습계획의 발달에 도움이 된다. 학습이나 훈련계획표가 잘 조직되었다면 학습 혹은 훈련 목표, 내용, 그리고 완성표준을 포함하여 학습계획에서 필요로 하는 상당한 필수 정보가 이미 포함되어 있다.

## 6.5 학습 또는 훈련계획

학습/훈련계획은 단일 교육 기간을 위해서 조직된 개요(organized outline)이다. 이것은 무엇을 해야 하고, 순서는 어떻게 해야 하는지, 그리고 교육에서 자료들을 어떠한 절차로 사용해야 하는지를 말해주기 때문에 교관을 위한 필수 안내서라고 볼 수 있다. 학습/훈련계획은 각각의 훈련 기간을 위해서 준비되어야 하고 가르치고자 하는 특정 지식과 기술(기량)을 보여주기 위해서 개발되어야 한다. 이것은 머릿속으로 생각한 개요(mental outline)가 아닌 기록 형태가 되어야 한다. 다른 교관들도 이 학습계획을 활용할 수 있어야 하고 이를 통해서 동일 교육 기간에 실행할 수 있는 것이 무엇인지 알 수 있어야 한다. 학습계획이 세부적으로 작성된 후 이들의 타당성과 완성도(adequacy and completeness)를 위해서 분석되어야 한다.

**학습/훈련계획은 영구 조종사 훈련 기록의 한 부분이 될 수 있도록 우수한 기록관리 형식이 되어야 한다.** 학습계획은 교관이 항공기에 탑재하고 다닐 수 있는 형식이어야 하고 훈련범위, 날짜, 비행교관 서명, 그리고 비행시간을 알 수 있는 점검표가 포함되어야 한다. 또한, 학습/훈련계획은 비행교관 코멘트를 기록하기 위한 여백(notation section)이 있어야 한다. 각 학생을 위한 훈련 폴더(training folder)는 학생에 관한 모든 자료를 한 장소에 보관하는 데 도움이 된다. 폴더는 수업/훈련계획, 훈련요건(training requirements), 비행 또는 이론교육, 필수 규정적 요건, 단독비행 배서(solo endorsements), 그리고 관련된 다른 훈련 정보와 같은 항목들이 포함되어야 한다. 이들 기록은 안전한 장소에 최소한 3년 동안 보관해야 한다. 이외에도 양호한 기록관리는 훈련을 받은 학생의 수와 함께 각 교관이 함께 기록되어 있다. 이것은 보수교육을 받아야 할 때 담당 교관이 참고할 수 있는 유용한 정보이다.

### (1) 학습/훈련계획의 목적

**학습/훈련계획의 목적은 각 학생이 현재의 조건에서 최상의 교육을 받을 수 있도록 보장하도록 계획되어야 한다.** 이것은 교관에게 자신이 담당한 학생들의 활동과 함께 교관 자신의 활동을 점검하고 기록을 보관하는 데 도움이 된다. 사실상 교관이 작성한 학습/훈련계획은 학생들을 가르치기 전에 그들 자신이 먼저 배우고 있다는 것을 의미한다. 훌륭한 학습/훈련계획이 적절하게 활용되었을 때 다음과 같은 효과를 얻을 수 있을 것이다.

① 불필요한 세부내용을 배제하고 유용한 자료를 선택하도록 한다.
② 각 수업/훈련에서 중요 항목이 빠지지 않도록 한다.
③ 학습을 위해서 적절한 순서로 학습자료를 관찰할 수 있도록 한다.
④ 교관이 활용하고자 하는 교육 절차의 개요를 제공한다.
⑤ 훈련 코스의 목표 달성과 관련된 수단으로 활용할 수 있다.
⑥ 초임 교관에게 자신감을 부여한다.
⑦ 교관이나 교육 날짜와 관계없이 교육의 일관성을 보장한다.

### (2) 우수한 학습/훈련계획의 특징

학습/훈련계획의 질적 수준(quality)은 학습 결과에 영향을 준다. 최고 전문가로 인정받는 것은 결코 쉬운 일이 아닌 만큼 철저한 준비가 필요하다. 교관은 각 학습을 계획하는 데 있어서 많은 시간과 노력의 대가라는 것을 알아야 한다. 일반적으로 완전한 계획수립에는 여러 단계가 포함되어야 한다. 교관은 목표를 설정한 후 목표에서 지정된 주제를 연구한다. 일단 연구를 마쳤다면 교육 방법을 결정하고 유용한 학습계획 형식이 무엇인지 찾는다. 다음, 학습을 어떻게 조직할 것인지를 결정하고 적절한 보조 자료를 선택한다. 마지막 단계는 훈련 교보재를 조합하여 학습계획개요를 작성한다. 학습계획개요를 작성하는 한 방법으로 먼저 처음과 마무리를 준비하는 것이다. 다음, 개요를 완성하고 필요에 따라 수정한다. 학습/훈련계획은 변화가 발생했거나 변경이 필수적일 때 수정하여 작성해야 한다. 다음은 학습계획을 작성할 때 고려해야 하는 일부 중요한 사항들을 열거한 것이다.

① **통합**(unity). 각 수업/훈련은 교육 부문에 통합되어야 한다. 수업은 원하는 학생 학습 결과의 조건에 서술되고 있는 특정 제한된 목표와 관련해야 한다. 모든 교육 절차와 재료들은 이들 목표를 달성할 수 있게 선택되어야 한다.

② **내용**(content). 각 수업/훈련은 새로운 교육자료를 포함해야 한다. 이들 새로운 사실, 원리, 절차, 또는 기술은 이전에 보여준 수업/훈련과 관련해야 한다. 특히 비행훈련에 있어서 이선에 훈련한 내용을 간단하게 복습하는 것이 꼭 필요하다.

③ **범위**(scope). 각 수업/훈련은 적절한 범위로 한정되어야 한다. 일부 학생은 내용의 복잡성에 따라 한 번에 몇 개의 원리 또는 기술(기량)만을 익힐 수 있다. 한 훈련에서 너무 많은 과제를 수행하는 것은 혼동할 수 있고 너무 적은 과제는 비효율적이다.

④ **실현성**(practicality). 각 수업/훈련은 성취할 수 있는 범위 내에서 계획되어야 한다. 항공기 혹은 지상훈련장치에서 수행되는 훈련계획은 강의실에서 이루어지는 것과 달라야 한다. 또한, 가용한 교보재의 종류와 수량은 학습계획과 교육 절차에 영향을 줄 수 있다.

⑤ **융통성**(flexibility). 비록 학습/훈련계획이 수행하고자 하는 훈련을 위한 개요와 순서를 제공할지라도 어느 정도의 융통성이 함께 고려되어야 한다. 예를 들어 내용의 개요에는 필요하다면 보충자료를 위한 여백(blank spaces)이 있어야 한다.

⑥ **훈련 코스의 연관성**(relation to course of training). 각 수업/훈련은 각 학생에게 맞도록 코스의 목표와 연관해서 계획되고 교육되도록 작성해야 한다. 예를 들어 단거리 이착륙을 위한 훈련은 자격증명과 훈련 코스의 안전성 목표 모두와 관련이 있다.

⑦ **교육적 단계**(instructional steps). 모든 수업/훈련이 적절하게 작성되었을 때 학습 과정은 다음과 같이 4개의 단계에 논리적으로 합당해야 한다.

- 준비(preparation)
- 발표/프레제테이션(presentation)
- 적용(application)
- 복습과 평가(review and evaluation)

### (3) 학습/훈련계획의 활용

교관은 담당 학생이 원하는 목표를 달성하기 위해서 학생의 일반 특성에 맞게 학습/훈련계획을 작성해야 하고 이들은 다음과 같이 활용할 것을 권장한다.

① **학습계획/교안**(lesson plan)**에 익숙해져라.** 교관은 학습계획의 각 단계를 연구하고 주

제와 관련된 가능한 한 많은 정보에 철저히 익숙해져 있어야 한다.

② **학습계획(교안)을 가이드로 활용하라.** 학습계획은 교육 기간 중 수행해야 하는 것들을 요약한 것이다. 이것은 타당한 재료가 가까이 있고 프레젠테이션은 적절한 순서와 일정하게 이루어지고 있음을 의미한다. 이것은 교관에게 일정한 순서에서 벗어나지 않도록 하고 중요한 요소를 빠뜨리지 않게 하며, 관련 자료를 빠뜨리지 않고 강의할 수 있도록 보장한다. 학생들은 그들이 받아야 하는 교육에 대해서 교관이 같은 주의력을 제공해 줄 것이라고 예상할 수 있고 이는 학생의 당연한 권리이다. 성공적 교육을 달성하는 방법의 하나는 학습계획을 주의해서 검토(review)하는 것이다.

③ **학습계획(교안)은 학급 또는 학생에게 적응(adapt)시켜라.** 교관은 교실 수업에서 학습계획에 요약된 절차가 원하는 결과로 이어지지 않는다는 것을 발견할 수 있다. 이 경우 교관은 접근 방식을 달리해야 한다. 어느 한 그룹에서 성공적인 교육방식이 다른 그룹에서도 같은 성공이 보장되지 않을 수 있다. 교육비행 기간을 위한 학습계획은 배경, 비행경험, 그리고 특정 학생의 능력에 적합해야 한다. 비행 중 학습(훈련)계획은 학생 지식의 부족(deficiencies) 또는 수업(훈련)의 효과적인 완성을 위한 필수 요소들을 마스터하지 못한 이유 등으로 적지 않게 변경될 수 있다. 일부 경우는 이전 수업/훈련을 위해서 전체 수업/훈련을 포기해야 할 상황이 있을 수 있다.

④ **학습계획을 주기적으로 수정하라.** 학습계획은 훈련 기간 중 지속적으로 수정되어야 한다. 이것은 교보재의 가용성 또는 비가용성, 규정의 변경, 또는 새로운 매뉴얼과 교재와 같은 여러 가지 이유가 있을 수 있다.

### (4) 학습/훈련계획 형식

학습/훈련계획의 형식과 방식(format and style)은 다양한 요소들에 달려 있다. **주제(subject matter)가 확실하다면 교관이 어떻게 강의를 해야 하는지 그리고 어떠한 방식으로 강의할 것인지를 결정하는 데 도움이 된다.** 개별 학습/훈련계획은 일대일 훈련을 위해서 단순할 수 있고, 아니면 대형 강의실 수업을 위해서 잘 다듬어져야 할 정도로 복잡할 수 있다. 각 수업/훈련은 합리적 시간 내에 달성할 수 있는 제한된 목표(limited objectives)를 설정하는 것이 더 좋을 수 있다. 이것은 이론교육과 비행훈련 모두에 적용되어야 한다. 그러나 앞서 언급한 것과 같이 항공훈련은 단순하지 않기 때문에 3개의 주요 학습영역을 포함하고, 통상 목표는 적용 수준에서 더 높은 학습수준이 포함되어야 한다.

주제의 다양성, 다양한 교육방식, 그리고 상대적으로 높은 수준의 학습 목표를 필요로 하지만 대부분의 항공 학습/훈련계획은 앞서 언급한 것과 같은 공통 특성들을 갖는다. 이것은 학습/훈련 목표, 내용, 그리고 완성표준이 포함된다. 상업적으로 완성된 학습계획은 실기평가 중에 사용할 수 있는 대부분 내용이 포함되어 있고 모든 훈련 상황에 사용할 수 있다. 그러나 이들 기성 제품의 학습계획은 수정할 필요가 있다는 것을 인식해야 한다. 따라서 교관은 특정 학생 또는 훈련 환경에 맞게 발행된 학습계획을 채택했거나 자신이 학습계획을 작성할 때 상황에 맞게 창의성을 발휘할 필요가 있다.

## Traditional Lesson Plan

**LESSON OBJECTIVE**
The student will learn to control for wind drift.

**COMPLETION STANDARDS**
The student will demonstrate the ability to consistently control for wind drift in a safe and effective manner within a specified limit of heading, altitude, and airspeed.

---

**CONTENT**
Preflight Discussion:
- Lesson objective and completion standards
- Normal checklist procedures
- Weather analysis

Review:
- Heading
- Speed
- Angle of bank
- Altitude
- Terrain
- Wind direction plus velocity

Introduction:
- Aerodynamics Demonstration
  i. Turns around a point
  ii. S-turns across a road

Postflight Discussion:
- Critique student performance, preview next lesson, and give study assignment

EXAMPLE

【사례5】 전통적인 학습/훈련계획

전통적인 학습/훈련계획의 목표는 [사례5]와 같이 "학생은 편류(drift)를 조종할 수 있도록 훈련되어야 한다."와 같이 작성될 수 있다. 본문은 교관이 조종훈련생에게 부여해야 하는 기수방위(heading), 속도, 경사각, 지형, 그리고 풍향 풍속의 범위가 포함되어 있다. 이 설명은 "원형비행 또는 S-선회"와 같은 특정 비행기동의 시범과 반복 훈련 다음에 이루어져야 한다. 조종훈련생은 기동을 수행하기 위한 기수방위, 고도, 그리고 대기속도 한계 내에서 안전하고 효과적으로 이루어질 때까지 계속되어야 하고 훈련의 종료 시점에서 교관의 도움 없이 기동을 수행할 수 있어야 한다.

과제 그리고 기동 또는 절차에 초점을 맞추고 있는 전통적인 훈련계획은 대부분의 항공훈련 필수요건에 충족시키기 위해서 계속되지만 앞서 언급한 것과 같이 더욱 현실에 맞게 보충되어야 하고 SBT와 같은 문제기반 학습의 형태로 전환되는 추세이다. SBT 훈련은 비행교관에게 전통적인 기동기반훈련(maneuver-based training)을 방해하지 않으면서 비행훈련 시나리오와 통합하여 실세계에서 접할 수 있는 상황을 처리할 수 있도록 한다. 그러나 이들 반복 훈련이 필요한 기동들은 여전히 집중 교육이 필요하다. 일단 학습이나 훈련된 후 학생들은 실세계 비행 상황 속에 통합된다. SBT는 정비교관에게도 전통적인 강의실 교육을 향상시킨다. SBT를 수업에 통합함으로써 학생들은 이들이 현실에서 접할 수 있는 문제를 다룰 수 있도록 기회를 제공한다.

## 6.6 시나리오기반 훈련

**조종사의 부적절한 결심(improper pilot decisions)은 치명적 항공기 사고의 상당한 부분을 차지하는 원인**이 된다. SBT의 목표는 의사결정기술을 향상하기 위해서 조종훈련생 및 기종전환 조종사들에게 다양한 비행 시나리오에 도전할 수 있게 한다. 이들 시나리오는 조종사에게 조종실에 가용한 모든 자원을 관리할 수 있고, 현명한 판단 그리고 적시 적절한 결심을 내릴 수 있도록 한다. 앞 장에서 SBT에 관해서 정의한 것과 같이 **SBT는 항공훈련 목표를 달성하는 데 있어서 실세계 경험과 매우 유사한 대본을 사용하는 훈련방식이다. 이것은 초기훈련, 전환훈련, 승급훈련, 보수훈련, 그리고 특별훈련에 적합하다.** 인간은 세상과 활발한 상호작용을 통한 인지기술을 발달시키기 때문에 유능한 항공교관은 PTS의 기동 혹은 절차기반 접근을 활용하지만, 시나리오 상황에서 목표를 제시한다.

일부에서는 교육의 한 방식으로써 오랫동안 SBT를 활용해 왔지만 최근 항공훈련에서 SBT의 중요성이 강조되고 있는 것은 학생들이 학습 과정에 활발하게 참여하고 있을 때 더욱 효율적으로 학습되고 있음을 보여주는 연구결과를 반영하고 있다. 또한, 최근 항공교육에서 관심의 대상이 되는 것이 첨단항공전자(advanced aviation electronic)의 등장이다. 이들은 기존의 대형 항공기 위주에서 이제는 일반항공의 영역까지 많은 역할을 변화시키고 있다.

글라스 칵핏(glass cockpit), GPS, 그리고 오토파일럿(autopilot)과 같은 첨단항공전자는 항공기 운항을 더욱 쉽고 안전하게 조종하는데 기여하고 있지만, **이들 장치의 작동은 기존 항공기 조종 업무에 더해져 조종실 업무는 더 복잡해질 수 있다. 이들 첨단항공전자의 등장으로 항공훈련의 초점이 항공의사결정과 위험관리가 포함되도록 변화되고 있다.** 전형적으로 1인 조종사자원관리(single-pilot resource management; SRM)의 사례들이다. SRM 훈련은 조종훈련생 또는 기종전환 조종사에게 실세계 상황에서 의사결정과정을 훈련하도록 함으로써 기본적으로 조종간을 이용한 조종기술을 떨어뜨리지 않으면서 전통적인 과제와 기동기반 훈련을 SBT와 결합해 ADM, 위험관리, 그리고 SRM 기술을 향상시키도록 한다. 이 프로그램은 실기평가에 합격하기 위한 조종사 훈련 대신 실세계에서 접할 수 있는 도전을 전문적으로 관리할 수 있는 능력에 초점을 두고 있다.

### (1) 항공교관의 의무, 책임, 그리고 권한

항공교관의 의무, 책임, 그리고 권한(authority)은 다음과 같다.

① 학생에게 SBT 접근에 대한 방향을 제시하라.

② 학생이 계획을 수립할 수 있는 능력을 갖추도록 하고 그들 자신의 성과에 대한 비평적 평가자(critical evaluator)가 되도록 도와주어라.

③ 학생이 실세계 적용에서 나타날 수 있는 지식 필수요건을 이해할 수 있도록 도와주어라.

④ 학생이 어려워하는 것이 무엇인지 진단하고 개별적으로 극복할 수 있도록 도와주어라.

⑤ 학생 진도를 평가하고 적절한 기록을 유지하라.
⑥ 학생 학습에 대해서 지속적인 복습 혹은 되돌아볼 수 있도록 하라.

**항공교관은 SBT 성공의 핵심이다. 전체 학습 목표는 학생들에게 현명한 판단과 결심을 내릴 수 있도록 하는 것임을 기억하라.** 예를 들어 비행교관은 가능한 한 빨리 학생들이 스스로 비행을 계획하고 실행에 대한 책임을 질 수 있도록 하는 것이다. 비행교관은 전통적인 방식에서 시범을 보여주고 기동 기술(량) 향상을 위해서 꾸준히 노력해야 하지만 **학생이 결심을 내려야 할 때 비행교관은 조언자 또는 학습 관리자의 역할로 한정되어야 한다.** 학생은 한 개의 정답 또는 오답을 갖지 않을 수 있고, 대신 학생은 대신 여러 번의 훌륭한(good) 결과 그리고 일부는 불만족한(poor) 결과를 가질 수 있는 훈련 상황에 접할 수 있다. 교관은 자신의 개인적 선호도에 맞게 학생이 결심을 내릴 것을 요구하는 것보다 학생들은 어떠한 결과가 긍정적이고 부정적인지 그리고 학생에게 현명한 결심과 잘못된 결심 모두 할 수 있는 자유가 있다는 것을 사전에 확실하게 이해시켜야 한다. 그러나 이것이 학생에게 불안전한 결심을 하거나 행동을 허용해도 된다는 것을 의미하지 않는다. 이것은 학생이 그들의 경험 수준에 맞는 결심을 할 수 있고 긍정적 결과를 내릴 수 있도록 해야 한다는 것을 의미한다.

(2) SBT 학습계획

SBT 학습계획은 [사례6]과 같이 전통적인 학습계획(교안)과 다르다. 이 사례에서 교관은 학생에게 지정된 비관제공항에 도착하기 위한 계획을 수립할 것으로 요구했다. 이를 위한 훈련계획에는 바람 상태, 도착 경로, 공항정보와 통신절차, 가용 활주로, 장주 절차, 가용한 방책, 그리고 우발상황 등이 포함되어야 한다. 조종훈련생은 공항에 도착하자마자 장주에 안전하게 진입하여 비행할 것을 결심하였다. **이것은 무엇을 행해야 하고, 왜 이처럼 해야 하는가? 그리고 그 결과는 무엇이고, 다른 가용한 방책은 무엇인가? 그리고 다른 공항에 이를 어떻게 적용할 수 있는가를 토론한 다음 행해져야 한다.** 전통적인 훈련(수업)계획에서 훈련받은 학생에 비해 SBT 방식에서 훈련된 학생은 특정 비행기동을 더 잘 수행할 수 있을 뿐만 아니라 어떠한 바람 조건에서도 원하는 비관제공항에 안전하게 도착할 수 있는 능력을 보여주고 있다.

(3) 사전 시나리오 계획하기

항공교관과 학생은 효율적인 SBT 훈련을 위해서 다음과 같은 정보를 확립하는 것이 중요하다. 비행 시나리오(flight scenario)는 다음 사항들을 포함할 것을 권장한다.

① 시나리오 목표
② 학생의 원하는 학습 결과
③ 학생의 원하는 성과 수준
④ 비행 중 시나리오 변경 가능성

## Scenario-Based Training Lesson Plan

**TYPE OF TRAINING**
Initial

**MANEUVER OR TRAINING OBJECTIVE**
Plan for arrival at a specific nontowered airport.

**SCENARIO**
Prepare to fly to the Enterprise Municipal Airport (EDN) in order to visit the Army Aviation Museum at Fort Rucker.

**COMPLETION STANDARDS**
The student is capable of explaining the safe arrival at any nontowered airport in any wind condition.

**POSSIBLE HAZARDS OR CONSIDERATIONS**

- Ground-based obstructions/hazards
- Winds conditions
- Visibility/ceiling
- Engine-out procedures
- Airport traffic

**MITIGATION STRATEGIES AND RESOURCES (Every hazard or consideration should be addressed through the use of some mitigating strategy or resource. Those provided below serve only as an example to illustrate the system safety methodology.)**

**Ground-based obstructions/hazards:**
The instructor and student will review all available resources, including sectional/terminal area charts, A/FD, and Notices To Airmen (NOTAMs). Using aircraft performance data found in the POH/FM, the potential impact of any obstructions or hazards during departure, en route, and arrival will be assessed and a strategy developed to address any concerns.

**Wind conditions:**
The instructor and student will use the aircraft POH/FM and assess the runway environment prior to making a determination. This would also be an excellent catalyst for a discussion of personal minimums and any additional training requirements.

**Visibility/ceiling:**
The instructor and student will discuss the impact of visibility/ceiling as it relates to departure, en route, and landing at an nontowered airport in various wind conditions. For example, if circumstances demand the conduct of a circling approach under marginal VFR conditions, does the student have the confidence and proficiency to fly a tight pattern while managing airspeed, aircraft coordination, etc? Under such circumstances, would it be more desirable to conduct a straight-in approach with a slight tailwind (if that is even an option)? How much wind would be too much? What other variables/options should be considered (perhaps a diversion to a more suitable airport)?

**Engine-out procedures:**
Should an engine fail or partial loss of power occur, the student and instructor should discuss and simulate in a manner consistent with safety, engine-out procedures as part of a comprehensive training program.

**Airport traffic:**
Traffic at both towered and nontowered airports often necessitates wide variations in landing patterns. While issues stemming from airport traffic may largely be addressed through sound flying technique, the instructor can take an otherwise routine lesson and introduce other risk elements, thus promoting the student's development of critical decision-making skills.

**FLY THE SCENARIO**

**POSTFLIGHT REVIEW**
This review should include a dialogue between the instructor pilot and the student or transitioning pilot encompassing the flight scenario. Generally, the instructor pilot should lead the discussion with questions that generate reflective thinking on how the overall flight went. The instructor pilot should use this to assist in evaluating the student or transitioning pilot's assessment skills, judgment, and decision-making skills. Typically, the discussion should begin with student self-critique; the instructor pilot enables the student to solve the problems and draw conclusions. Based on this analysis, the student and instructor pilot should discuss methods for improvement, even on those items that were considered successful.

【사례6】 전형적인 SBT 학습(훈련) 계획표이다. 이 사례에서 주요 내용은 다음과 같이 구성된다.

- 훈련의 종류
- 기동 또는 훈련 목표
- 시나리오
- 완성표준
- 위험성 또는 고려사항
- 위험을 완화하기 위한 전략과 자원
- 시나리오에 따른 비행
- 비행 후 평가/복습

**SBT 훈련에 관해서 기억해야 하는 요점**

- SBT는 현실적 내용으로 구성된다. 지식으로 얻어질 수 없으며 완전하게 통합되고 독립된 시나리오 내용을 기초로 작성되어야 한다.
- SBT는 성과 향상과 학습 기능의 행동 변화 철학과 일치해야 한다.
- SBT는 전통적인 교육 설계와 다르다; 성공적인 SBT를 활용하기 위해서 다르다는 것을 유의해야 한다.
- 대부분의 학습 해법은 전통적 훈련과 SBT 모두 활용된다.
- 전통적인 학습 요소들은 SBT 요소들을 향상시킨다.
- SBT와 전통적인 학습 사이에서 전이될 수 있도록 시나리오 주변 경계에 놓이도록 하는 것이 필수이다.
- 개방형 학습자 피드백은 성공적 시나리오 버전에 핵심이지만, 개정은 그럴만한 충분한 이유가 있지 않는 한 시나리오는 더 복잡하지 않아야 한다.

항공교육의 전통적인 지식 관련 학습 결과에서 학생들이 상황을 평가하고 적절하게 반응할 수 있는 내면학습(internalized learning)이 강조되고 있다. 이외에도 동적인 학습경험(dynamic learning experience)에서 지식 구성요소들은 중요한 부수 효과로 작용한다. SBT에서 현실(reality)은 학습의 본질이고 이상(ideal)에 근접할 수 있도록 시도한다. 이것은 문맥 또는 상황(context or situation)에서 발생하는 학습을 다룬다.

이것은 지식으로는 알 수 없고 이들 독립된 문맥을 완전히 이해된 것으로 볼 수 있는 상황인식 개념을 바탕으로 한다. 다시 말해서 **인간은 실제 접한 상황이 더욱 현실적이고 이들을 너 많이 경험해 볼수록 더 잘 학습된다는 것을 의미한다.** 예를 들어 비행교관의 도움을 받아 작성된 지방횡단비행 시나리오는 조종실 관리기술(flight deck management skills), 상황인식, 그리고 항공의사결정을 조기에 발달시킬 수 있다. 학생에게 각 시나리오를 계획, 실행, 그리고 평가할 수 있도록 함으로써 전체 훈련을 통해서 이 같은 능력을 더욱 보강해 줄 것이다.

교관은 학생들이 훈련 제공자가 제공한 단거리 지방횡단비행의 메뉴로부터 비행 시나리오를 계획한 것에 대한 책임을 져야 한다는 것을 강조해야 한다. 비행교관은 첫 훈련 전에 항공기 성능 데이터, 무게와 균형, 그리고 전반적인 항공기 구조에 대해서 학생에게 확실하게 도움을 주고 있는 것은 사실이지만 학생이 이들 책임을 더 빠르게 인지할 수 있도록 하는 것 역시 더 훌륭한 학습 환경이다. 일반 훈련계획표에서 제시하고 있는 시나리오기반 기술은 훈련 계획자를 위한 기본 형식이다.

시나리오는 국지 기상과 지형 상태에 따라 조정되어야 하고 학생이 비행 중 조우할 수 있는 가장 유사한 환경이 주어졌을 때 최대 효과를 얻을 수 있다. SBT는 **성인 학습 개념이고 전통적인 항공훈련절차를 엮어 놓은 최고의 기본 학습 이론이다.** 이것은 무엇보다도 가장 현실적인 환경(realistic environment)에서 개별 학생이 이해할 수 있고 처리할 수 있는 진도와 구성에서 복합적으로 학습을 평가하도록 한다.

▲ 자가용 소형제트항공기의 한 기종

## 6.7 1인 조종사자원관리(SRM)

SRM은 성공적 비행 결과를 보장하기 위해서 비행 전 그리고 비행 중 1인 조종사에게 가용한 모든 자원을 관리할 수 있는 기술이고 과학이다. 최근 소형제트항공기(very light jet; VLJ)의 등장은 전 세계 항공여행의 새로운 길을 개척하고 있고 이들 성공의 중심은 1인 조종사 운항 개념이다. 항공기는 빠르게 자동화되고 있으므로 조종사의 업무는 오늘날의 고성능 단발엔진 항공기에서 최신 조종실 과업은 더욱 감소할 것이다. 이 같은 자동화는 조종사에게 기상, 풍향풍속, 착륙 상태, 연료 상태, 조종사의 신체적 상태, 그리고 승객 요구에 대한 정보를 모으고 분석할 수 있는 더 많은 시간을 허용한다. 그러나 조종사는 이 모든 요소를 관리할 수 있도록 훈련해야 하고 항공기 자동화를 다룰 수 있지 않는 한 조종실 업무는 과도하게 증가할 것이다. SRM 훈련은 자동화와 항공기 조종과 항법에 관련된 것들을 정확하게 관리함으로써 조종사의 상황인식(situational awareness)을 유지하는 데 도움이 된다. 이것은 조종사에게 정확한 평가, 위험관리, 그리고 정확한 적시 결심을 내릴 수 있도록 해 준다. SBT는 조종사가 관련 정보를 모으고, 분석하며, 그리고 결심을 내릴 수 있도록 하는 데 도움을 주기 때문에 SRM을 향상하는 데도 도움이 될 것이다.

# 제7장 책임과 전문가 정신

## 7.1 개 요

학생은 항공교관을 그들 각자의 분야에서 권위 있는 사람으로 보고 있어 교관은 학생들을 어떻게 교육하는지 알아야 하는 것뿐만 아니라 이들에게 지적이고 전문가적 이미지를 보여주는 것이 중요하다. 여기서는 훈련 과정에서 항공교관 책임과 안전 대변자의 역할을 다루고 항공교관이 전문가적 이미지를 어떻게 향상할 수 있는지를 다룬다. 또한, 전문성을 발달하는 데 도움이 될 수 있는 제안과 가용한 출처들을 소개한다.

## 7.2 항공교관의 책임

**항공교관의 직업은 조종사 양성을 위해서 무엇인가를 가르치는 것이다.** 인간은 어떻게 학습되는지, 교육 그리고 교육 방법에 대해서 다루었다. 교관은 앞서 언급한 것과 같이 학습 과정에서 학생의 학습을 도와주고, 확립된 표준에 충족시키기 위한 적절한 교육을 제공할 뿐만 아니라 이들 표준에 대한 학생 성과를 평가하고, 그리고 긍정적 태도를 강조함으로써 쉽게 학습이나 훈련 목표를 달성하는 데 있다. 항공교관의 주요 책임은 다음과 같다.

- 학생의 학습을 도울 수 있도록 준비하라.
- 교육에 필요한 정보와 자료를 제공하라.
- 성과 및 실행의 표준을 적용하라.
- 긍정적 이미지를 강조하라.
- 학생의 좌절을 최소화하라.

(1) 학생의 학습을 도울 수 있도록 준비하라.

학습이나 훈련은 즐거운 경험이 될 수 있어야 한다. 교관은 학생에게 각 학습이나 훈련에서 즐거운 경험이 될 수 있도록 함으로써 높은 수준의 동기를 유지할 수 있다. 이것은 교관이 학습의 즐거움을 위해서 학생에게 성과의 표준을 희생하면서까지 무엇인가 쉽게 하라는 것을 의미하지는 않는다. **학생들은 무엇인가 훌륭한 일을 했을 때 또는 어려운 과제의 도전을 성공적으로 완수했을 때 만족을 경험한다.** 초기 학생들을 다소 쉬운 과제부터 접근하도록 함으로써 이들은 결국 보상을 위해서 더 노력하고자 하는 활동에 전념하도록 할 수 있다. 표준의 활용, 그리고 표준에 대한 평가는 학생의 학습을 도와주는 핵심이다. 표준을 준수하는 것은 학생을 위한 자신의 만족을 갖도록 한다. **사람들은 능력이 있음을 인정받기를 원하고 이들은 어려운 목표의 성공적 성취에 자부심(pride)을 갖는다.** 훈련 혹은 학습은 흥미가 있어야 한다. 각 교육 기간 중 목표를 아는 것은 교관과 마찬가지로 학생에게 의미와 관심(meaning and interest)을 갖도록 한다. 학습 목표를 모르는 것은 학생 관점에서 혼동, 무관심, 그리고 불안을 초래할 수 있다.

#### (2) 교육에 필요한 정보와 자료를 제공하라.

교관은 학생에게 교관 자신의 교육이나 훈련 기술을 전수하기 위해서 학생의 개성, 사고, 그리고 능력(personality, thinking, and ability)을 분석해야 한다. 두 학생이 절대 같지 않고 특정 교육방식이 모든 학생에게 동등하게 효과적일 수 없다. 교관은 학생의 배경, 관심, 기질(interests, temperament), 그리고 사고방식(way of thinking)에 관해서 학생과 어느 정도 교감할 수 있어야 하고, 학생이 성공적 훈련 단계를 통해서 진도를 나감에 따라 그들의 교육방식을 바꿀 수 있도록 대비해야 한다.

학생의 성향을 잘못 판단한 교관은 교육이 원하는 결과를 얻지 못하고 있음을 발견하게 될 것이다. 예를 들어 교관이 처음 담당한 학생이 조용하고 내성적인 성격이어서 빠른 학습을 기대하지 않았다. 이 학생은 비록 상황을 정확하게 이해했을지라도 자신감이 부족하여 적시에 행동하지 못할 수 있다. 이 경우 교관은 비행에 관한 기초를 훈련하기보다 학생의 자신감 회복에 중점을 두어야 한다. 또 다른 경우는 너무 강한 비평은 겁 많은 학생들에게 용기를 잃게 한다. 반면 활기찬 교육은 학습 과제를 더욱 부지런하게 적용하도록 한다.

또한, 학습에 더 많은 시간이 필요한 학생은 요령(tact), 예리한 지각(keen perception), 그리고 배려가 조화된 교육방식이 필요하다. 만약 이 학생이 너무 많은 도움과 격려를 받는다면 스스로 무능하다고 느낄(feeling of incompetence) 수 있으므로 주의해야 한다. **낙담이나 실망 그리고 자신감 부족으로 진도가 느린 학생은 정상적인 학습 목표보다 더 쉽게 성취할 수 있는 하위 목표를 부여해야 한다.** 이를 위해서 복잡한 수업이나 훈련은 여러 단원으로 나누고, 각 요소는 전체 기동 또는 운용을 달성하기 전에 수용할 수 있는 성과를 달성할 때까지 훈련해야 한다. 예를 들어 S-선회 기동 훈련에서 먼저 기수방위만을 고려하여 시작한다. 그 후 고도, 편류 수정(drift correction), 그리고 조종간 상호조화의 요소들은 한 번에 하나씩 훈련해 간다. 학생이 자신감과 능력을 얻으면서 진도가 정상이 될 때까지 좀 더 어려운 단계로 넘어간다.

반대로 학습 진도가 빠른 학생 역시 교관은 적절하게 다룰 수 있어야 한다. 이 학생들은 실수가 비교적 적기 때문에 이들은 실수를 수정하는 것을 그리 중요시하지 않는다. 이처럼 **과신이나 자만(overconfidence)은 그릇된 성과를 초래할 수 있다.** 이들 학생을 위해서 교관은 각 수업이나 훈련에서 성과의 표준을 달성하기 위해서 좀 더 노력할 것을 꾸준히 강조해야 한다. 각 개인은 자신의 실수를 의식했을 때 학습된다. 훈련 과정에서 어떠한 수정이나 지도 없이 비행훈련을 완성하도록 허용된 학생은 그들의 주의가 오직 성과의 분석으로만 향하고 있는 학생과 마찬가지로 연습한 것들을 보유하지 못할 수 있다.

일부 방법에서 항공교관은 심리학자의 역할을 해야 한다. 앞에서 다룬 것과 같이 교관의 책임(responsibility)은 학생에게 지속적인 관심과 주의 깊은 분석을 통해서 형성될 수 있다. 대부분의 신임 교관은 그들 자신의 교관들이 활용하였던 교육방식을 적용하려는 경향이 있다. 특정 시스템에서 한 사람이 학습되었다는 사실은 이전 학생으로부터 존경을 받을지라도 교관은 최상의 방식을 활용한다는 것을 의미하지 않는다. 신임 교관은 그들 자신의 교육 기술을 향상하기 위해서 다른 자원(sources)들과 정보를 찾아 교관으로서 자신의 역할을 계속해서 발달시켜 나아야 한다.

### (3) 성과 및 실행의 표준을 적용하라.

항공교관은 학생들이 모든 주제 범위, 특히 해당 PTS에 있는 각 범위 내의 과업에 포함된 절차, 그리고 기동에서 수용가능 표준에서 훈련할 수 있도록 하는 책임을 갖는다. PTS 소책자는 교육용이 아닌 실기평가(practical test)를 위한 것임을 명확하게 지적해 주어야 한다. 특정 절차를 교육할 때 학생이 그 절차를 수행하지 못하는 것은 스스로 재난을 초래하게 될 것이라고 말하면서 교관은 다르게 수행된 결과를 지적하고 싶은 유혹에 빠질 수 있다. 교관이 특정 절차를 수행하는 이유를 설명하는 것은 학습 상황이 효과를 거둘 수 있는 확실한 방법이기 때문이다.

### (4) 긍정적 이미지를 강조하라.

항공교관은 학생의 항공 지각에서 강한 영향력(tremendous influence)을 갖는다. 교관의 행동을 그들 스스로 따라 하거나 교육 중 은연중에 보인 매너, 태도 모두는 학생의 긍정적 아니면 부정적 인상(positive or negative impressions)의 형성에 역할을 할 수 있다. 항공교관의 성공은 교육훈련 중에 학생들에게 항공의 긍정적 이미지를 부여할 수 있는 교관의 능력에 크게 좌우된다.

제1장에서 언급한 것과 같이 부정적 자기개념은 지각 과정을 방해할 수 있고, 두려움은 학생의 지각에 역효과를 주고, 위협을 느끼고 있는 감정은 지각할 수 있는 능력을 제한한다. 그리고 부정적인 동기는 긍정적 동기만큼 교육 효과를 거둘 수 없다는 것을 강조하였다. 교관은 이들을 인지하고 있는 것만으로 충분하지 않다. 교관은 담당 학생들로부터 이들 요소를 발견할 수 있어야 하고 교육 과정에서 부정적 감정이 스며들지 못하도록 방지하는 데 주력해야 한다. 첫 훈련 중 다음 시나리오를 어떻게 수행해야 하는지에 대한 고려는 항공 경험이 전혀 없는 조종훈련생에게 영향을 주고 마음에 깊이 남게 될 것이다.

① **매 비행 전 실시하는 중요한 예방조치(critical precautions)에서 비행 전 절차의 중요성을 주지시켜라.** 이것은 비행 중 비상상황이 부적절한 비행 전 준비로 인한 것으로 때로는 재난을 초래할 수 있기 때문이다.

② **항공기를 주의해서 활주해야 하는 이유를 설명하고 확실한 조종간 인계인수에 관해서 훈련하라.** 이것은 너무 서두른다면 항공기의 방향 조종을 상실할 수 있기 때문이다.

③ **비행기 실속을 소개하고 시범을 보여라.** 실속으로 인해서 많은 사람이 생명을 잃을 수 있기 때문이다.

④ **첫 훈련 중 불시착(forced landings)에 관해서 설명하고 시범을 보여라.** 조종사는 비행 중 어느 경우라도 예상하지 못한 비상상황이 발생할 수 있고 이에 대비할 수 있어야 하기 때문이다.

첫 비행훈련에서 비행 전 점검(pre-flight inspection)이 학생에게 항공기와 관련 구성품에 익숙해지도록 소개하고, 인접 공항까지 정상적으로 완전하게 비행한 후 복귀했다고 가정하자. 비행에 이어서 교관은 다른 교통수단과 비교함으로써 학생의 주의를 더 쉽게 끌어낼 수 있다. 비행 중 어떠한 중대한 사고 상황이 발생하지 않았고 예상하지도 않았다는 사실을 알았다. 이것은 실속과 비상절차가 훈련에서 생략되어야 한다는 것을 의미하지 않는다. 학생들이 이를 받아들일 수 있는 준비가 되지 않은 상태에서 과도하게 많은 정보를 부여하지 않음으로써 학생에게 긍정적 접근을 설명하는 것이다. 이것은 새로운 지식을 수용할 수 있는 학생의 능력을 지각하고 고려할 수 있는 훈련계획표를 사용해야 할 필요성이 있다는 것을 교관에게 강조하는 것이다.

학생이 정상적인 기동 절차를 익힌 후 비상절차의 소개는 두려움, 놀라움 정도는 많이 감소하고 훈련 필요성을 느끼게 될 것이다. 항공교육에서 학생에게 교육 일부로서 고통을 경험할 것을 요구하는 경우는 없다. 학생들이 과업을 어렵게 이해했을 때 교육방식의 표준과 실행된 훈련을 보강하도록 하여 교육에 긍정적으로 작용할 수 있어야 한다. **본질적으로 학생의 실패는 교관이 정보를 전달하는 데 있어서 교관의 능력 부족으로 보아야 한다.** 그렇지 않으면 교관은 자기 자신을 실패한 학습 체인의 한 부분으로 고려하지 못하게 될 것이다. 긍정적 교육은 긍정적 학습 결과를 얻을 수 있으므로 항상 긍정적 사고를 강조해야 한다.

### (5) 학생의 좌절을 최소화하라.

강의실, 공장, 또는 비행훈련 중 학생의 좌절(frustration)을 최소화하는 것 역시 교관의 책임이다. 다음과 같은 기본 규칙은 교관에게 학생의 좌절을 최소화하고 더 양호한 학습 환경을 조성하게 될 것이다. 예를 들어 잘 조직된 커리큘럼의 한 부분으로 사용되는 학습계획(교안)은 조종훈련생의 훈련 진도를 측정하는 데 도움이 된다. 대부분 조종사는 조종훈련생이 되는 것을 원하지 않기 때문에 이들의 진도를 측정하기 위한 능력은 다음과 같은 방법으로 좌절을 최소화하고 조종사 동기를 높여 주어야 한다.

- ➲ 학생에게 동기를 부여하라.
- ➲ 학생에게 학습/훈련 과정을 알려줘라.
- ➲ 개별적으로 학생에게 접근하라.
- ➲ 칭찬하라.
- ➲ 비평은 건설적으로 하라.

➲ 일관성을 유지하라.
➲ 누구나 실수할 수 있음을 인정하라.

① **학생에게 동기를 부여하라.** 강제로 학습하는 것보다 자의적 학습에서 더 많이 학습될 수 있다. 때때로 학생들은 특정 수업 또는 코스가 중요한 목표를 달성하는데 어떻게 도움이 될 수 있는지 실감하지 못한다. 학생들이 수업/훈련의 유익한 점과 목표를 볼 수 있을 때 이들의 즐거움과 노력은 더 촉진된다.

② **학생에게 학습이나 훈련 과정을 알려줘라.** 학생들은 그들이 예측할 수 있는 것을 알지 못했을 때 또는 앞으로 어떤 일이 벌어질지 알 수 없을 때 불안감을 느낀다. 교관은 학생들에게 무엇을 예측할 수 있는지 그리고 앞으로 일어날 일에 대해서 말해줌으로써 불안한 감정을 낮출 수 있다. 교관은 학생들에게 코스 전체의 개요를 설명하거나, 그들의 진도를 지속해서 알려주면서, 그리고 평가, 과제, 또는 다른 요건들의 적절한 주의를 제공하는 방법 등의 다양한 방법으로 알려 주어야 한다.

③ **개별적으로 학생에 접근하라.** 교관이 그룹을 구성하고 있는 개별 구성원에 대한 고려 없이 그룹 전체에 대한 이들 생각이 제한적일 때 이들 노력은 어느 한 개인이 아닌 평균 개성에 초점을 맞추어야 한다. 각 그룹은 그들 구성원의 특성과 상호작용에서 기인한 자신들의 개성을 가져야 한다. 그러나 그룹 내부의 각 개인(구성원)은 일정하게 고려되어야 하는 고유의 개성을 갖는다. 구성원 개성까지 무시해서는 안 된다.

④ **칭찬하라.** 학생들이 무엇인가 특별하게 잘했을 때 이들은 자신들의 능력과 노력을 인정받기를 원하는 것이 보통이다. 그렇지 않으면 이들은 실망할 수 있다. 교관으로부터 칭찬과 점수는 통상 충분한 보상이 될 수 있고 더 잘한 것에 대한 인텐시브(incentive; *보상 혹은 유인책*)를 제공한다. 칭찬은 학생 노력과 성취에 대한 당연한 이익을 지불하는 것이지만 남발했을 때 가치가 떨어질 수 있으므로 주의해야 한다.

⑤ **비평은 건설적으로 하라.** 비록 칭찬과 점수를 부여하는 것이 중요하기는 하지만 실수와 잘못에 대해서 동등하게 처리되어야 하는 것 역시 중요하다. 학생들은 실수할 수 있다고 말하고 학생들이 실수했을 때 실수에 대한 설명을 해주지 않는 것은 도움이 되지 않는다. 만약 학생이 진지하게 노력했지만, 결과가 만족하지 못했고 이를 설명하지 않았다면 학생은 실망(좌절)할 수 있다. 학생들이 실수를 알아채지 못했다면 이를 수정할 방법은 없고 잘못된 습관으로 고착될 수 있다. 반면 학생에게 실수한 이유를 설명하고 어떻게 수정할 수 있는지 지도해준다면 이후 더 좋은 결과를 얻을 수 있을 것이다.

⑥ **일관성을 유지하라.** 학생들은 교관으로부터 칭찬받기를 원한다. 칭찬은 어느 분야에서나 더 높은 목표를 추구하는데 원동력이 될 수 있다. 자연스럽게 학생은 교관으로부터 칭찬을 받을 수 있도록 관심을 가질 것이다. 만약 오늘 수용될 수 있는 것이 다음 날 받아들일 수 없다면 학생의 행위는 혼란해질 수 있다. 따라서 교관의 철학과 행동은 변함이 없어야 한다.

⑦ **누구나 실수할 수 있음을 인정하라.** 학생들을 포함하여 어느 사람도 완벽할 수는 없다.

교관은 솔직하게 실수를 인정함으로써 학생들로부터 존경을 받을 수 있다. 만약 교관이 실수를 감추려 한다면 학생은 이를 빠르게 눈치챌 수 있다. 이 같은 행위는 교관에 대한 학생의 신뢰를 무너뜨릴 수 있다. 만약 어떠한 점에 있어서 의심이 든다면 교관은 이를 인정해야 한다.

## 7.3 비행교관의 책임

비행훈련은 학생들에게 탐구와 행동 실험을 위한 기회를 제공한다. 비행훈련은 학생의 정확한 습관 패턴을 개발하기 위해서 그들의 주의, 기억, 그리고 판단을 내릴 수 있는 습관형성기간(habit-building period)이 되어야 한다. 모든 정비교관은 담당 학생들이 최종적으로 항공기에 대한 기본적인 구조와 기능에 대한 지식과 최소한의 손질 또는 수리할 수 있는 능력을 갖추도록 교육해야 하는 책임을 갖지만, 비행교관은 조종훈련생이 단독비행이 준비되었는지를 평가하여 결심해야 하는 부가적인 책임을 갖는다. 비행교관(flight instructors)의 직업은 조종훈련생이 항공안전을 향상할 수 있는 전문 조종사로 양성하는 것이다. 비행교관은 가능한 한 포괄적 이론과 비행교육을 제공해야 한다.

교관은 학생들의 기대 가치를 학습에 가능한 한 많이 반영될 수 있도록 비행교육에 사용되는 항공기에 대해서 정통하고 숙련되어 있어야 한다. **비행교관은 모든 교육과 학습에서 가장 안전한 조종사를 배출할 수 있는 책임을 갖는다.** 또한, 교관은 조종훈련생이 왜 표준에 맞게 훈련해야 하고 이들을 어떻게 습관화시킬 것인지를 이해시키는 것 역시 중요하다. 교관은 훈련 과제를 소개할 때 평가비행(check ride)에 통과하기 위한 최저 수용가능 표준을 제공해서는 안 된다. 평가에 통과하기 위한 최저 표준(minimum standards)은 자격평가를 위한 "3시간의 준비" 중에만 실시해야 하고 정확한 시각에서 PTS를 유지해야 한다. 비행교관의 부가적인 책임은 다음과 같다.

- 조종훈련생의 조종술 능력 평가
- 조종훈련생의 훈련 상황 감독
- 실기평가의 권장
- 비행교관 배서
- 추가 훈련과 배서
- 조종사 숙련도 향상
- 관찰과 회피책임
- 조종사의 단독비행 전 사고과정(thought process)

(1) 조종훈련생을 위한 생리적 장애

비록 대부분 조종훈련생이 항공여행을 해 본 경험은 있을지라도 훈련용 항공기를 비행해 본 경험은 없다. 이로 인하여 학생들은 익숙하지 않은 소음 또는 진동을 느끼게 될 것이고 때로는 G-하중으로 인한 경험해 보지 못한 감각, 또는 멀미 현상과 같은 불편함을 느낄 수 있다. 이 같은 상황에서 효과적인 교육을 위해서 교관은 이들 부정적 요소들의 경험을 무시해서는 안 되고 이를 비웃거나 조롱해서는 결코 안 된다. 일반적으로 이들 부정적 감정은 원인을 이해함으로써 자연스럽게 극복할 수 있지만, 고통을 겪고 있는 학생은 어떠한 경우도 훈련 성과를 거둘 수 없다는 것을 기억해야 한다.

(2) 학생 기술(기량) 세트의 보장

비행교관은 단독비행 전에 조종훈련생들이 필수 기술과 지식을 갖출 수 있도록 해야 한다. **조종훈련생은 필수 단독비행 과업을 일관성**(consistency) **있게 수행**할 수 있음을 보여주어야 한다. 예를 들어 이륙과 착륙, 항공기 조종을 유지하기 위한 조종의 우선순위를 정할 수 있는 능력, 정확한 항법 기술, 능숙한 조종술, 정확한 무선통신 절차를 수행할 수 있는 능력, 그리고 장주 비행절차 등을 기복 없이 보여줄 수 있어야 한다. 조종훈련생들은 필요할 때 조언을 받을 수 있도록 교육을 받아야 하고 관제기관으로부터 도움을 받을 수 있어야 한다. 이 같은 한 세트의 기술(기량)을 마스터하는 것은 과업 성과의 정확성이 향상되는 것과 함께 일관된 적용과 계속 발달을 의미한다.

교관은 학생이 언제 첫 단독비행(solo flight)을 할 수 있는 준비가 되었는지를 결정해야 한다. 일반적으로 이 결정은 교관이 학생의 행동을 비행 전 점검에서부터 엔진 시동과 정지까지 관찰하고 교관의 도움 없이 일관되게 주어진 과업을 수행했을 때가 된다. 비행교관은 비행기, 헬리콥터, 그리고 경량항공기에 관해서 각 PTS에 수록된 특별 강조 항목을 위한 적절한 이론과 비행교육을 제공할 필요가 있다. 이들 특별 강조 항목에 대한 충분한 지식을 갖주어야 하는 이유는 평가관 또는 위임 교관들이 이 범위를 비행안전을 위해서 매우 중요한 범위로 고려하고 있기 때문이다. 특별히 강조해야 할 항목은 다음과 같지만, 이들로 한정되는 것은 아니다.

- 항공기 조종 기술
- 조종간 인계를 위한 절차
- 실속과 스핀 인식
- 비행난기류와 저고도 난기류 및 윈드시어 회피
- 활주로 침범 회피
- 공중충돌 회피 및 관제상태지형충돌(CFIT)
- 공항의사결정과 위험관리
- 점검표 활용
- 공간정위상실
- 임시비행제한공역(TFR)과 특별사용공역(SUA)
- 전선 충돌 회피(저고도 저속 항공기)

**비행교관은 조종사 훈련(pilot training), 자격증명(certification), 그리고 안전에 관해서 최신 절차를 보유하고 있어야 하고, 최신 정보를 유지하는 것은 비행교관의 책임이다.** 이들 정보의 자원이나 출처는 해당 PTS에 수록되어 있고 다른 출처들은 항공당국이나 국토부 인터넷 자료를 참고하여 보강할 수 있다. 이들 웹 사이트는 조종사와 교관을 위한 포괄적 정보를 제공한다. 또한, 다른 항공업무 행정 조직 역시 우수한 정보를 얻을 수 있는 다른 많은 출처가 가용하다. 그러나 교관은 될 수 있는 대로 관련 기관에서 발행한 방법에 따른 절차를 지킬 것을 강조한다.

## 7.4 항공인의 모범 행동규칙

항공인의 모범 행동규칙은 일반항공 조종사를 위한 **에어맨십**(airmanship), 비행안전, 그리고 일반항공 사회를 유지하고 발전시켜 나가기 위한 광범위한 안내와 권장 사항들이 포함된다. **행동규범**(code of conduct)**은 일반항공의 비전을 제시한다.** 이들은 단지 법적인 것을 보충하거나 보조하는 것으로 이들 행동규범은 표준이라 할 수 없으며 이처럼 행동할 것으로 의도하지도 않는다. 행동규범은 다음과 같은 7개의 섹션으로 구성되어 있다.

- 항공인의 일반 책임
- 지상에서 승객과 인원의 안전관리
- 비행훈련과 숙련도
- 안전 지킴이
- 환경보호 문제
- 기술(기량)의 개발
- 일반항공의 발달과 진흥

각 섹션은 비행교관에게 권장되는 실행에 대한 원칙과 샘플 목록을 제공한다. 교관은 지속해서 자기 자신을 평가하고 더욱 안전하고 생산적인 교관이 되도록 부단히 연구 노력해야 한다.

## 7.5 안전 실무지침과 사고 예방

**항공교관은 항공안전 기록을 향상하는데 기여할 수 있는 최전선에 있다.** 항공훈련에서 안전은 그 어느 것보다 최우선이 되어야 한다. 항공사고로 인한 사망, 부상, 또는 파손의 원인이 될 수 있는 것을 제거하거나 낮추어 항공안전을 향상하는 관련 규정은 포괄적이지만 이를 엄격하게 준수하지 않는다면 안전을 보장받을 수 없다. 법규와 규정은 안전에 영향을 줄 수 있는 알려졌거나 의심되는 것들을 다루고 있지만, 이들 규정에 들어있지 않은 일부 새로운 환경의 조합이 발생할 가능성이 항상 존재한다. 항공교관은 비행훈련 또는 정비훈련 활동의 안전을 보장하기 위해서 선도적 조치가 중요하다. 항공교관이 강조해야 하는 안전 실무절차는 학생에게 오랫동안 지속할 수 있는 효과가 있어야 한다. **일반적으로 학생들은 의식적이든 무의식적이든 자신들이 따라 하도록 습관이 되는 교관을 롤 모델(role model)로 선정한다.** 안전 관행에 관한 교관의 말과 행동은 교관이 이를 준수하지 않거나 언행이 일치하지 않을 때 학생들도 이를 따라 하기 쉽다. 예를 들어 교관이 주변 위험요소가 있음에도 불구하고 보안경을 착용하지 않는 것과 같은 안전 절차를 무시하고 있는 것을 정비과정 학생이 보았다면 학생 역시 교관이 주변에 없을 때 안전 장비의 사용에 대해서 의식하지 않을 수 있다. 항공안전의 향상을 위한 비행교관 또는 정비교관에게 최상의 행동 중 하나는 안전에 관한 사례와 함께 모범적 행동으로 보여주는 것이다.

## 7.6 전문가 정신

항공교관은 항공훈련의 중심적 위치에 있고 모든 필수 훈련 단계에 관한 책임을 갖는다. 비행교관과 정비교관은 전문가가 되어야 한다. 전문가로서 항공교관은 지식, 훈련, 그리고 최신 정보에 관한 최상의 수준을 유지하려고 노력해야 한다. 이 목적을 달성하기 위해서 교관은 연구, 서비스, 그리고 전문가 조직의 회원으로 가입하여 그들 스스로 평생 학습과 지속적인 전문적 역량을 발달시켜 나가야 한다. 전문가는 최신의 절차, 간행물, 그리고 교육 기회를 통해서 자신의 분야와 접촉될 수 있도록 가용한 출처의 자원을 쌓아가야 한다. 또한, 전문가가 된다는 것은 전문가로서의 매너를 갖추어야 한다. 항공교관은 담당 학생을 교육할 때 "교관의 실행 목록"을 작성하고 이에 따라 실행할 수 있도록 노력해야 한다.

(1) 성실함

**항공교관은 솔직하고 정직해야 한다.** 부적절한 행위를 감추기 위해서 시도함으로써 학생의 존경과 관심을 강제하는 것은 불가능하다. 항공학생의 교육은 교관을 유능하고 자격을 갖춘 교사 그리고 전문 조종사 또는 항공기 정비사로서 받아들였을 때 가능하다. **교관의 과장된 능력이 드러났을 때 교관에 대한 학생의 신뢰를 잃을 수 있고 학습에 부정적 영향을 줄 수 있다.**

(2) 포용성

교관은 학생의 모든 과실과 문제를 포함하여 학생들이 행한 것을 포용(magnanimity)할 수 있어야 한다. 학생은 배우고자 하는 사람이고 교관은 학습 과정에서 도와주는 사람이다. 이 같은 이해관계의 시작은 학생과 함께 교관의 전문적 관계는 상호 존중되어야 하고 이들 둘 다 같은 목적을 향해서 일하고 있음을 상호 인증하는 것을 바탕으로 하여야 한다. **학습 동기는 비웃음이나 비난보다 포용하고 지지해줌으로써 향상될 수 있다.** 학생은 교육

**교관이 모범을 보여야 할 행위**

- 전문가 정신을 유지하라.
- 성실함을 보여라.
- 전문가다운 외모와 습관을 보여라.
- 냉정한 품행을 유지하라.
- 항상 안전과 사고 예방에 주의하라.
- 언행에 주의하라.
- 공통적으로 사용하는 언어를 사용하라.
- 전문가 정신을 지속적으로 개발하라.
- 학생 좌절을 최소화하라.
- 학생의 동기를 유지하라.
- 학생에게 지속적으로 진도를 알려라.
- 각 학생을 개별적으로 접근하라.
- 정당한 성과를 얻었을 때 칭찬이나 보상하라.
- 건설적으로 비평하라.
- 일관성을 유지하라.
- 실수할 수 있음을 인정하라.

**교관이 하지 않아야 할 행위**

- 학생의 성과를 비웃지 마라.
- 비속어를 사용하지 마라.
- 무책임한 비행행위의 모델이 되지 마라.
- 언행을 다르게 하지 마라.
- 개인위생을 소홀히 하지 마라.
- 학생을 경시하지 마라.
- 불합리한 진도를 요구하지 마라.
- 학생은 항공전문 용어에 익숙하지 않다는 것을 잊지 마라.
- 학생의 실패를 미리 예견하지 마라.
- 무엇이 잘못되었는지 설명함이 없이 실수를 수정하지 마라.

▲ 항공교관이 모범으로써 보여주어야 하는 행동 가이드

**을 빠르게 학습하거나 아니면 더 많은 시간이 필요한 것과 관계없이 존중해야 한다.** 학습 진도를 빠르게 따라오지 못하는 학생을 비판하는 것은 의사가 환자에게 예상한 것보다 빨리 낫지 못한다고 비난하는 것과 같다.

(3) 외모와 습관

외모 또는 용모(personal appearance)는 교관의 전문가 이미지에 큰 영향을 준다. 대부분 항공고객의 생각에 교관은 깔끔하고, 청결하며 적절한 복장을 착용한 이미지를 연상한다. 이처럼 교관의 외모가 학습 상황과 연계되어 있으므로 가능한 한 정장을 착용하는 것이 전문가 이미지에 적절하다. 또한, 개인의 습관은 전문가 이미지에 상당한 영향을 갖는다. 이들 중 기본예절을 갖추는 것이 무엇보다 중요하다. **교관의 무례하고, 생각 없는 언행, 그리고 무뚝뚝한(rude, thoughtless, and inattentive) 태도는 교관의 능력과 관계없이 학생들의 존경을 받을 수 없다.** 개인의 청결 역시 항공교육에 중요하게 여겨진다. 때때로 교관과 학생은 아주 가까이에서 교육이 진행되기 때문에 불쾌한 체취라든지 입 냄새는 훈련을 진행하는데 심각한 방해가 될 수 있다.

(4) 품행

교관의 태도와 행위(attitude and behavior) 역시 전문가 이미지에 많은 영향을 줄 수 있다. 교관은 불규칙한 움직임, 말하는 습관, 그리고 기분이 수시로 변하지 않도록 주의해야 한다. 전문가 이미지는 침착하고 주의 깊고, 그리고 규칙을 잘 지키는 태도를 발달시킬 필요가 있다. 교관은 모순된 방향으로 설명하는 행위, 다른 시간에 유사하거나 혹은 같은 실수에 다르게 반응하는 행위, 비합리적인 성과 또는 진도를 요구하는 행위, 또는 학생을 불공정하게 비평하는 행위, 그리고 고압적인 태도 또는 경박한 태도(air of flippancy) 등은 피해야 한다. 교관은 침착하고, 즐겁게 그리고 깊은 사고의 매너를 사용하여 학생들에게 편안함을 느끼게 해 주어야 한다. 교관은 학생이 편안하게 주제와 진정된 관심 속에서 일관되게 역량을 보여주어야 한다.

(5) 정확한 언어

항공교육에서 학생 또는 훈련생에게 모욕을 주거나 음란하고 추잡한 언어의 사용은 신뢰를 떨어뜨릴 수 있고 교관으로서 자질 부족으로 이어질 수 있다. 많은 사람은 이 같은 언어의 사용에 거부감을 느낀다. 교관은 보통 사람들과 같이 어색함이 없이 말하고 긍정적으로 서술할 수 있어야 한다.

## 7.7 학생 능력의 평가

학생의 능력을 평가하는 것은 교육의 중요한 요소이다. 여기서 평가는 기동 또는 절차를 수행할 수 있는 학생의 능력을 판단하는 것으로 보았다.

(1) 학생이 보여준 능력

비행 중 조종훈련생이 보여준 능력에 대한 평가는 확립된 성과의 표준을 바탕으로 조종사로서 조종훈련생의 경험과 발달 단계에 적용할 수 있도록 수정할 수 있어야 한다. 평가는 단지 전체 성과를 보는 것보다 기동이나 절차에 포함된 각각의 요소들을 학생들이 마스터했는지 확인하는 것이다. 예들 들어 단독비행과 단독 지방횡단비행 권리를 위한 조종훈련생의 자격은 성과를 얼마나 잘 보여주는지에 달려 있다.

### (2) 학생의 교육 진도 통지

항공교관은 학생의 능력을 입증하기 위한 평가에서 학생에게 훈련의 진도를 알려 주는 것이 중요하다. 이것은 각 절차 또는 기동을 완성하였을 때 또는 비행 후 또는 강의실 비평 중 요약해 주는 방법으로 이루어질 수 있다. 이들 비평은 비행 또는 수업 중 알게 되었던 전체 범위를 다루어 교관에게 도움이 될 수 있도록 노트 등에 필기하는 형식이어야 한다. 교관은 과업의 수행에서 실수를 설명할 때 실수의 원인으로 지목된 부족한 요소를 지적해 주어야 하고, 필요하다면 적절하게 수정할 수 있는 수단을 제시해 주어야 한다.

### (3) 학생 실수의 수정

비행 중 조종훈련생이 실수했을 때 즉각 조종간을 조종훈련생으로부터 넘겨받는 것은 좋지 않을 수 있다. 안전이 허용하는 한 실수한 상태에서 훈련을 계속하도록 하는 것은 때로는 더 유용할 수 있다. 예를 들어 좌선회하기 위해서 조종간을 왼쪽으로 적용했다. 이때 발생할 수 있는 역요(adverse yaw)를 수정하기 위해서 조종간 적용과 함께 왼쪽 러더 페달에 적절한 압을 적용해야 하지만 이를 적용하지 못했다. 항공기는 불편한 슬립핑(slipping) 선회를 하였다. 이 경향은 시간이 지나면서 없어지지만, 조종훈련생은 그의 조종 입력의 효과가 항공기의 안정성을 설명하는데 유용한 도움이 된다는 것을 보여줄 수 있다. 만약 교관이 실수를 수정하기 위한 기회를 거의 주지 않는다면 조종훈련생은 정확한 기동을 배우지 못할 수도 있다. 반면 조종훈련생은 기동 또는 절차를 정확하게 수행할 수 있으나 관련된 원리와 목적을 완전하게 이해하지 못할 수 있다. 만약 교관은 이것이 의심된다면 조종훈련생에게 기동 또는 절차를 약간 변형시켜 수행하도록 하게 할 수 있다. 또한, 기동이나 절차는 다른 운용과 조화될 수 있거나 아니면 동일 요소들은 다른 기동이나 절차의 성과에 적용할 수 있다. 기동이나 절차와 관련된 원리를 이해하지 못한 조종훈련생은 약간 변형된 기동 또는 절차를 성공적으로 완성하지 못할 수 있다.

# 제8장 비행교육

## 8.1 개 요

비행교관은 담당 조종훈련생이 비행을 위해서 스스로 기상 최저치를 발달시켜야 할 시기가 되었음을 판단했다. 이에 교관은 기상과 관련 주제를 연구하기 위해서 기상 웹 사이트를 검색하는 동안 비행경력 수준과 관계없이 일반항공 조종사에게 기상이 가장 큰 위험요소 중 하나라는 사실을 입증해 줄 수 있는 다양한 배경 정보(back information)를 찾았고, 교관이 사용할 수 있는 차트와 학습계획을 발견하였다. 조종훈련생의 개인적 기상 최저치를 발달시키도록 도움을 주는 것은 비행교관의 주요 책임 중 하나이기 때문이다. 이것은 비행 중 안전을 보장할 수 있는 도구와 함께 학생에게 제공되어야 한다.

"안전이란 무엇인가? 그리고 비행교관은 어떻게 비행훈련 활동의 안전을 보장할 수 있고 학생들이 보호 구역을 벗어난 후 항공기를 안전하게 운용할 수 있도록 훈련을 어떻게 보장할 수 있는가?"

**"안전(safety)이란 사망, 부상, 또는 질병의 원인이 될 수 있는 조건들로부터 자유로워지는 것이다"**라고 정의하였다. 이에는 장비 및 자산의 파손(손실), 또는 환경 파괴 등도 포함된다. 항공법규는 사망, 부상, 또는 파괴(손상)의 원인이 될 수 있는 것들을 제거하거나 완화함으로써 안전을 향상하고자 한다. 이들 규정은 포괄적이지만 규정의 엄격한 준수만으로 안전을 보장하기에 충분하지 않다는 것으로 인식됐다. 법과 규정은 안전을 위협할 수 있는 알고 있거나 의심이 나는 조건들을 다루기 위해서 규정되었지만, 이들 법과 규정에서 예측할 수 없는 다른 환경의 조화 가능성이 더 있을 수 있다.

항공안전에 관해서 항공훈련과 비행운용의 인식은 "체계적 접근(system approach)"으로 이어져 왔다. 비행교관은 항공안전 시스템의 중요한 한 부분이기 때문에 여기서는 현대 비행훈련 환경에서 시스템 안전(system safety), 항공의사결정(ADM), 위험관리(risk management), 상황인식(situational awareness), 그리고 1인 조종사자원관리(SRM)를 소개한다. 이것은 학생들이 실질적 위험관리 도구를 사용할 수 있도록 학생들을 가르치는 방법을 제공하고, 학생의 의사결정 수준을 어떻게 평가할 수 있는지 다룬다. 또한, 비행교관이 비행교육을 향상하기 위해서 사용할 수 있는 실질적 전략의 시작 단계로 비행교관의 시범과 훈련전달 방식, 통합비행교육, 조종간의 확실한 인수인계, 주의력 산만의 활용, 비행

훈련 중 부딪칠 수 있는 학습이나 훈련 장애요소, 그리고 학생을 어떻게 평가해야 하는지에 대해서 다룬다. 비행교관의 권장과 배서의 결정은 ADM을 철저하게 분석한 후 고려해야 한다.

## 8.2 비행교관 자격

비행교관은 항공지식은 물론이고 각종 계기, 항공전자(avionics), 그리고 훈련에 사용되고 있는 다른 항공기 구조와 시스템의 정확한 사용, 기능, 특성에 대해서 잘 알고 있어야 한다. 특히 **최근에 일반항공까지 확대되고 있는 GPS와 글라스 칵핏(glass cockpit)에 대한 지식은 필수이다.** 교관 스스로 최근 조종사 훈련 기술과 자격증명의 변화에 정통해 있어야 하는 것은 각 비행교관의 책임이다. 이것은 교관 스스로 주기적으로 최신 정보를 제공하는 간행물이라든지 관련 기관에서 발행하는 정보를 수시로 확인하거나 개인적으로 세미나 등에 참석하여 최신 정보를 보유하고 있어야 한다. 이외에도 유능한 교관들로부터 아래와 같은 조언들은 교육 훈련에 큰 도움이 될 것이다. 교관은 시대에 뒤떨어진 교육 절차 혹은 폐기된 자격증명 절차에 따라 학생들을 준비하도록 하는 행위 등은 절대로 허용되지 않을뿐더러 교관의 자질을 의심받을 수 있다.

- 비행 전 브리핑이 숙달될 때까지 녹음기 또는 비디오카메라 등을 사용해서 연습하라.
- 첫 실기평가를 위한 중요한 비행훈련단계(첫 단독비행과 같은)에서 학생이 얼마나 잘 수행했는지 조언해 줄 수 있는 다른 교관의 협력을 구하라.
- 학생의 우수한 성과나 표준을 달성했을 때 격려하라.
- 이 정도면 “합리적 수준”이다 라고 하는 생각으로는 만족하지 마라.
- 높은 수준의 실기평가 운용을 유지하라.
- 항공안전문화 환경에 따르고 조성하라.
- 매 비행 과업을 종료한 후 조직적, 구체적, 그리고 적절한 양의 과제를 부여하라.
- 온라인, 세미나, 비행 시뮬레이션 등과 같이 학습/훈련 과제를 보충하는데 필요한 가용한 모든 수단을 활용하라.
- 조종실에 오르기 전에 조종학생의 자격증명서, 안전문제, 약물치료 등과 같은 훈련에 영향을 줄 수 있는 기본 배경을 파악하라.
- 모든 훈련 상황은 규정에 따라 철저하고 신중하게 기록하라.
- 자격평가를 받은 후 관련 내용에 대한 디브리핑은 부가 학습을 위한 양호한 기회라는 것을 명심하라.
- 각 조종학생이 개인 최저치를 설정할 수 있도록 조언하라.
- 최신 교육프로그램을 이용한 훈련 중 사고보고서의 사례교육을 포함하라.

## 8.3 비행교관 전략(계획)

비행교관은 모든 비행훈련 단계에서 학생에게 본보기라는 사실을 한시도 잊어서는 안 된다. 비행교관은 항상 훌륭한 항공인의 모습을 보여주어야 한다.

① 비행 전; 안전과 비행 전 점검의 중요성을 강조하고 점검표를 사용하라.
② 비행 중; 항공기 조종, 항법, 그리고 무선통신의 우선순위를 정할 수 있도록 훈련하고, "관찰과 회피(see and avoid)"의 중요성을 강조하라.
③ 착륙 중; 안정된 접근, 최종접근경로에서 원하는 속도 유지, 복행을 위한 적절한 판단, 비행난기류, 항공교통, 그리고 적시 적절한 지형회피기술을 수행하라. ADM 기술을 적용해서 불인한 접근과 착륙 실수를 수정할 수 있도록 하라. 무동력 실속 경고를 인시할 수 있도록 하고, 활주로의 1/3 지점 중앙선에 착지(touchdown)하도록 하라.
④ 평상시; 안전이 최우선임을 강조하라.

비행교관은 안전 조종사를 양성해야 할 가장 큰 책임을 갖는다. 이 같은 이유로 비행교관은 각 학생이 가능한 한 많은 경험과 능력을 갖출 수 있도록 그리고 상위 수준에 오를 수 있도록 격려해야 주어야 한다. 비행교관은 학습(훈련) 과제를 소개할 때 자격증명평가(check ride)를 위한 최저 허용가능 표준(minimum acceptable standards)을 소개해서는 안 된다. PTS는 **평가를 위한 도구**(testing tool)**이지 결코 교육을 위한 도구**(teaching tool)**가 아니라는 것을 명심**하라. 비행훈련의 전반적인 초점은 왜 표준이 존재하고 이들 표준에 맞추어야 하는지를 이해시키고 학습/훈련을 통해서 이해할 수 있도록 해야 한다. 자격증명평가에 합격하기 위한 최저 표준은 평가를 대비한 "3시간의 준비" 이전에 소개해서는 안 된다.

## 8.4 비행교육 중 훈련 장애요소

비행교관이 반드시 숙지해야 하는 몇 개의 확실한 교육 훈련 장애요소들이 있고 학생의 태도, 신체적 상태, 그리고 심리 상태에 직접 적용될 수 있다. 다음 사항들이 포함되지만, 이들로 제한되는 것은 아니다.

① 불공정한 대우
② 성급함(관심이 더 높은 운용으로 진행하기 위한 조급증)
③ 관심 부족
④ 걱정이나 근심
⑤ 신체적 불편함, 질병, 피로, 그리고 탈수증
⑥ 무관심(부적절한 한 교육으로 인한)

### 8.4.1 불공정한 대우

학생들이 교육이 적절하지 못하다고 믿거나 교관의 노력에 진실성이 없다고 생각했다면 학습(훈련)은 잘 이루어지지 못한다. 이외에도 이들의 동기는 비행훈련의 진도와 관계없이 크게 떨어질 수 있다. 또한, 학생의 동기는 교관이 성과 또는 진도에 관해서 불합리한 요구를 하고 있다고 믿을 때도 실망(좌절)할 수 있다. 또한, 부여된 목표가 어렵다고 생각되지만, 성취가 가능하다면 이는 적절한 도전(challenge)으로 볼 수 있고 학습/훈련을 향상할 수 있다. 전형적인 비행훈련에서 합리적인 목표는 훈련계획서에 수록되어 있고 목표를 위한 원하는 숙련도 수준은 완성 표준(completion standards)이 들어 있는 서술문에 포함되어야 한다.

### 8.4.2 성급함

비행훈련에서 성급함(impatience)은 예상한 것보다 더 큰 방해 요소(deterrent)로 작용할 수 있다. 이 같은 현상은 학생들이 조기에 단독비행을 하고자 원하거나, 또는 기초항법 교육을 마치기도 전에 지방횡단비행을 시도하려는 경향으로 나타난다. 이들 성급한 학생들은 예비 훈련의 필요성을 이해하지 못하거나 이에 도달하는 데 필요한 수단을 고려함이 없이(과정을 생략하고) 오직 최종 목표의 달성만을 추구한다. 모든 복잡한 인간의 노력과 함께 전체 과업이 합리적이고 안전하게 수행되어야 한다면 비행훈련은 빌딩을 쌓는 것과 같이 단계적 절차에 따라 기본을 이수(master; *해당 학과를 순서대로 공부하여 마침*)하는 것이 필수이다.

교관은 매 단계에서 확실하게 이수해야 하는 목표를 설명하면서 **매번 한 단계씩 필수 예비 훈련을 제시함으로써 학생의 성급함을 다스려야 한다.** 각 단계에서 이수해야 하는 절차와 요소들은 다음 단계로 넘어가기 위한 필수 과정이라는 것을 설명하거나 시범을 보여주어 확실하게 인식시켜 주어야 한다. 예를 들어 이를 통과하지 못하면 다음 훈련으로 넘어가기 어렵다는 것을 강조해야 한다. 성급함은 동기가 왕성하고 빠른 학습자에게 적용되었을 때 상대적으로 느린 학습자(slow learner)의 페이스에 적합한 교육으로부터 초래될 수 있다. 이것은 학생이 다음 단계로 넘어가기 전에 각 단계를 완수해야 하는 것과 같이 한 목표를 달성하자마자 다음 단계로 넘어가는 것이 중요하다. **무관심(disinterest)은 학생이 이미 적절하게 훈련된 상태임에도 불구하고 불필요한 반복 훈련이 요구될 때 빠르게 진행된다.**

### 8.4.3 관심 부족

비행훈련에서 근심 걱정(anxiety) 혹은 관심 부족 역시 학습 혹은 훈련에 집중하지 못하게 하는 저해하는 요소이다. 조종훈련생이 훈련에 대해서 걱정하고 있거나 감정적 혼란은 학습(훈련)을 위한 준비가 되지 않은 것이고 원하는 학습 효과를 얻을 수 없다. 근심 적정 또는 주의산만은 훈련 코스에서 발생하는 진도에 관한 것일 수 있고, 또는 이들 교육과 전혀 관련이 없는 주변 환경이나 개인적 사정으로 인한 것일 수 있다. 감정적 혼란은 개인적 문제, 정신병적 혼란(psychiatric disturbances), 훈련 프로그램 또는 교관이 맘에 들지 않는 것들이 원인이 될 수 있다. 이들 훈련이 외적으로부터 영향을 받은 학생들은 훈련 행위 그리고 성과에 영향을 줄 수 있다. 이들 두 문제를 분리할 수 없다. 교관은 조종훈련생이 비행훈련을 시작할 때 이들의 관심, 열정(enthusiasms), 두려움(fears), 그리고 다른 문제들이 혼재된 것을 주의해서 관찰해야 한다.

**교관이 이들 외적 문제들에 대해서 책임을 갖는 것은 아니지만 무시해서도 안 된다.** 이 요소들이 훈련(학습) 과정에서 중요하게 영향을 줄 수 있기 때문이다. 교관은 학생들의 관심과 열정(interest and passion)을 활용할 수 있어야 하고, 근심 걱정 혹은 관심 부족과 같은 문제 없이 주어진 과제를 학습할 수 있도록 이들의 주의를 전환할 수 있어야 한다. 이것이 결코 쉬운 것은 아니지만 학습이 정상 진도로 진행되고 있다면 현명하게 극복되고 있다고 볼 수 있다. 비행훈련 코스로 인해서 초래된 근심과 감정적 혼란은 식별되고 적절하게 다루어져야 한다. **이들 문제는 가끔 부적절한 훈련 코스 또는 교관으로 인할 것일 수 있고 이에 대한 가장 효과적인 치유 방법은 사전 예방하는 것이다.** 교관은 학생들이 각 단계의 훈련 목표를 충분하게 이해하고 달성하고 있는지 확인하고, 만약 부족한 점이 발견된다면 이를 어떻게 수정해야 하는지에 관해서 관심이 있다는 것을 보여주어야 한다. 때때로 낙심(disappointment)과 감정적 혼란은 훈련에서 소외되었거나 훈련에서 얻은 것이 없다고 느낄 때 발생할 수 있다.

### 8.4.4 신체적 불편함, 질병, 피로, 그리고 탈수증

신체적 불편함(physical discomfort), 질병, 그리고 피로는 강의실과 비행훈련 모두에서 학습(훈련) 진도를 크게 떨어뜨릴 수 있다. 학습(훈련) 환경의 온도가 높거나 환기 불량, 그리고 어두운 조명, 또는 소음 및 소란으로 인하여 주의를 집중하지 못하는 학생들 역시 정상적인 학습 효과를 달성할 수 없다. 이것은 학생들 스스로 학습에 집중하는 것과 또 다른 문제이다. **감기, 질병, 또는 부상과 같은 사소한 신체적 불편함조차도 정상적인 학습 진도에 간섭하고, 특히 비행교관이 결코 소홀히 다루어서는 안 되는 중요한 요소들이다.** 대부분 질병(illness)은 훈련에 필수적인 시각, 청각, 그리고 감각에 지장(adversely affect)을 줄 수 있다.

멀미(airsickness)는 **비행훈련에 큰 지장을 초래한다. 멀미 혹은 초기 멀미를 느끼는 조종훈련생은 정상적인 훈련 진도를 따라갈 수 없다.** 멀미를 방지할 수 있는 확실한 방법은 없지만 자주 경험하고 견딜 수 있다면 상대적으로 단시간에 면역력이 형성될 수 있다. 초기 멀미를 느끼자마자 교육비행은 즉시 종료되어야 한다. 멀미에 대한 면역이 생김에 따라 비행훈련 시간을 점차 늘려갈 수 있다. 비행훈련 중 학생의 관심을 유지하고 적절한 업무를 수행하는 것도 멀미를 방지하는 한 방법이다. 실제로 항공기 조종에 집중하는 동안 멀미를 덜 느끼고 있는 것으로 알려져 있다. 비행 중 거친 기류와 예기치 못한 급격한 기동은 멀미를 더 느끼게 할 수 있다. **긴장과 우려는 멀미를 더욱 유발하는 것으로 알려져 있으므로 가능한 한 피해야 한다.**

(1) 피로

피로(fatigue)는 비행안전에서 가장 방심할 수 없는 위험(risks) 요소 중 하나이다. 피로의 위험은 조종사가 심각한 실수(errors)를 하기 전까지 뚜렷하게 알 수 없기 때문이다. 피로는 만성(chronic; long-term)과 급성 피로(acute; short-term)의 형태가 있다. 급성 피로는 일상생활에서 주로 발생할 수 있는 것으로 심한 근육 운동, 활동하지 않음(immobility), 심한 정신노동, 강한 감정적 압박, 단조로움(monotony), 그리고 수면 부족 등을 포함한 신체적 정신적 긴장이 오래 지속된 후 느끼는 피로감(tiredness)이다. 급성 피로는 신체적, 정신적, 또는 이들 모두가 적용된 훈련이 원인이 될 수 있다. 조종훈련생이 훈련에 대한 피로함을 느끼지 않고 받아들일 수 있는 훈련의 양은 과제에 따라 혹은 학생에 따라 달라질 수 있다. 일반적으로 복잡한 과제를 수행할 때 신체적 노력과 관계없이 피로의 정도는 더 빠르게 높아질 수 있다.

**피로는 비행교육 시간과 빈도를 결정하는 주요 요소이고,** 비행교육은 학생이 교육을 받아 들을 수 있는 정도까지만 계속해야 한다. 비행교관은 초기 훈련 단계에서 학생의 표준 이하의 실행을 하거나 실행 능력이 떨어지는 것을 인식함으로써 학생의 피로 상태를 발견할 수 있다. 만약 피로가 실습/훈련 과업을 수행하는 결과로 인한 것이라면 학생은 교육과 연습을 중지하고 휴식을 취해야 한다. 교관이 급성 피로에 대한 증상을 잘 알고 있다면 학생이 피로를 느끼고 있다는 것을 더 쉽게 인식할 수 있을 것이다. 다음의 항목들은 개인적인 신체적 피로 증상이 나타나기 전에 관찰할 수 있는 현상들이다.

- 부주의, 태만
- 주의산만
- 타이밍 놓침
- 보조 과제를 무시하거나 소홀히 함
- 정확성과 조종성의 상실
- 실수 누적의 인식 부족
- 과민성

또 다른 형태의 피로는 급성 피로가 완전히 회복되기 전에 피로가 누적되어 나타나는 만성 피로(chronic fatigue)이다. **만성 피로는 통상 휴식과 관련이 없고 더 심각한 원인이 있을 수 있다. 따라서 휴식만으로 만성 피로가 치유되지 못한다. 만성 피로는 생리적 문제와 심리적 문제 모두가 결합한 형태일 수 있다.** 예를 들어 금전, 사생활, 또는 직업 관련 스트레스와 같은 심리적 문제는 휴식으로 피로를 해결하기 전에 당면한 문제들을 먼저 완화하거나 없애주어야 해결될 수 있다. 이 문제들이 충분하게 해결되지 않았을 때 학생의 성과는 계속 떨어지고, 판단력이 흐려져 위험에 처할 수 있으므로 일상적인 비행 혹은 비행훈련이 지속할 수 없다. 만성 피로로부터 회복은 장기적으로 세심한 치료가 필요하다. 어느 경우든 적절한 예방조치를 취하지 않는 한 개인의 성과는 정상적으로 이루어질 수 없고 조종사의 판단력과 의사결정에 역효과를 초래한다.

(2) 탈수증과 일사병

탈수증(dehydration)은 신체에서 수분을 급격하게 상실하는 증상이다. 탈수증은 조종사의 경계심을 떨어뜨려(level of alertness) 차후 의사결정과정을 느리게 하거나 항공기 조종을 못 하게 할 수도 있다. 탈수증으로 인해서 나타나는 첫 영향은 피로이고 신체적 그리고 정신적 과업을 어렵게 한다. 기온이 매우 높거나 고고도에서 장시간 비행 중 탈수증의 가능성을 의심(susceptibility)해야 한다. 이것은 고고도에서 건조 공기는 신체에서 수분의 손실률(ratc of water loss)을 증기시킬 수 있기 때문이다. 민약 이를 보충해 주지 못한다면 극심한 피로를 느끼면서 현기증, 힘이 빠지고, 메스꺼움, 손발의 저림, 복부 경련, 그리고 극심한 갈증으로 진행될 수 있다.

**일사병(heatstroke)은 신체가 온도를 자체적으로 조절할 수 없는 상태이다.** 이 증상을 탈수증으로 간주할 수 있지만, 일사병은 사람이 실신한 것으로 탈수증과 구분할 수 있는 것으로 알려져 있다. 이들 증상을 방지하기 위해서 충분한 물을 준비해야 하고 장거리 비행 중 조종사가 갈증을 느끼고 있지 않을지라도 자주 물을 마셔 예방해야 한다. 만약 비행기가 캐노피 또는 루프 창으로 되어 있다면 얕은 색 다공 천과 모자를 착용하는 것은 강한 태양으로부터 탈수 현상을 방지하는 데 도움이 된다. 조종실 환기(ventilation) 역시 과도한 열을 분산시키는 데 도움이 된다.

## 8.4.5 부적절한 교육으로 인한 무관심

교관이 학습(훈련) 준비가 부적절하다고 생각했거나 불완전, 모순 또는 위선적으로 보일 때 학생들은 즉각 냉담(apathetic)한 반응을 보이기 시작한다. 따라서 교관은 학생의 관심을 유지하고 효율적 학습을 위한 필수 동기를 유지하기 위해서 잘 계획되고, 적절하며, 그리고 철저하게 준비하여 교육에 임해야 한다. **교육 훈련 시간이 부실하게 조직된 것만큼 학생의 관심(주의)을 빠르게 상실하는 것은 없다.** 실제 경험이 없는 학생조차도 교관의 교육(훈련) 준비가 부실하게 되었다는 것을 즉각 알아차릴 수 있다.

교육이 지나치게 명시적(explicit; *어떤 일이 명확히 표시된 서술 또는 강조해야 할 것이 구체적으로 기술되어 있는 것*) 또는 너무 초보적이어서 학생의 관심(interest)을 끌지 못할 수 있고, 아니면 너무 개괄적이나 복잡한 것(general or complicated) 역시 효과적인 학습에 필요한 관심을 집중시키지 못할 수 있다. 교관은 학생의 수준에 맞게 교육 훈련해야 교육적 효과를 얻을 수 있다. 프레젠테이션은 학생 수준에 맞도록 충분한 의미가 있게 조절되어야 한다. 예를 들어 항공기의 비행 전 점검에 관한 교육은 항공 경험이 없는 학생을 위한 동일 과업의 교육과 비교했을 때 숙련된 항공기 정비과정 학생과 다르게 진행되어야 한다. 이들

각 경우에 필요한 교육은 같지만, 어느 한 학생의 프레젠테이션이 다른 학생에게는 적절하지 않을 수 있다. 교육 프레젠테이션의 부실함은 준비 부족뿐만 아니라 산만한 매너리즘, 개인의 불결한 외모, 짜증 혹은 화를 내는 것 등이 원인이 될 수 있다. 학생에게 비웃음이나 깔보는 듯한 투로 말하고 있다는 인상을 남기는 것은 학생 신뢰와 주의를 상실하게 하는 지름길이다. 일단 교관이 학생 신뢰를 잃었다면 이것을 회복하기는 쉽지 않고, 학습 진도는 불필요하게 위축될 것이다.

### 8.4.6 근심 걱정

학생의 근심이나 걱정(anxiety)은 교관에게 또 다른 부담으로 작용한다. **이것은 학생의 지각 능력(perceptive ability)을 제한하고 통찰의 발달(development of insights)을 저해한다.** 교관이 효율적 학습을 진행하고자 한다면 학생은 항공기에서 편안하고 교관을 신뢰할 수 있어야 한다. **교관이 학습 혹은 훈련을 위한 긍정적 분위기를 조성하는 것 역시 교관의 중요한 업무이다.** 비록 이 같은 학습 분위기 조성이 쉽지 않을지라도 인식할 수 있는 목표의 성공적 성취와 사건 또는 상황의 매우 조급함을 회피하는 것 역시 학생의 마음을 편안하게 할 수 있다. 교관은 훈련 중 근심 또는 불편해하는 학생들을 위해서 특별하게 다룰 필요가 있다.

## 8.5 시범실행 훈련전달 방식

시범실행(demonstration performance) 훈련전달 방식은 오랫동안 활용됐고 매우 효과적인 교육 운동감각기술(kinesthetic skills)이기 때문에 비행교관은 절차와 기동을 교육하는 데 매우 유용하다. 시범실행 방식은 다음과 같이 4개의 요소가 있다.

① 설명(explanation)
② 시범(demonstration)
③ **학생 실행-교관 감독**(student performance with instructor supervision)
④ 평가(evaluation)

(1) 설명 단계

만약 복잡한 기동과 절차를 효율적으로 교육해야 한다면 비행교관은 교육/훈련을 충실하게 준비하고 잘 조직할 필요가 있다. 학생 역시 학습이나 훈련을 위해서 지적 그리고 심리적으로 준비되어 있어야 한다. 설명 단계는 철저한 비행 전 브리핑과 마찬가지로 수업 목표와 완성 표준의 토론과 함께 비행훈련 전에 이루어져야 한다. **설명(explanations)은 명쾌하고, 특정 훈련 목표에 부합해야 하며 학생이 알고 있는 경험과 지식을 바탕으로 해야 한다.** 학생은 그들이 학습/훈련하게 되는 것들은 물론이고 이것이 어떻게 학습될 것인지를 알아야 한다. 이것은 수업(훈련)을 어떻게 진행할 것이고 어떻게 평가해야 할 것인가를 알아야 한다. 교관은 교육 방식에서 그들이 행해야 하는 정확한 행동을 학생에게 전달해야 한다. 교관은 필수 단계 외에서 이들 노력의 최종 결과를 설명해 주어야 한다. 또한, 설명 단계는 적절한 안전 절차의 범위가 포함되어야 한다. 교관은 이 단계를 넘어가기 전에 학생들이 이해하지 못하는 절차에 대해서 질문할 수 있도록 기회를 주어야 한다.

(2) 시범 단계

교관은 학생들에게 기술(기량)을 수행하는데 필요한 행동을 보여주어야 한다. 만약 교관의 판단에 학생들이 이전에 설명한 행동을 정확하게 이해하고 수행하고 있다면 다소 주제와 무관한 활동을 시범에 포함할 수 있다. 만약 예기치 못한 환경으로 인하여 시범이 설명한 것과 일치하지 않았다면 교관은 변경된 내용을 즉시 알려주고 설명해 주어야 힌다.

(3) 학생 수행-교관 감독

이들 두 단계는 거의 동시에 수행되는 분리된 행동을 포함한다. 이들 단계의 첫 번째는 설명하고 시범을 보여주어야 하는 학생의 신체적 또는 정신적 기술(기량)의 수행이다. 두 번째 활동은 교관의 감독이다. 학생 수행은 학생의 학습 혹은 훈련한 것을 실행할 것을 요구한다. 학생은 기술(기량)을 익히기 위해서 연습해야 한다. 따라서 **교관은 의미 있는 학생 활동을 위한 충분한 시간을 부여해야 한다.** 학생은 실행(doing)을 통해서 정확한 절차에 따르고 확립된 표준을 달성할 수 있도록 익혀야 한다. **교관이 시범을 보인 후 가능한 한 빨리 이 기술(기량)을 수행할 기회를 부여하는 것이 중요하다.** 교관은 교육비행 중 다룬 것을 다시 한번 복습하고 비행 선 토론에서 제시된 목표를 달성했는지 판단해야 한다. 교관은 학생이 출발 전 과제를 잘 준비하고 이해하고 있을 때 만족할 수 있다. 교관은 학생이 과업을 수행하는 것을 관찰한 다음 적절한 의견이나 비평(appropriate comments)을 해 주어야 한다.

(4) 평가 단계

이 단계에서 교관은 전통적 평가 방식으로 실행을 평가 및 기록하고, 학생의 진도가 목표를 향하고 있음을 말로서 조언해 주어야 한다. 기술(기량)을 얼마나 잘 가르치는가에 관계없이 여전히 수행의 부족함(performance deficiencies)이 있을 수 있다. 특정 부분에서 더욱 노력이 필요한 부분을 지적할 때 도움이 되도록 구체적으로 의견을 제안해야 하고 가능하다면 부정적 평가로 끝나지 않도록 주의해야 한다.

제5장에서 다룬 것과 같이 문제기반학습과 함께 최근 항공훈련에 적용되고 있는 것이 실제상황평가(authentic assessment)이다. 문제기반학습(PBL)은 학생들이 실세계에서 자주 접하는 문제들에 대한 현실적 해법 능력을 갖출 수 있도록 학생들에게 현실적 문제에 직면할 수 있는 것들을 다루고 있다. 문제기반학습의 한 종류인 시나리오기반훈련(SBT)은 항공기 운항 환경에서 항공훈련 목표를 다룰 수 있도록 실세계에서 경험할 수 있는 각본으

로 이루어져 있다. 협업평가(collaborative assessment)는 SBT 중 확실한 학습 기준에 맞는지 아닌지를 평가하는 데 사용된다. **협업평가는 학습자(자기)평가 그리고 비행교관에 의한 세부 평가와 같이 두 부분으로 이루어져 있다. 자기평가의 목적은 학습자의 사고과정을 향상하는데 자극제 역할을 한다.** 자기평가는 교관의 평가와 학생 자신의 평가를 비교하는 교관과 학생 사이의 깊은 토론 다음에 수행되어야 한다.

### 8.5.1 말하고-행하기 기법

시범실행 방식은 3개의 단계에서 비행교육의 말하기와 행하기(telling-and-doing) 기법에 적용할 수 있지만, 이 기술은 아래와 같이 비행교육을 위한 특정 변화를 포함한다.

① 교관 말하고-교관 행하기(instructor tells-instructor does)
② 학생 말하고-교관 행하기(student tells-instructor does)
③ 학생 말하고-학생 행하기(student tells-student does)

#### (1) 교관 말하고-교관 행하기

첫째, 비행교관은 말로 설명하면서 계획된 절차 또는 기동을 주의해서 시범을 보인다. 비행 중 기동을 시범 보이는 동안 교관은 필수 동력세팅(power setting), 항공기 자세를 설명하고, 적용해야 하는 다른 적절한 요소들을 설명해 주어야 한다. 이것은 학생이 수동적 역할을 하는 유일한 단계이다. 또한, 설명한 것에 가능한 한 적합하도록 시범을 보이는 것이 중요하다. 이외에도 설명한 것과 같은 순서로 시범을 보여주어야 하고 혼란을 피하고 보충을 제공할 수 있어야 한다. 통상 학생은 교관의 행동을 따라 하는 성향이 있으므로 교관은 모든 안전 절차를 포함하여 학생들이 이에 따라 훈련할 수 있도록 정확한 기술(기량)을 보여주어야 한다. 만약 예기치 못한 환경으로 인하여 시범이 설명한 것과 일치하지 않았다면 교관은 변경된 내용을 즉시 알려주고 설명해 주어야 한다. 예를 들어 교관은 다음과 같은 방법으로 수평 선회에 대한 시범을 보여주고 설명해 주어야 한다.

① 외부 시각 참조물을 활용하고 비행 계기를 모니터하라.
② 항공기 주변의 공역에 다른 항공기가 없는지 확인한 후 동력을 약간 적용하고, 고도를 유지하기 위해서 조종간을 약간 후방으로 적용하면서 항공기를 원하는 방향으로 선회를 시작한다. 선회 방향의 러더를 적용하여 균형비행을 유지한다.
③ 도움날개는 경사각(angle of bank)과 함께 요 비율(roll rate)을 조종한다는 것을 기억하라. 항공기의 롤(roll) 비율은 도움날개 편향을 얼마나 적용하는가에 달려 있다. 이것은 도움날개가 편향된 동안 항공기는 계속 롤(roll)하고 있기 때문이다. 원하는 경사각에 도달했을 때 도움날개를 중립에 놓고 적절한 트림을 조절한다.
④ 경사각의 대략 절반 각도를 이용하여 적절한 선도를 적용한다. 도움날개와 러더 조종압이 적절한 조화를 이룰 수 있도록 하라. 동시에 승강타 후방압을 완화함으로써 항공기가 날개 수평 위치로 되돌아왔을 때 도움날개, 러더, 그리고 승강타는 중립이 된다.

⑤ 초기 훈련에서 경사각의 절반을 적용한 선회중지 기수방위의 선도량이 적절하다. 그러나 실제로 필요한 선도량은 선회의 형태, 선회율, 그리고 선회중지 비율(roll-out rate)에 달려 있다. 조종사의 경력이 쌓이면서 다양한 선회 형태를 위한 선회-진입과 선회-중지 기술이 발달하게 될 것이다. 날개 수평자세가 되었을 때 동력을 줄이고 트림을 조절하여 조종압을 제거해야 한다.

### (2) 학생 말하고-교관 행하기

두 번째, 학생은 말하고 교관이 실행하는 것이다. 이 단계에서 학생이 무엇을 그리고 어떻게 해야 하는지를 교관에게 말하는 것으로 실질적으로 학생이 교관 역할을 하는 것이다. 이 단계에서 두 가지 이점을 얻을 수 있다. 학생은 기동의 실행에 집중하지 않고 또 그 결과에 관해서 자유로워지면서 관련 있는 단계와 활용되어야 하는 기술에 관한 그들의 생각을 조직하고 정리할 수 있다. 교관이 이를 수행해야 하는 것과 같은 기동을 설명하는 과정에서 통찰을 위한 지각이 발달하기 시작한다. 정신적 습관은 이전에 받은 교육의 반복과 함께 형성되기 시작하고, 이와 더불어 교관은 기동의 실행에 포함된 요소들에 대한 학생의 이해 정도를 평가할 수 있다. **초두 효과(principle of primacy)에 따르면 학생이 이를 처음 올바르게 받아들일 수 있도록 하는 것이 중요하다.** 또한, 학생은 정확한 순서를 이해하고 각 절차나 기동을 위한 안전 예방책을 의식하고 있어야 한다. 만약 잘못 이해하고 있는 부분이 있다면 학생이 항공기 조종에 습관이 되기 전에 수정해야 한다.

### (3) 학생 말하고-학생 행하기

세 번째 단계는 적용(application)이다. 이것은 학습이 어디에서 이루어지고 어떠한 실행이 습관을 형성하는가를 관찰하는 것이다. 만약 학생이 적절하게 준비되었고 절차 또는 기동을 완전하게 설명하고 시범을 보였다면 유의미 학습이 이루진 것으로 볼 수 있다. 교관은 학생이 교육/훈련하는 동안 기술(기량)에 오류가 있는지 발견할 수 있도록 주의 깊게 관찰하여 잘못된 습관(habits)이 형성되지 않도록 방지해야 한다. 동시에 학생은 기동을 수행하는 동안 이것이 습관이 될 때까지 무엇을 행해야 하는지에 대해서 생각할 수 있도록 해야 한다. 이 단계에서 생각하는 것을 말로써 할 수 있다. 이것은 수행하고자 하는 과업에 집중하도록 함으로써 전체 기동에 포함될 수 있도록 하는 데 있다. 학생의 모든 신체적 그리고 정신적 능력을 끌어 올 수 있어야 한다.

교관은 학생의 사고과정(thought process)을 의식하고 있어야 한다. 이것은 실수가 잘못된 개념으로 인한 것인지 아니면 단순한 운동 기술(기량)의 부족으로 인한 것인지를 어렵지 않게 결정할 수 있게 한다. 따라서 학생의 한 부분에서 전반적인 훈련에 집중하도록 하는 것 외에 이 방법은 교관에게 학생이 무엇을 생각하게 하는지 의식하게 하는 수단을 제공한다.

**학생은 무엇인가를 행함으로써 학습될 뿐만 아니라 기술(기량)의 발달을 강하게 원하는 셀프-학습 과정(self-teaching process)을 통해서도 학습된다.** 교관은 학생 수행 중 정확한 절차는 학생의 숙련도 수준, 기동의 종류, 그리고 훈련 단계와 같은 요소들에 달려 있음을 알아야 한다. 교관은 얼마만큼의 조종을 허용할 것인지 결정하기 위해서 판단할 수 있어야 한다. 예를 들어 잠재적 위험이 있거나 어려운 기동이라면 교관 역시 긴장해야 하고 위험한 상황이 발생할 수 있을 때 즉시 조종간을 잡을 수 있도록 준비되어야 한다. 특히 첫 시도의 특정 기동일 때 긴장을 놓아서는 안 된다.

반면 학생이 **정상적으로 기동을 수행하고 있다면 교관은 불필요한 간섭 또는 너무 많은 조언은 피해야 한다.** 특히 교관이 언제 얼마의 조종에 개입해야 하는지에 대한 판단은 학생의 첫 착륙을 시도할 때이다. **교관은 학생이 도움이 필요한 시기를 예리하게 판단하고, 필요하다면 조종 개입을 주저해서는 안 된다.** 동시에 학생은 학습 목표에서 서술한 숙련도 수준에 도달하기에 충분한 전체 기동을 수행할 수 있도록 허용해야 한다. 이것은 훈련의 평가 단계라기보다 학습 단계이기 때문에 실수라든지 불안전 행동이 없는지 관찰되어야 하고 적시 적절한 방법으로 수정해야 한다. 일부의 경우 학생은 할당된 시간 내에 학습 목표에서 정한 숙련도 수준에 도달하지 못할 수 있다. 이 경우 교관은 추가 훈련을 계획할 수 있도록 준비되어야 한다.

교육 과정에서 시범실행 방식과 말하고-행하기 방식의 비교는 차이만큼이나 유사성이 강조된다. 말하고-행하기 방식의 주요 차이는 두 번째와 세 번째 단계 사이에 발생하는 학생-말하고, 교관-행하기의 중요한 전환이다. 이처럼 전통적인 훈련 과정, 시범실행 방법, 그리고 말하고 행하기 기법을 요약하면 아래 [표]와 같다.

| Traditional Teaching Process | Demonstration Performance Method | Tell and Doing Technique |
|---|---|---|
| 준비 | 설명 | 준비 |
| 프레젠테이션 | 시범 | 교관-말하기<br>교관-행하기 |
| 적용 | 학생실행-교관 감독 | 학생-말하기<br>교관-행하기 |
| 복습과 평가 | 평가 | 학생-말하기<br>학생-행하기 |
| | | 학생-행하기<br>교관-평가하기 |

## 8.6 조종권 인수인계

**항공기 조종 권한의 확실한 인수인계는 비행훈련의 통합 부분으로 훈련되어야 한다.** 이것은 비행훈련의 시범실행 방식 중 특히 중요하다. 항공기 운항 중에 조종사들 사이에 비행 조종권의 확실한 교환(positive exchange of flight controls)을 위한 권장 절차를 제공한다.

(1) 배경

항공기 사고의 통계에 따르면 조종실에서 조종사들 사이의 조종권 인계인수에 관해서 부가적으로 강조해야 할 필요가 있음을 보여주고 있다. 항공기 사고의 상당한 비율이 항공기를 실제 조종하는 있는 사람들 특히 학생과 비행교관 사이에 소통 부족 또는 잘못 이해함으로써 발생하고 있다. 초기 훈련 중 이들 절차를 확립함으로써 이들이 전체 비행경력에서 확실한 습관이 형성될 수 있을 것이다.

(2) 절차

비행훈련 중 학생과 교관 사이에 누가 항공기를 조종하고 있는지 명확하게 서로 이해하고 있어야 한다. 비행 전 브리핑에는 조종간의 인수인계를 위한 절차가 반드시 포함되어야 한다. 비행훈련 중 조종권의 인수인계는 훈련 중 확실하게 교육되어야 하는 3단계 과정 중 한 절차임이 입증되었다. 비행교관이 학생에게 기동에 관한 교육 중 통상 교관은 아래 사례와 같이 먼저 시범을 보여준 다음, 학생은 시범 중 조종간을 함께 잡고 따라 해 본다. 마지막으로 학생은 교관과 함께 조종간을 잡고 기동을 수행한다. 비행교관은 반드시 조종간을 살짝 잡고 있으면서 언제든지 조종간을 잡을 수 있는 준비가 되어 있어야 한다. 교관은 필요할 때 조종간을 다시 잡아야 하고 이때 확실하게 조종간에서 손발을 떼도록 사전 교감이 이루어져야 한다. 다음은 조종간 인수인계에 관한 사용되는 사례이다.

① 교관이 학생에게 항공기의 조종권을 넘기고자 할 때 교관은 다음과 같이 말한다.
"You have the flight controls. (당신이 비행 조종을 하십시오)"
② 조종훈련생은 즉시 다음과 같이 알았음을 말한다.
"I have the flight controls. (제가 비행 조종을 하고 있습니다.)"
③ 교관은 다시 다음과 같이 말한다.
"You have the flight controls. (당신이 비행 조종을 하고 있습니다.)"

만약 교관이 학생에게 조종간을 잡고 있도록 허용한다면 교관은 항공기를 완전하게 그리고 효과적인 조종을 할 수 없을 수 있다. 이 같은 이유는 두려움이 있는 학생은 엄청난 힘으로 조종간을 잡고 있으므로 적시 적절하게 대응하지 못할 수 있다. 만약 회복이 필수적이라면 학생은 조종간에서 완전히 손발을 떼도록 해야 한다. 학생은 결코 비행교관의 한계를 초과하지 않도록 해야 한다. 비행교관은 방책을 결심하자마자 문제를 지각하기 위한 그들 자신의 능력을 초과해서는 안 되고, 육체적으로 항공기를 조종하기 위한 능력 내에서 반응해야 한다.

## 8.7 조종실 집중규칙

일반적으로 "조종실 집중규칙(sterile cockpit rule)"은 운항승무원들에게 중요 비행단계에서 불필요한 활동(nonessential activities)을 자제할 것을 요구하는 규칙이다. 이 규정에 따른 중요 비행단계(critical flight phase)는 활주, 이륙, 그리고 착륙을 포함한 모든 지상 운용, 그리고 순항비행을 제외한 고도 10,000피트 이하에서의 모든 다른 기동들이 포함된다. 불필요한 활동이란 식사, 신문 읽기, 또는 잡담, 사진 촬영 등을 금지하고 있다. 운항승무원이 중요 비행단계에서 비행 임무로부터 주의산만이 항공기 사고의 원인으로 밝혀지면서 이 규칙이 제정되었다. 초기에는 대형 항공사에만 적용되었지만, 현재는 전체 항공사회에 적용되고 있다. 조종사는 중요 비행단계에 접어들었을 때 오직 비행에만 집중함으로써 비행안전에 온 힘을 다해야 할 것이다. 비행교관은 학생들에게 "조종실 집중규칙"의 개념을 잘 설명하고 비행훈련 중 이 같은 행동 모델을 보여주어야 한다.

## 8.8 조종사 주의산만 대책

NTSB 통계에 따르면 대부분의 실속/스핀(stall/spin) 사고는 조종사의 주의집중이 항공기 조종을 최우선으로 하는 것을 소홀히 했을 때 발생하고 있음이 밝혀졌다. 실속/스핀 사고의 약 60%가 이륙과 착륙 중 발생하고, 20%는 엔진 고장으로 인한 것이었다. 항공기 형상(플랩, 착륙장치 등) 또는 트림을 변경할 때 다른 항공기를 회피하기 위한 기동, 또는 이륙과 초기상승 중 위험한 장애물을 회피하기 위한 기동 중 조종실 내부 혹은 외부에만 몰두하는 것은 잠재적 실속/스핀 상황으로 이어질 수 있다. 실속과 스핀을 훈련하는 과정에서 사고는 거의 발생하지 않는다.

**실질적인 위험은 일상적인 비행 상황에서 방심(주의산만)으로 인한 부주의로 실속에 들어갈 수 있다.** 조종사는 모든 기량 수준에서 항공기 조종에 대한 부수적 과업을 수행하는 동안 부주의한 실속 또는 스핀으로 이어질 수 있는 위험이 증가할 수 있음을 인식하고 있어야 한다. 조종사 자격증명을 위한 실기평가에서 조종사의 주의산만(distractions)을 예방하기 위한 몇 가지 지침을 제정하였다. 이 같은 목적은 응시자가 안전비행에 필요한 항공기 조종 수준을 유지하면서 의도적 주의산만 상황을 처리할 수 있는 기술을 보유하고 있는지 평가하는 것이다. 이 중 가장 효과적인 훈련은 학생이 특정 기동을 수행하는 도중에 의도적으로 주의를 산만하게 하여 부주의한 실속에 들어갈 수 있도록 하는 가상 시나리오다.

교관의 책임은 학생들이 주의산만 과업과 항공기 조종을 유지하면서 그의 주의력을 적절하게 배분할 수 있도록 훈련해야 한다. 학생이 비행 중 주어진 상황을 처리할 수 있는 능력을 교육하는 것은 교관의 책임이다. 다음은 이 훈련에 사용될 수 있는 주의산만 과업 사례이다.

- 연필을 떨어뜨리고 학생에게 이를 줍도록 요구하라.
- 차트를 이용해서 공항까지 기수방위를 결정하도록 요구하라.
- 시계를 다시 조정하도록 요구하라.
- 후방 좌석에서 무엇인가를 가져오도록 요구하라.
- 외기기온이 얼마인가 읽도록 요구하라.
- 비행업무기관으로부터 기상정보를 요청하도록 요구하라.
- 비행 컴퓨터를 이용해서 신대기속노를 계산하노록 요구하라.
- 지형 혹은 장애물을 식별하도록 요구하라.
- 불시착 장소의 적합성을 판단하도록 요구하라.
- 200피트 상승하여 고도를 유지한 다음 200피트 강하하고 고도를 유지하도록 하라.
- 일련의 S-선회 후 역코스를 수행하도록 하라.

## 8.9 통합비행교육

통합비행교육(Integrated flight instruction)은 조종훈련생들이 외부의 시각 참조물과 비행 계기(flight instruments) 모두를 활용하여 비행기동을 수행할 수 있도록 훈련하는 것이다. 이 교육 방식이 최대 효과를 얻기 위한 최적 시기는 계기를 참고하여 각각의 새로운 기동을 처음 시작할 때이다. 외부 참조물(reference) 또는 계기 지시들이 기동 성과를 달성하기 위해서 사용하는지에 관계없이 조종사의 조종 교육에 어떠한 영향을 주지 않는다. 통합비행교육을 적용할 때 외부 시각 참조물을 이용한 조종 교육은 이와 동일한 항공기 운용을 지시하고 있는 비행 계기들의 사용과 통합되어야 한다.

### (1) 습관의 개발

**조종훈련생들이 비행훈련 초기 단계부터 비행 계기들을 관찰하고 의존하는 습관이 형성되도록 하는 것이 중요하다.** 이것은 조종훈련생들이 기동을 수행할 때 항공기의 트림이 벗어났거나 기수-높음(nose-high) 혹은 기수-낮음(nose-low) 자세와 같이 항공기 조종을 감각으로 익힐 수 있도록 하는 것과 동일하게 중요시되어야 한다. 조종훈련생이 외부 시각 참조물을 이용해서 비행할 수 있는 것과 같이 비행 계기를 참조하여 모든 정상 기동을 수행하도록 훈련된 조종훈련생은 그들 자신과 항공기의 성능을 지속적으로 모니터링하는 습관이 발달하기 시작한다. 이러한 면에서 조종훈련생들에게 계기교차점검, 계기판독, 그리고 항공기 조종의 정확한 초기 습관을 확립하는 것이 매우 중요하다.

조종훈련생이 비행 계기 지시에 습관적으로 주의를 기울이는 것은 더욱 정밀한 대기속도를 조종할 수 있어 착륙 기술의 향상으로 이어질 수 있다. 또한, 비행 계기의 효과적인 활용은 지방횡단비행을 위한 항법, 다른 요소들과의 적절한 조화, 그리고 조종사의 전반적인 비행역량 수준을 한 단계 끌어 올릴 수 있다. **일반항공 사고보고서에 따르면 비행 계기를 참조한 훈련이 안전에 중요하다는 것을 확실하게 보여주고 있다.** 계기한정(instrument rating)을 보유하고 있는 조종사의 안전 기록은 계기한정을 위한 비행훈련을 받지 못한 조종사와 비교했을 때 매우 양호한 것으로 나타난다. 이 시기에 형성된 습관은 계기한정의 취득을 위한 차후 훈련을 위한 확고한 기본을 제공하게 될 것이다.

### (2) 운용 효율성

조종훈련생들이 비행 계기를 참조하여 비행기술을 스스로 모니터링하고 수정할 수 있는 능력이 더 발달함에 따라 항공기로부터 얻을 수 있는 성과는 눈에 띄게 증가한다. 이것은 정확한 대기속도의 사용에 반응해야 하는 최신 고성능 항공기에서 뚜렷한 성과를 얻을 수 있다. 상승 중 정확한 동력세팅의 사용과 상승 속도 그리고 정확한 기수방위 조종은 상승 성능에서 뚜렷한 향상에 기여한다. 또한, 순항비행에서 정밀한 기수방위와 고도의 유지는 평균 순항비행 성과에서 눈에 띄게 향상되었다. 이외에도 **통합비행교육의 활용은 외부 참조물이 가용하지 않을 때 제한된 시간 동안 조종훈련생에게 항공기를 조종할 수 있는 능력을 제공한다.**

이 능력은 비상상황에서 결정적으로 조종사와 승객의 생명을 구할 수 있다. 교관은 통합비행훈련에서 비행 계기를 활용한 훈련이 결코 한계시계비행(MVFR) 또는 계기기상상태(IMC)에서 운항할 수 있도록 허용하는 것이 아니라는 것을 확실하게 강조해야 한다. 이들이 계기비행자격을 갖추기 전에 VFR 최저치 이하의 기상상태에서 비행을 시도하는 것은 치명적 결과를 가져올 수 있다는 것을 확실하게 인식시켜 주어야 한다. NTSB 사고 분석에 따르면 비행 중 시계기상상태(VMC)에서 계기기상상태(IMC) 속으로 비행을 시도하는 것은 일반항공 비행의 가장 치명적 사고의 한 원인이다.

### (3) 절차

통합비행교육은 항공기 조종의 기능에 대한 첫 브리핑과 함께 시작된다. 이 브리핑은 항공기 자세(aircraft attitude)를 조종하는데 사용되는 외부 시각 참조와 함께 예상할 수 있는 비행 계기 지시들이 포함되어야 한다. 새로운 비행기동을 소개할 때 계기 또는 외부 시각 참조를 동등하게 적용하여 항공기를 기동할 수 있는 능력을 발달시키기 위해서 외부 참조와 계기 모두를 활용할 것을 강조한다. 이때 훈련생들은 항공기의 자세를 결정하기 위해서 어느 것을 참조해야 하는지(계기 또는 외부 시각 참조)에 관계없이 비행 조종의 조작은 동일하다는 사실을 자연적으로 받아들인다. 이 훈련은 전체 기동을 위한 모든 비행훈련을 통해서 계속되어야 한다. 이 종류의 훈련에서 실질적 이점을 완전하게 달성하기 위해서는 **시각과 비행 계기 참조의 활용은 전체 훈련을 통해서 꾸준하게 통합되어야 한다.**

(4) 관찰과 회피

교관은 비행훈련 초기부터 조종훈련생들이 전 시간 다른 항공교통(air traffics)을 관찰할 수 있는 습관이 형성되도록 해야 한다. 만약 조종훈련생들에게 교관이 다른 항공교통을 스캐닝하고 충돌회피책임을 지고 있는 것으로 생각하고 있다면 이들은 공중충돌(midair collision)을 방지하는 데 필수 안전을 위해서 지속적인 경계심을 유지할 수 있는 습관의 형성을 저해할 수 있다. 어느 형태의 기동을 시작하기 전에 주변에 다른 항공교통의 존재를 관찰하지 않는다면 교관은 즉시 이를 수정해야 한다. 최근 공중충돌의 연구에서 다음과 같은 결과를 보여주고 있다.

- 사고의 37%가 비행교관이 항공기에 탑승하고 있었다.
- 대부분의 공중충돌은 주말 그리고 주간 VFR 기상상태에서 발생하였다.
- 공중충돌과 관련된 대부분 항공기는 정상 비행계획이 아닌 레크리에이션 비행과 연관이 있다.
- 대부분 항공사고는 비관제공항 또는 근처 그리고 고도 1,000피트 이하에서 발생하였다.
- 첫 단독비행 조종사부터 20,000시간의 베테랑까지 모든 경험 수준의 조종사가 공중충돌 사고와 연관이 있다.
- 대부분의 충돌은 시정 3마일 이상의 주간에 발생하였다.

공중충돌(midair collision)을 **방지하기 위한 한 방법으로 모든 조종사는 규정에 따른 "진로권 규칙(right-of-way)"에 절대적으로 따라야 한다.** 교관은 비행방식(VFR 또는 IFR)에 관계없이 전 시간 "관찰과 회피(see and avoid)" 개념이 훈련되도록 해야 한다.

## 8.10 조종능력의 평가

실기평가(practical tests)는 비행훈련 과정의 필수 구성요소이고 조종훈련생이 얼마나, 무엇을 그리고 어떻게 잘 학습(훈련)되었는지를 결정하는 것이다. 평가가 잘 계획되었다면 훈련생들은 그들 스스로 무엇인가를 행하고 경험을 쌓아갈 수 있는 능력을 갖추게 될 것이다. 평가는 성과(성적) 수준을 높이기 위한 방향과 안내를 제공한다. 교관은 학생들에게 평가의 목적을 이해시켜야 한다. 그렇지 않으면 학생들은 평가의 결과를 잘 받아들이지 않거나 성과(성적)가 낮아질 수 있다. 통상 비행교관은 비행훈련 복습(flight review), 협력 평가(collaborative assessment), 필기평가, 그리고 지식 또는 실기기술(기량) 수준을 확인하기 위한 성능기반평가를 활용한다. 또한, 평가는 재교육을 위한 도구로도 사용할 수 있다. 교관은 모든 평가가 재교육에 고려되지 않을지라도 가능성에 주목하고 활용할 수 있도록 연구해야 한다.

교관은 학생의 능력을 평가하는 데 있어서 학생들이 절차 또는 기동을 이해하고 있는지를 초기에 결정해야 한다. 다음, 교관은 기동에 대해서 시범을 보여주고 훈련생에게 기동을 따라 해 볼 수 있게 한 후 최종적으로 그들의 행위를 관찰하여 평가한다.

### 8.10.1 조종훈련생의 역량 인증

비행훈련 중 시범을 보인 것에 대한 조종훈련생 능력에 대한 평가는 확립된 성과의 표준에 따라야 하고, 조종사로서 조종훈련생의 경험과 발달 단계(experience and stage of development)에 적용할 수 있도록 적절하게 수정되어야 한다. **평가는 단지 전체 성과보다는 기동과 관련된 요소들에 숙달했는지를 확인하는 것이다.** 비행교관은 담당 조종훈련생이 단독비행(solo flight)이 가능하다는 것에 배서(endorsement)하기 전에 이들이 필수 비행 과업을 능숙하게 수행할 수 있는 자격이 있다는 것을 결정해야 한다. 이 평가는 여러 기동을 능숙하게 수행할 수 있는 조종훈련생의 능력을 바탕으로 결정되어야 한다. 또한, 평가는 비행훈련 중 조종사 기술(기량) 평가와 관련해서 비행학교 코스와 조종사 자격증명과 한정증명(rating)을 위한 실기평가에서 수행하게 될 단계를 점검하는 것이다.

### 8.10.2 비행 후 평가

**비행교관은 조종훈련생의 비행능력을 평가하는 데 있어서 조종훈련생에게 진도를 알려주는 것이 중요하다**고 강조했다. 이것은 각 절차 또는 기동을 마쳤을 때 또는 비행 후 비평(post-flight critiques) 중 요약하는 방법으로 이루어질 수 있다. 비행 후 평가는 훈련을 보충하기 위해서 비행훈련의 전체 범위에서 관찰되었던 것을 기록하는 것과 같이 서면 형식이어야 한다.

#### (1) 첫 단독비행

교관은 조종훈련생의 첫 단독비행(first solo flight) 중 발견된 문제점에 대해서 질의응답 또는 해결할 수 있도록 도와주어야 한다. 비행교관은 단독비행이 조종훈련생에게 긍정적이고 자신감을 쌓는 경험이 될 수 있게 비행을 계획할 때 단독비행을 수행하는 날짜와 시간을 고려할 필요가 있다. 이 시간은 장주 혼잡, 바람 상태, 태양 각도 등을 고려해서 결정한다. 단독비행이 교관의 감독하에 진행되고 있다면 비행교관은 휴대용 무전기를 준비할 필요가 있다. 교관은 불가피한 상황이 발생했을 때 무선으로 단독비행을 중지시킬 수 있다. 비행교관은 단독비행 조종훈련생과 교신할 때 잘 판단해야 한다. 단독비행 중 무선교신은 꼭 필요한 경우를 제외하고 자제해야 하고 특히 조종훈련생이 최종접근경로에 있을 때 교신은 신중하게 이루어져야 한다.

#### (2) 단독비행 후 브리핑

교관은 단독비행 후 디브리핑(post-solo debriefing)에서 조종훈련생의 단독비행 중 일어난 일에 대해서 의견을 나누어야 한다. 비행교관은 단독비행 중 경험했던 것에 대한 문제에 대해서 답변해 주어야 한다. 교관은 조종훈련생이 정확한 비행 절차를 활용할 수 있도록 비행에 관한 모든 면을 포함할 필요가 있다. 또한, 교관은 단독비행이 종료된 후 즉시 디브리핑해 주어야 한다. 조종훈련생의 기억에 생생하게 그려진 비행과 함께 비행에 대한 질문은 빠르게 떠오를 수 있기 때문이다.

### 8.10.3 조종훈련생의 실수 수정

조종훈련생이 훈련 중 실수를 했을 때 즉시 훈련을 중단하거나 조종간을 잡아채는 것과 같은 행동은 권장되지 않는다. 비행훈련의 경우 안전이 허용하는 한 조종훈련생의 행위를 끝까지 행하도록 허용하는 것이 좋다. 교관은 비행 중 직면할 수 있는 일상적인 문제들을 해결하는 방법을 교육해야 한다. 장주(traffic pattern) 혼잡, 사용 활주로의 변경, 예기치 못한 측풍 등은 이들을 동시에 수행할 수 있는 능력을 갖추기 전에 조종훈련생 혼자서 숙달하기에 어려운 도전적 과제이다.

### 8.10.4 교관 배서

비행교관은 담당 조종훈련생들의 단독비행에 관한 안내와 제한사항 등을 제공할 책임이 있다. 비행교관은 조종훈련생이 단독비행을 할 수 있는지를 결정할 수 있는 위치에 있는 유일한 사람이다. 따라서 비행교관이 최종적으로 담당 조종훈련생의 역량을 보증하는 것으로 중요한 책임 중 하나이다. 교관은 담당 조종훈련생이 단독비행을 할 수 있음을 보증한다는 배서(endorsement)하기 전에 모든 기본 기동들을 일관되게 수행할 수 있는 능력이 있는지 판단할 수 있어야 한다.

### 8.10.5 시각화

**시나리오기반훈련(SBT)은 그 자체로 시각화(visualization) 기술에 잘 적응하도록 한다.** 예를 들어 조종훈련생이 정상적인 환경에서 비행이 어떻게 수행되어야 하는지를 말로 설명할 수 있다면 조종훈련생은 비행이 어떻게 이루어지는지 시각화할 수 있다. 교관은 최종접근(final approach) 중 강풍(strong wind)이 부는 것과 같은 급격한 기상 변화와 같이 예상치 못한 환경을 추가할 수 있다. SBT의 다른 사례는 교관이 열기구(hot-air balloon) 조종훈련생에게 원하지 않는 착륙 장소(undesired landing sites), 글라이더 훈련생에게 견인줄 절단, 계기비행 훈련생에게 무선통신 두절과 같은 예기치 못한 상황을 부여하고 학생들이 이 상황을 어떻게 처리하는지 시각화할 수 있어야 한다. 이 시각화 중 비행교관은 조종훈련생의 사고과정을 확인하기 위해서 질문해야 한다. 교관의 직업은 조종훈련생들에 과도한 부담을 지우거나 비현실적인 시나리오가 아닌 실제 비행 상황에서 직면할 수 있는 도전을 처리할 수 있는 능력을 키워주는 것이다.

### 8.10.6 연습 착륙

비행교관은 모든 조종훈련생의 훈련에서 종료착륙/완전착륙(full stop landing)을 반드시 포함할 것을 권장하고 있다. 완전착륙은 조종훈련생에게 항공기 조종과 점검표 활용 능력을 개발하는 데 도움이 된다. 이륙과 착륙 중 항공기 속도와 조종은 모든 다른 행동에 우선되어야 한다. 활주로의 첫 1/3에 착륙(first third of the runway)할 수 있도록 강조하는 것은 항공기를 정지할 수 있는 거리를 확보하기 위함이다. 만약 조종훈련생이 첫 1/3 지점에 착륙할 수 없다면 조종훈련생은 즉각 복행(go-around)을 결심할 수 있도록 교육해야 한다. 착륙 중 바운싱(bouncing) 했다면 조종훈련생은 즉시 복행할 수 있도록 교육되어야 한다. 이들 교육 가이드라인을 준수함으로써 조종훈련생은 단독비행할 때 착륙을 더욱 정확하게 실행할 수 있을 것이다. 첫 단독비행은 완전착륙(full stop landing)이 포함되어야 하므로 비행교관은 필요하면 비행을 완전히 중지하기 위한 기회를 제공해야 한다.

### 8.10.7 실기평가 권고

비행교관은 그동안의 훈련 성과를 바탕으로 실기평가 준비가 된 조종훈련생에게 조종사 자격증명이나 한정증명에 응시하도록 하는 양식에 서명해야 한다. 이 서류에 서명하는 것은 교관에게 막중한 책임을 부과하는 것이다. 조종사 자격증명 또는 한정증명에 취득하고자 하는 응시자를 위한 실기평가에 임할 것을 권고한 비행교관은 응시자에게 해당 자격증명이나 한정증명에 필요한 지식과 기술(기량) 수준을 확실하게 발휘할 것을 당부해야 한다. 이 시범은 적용가능 PTS에 기술되어 있는 완벽한 절차보다 어느 경우라도 낮아서는 안 된다. 교관이 담당 조종훈련생의 실기평가를 위한 서류에 배서했을 때 그의 서명은 60일까지 유효하다. 또한, 이것은 응시자의 비행기록부 또는 훈련 기록부에 있는 비행 숙련도 배서와도 동일하다. 실기평가를 위한 필수과목의 완성을 정확하게 기록하는 것 역시 교관의 또 다른 과업이다.

평가관과 국선위임평가관은 자격증명을 취득하기 위한 충분한 자격이 있음을 입증하는 자료로서 비행교관의 서류 또는 훈련기록에 의존하고, 적절한 지식평가에서 부족함이 발견된 주제 분야에 대해서 다시 한번 복습했음을 입증해 주어야 한다. 또한, 이 권고는 응시자가 PTS, 관련 지식 범위, 기동, 그리고 절차에 관해서 충분한 브리핑을 받았다는 것을 보장하는 것이다. 비행교관이 담당 조종훈련생에게 충분한 응시자격을 갖출 수 있도록 훈련되었고 준비되었다면 실기평가에 합격하는 데 문제가 없을 것이다. 만약 비행교관이 단독비행 또는 부가 한정증명에 배서하기 전에 담당 조종훈련생이 규정에 정한 필수요건에 충족시키는 데 실패했다면 비행교관은 능력에 부족함을 드러낸 것이다. 교관이 단독비행에 대한 완전한 준비가 되지 않은 조종훈련생에게 단독비행을 위해서 배서하거나 적절한 규정적 필수요건에 충족하지 못한 조종훈련생에게 부가 한정증명(rating)을 위해서 배서하는 것 역시 교관에 대한 불신을 초래할 것이다.

## 8.11 항공의사결정

앞에서 다룬 것과 같이 항공훈련과 비행운용은 개별적 개념(individual concepts)이라기보다 한 시스템(system)으로 보고 있다. 시스템 안전의 목표는 조종사에게 다음과 같이 가용한 4개의 개념을 잘 활용함으로써 위험 가능성을 최대한 낮은 수준으로 감소시키는 데 있다.

① 항공의사결정(ADM)
② 위험관리(risk management)
③ 상황인식(situational awareness)
④ 1인 조종사자원관리(SRM)

ADM(Aeronautical Decision Making)은 **조종사가 주어진 환경에 반응하는 데 있어서 최선의 방책을 일관되게 결정할 수 있도록 하는 정신적 과정에 대한 체계적인 접근이다.** 위험관리는 체계적으로 위험을 식별하고, 위험 정도의 평가, 그리고 각 비행과 관련된 최상의 방책을 결정하기 위한 의사결정 과정(decision-making process)이다. 상황인식은 비행 전, 비행 중, 그리고 비행 후 안전에 영향을 미치는 4개의 근본 위험요소들 내에서 모든 요소 그리고 조건들을 정확하게 지각하고 이해하는 것이다. SRM은 성공적 비행 결과를 얻기 위해서 1인 조종사(비행 전과 비행 중)에게 가용한 모든 자원을 관리하는 기술과 과학이다. 때때로 이들의 핵심 원리들을 집합적으로 ADM이라 한다.

조종사의 훈련방식, 항공기 장비와 시스템, 그리고 조종사를 위한 서비스가 계속해서 발달하고 있음에도 사고는 여전히 발생하고 있다. 비행안전을 향상하기 위한 기술이 변화하고 있음에도 불구하고 인적요소는 변함이 없다. **모든 항공기 사고의 약 80%가 여전히 인적요소와 관련이 있다.** 항공안전에 시스템 접근 방식을 적용하면서 비행교관은 항공지식, 항공기 조종기술, ADM, 위험관리, 상황인식, 그리고 1인 조종사자원관리(SRM)를 훈련 과정에 통합시켜야 하는 것은 새로운 과제이다.

역사적으로 "조종사 과실(pilot error)" 용어는 이들 사고의 원인을 기술하는 데 사용됐다. 조종사 실수는 조종사 행동 또는 결심이 사고의 원인이 되었거나 기여하는 요소가 되었다는 것을 의미한다. 또한, 이 정의는 결심하거나 행동을 취하는 것에 대한 조종사의 실패(pilot's failure)도 포함된다. 사고(accidents)에 관한 개념을 넓은 관점으로 분석했을 때 관련인적요소(human factors related)라고 하는 것이 사고를 기술하는데 더 적합하다. 이것은 통상 사고 원인이 어느 한 요소가 아닌 수많은 요소가 연쇄적으로 작용했다고 볼 수 있기 때문이다. 이 개념은 부실판단 연쇄작용(poor judgment chain), 또는 실수의 연쇄적 작용으로 사고와 관련된 인적요소에 기여하고 있는 요소들을 설명해 주고 있다. 이 사슬에서 한 연결 고리를 끊어 주는 것은 사건의 연속적 결과를 변화시키는 데 필수이다. 학생들에게 이 개념을 설명해 주기 위한 가장 좋은 방법은 항공기 사고 또는 경사고(accidents or incidents)로 이어진 특정 상황을 토론하는 것이다.

다음 사고 시나리오의 사례는 **부실판단 연쇄작용**을 설명해 주고 있다. 한 자가용 조종사는 약 100시간의 경력을 갖추고 있다. 이 조종사가 어느 날 비행에서 사유공항에 있는 협소한 흙으로 다져진 활주로에 예방 착륙(precautionary landing)하였다. 조종사는 착륙 중 방향 조종을 상실하여 활주로에서 벗어나 주변 풀밭에 처박혔다. 목격자에 따르면 항공기는 최종접근경로에 너무 높이 그리고 빠른 속도로 접근하고 있었고, 조종사는 강풍 속에서 비행기를 조종하는 데 매우 어려움을 겪은 것으로 보인다고 증언하였다. 사고 당시 기상은 소나기와 뇌우로 인하여 한계시계비행(MVFR)으로 보고되었다. 항공기는 비행 전날 아침에 급유하였고 62갤런의 연료통을 채우기 위해서 60갤런의 연료가 필요하였다. 교관은 이 비행의 최종 결과가 발생한 일련의 판단력 실수가 어떻게 사고로 이어졌는지 관련 요소들을 토론함으로써 학생들이 이해하는 데 도움을 줄 수 있다.

**첫째, 기상결심**(weather decision). 조종사는 당일 아침 예정보다 좀 늦었고, 전날 밤 컴퓨터에서 출력한 기상예보를 소지하고 있었으나, 출발 전 운항실로부터 브리핑을 받지 않았다.

**둘째, 비행계획/성능 차트**(flight planning decision/performance chart). 조종사는 비행하는데 필요한 총 연료량 계산을 이전 다른 비행기를 이용한 경험을 바탕으로 대략 계산하였다. 그는 이 비행에 필요한 해당 항공기의 운용자 지침서에 따른 연료량 계산법을 적용하지 않았다. 또한, 목적지에 도착한 후 재급유를 요청하지 않았고 그의 최초 계산에 따르면 연료는 기지공항까지 비행하는데 충분한 것으로 판단하였다.

**셋째, 개인 한계를 인식하기 위한 실패와 피로**. 조종사는 기상이 악화하면서 오후 5:00에 출발공항으로 되돌아오기 위해서 출발했다. 그는 상당한 피로와 야간비행 경험의 부족이 비행에 어떠한 영향을 주는지 고려하지 못했다.

**넷째, 연료 소모**. 조종사는 항공기 연료가 거의 소모되면서 빠르게 발달하고 있는 뇌우를 피하기 위한 가까운 안전한 공항까지 긴급전환(diversion)하기 위한 선택의 여지가 없었다. 그는 가장 가까운 가용 활주로에 불시착(forced to land)했다.

조종사는 비행 중 이 사고를 방지할 수 있는 결심을 내릴 수 있는 여러 차례의 기회가 있었다. 그러나 사고의 연쇄처럼 첫 부실한 결심은 그의 선택 가능성이 점차 더 줄어들고 있었다. 조종사는 긍정적인 측면에서 그가 선택할 수 있는 시간과 장소에서 예방 착륙하였다. IMC 사고 속으로 VFR 비행은 치명적 사고로 이어질 수 있다는 것을 알고 있었지만 이를 실천하지 못했다. 이 사례의 경우 조종사는 생명을 잃지 않고 항공기를 착륙시켰지만, 교관은 담당 조종훈련생들이 현명한 결심을 내릴 수 있도록 교육하는 것이 사고를 예방하기 위한 핵심이다.

전통적으로 조종사 교육은 비행기술, 항공지식, 그리고 규정 준수를 강조해 왔다. ADM **훈련은 의사결정과정과 현명한 선택을 할 수 있는 조종사의 능력에 영향을 주는 요소들에**

**초점을 두고 있다.** 모든 조종사에게 적시 적절한 결심은 비상상황을 성공적으로 처리할 수 있는 매우 중요한 요소이다. 이에 따라 필요한 시기에 즉각 행동(prompt action)하기를 주저하는 조종훈련생 또는 결정을 내리지 못하는 조종훈련생은 잘못된 결심을 내릴 수 있다. 때때로 현명한 ADM은 절차를 무시해야 할 상황이 있을 수 있다. 예를 들어 엔진 화재가 발생했을 때 조종사는 즉시 비상강하를 시작해야 한다. 일부 조종사 운용 매뉴얼에는 비상강하 중 혼합비를 농후(rich)하게 할 것을 요구하고 있지만, 만약 동력장치가 화염에 싸여 있다면 어떻게 될까? 비상상황에서도 조종사의 생각이 필요하다. 다시 말해서 조종사는 기계적 암기 방식이 아닌 상황을 판단하고 안전을 보장받을 수 있는 행동을 선택하고 실행해야 한다.

비행교관은 비상상황에 적절하게 대응하기 위한 반응으로 비상상황을 선언(declare)할 것을 교육해야 한다. 일단 비상상황을 선언했다면 ATC는 당신에게 우선권(priority)을 부여하게 될 것이다. 항공법에는 "즉각 조치가 필요한 비행 중 비상상황에서 PIC는 비상상황에서 벗어나는 데 필요한 범위에서 어느 규정이라도 위반할 수 있다"라고 서술되어 있다. 비행교관은 조종훈련생의 전체 비행훈련 코스에서 ADM, 위험관리, 상황인식, 그리고 SRM을 함께 고려해야 한다. 다음은 항공의사결정에 주로 사용되는 용어의 정의이다.

① **항공의사결정**(aeronautical decision-making; ADM)은 조종사가 일련의 주어진 환경에 대한 반응에서 일관되게 최상의 행동을 결정할 수 있는 정신적 과정(mental process)에 대한 체계적 접근이다.

② **태도**(attitude)는 의사결정에 대한 일종의 정신적 지름길로서 훈련을 통해서 변화 또는 수정될 수 있음에도 불구하고 주어진 매너에서 사람들, 상황, 또는 사건들에 반응하기 위한 개인의 동기적 성향(motivational predisposition)이다.

③ **태도 관리**(attitude management)는 자신의 위험 태도와 필요에 따라 적절한 치유 사고의 적용을 통해서 변화시키고자 하는 의지를 인식할 수 있는 능력이다.

④ **승무원자원관리**(crew resource management; CRM)는 조종실 환경에 팀 관리 개념을 적용한 것이다. 초기 조종실자원관리로 시작되었으나 이후 CRM 프로그램은 객실승무원, 정비사, 그리고 다른 관련 종사자들을 포함하도록 개선되면서 현재의 승무원자원관리로 채택되었다. 이것은 대부분 일반항공에서 1인 조종사를 포함한다. 대형 항공기의 승무원과 마찬가지로 소형 항공기의 조종사는 인적자원, 하드웨어, 그리고 정보와 같은 가용한 모든 자원을 효과적으로 활용할 수 있어야 한다. 최근 정의는 비행을 안전하게 운항하는데 필요한 결심이 포함된 조종실 승무원과 일상적으로 함께 일을 하는 그룹을 포함한다. 이들 그룹이 포함되지만, 이들만으로 제한되는 것은 아니다. 조종사, 운항관리사, 객실승무원, 정비사, 그리고 항공관제사 등이다. CRM은 인간과 기계 사이의 인터페이스(interface)를 최적화(optimization)하고 항공종사자들 사이의 활동에 동반하는 도전을 최적화하는 방법이다.

⑤ **정신노동**(headwork)은 의사결정에서 의식적이고 합리적인 사고과정을 완성하는데 요구된다. 현명한 의사결정은 위험의 식별과 평가, 정보처리, 그리고 문제해결을 포함한다.

⑥ **판단**(judgment)은 특정 상황에 대한 반응에서 대체 행동을 합리적으로 평가하고 행동을 위한 적시 적절한 결심을 할 수 있도록 하는 모든 합리적 정보를 인지하고 분석하는 정신적 과정이다.

⑦ **개성**(personality)은 어린 나이에 변화에 대한 극단적 반항이 형성되는 개인의 성질과 특성의 구체적 표현이다.

⑧ **부실판단 연쇄작용**(poor judgment chain)은 사고 또는 준사고로 이어질 수 있는 일련의 연속된 실수이다. 일반적으로 부실판단 연쇄작용을 일으키는 것과 관련해서 두 개의 기본 원칙이 있다. 첫째는 한 번의 잘못된 결심이 다른 실수로 이어진다. 두 번째는 잘못된 결심의 끈이 길어짐에 따라 안전비행을 위한 후속 대책(방책)의 수를 감소시킨다. ADM은 이들 부실판단이 사고 또는 준사고의 원인이 되기 전에 잘못된 판단 연쇄를 끊어 내는 것이다.

⑨ ADM **위험요소**(risk elements)**는 4개의 기본 위험 요소**들을 고려해야 한다. 이것은 주어진 모든 항공환경을 구성하고 있는 **조종사, 항공기, 환경, 그리고 외압**과 같은 운용의 종류에 관한 것이다.

⑩ **위험관리**(risk management)는 각 비행과 관련된 위험을 감소시키기 위해서 상황인식, 문제 인식, 그리고 현명한 판단에 의존하는 의사결정과정의 한 부분이다.

⑪ **상황인식**(situational awareness)은 비행 전, 비행 중, 그리고 비행 후 안전에 영향을 주는 4개의 기본 위험요소들 내에서 모든 요소 그리고 조건들을 정확하게 지각하고 이해하는 것이다.

⑫ **기술과 절차**(skills and procedures)는 전통적인 훈련을 통해서 얻어지고, 경험을 통해서 거의 완벽하게 자동화되는 특정 항공기 또는 관련 시스템을 통제하기 위해서 사용되는 절차, 정신운동, 그리고 지각적 기술(skills)이다.

⑬ **스트레스 관리**(stress management)는 비행 중에 경험한 스트레스 종류의 개인적 분석으로 적절한 스트레스 평가 도구와 다른 극복 메커니즘(수습 기제)을 적용하여 관리하는 것이다.

### 8.11.1 의사결정과정

교관은 조종훈련생들에게 ADM 기술을 발달시키기 위한 기초와 함께 의사결정과정을 이해시켜야 한다. 일부 엔진 고장과 같은 비상상황에서 관련 상황을 세부적으로 분석할 여유 없이 규정된 절차를 이용한 조종사의 즉각적인 반응이 필요하다. 전통적으로 조종사는 이 같은 비상상황에 즉각 반응할 수 있도록 잘 훈련되었지만, 더욱 깊은 사고(thought)를 필요로 하는 반응에 결심을 내릴 수 있을 만큼 잘 준비되지는 않았다. **조종사는 비행 중 결론에 도달하기 전에 무엇이 발생했고, 관련 정보를 수집하고, 그리고 위험을 평가할 수 있는 어떠한 변화를 조사하기 위한 시간을 갖는다.** 이와 같은 결론으로 이어지는 단계는 의사결정과정을 구성한다. 의사결정과정(decision-making process)이 조종훈련생들에게 제시되었을 때 이들 과정이 실제 비행 상황에 어떻게 적용할 수 있는지 반드시 토론이 필요하다. 교관은 의사결정과정을 설명하기 위해서 전형적인 비상상황에 대한 결심을 내릴 수 있는 위치에 있는 조종훈련생들을 대신해서 다음과 같은 시나리오를 이용해서 단계를 소개할 수 있다.

(1) 문제 한정하기

**의사결정과정의 첫 단계는 문제를 한정하는 것이다. 이것은 무엇인가 변화가 발생하였거나 아니면 예상된 변화가 발생하지 않았다는 것을 인지하는 것으로부터 시작된다.** 먼저 문제는 감각으로 지각한 다음 통찰과 경험을 통해서 구분된다. 이 같은 능력들은 가용한 모든 정보의 객관적 분석과 함께 문제의 정확한 본질과 심각성을 판단하는 데 사용된다. 의사결정과정 중 발생할 수 있는 한 가지 심각한 오류는 문제를 부정확하게 한정하는 것이다. 예를 들어 착륙장치 내림 등화가 점등되지 않은 것은 착륙장치(landing gear)가 내려가지 않았고 제자리에서 잠금(locked) 되지 않았거나 전구(bulbs)가 고장 났을 수 있다는 것을 의미한다.

이들 상황에 대처하는 행동은 크게 다르게 나타날 수 있다. 조종사에게 존재하는 않는 문제에 대한 집착은 중요한 과업으로부터 조종사의 주의(attention)를 전환할 수 있다. 조종사가 비행에 관한 상황을 인식하지 못하도록 하는 것은 문제가 될 수 있다. 일단 문제에 관해서 첫 가정을 했다면 조종사의 결론이 맞는지 확인하기 위해서 반드시 다른 요소들을 활용해야 한다. 조종사는 지방횡단비행 중 2개의 확인점(checkpoints) 사이의 순항항로 시간이 항행일지를 작성할 때 계획된 시간보다 상당히 길어지고 있는 것을 발견했다. 조종사는 이를 알아차림으로써 무엇인가 변화되었음을 인지했고, 조종사는 지방횡단비행 경험, 그리고 기상 지식에 대한 통찰(insight)을 바탕으로 맞바람이 매우 증가하여 대지속도가 느려지고 있을 수 있다는 가능성을 판단하였다.

조종사의 최초 계산은 정확했지만, 상승 또는 편류 등으로 인하여 이들 두 확인점 사이의 비행시간이 길어지고 있는 요인이라고 생각했다. 만약 상층풍 예보(aloft forecast)가 바뀌었는지 확인하고자 한다면 조종사는 최근 조종사 보고(pilot reports)를 참고하거나 기상정보를 제공하는 시설과 교신해야 할 것이다. 조종사는 각 정보 출처에 가중치를 적용한 후 맞바람이 많이 증가하였다는 결론에 도달하였다. 조종사는 문제의 심각성을 결정하기 위해서 대지속도를 다시 계산하고 연료 필수요건을 다시 평가해야 한다.

(2) 방책의 선택

**조종사는 문제를 식별한 후 이에 대한 반응(response)이 필요한지 평가하고 가용한 시간에 상황을 해결하기 위해서 취할 수 있는 행동을 결정해야 한다.** 조종사가 상황에 따른 조치를 하기 전에 가능한 행동에 대한 예상 결과를 고려해야 하고 위험이 평가되어야 한다. 조종사가 목적지까지 계속 비행해야 한다면 연료가 부족할 것이고 또 다른 가용한 선택이 필수적이라는 결론에 도달하였다.

첫째, 가장 가까운 공항에 착륙한다.
둘째, 항로에서 이탈하거나 순항항로 선상에 있는 목적지 이전 공항에 착륙한다.

조종사는 현재 각 가능한 행동의 예상된 결과를 고려하였고 이로 인한 위험을 평가하였다. 조종사는 차트를 살펴보고 계획된 항로 선상의 적정 거리에서 급유를 받을 수 있는 공항이 있다는 것을 알았다. 조종사는 그 공항에서 급유를 받은 후 많은 시간을 허비하지 않고 목적지를 향할 수 있었다.

(3) 결심 실행과 결과 평가

비록 결심(decision)에 도달하고 방책(course of action)이 실행되었을지라도 의사결정과정이 종료된 것은 아니다. 이 결심이 다른 비행단계(flight phase)에 어떠한 영향을 줄 수 있는지 미리 내다보고 결심할 수 있어야 한다. 조종사는 비행이 진행됨에 따라 결심이 원하는 결과를 얻을 수 있는지 계속해서 평가해야 한다. 조종사의 결심을 실행하기 위해서 코스를 변경하기로 계획하고 도착예정시간(ETA)을 다시 계산하였다. 이외에도 조종사는 가장 가까운 비행업무기관과 교신하여 비행계획(flight plan)을 수정하고 대체(alternate) 목적지에 대한 기상상태를 확인하였다. 조종사는 공항에 가까워지면서 대지속도, 항공기 성능, 그리고 기상상태가 비행안전을 보장하기 위해서 추가 행동이 필요하지 않은지 계속해서 모니터해야 한다.

## 8.11.2 의사결정에 영향을 주는 요소들

의사결정과정에 익숙해 있는 것만으로 안전 조종사가 될 수 있는 현명한 판단력을 갖추는 것을 보장해 주지 않는다. 이것은 기장(PIC)으로서 현명한 결심을 내릴 수 있는 능력은 많은 요소에 달려 있기 때문이다. 일부 상황에서는 결심을 내릴 수 있는 가용한 시간이 조종사의 통제 능력을 벗어날 수 있지만 대부분 관리할 수 있는 요소들을 인식하고 이들을 학습하여 자신의 의사결정 능력과 판단력을 향상하기 위한 기술을 익혀야 한다.

(1) 위험 태도의 인식

ADM 과정이 실수를 완전히 제거하지 못하지만, 조종사가 실수를 인식하는 데 도움을 줄 수 있어 매우 유용하다. 또한, 조종사가 실수로 인한 영향을 최소화할 수 있도록 관리할 수 있다는 것을 의미한다. 비행안전을 향상하기 위한 두 단계는 안전비행에 관한 개인적 위험 태도와 행위변화 기술을 식별하는 것이다.

첫째, 안전비행에 대한 개인적 위험 태도
둘째, 행위변화 기술의 학습

조종사는 자신의 선택이 위험 태도(hazardous attitude)로 인해서 영향을 받지 않도록 자신의 결심(decisions)을 주의 깊게 검토해야 한다. **비행교관은 조종훈련생의 위험 태도를 지적할 수 있어야 한다.** 이것은 위험한 사고의 인식이 사고 가능성을 완화하기 위한 첫 단계이기 때문이다. 비행교관은 비행적성이 조종사의 신체적 상태와 최근 경험 그 이상에 달려 있음을 명심해야 한다. 위험 태도(risk attitude)는 잘못된 조종사 판단에 기여하고 결심의 질적 수준에 영향을 줄 수 있다. **태도는 사람, 상황, 또는 주어진 방법에서 사건(일)에 반응하기 위한 개인적으로 발달한 자극 성질이라고 할 수 있다.** 연구에 따르면 조종사가 현명한 결심을 내릴 수 있고 자신의 권위를 행사할 수 있는 능력에 영향을 줄 수 있는 5개의 위험 태도(hazardous attitudes)를 다음과 같이 분류하였다.

첫째, Anti-authority: "Don't tell me."

**상관하지 마라!** 이 태도는 다른 사람이 자신에게 무엇을 하라고 말하는 것을 싫어하는 사람에게서 찾아볼 수 있다. 다시 말해서 이래라저래라 간섭받는 것을 싫어하는 성향으로 누구도 나에게 무엇을 할 것을 말할 수 없다. 이들은 누군가가 자신에게 행하라고 말하는 것에 화를 내거나 법, 규정, 절차 등을 불필요하거나 어리석은 것으로 무시하는 경향이 있다. 그러나 교관은 학생이 실수할 것처럼 보인다면 행위에 의문을 갖고 교정하는 것은 교관의 권리이자 책임이다.

둘째, Impulsivity: "Do it quickly."

**충동적(즉각 행동하라)** 이것은 무엇인가를 즉시 실행해야 직성이 풀리는 태도이다. 이들은 끊임없이 무엇인가를 행하고자 하는 생각을 멈추지 않는다. 이들은 최상의 방책을 선택하지 못하고 우선 떠오르는 생각을 실행하는 경향이 있다.

셋째, Invulnerability: "It won't happen to me."

**나에게는 절대 발생하지 않을 것이다.** 대부분 사람은 사고는 다른 사람에게 발생하는 것이고 결코 자신에게 발생하는 않는 것으로 믿는다. 이들은 사고는 발생할 수 있음을 알고 있고 누구에게나 영향을 줄 수 있다는 것을 알고 있다. 이들은 자신들이 사고와 관련되지 않으리라고 믿는다. 이와 같은 생각을 하는 조종사는 더욱 위험을 무릅쓰는 경향이 있고 위험 가능성은 커진다.

넷째, Macho: "I can do it."

**나는 모든 것을 할 수 있다.** "내가 할 수 있음을 보여주겠어!" 이 태도는 자신은 다른 사람들보다 더 잘할 수 있음을 증명해 보이려는 성향이다. 이 같은 태도를 지닌 조종사는 다른 사람이 감동하게 하려고 위험을 무릅쓰고 자신의 능력을 증명해 보이려 시도할 것이다. 이 태도는 남성 특성으로 고려되었지만, 여성도 역시 동등한 성향을 보인다.

다섯째, Resignation: "What's the use?"

**내가 해 본들 무슨 소용이 있는가?** 라고 생각하는 조종사는 그들에게 발생한 것에 관해서 내가 어떻게 할 수 없다고 체념하는 것이다. 조종사는 결과가 좋게 나타났을 때 운이 좋았을 뿐이라고 생각한다. 결과가 좋지 못했을 때 이 조종사는 누군가가 나를 밀어냈다고 생각하거나 운이 나쁜 탓으로 돌린다. 이 성향의 사람들은 결과가 좋든 나쁘든 다른 사람들에게 행동을 떠넘기는 것이다. 때때로 이 같은 성향을 지닌 조종사는 단지 좋은 사람으로 보이기 위해서 비합리적 요청에 동의하기도 한다.

훈련 중 조종훈련생이 위험 태도로부터 발생할 수 있는 잠재적 위험에 대해서 스스로 평가할 수 있도록 교육되어야 하고, 더욱 중요한 것은 아래와 같이 각각을 위한 방어대책(antidote)을 인지하고 생각해보도록 하는 것이다. 예를 들어 조종훈련생이 비행훈련을 어렵지 않게 받아들이고 모든 것을 매우 빠르게 이해할 수 있는 것처럼 보였다면 이 조종훈련은 "macho" 성향의 위험 태도를 보일 수 있는 잠재성을 갖고 있을 수 있다. 비행교관은 이 행위에 대한 잠재적 위험을 지적해 주어야 하고 조종훈련생에게 이 태도를 고치는 방법을 제시해 주어야 한다. **위험 태도는 즉각 인지되어야 하고 비행안전을 위한 잠재적 위험을 최소화하기 위해서 적절하게 교정되어야 한다.**

① 반권위적(anti-authority); 타인의 간섭을 거부하거나 반항적인 태도이다. **이 경우 모든 행위의 근거는 규정에 있고 항상 규정을 준수할 것을 강조하라!**
② 충동적(impulsivity); 무엇이든 신속하게 처리해야 하는 성정을 지닌 태도이다. **이 경우 행동하기 전에 생각부터 할 것을 강조하라!**
③ 불사신/행운심리(invulnerability); 항공사고는 다른 사람의 일이지 결코 나에게 발생하지 않을 것이라는 허황한 심리를 갖는 태도이다. **이 경우 나에게도 발생할 수 있음을 강조하라!**
④ 마초이즘(Macho); 마치 자신만이 모든 것을 행할 수 있다는 우월감을 느끼는 태도이다. **이 경우 우연을 기대하는 것은 어리석다는 것을 강조하라!**
⑤ 체념(resignation); 무엇을 하든 나와는 상관없다는 방관자적 태도이다. **이 경우 나는 남과 다르게 할 수 있고 도움이 될 수 있는 존재라는 것을 강조하라!**

### (2) 스트레스 관리

스트레스(stress)를 어떻게 인식하고 대처할 수 있는지는 또 다른 효과적인 ADM 도구이다. 스트레스는 학생이 스트레스를 받는 욕구에 대한 신체적 반응이다. 이들 욕구는 즐거움이라든지 아니면 불쾌함일 수 있다. 조종사 스트레스의 주원인은 비행 중 예상치 못한 기상상태 또는 기계적 문제들로부터 비행과 관련이 없는 개인적 문제들이 될 수 있다. 스트레스는 피할 수 없는 생활의 한 부분이 되었다. 이것은 동기를 불어넣어 줄 수 있고 어떠한 도전에 충족하기 위한 개인의 반응을 높여주기도 한다. **모든 사람은 항상 약간의 스트레스를 받고 있다. 심하지 않은 스트레스는 개인의 경계심을 유지하고 자만하지 않도록 하는 긍정적 효과가 있을 수 있다.** 그러나 스트레스의 영향은 적절하게 대처하지 못한다면 누적되는 경향이 있고, 결국 부담할 수 없는 짐이 되고 만다.

일반적으로 스트레스가 발생하면서 성과가 높아진 후 스트레스 수준이 개인의 능력 범위를 초과했을 때 성과는 급격하게 떨어지기 시작한다. 비행 중 효과적인 결심을 내릴 수 있는 능력이 스트레스로 인해서 방해될 수 있다. 조종실에서 조종사의 실수가 증가할 수 있는 스트레스 유발 요인들은 다음과 같다.

**첫째, 신체적 스트레스**(physical stress)

온도, 습도, 소음, 진동, 그리고 산소 부족과 같은 환경과 관련된 조건들이다.

**둘째, 생리적 스트레스**(physiological stress)

피로, 신체적 불편함, 수면 부족, 저혈당을 초래하는 불규칙한 식사, 그리고 질병과 같은 신체적 조건들이다.

**셋째, 심리적 스트레스**(psychological stress)

가족의 죽음, 이혼, 자녀의 아픔, 또는 직장에서 좌천과 같은 사회적 또는 감정적 요소들이다. 또한, 이 종류의 스트레스는 문제의 분석, 항법, 또는 결심을 내리는 것과 같은 정신적 업무량과 관련이 있다.

조종훈련생과 함께 스트레스에 대한 주제를 탐구하는 한 방법은 스트레스가 성과에 언제 영향을 주는지를 인식하는 것이다. 만약 조종훈련생이 혼란을 느끼고 있거나, 또는 학습 과제를 수행하는데 부분적으로 어려움을 느끼고 있다면 교관은 조종훈련생에게 질문해 볼 수 있다.

"비행 중 조종훈련생이 불편하지 않은지 또는 피곤함을 느끼지 않는가?"
"조종훈련생 생활에서 혼란함을 초래하고 있는 일부 스트레스를 받고 있지 않은가?"

이들 요소가 성과와 판단력에 어떻게 영향을 주는지 학생을 평가하고 결정할 수 있어야 한다. 또한, 조종사 훈련 측면이 조종훈련생에게 과도한 스트레스를 초래하고 있지 않은지 유심히 관찰해야 한다. 예를 들어 비행을 위한 기상이 양호하다는 브리핑을 받았음에도 불구하고 조종훈련생이 일관되게 비행할 수 없다는 결심을 내린다면 이것은 학습 내용에 관한 염려 때문일 수 있다. 실속, 착륙, 또는 단독비행 날짜가 점점 다가오면서 불안이나 염려로 인한 스트레스를 받을 수 있다. 교관은 특정 기동에 대해서 더욱 세밀하게 설명해 주거나 부가적으로 격려해 주는 방법으로 조종훈련생의 두려움이나 염려를 완화해주는 것이 스트레스를 완화할 수 있다.

교관은 일상생활 중 스트레스가 쌓이지 않도록 도와주고 과도한 스트레스를 방지하기 위해서 다양한 방법들을 활용할 수 있어야 한다. 예를 들어 바쁜 스케줄에서도 휴식을 가질 수 있는 시간을 포함하거나 신체적 운동을 할 수 있는 프로그램을 편성하는 것은 스트레스 수준을 낮추는 데 도움이 된다. 스케줄과 미팅 데드라인을 뒤로 미루는 방법으로 시간을 더욱 효과적으로 활용할 수 있는 기술을 학습하는 것 역시 조종 학생에게 부담이 되는 압박을 피할 수 있다. 이들 압박이 직장 일로 인한 것이라면 조종훈련생은 이들의 비행훈련 스케줄에 관해서도 같은 종류의 스트레스가 남아 있을 수 있다. 교관은 그들 자신의 능력과 한계를 결정하기 위한 자기평가를 할 수 있도록 권유한 다음 실현 가능한 목표를 설정한다. 이외에도 스트레스를 많이 받을 수 있는 상황을 피하는 것도 스트레스를 극복하는 데 도움이 될 수 있다.

### 8.11.3 자원의 활용

비행 중 적시 현명한 결심을 내리기 위해서 학생들은 조종실 내부 및 외부 모두에서 찾을 수 있는 가용한 출처(sources)들을 인식하고 있어야 한다. 정보의 유용한 도구와 자원들이 항상 뚜렷하게 존재하는 것이 아니므로 자원들을 인식하고 끌어낼 수 있는 학습(훈련)은 ADM 훈련의 필수 부분이다. 학생들은 자원들을 식별할 수 있어야 할 뿐만 아니라 자원을 사용할 수 있는 시기의 판단과 이들 사용이 비행안전에 어떠한 영향을 줄 수 있는지도 생각할 수 있도록 훈련해야 한다. 예를 들어 조종사가 항로를 잃었을 때 ATC의 조언은 매우 유용한 자원의 하나이다. 그러나 즉각적인 행동을 취해야 하는 긴급상황에서 ATC와 교신하기 위한 가용한 시간이 없을 수 있다. 비행교관은 훈련 중 훈련생들에서 가용한 자원들에 대해서 끊임없이 지적해 주어야 한다.

#### (1) 내부 자원

**비행 중 내부 자원(internal sources)들은 조종실에서 찾을 수 있다.** 대부분 유용한 가치가 있는 내부 자원의 일부는 창의적, 지식, 그리고 기술(기량)일 수 있으므로 조종사는 그들의 능력을 향상시켜 조종실 자원들을 최대한 활용할 수 있어야 한다. 조종실 내부 자원들은 비행 정보 간행물(예, AIM)을 자주 참고함으로써 익숙해질 수 있다. 항공기의 모든 장비와 시스템에 대한 철저한 이해는 모든 가용한 자원들을 완전하게 그리고 적시에 활용하는 데 필수이다. 예를 들어 첨단 항법 장비와 오토파일럿(autopilot)은 비행교관이 훈련생들에게 사용 방법을 확실하게 알고 있어야 하는 가치 있는 자원들이다. 만약 조종훈련생들이 이들 장비의 사용에 대해서 완전하게 알고 있지 않거나, 이들 장비에 너무 의존하는 경향이 있다면 이것은 비행안전에 영향을 줄 수 있다.

#### (2) 외부 자원

비행 중 가장 큰 도움을 받을 수 있는 자원들은 관제시설 관제사(controller)와 지상 비행업무 근무자이다. ATC는 교통정보(traffic information), 레이더 벡터, 그리고 비상상황에서 조언(advisory)을 제공함으로써 조종사의 업무를 감소시키는 데 도움을 줄 수 있다. AFSS는 최신 기상정보를 제공하고 공항 상태에 관한 최신 정보를 제공할 수 있으며, 특정 위치를 찾는 데도 도움을 줄 수 있다. **비행 중 ATC가 제공하는 서비스는 현명한 결심을 내릴 수 있도록 조종사에게 큰 도움이 될 수 있다.** 교관은 조종훈련생들이 ATC가 자신의 비행에 도움을 줄 수 있는 자원으로써 편안하게 느낄 수 있도록 도와주어야 한다. 만약 학생들이 훈련 중 가능한 한 많이 ATC와 교신을 유지할 수 있다면 이들은 ATC 지시를 확인하기 위해서 관제사에게 질문 혹은 재전송해 줄 것을 자신 있게 요청할 수 있을 것이고,

ATC는 비정상적인 상황 또는 비상상황에서 조언을 받을 수 있는 자원으로 충분히 활용할 수 있을 것이다.

학생들은 전체 훈련을 통해서 비행 상황의 변화에서 활용할 수 있는 내부 및 외부 자원들을 식별할 수 있도록 요청되어야 한다. 예를 들어 비행 전 어떠한 결함이 발견되었다면 이것이 미치는 영향을 결정하기 위해서 어떤 자원들을 활용해야 하는가? 이 경우에 항공기에 대한 조종훈련생의 항공지식, 교관 혹은 다른 유경험 조종사, 또는 AMT는 문제를 식별하는 데 도움이 되는 자원이 될 수 있다. 조종훈련생들은 지방횡단비행 훈련 중 다음과 같은 상황을 요청받을 수 있다. 당신은 지방횡단비행에서 항로를 잃었다고 가정하자. 비록 당신이 이 지역에 익숙해 있을지라도 조종사는 어떠한 지형지표(land marks)를 알 수 없고 연료가 부족해 가는 상황이다. 당신에게 도움이 될 수 있는 자원들은 무엇인가? 학생들은 이 상황에서 활용할 수 있는 지신의 기술과 지식, 항공도, ATC, 비행업무사무소, 그리고 항법 장비들을 식별하고 활용할 수 있어야 한다.

### (3) 업무관리

효율적 업무관리(cockpit work management)는 과도한 업무량을 피하고자 계획수립, 우선순위 결정, 그리고 순차적 과업으로 이루어질 수 있다. 조종사는 경험이 쌓이면서 앞으로 수행하게 될 업무량 요건을 인식하는 것을 학습하고 적은 업무량을 수행하면서 많은 업무가 필요한 시기를 위해서 준비할 수 있어야 한다. 교관은 훈련생들이 많은 업무량에 대비할 수 있도록 기술을 발달시켜야 한다. 예를 들어 순항항로 비행 중 교관은 조종학생에게 공항에 접근 중 취해야 하는 필수 행동들에 관해서 질문할 수 있다. 조종학생은 장주 진입 절차와 착륙 준비에 관한 제반 사항들을 대답할 수 있어야 한다. 해당 차트를 미리 살펴보거나 무선 주파수를 세팅하는 것은 공항 근처에 가까워져 오면서 조종실 업무를 줄여주는 데 도움이 될 수 있다. 이외에도 조종훈련생은 ATIS, ASOS, AWOS 등을 청취하고, 관제탑 또는 CTAF를 모니터하는 것은 공항의 장주 상황을 예측할 수 있는 좋은 생각이다.

점검표(check list)는 공항으로부터 멀리서부터 사용함으로써 여유가 있고 효과적이기 때문에 공항에 가까이 접근했거나 장주에서 ATC 지시에 집중할 수 있다. 이들 절차는 특히 Class B 공역과 같이 항공교통량이 밀집한 공역에 진입하기 전에 수행함으로써 조종실 업무를 크게 낮출 수 있다. **조종실 업무를 관리하기 위한 관련 항목들의 우선순위를 지정해야 한다. 이 개념을 학생들에게 강조해야 하고 훈련 절차를 수행할 때 보충되어야 한다.**

예를 들어 복행 중 동력증가, 대기속도 증가, 그리고 적절한 항공기의 비행형상(플랩, 착륙장치 등의 위치)으로 전환하는 것과 같은 순서이다. 관제탑에 착륙 중단을 통보하는 것은 이들 과업을 먼저 수행한 후 교신해야 할 일이다. 조종훈련생들은 상황이 변함에 따라 우선순위(priority)도 변할 수 있다는 것을 이해해야 한다. 지방횡단비행(cross country flight) 중 연료량이 예상했던 것보다 낮다면 우선순위는 목적지에 예정된 시간에 도착하는 것보다 재급유를 위한 인근 공항의 위치를 찾는 것으로 바뀌어야 한다.

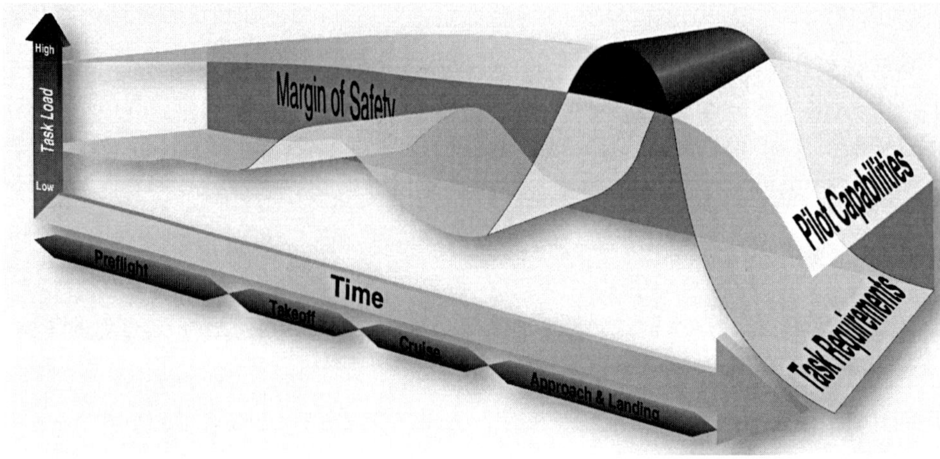


▲ 비행단계별 안전 마진

비상상황에서 첫 우선순위는 항공기를 안전하게 조종하는 것이고 안전한 대기속도를 유지하는 것이다. 조종실 업무의 또 다른 중요한 관리 요소는 과도한 업무(workload) 상황을 인식하는 것이다. **과도한 업무의 첫 영향은 조종사가 업무를 빠르게 처리하려는 경향이 있다.** 조종실 업무가 증가함에 따라 주의력은 한 번에 여러 과업에 집중할 수 없고 조종사는 한 업무에만 집중하기 시작할 것이다. 조종사의 업무가 포화하였을 때 다양한 자원들로부터 유입되고 있는 정보를 의식하지 못할 수 있다. 결과적으로 결심은 불완전해질 수 있고 조종실 업무가 증가하는 접근 단계에서 실수 가능성은 증가한다.

학습(훈련) 중 조종실 업무는 교관이 학생의 업무를 관리하는 것을 관찰하면서 점진적으로 증가해야 한다. 교관은 조종훈련생이 과도한 업무 상황을 인식할 수 있는 능력을 갖추도록 지도해야 한다. **조종실 업무가 과도해졌을 때 조종훈련생은 행위 중단, 생각, 한 템포 늦추고, 우선순위를 다시 지정해야 한다. 또한, 조종훈련생들은 교육이나 훈련 부담을 낮추기 위해서 가용한 선택을 고려할 수 있도록 훈련되어야 한다.** 예를 들어 차트를 참고하거나 무선 주파수를 조정하는 것과 같은 행위는 다른 조종사 또는 승객에게 요청할 수 있고 가능하다면 오토파일럿을 사용할 수도 있으며 ATC를 조언자로 활용할 수 있다.

# 제9장 위험관리

## 9.1 개 요

교관은 엔진 시동이 걸린 후 RPM이 2,000까지 상승하는 것을 보고 조종훈련생에게 "스로틀 뒤로 당겨!"라고 급하게 지시했고 훈련생은 교관의 지시에 따라 스로틀을 뒤로 당겼다. 두 사람은 혼합조정기(mixture control)를 잡고 당겼다. 엔진은 굉음(deafening roar)을 내면서 정지했다. 이들은 서로 바라보며 "어떻게 된 거야?"라고 조종훈련생이 질문했지만, 교관도 "웬일인지를 모르겠고 엔진을 점검해 보자"라고만 말했다. 이들은 10분 후 엔진 카울링을 열고 엔진부를 점검한 결과 스로틀-로드 앤드(throttle rod-end)가 기화기 암(carburetor arm)까지 연결되어 있어야 할 볼트와 너트가 없는 것을 발견했다. 이 상황을 보고 이들은 "공중에서 이 같은 일이 벌어졌다면 어떻게 되었을까?"라고 자문하였고 비행 중 결코 이 같은 결함이 발생해서는 안 될 것이다.

이 항공기의 연간검사(annual inspection)는 어제 날짜로 서명이 되어 있었다. 전날의 연간검사는 지역 정비시설에서 장시간 검사 후 서명되었다. 항공기 소유자인 조종훈련생을 포함하여 여러 명의 정비사가 이 작업에 참여하였다. 이 연간검사에 서명한 검사관 자격(Inspection Authorization; IA)을 가진 정비사는 수년 동안 감독해 왔지만, 대부분 정비는 다른 정비사들이 진행하였다. 검사 후 엔진은 통상적인 검사 후 절차에 따라 시험작동을 하였다. 조종훈련생과 교관은 해당 비행기를 30분 동안 시험작동을 하였다. 다음 날 엔진 시동은 스로틀 로드-앤드 장치에서 안전성에 결함이 있다는 것이 발견되었다. 항공기와 동력장치 정비사와 훈련생으로 이루어진 그룹 토론에서 이 연간검사는 3가지의 치명적 실수를 했다는 결론을 내렸다.

**첫째, 책임감 부족**(lack of responsibility). 전체 검사에 관해서 누구도 책임을 갖지 않았다. 검사 인원이 많아질수록 무엇인가를 빠뜨릴 가능성도 커진다. 책임을 갖는 사람이 실제 절차에서 배제되었다. 학생은 스로틀에 관해서 엔진 정비사 중 한 사람을 검사관이 요청하고 있었던 것을 들었음을 기억하였다. 그러나 그 요청은 애매하였고 이에 대한 대답 역시 애매하여 로드-앤드는 안전장치(not safetied; 안전철선)를 하지 않았다.

**둘째, 점검표 오용**(checklist misuse). 모든 점검표는 리깅과 안전을 위한 엔진 조정의 검사에 관한 항목별 품목(line item)을 갖추고 있다. 아마도 스로틀 로드-앤드는 검사관이 조정 검사에 서명한 후 정비를 위해서 분리하였을 것이다. 이 경우 불일치(discrepancy)는 수리 목록에 "reconnect and safety throttle rod-end"와 같이 기록되어야 한다.

**셋째, 자만**(complacency). 이것은 **결코 소홀히 해서도 안 되고 찾아내기 어려운 태도이다.** 정비에 참여한 정비사 중 누군가 스로틀 로드-앤드를 검사했고 검사관은 연간검사에 서명했다. 이것은 검사관이 점검표에 있는 항목들에 관해서 정비사들에게 확인하였거나 아니면 그 자신이 비행기를 둘러보는 과정에서 다양한 항목들을 검사하고 스스로 상태가 양호하다고 판단했기 때문이다. **때때로 자만은 다른 정비사의 작업을 중복-확인해야 하는 생각을 무시하는 결과로 나타나 각 정비사 작업의 질적 수준을 떨어뜨린다.** 전문 정비사들은 어떠한 일이 발생할 수 있는지에 관한 질문에 대해서 명확한 답변을 하면서 잠재적 문제의 경고 징후에 주의를 기울여야 한다. 이 과정에서 검사 시간이 길어지고, 여러 명의 정비사와 감독, 부실한 점검표, 그리고 모호한 의사소통은 실수의 가능성을 높여주는 요인들이다. 비록 비행안전을 위한 최종 책임이 기장에게 있을지라도 정비사들 역시 심각한 책임을 지고 있다고 생각하는 것이 기장에게 결코 비합리적인 것은 아니다.

이 시나리오는 모든 수준의 항공에서 안전 위험관리(safety risk management)의 필요성을 강조하고 있다. 안전 위험관리, 위험식별(hazard identification) 그리고 분석은 수용 가능한 수준에서 위험을 관리하는 데 꼭 필요하다. 이 과정의 한 부분은 식별된 위험을 완화하기 위한 적절한 통제를 선택할 수 있게 한다. **위험관리의 주요 목적은 사전 활동으로 위험을 식별, 평가, 그리고 안전관련위험**(safety-related hazards)**을 제거하거나 수용할 수 있도록 통제함으로써 사고를 예방**하는 것이다. 여기서는 항공에서 사후 조치보다는 사전 예방에 중점을 두고 안전위험관리에 대해서 다룬다.

## 9.2 위험관리의 정의

위험(risk)은 인명 피해 또는 재산의 손상을 포함하여 다양한 위험요소(hazards)들에 노출될 수 있는 확률 또는 가능성의 정도(possible severity)라고 정의할 수 있다. 모든 항공기 운용은 위험평가와 위험관리를 포함하는 위험을 수반하고 결심이 필요하다. **위험관리는 위험요소를 체계적으로 식별하고, 위험 수준을 평가하여 최상의 방책을 결정하기 위해서 계획된 의사결정과정**(decision-making process)**이다.** 핵심 용어는 다음과 같다.

① **위험요소**(hazard)는 사고와 같은 예상되지 않은 또는 원하지 않은 사건으로 이어지거나 기여하는 현재 조건 또는 상태, 사건, 사물 또는 환경이다. 이것은 **위험의 근원으로 볼 수 있다.** 예를 들어 프로펠러 블레이드에 생긴 흠은 대표적인 위험요소이다.

② **위험**(risk)은 제어 혹은 통제되거나 제거되지 않은 위험요소의 미래 영향이다. 위험은 명백하게 사상자가 발생하거나 재산상의 손실이 발생할 수 있다. 위험 수준은 영향을 받는 사람 또는 자원의 수, 손실 가능성의 정도, 그리고 손상 가능성(probability)으로 측정할 수 있다. 위험요소(hazards)는 조종사가 직면한 실제 또는 지각된 조건, 사건 또는 환경이 될 수 있다. 위험요소를 식별하는 방법을 학습하고, 그들이 지닌 위험의 정도를 평가하고 최선의 방책을 결정하는 것은 안전비행에 중요한 요소이다.

③ **안전**(safety)은 사망, 부상, 직업병, 장비 및 재산의 손상이나 파손, 환경 파괴의 원인이 될 수 있는 조건들로부터 자유로운 상태이다. 절대 안전은 가능하지 않다는 것에 유의하라. 이것은 모든 위험요소 조건들로부터 완전하게 자유로울 수 없기 때문이다. 따라서 안전은 지각되고 수용될 수 있는 위험 수준이 포함되어 있음을 나타낸다.

일반적으로 고려할 수 있는 위험의 분류는 다음과 같다.

➲ **총체적 위험**(total risk)
식별되었거나 식별되지 않은 모든 종류의 위험이다.

➲ **식별가능 위험**(identified risk)
다양한 분석 기법을 통해서 결정된 위험이다. 시스템 안전의 첫 과제는 실질적 제한 내에서 모든 기능한 위험으로 식별되어야 한다.

➲ **식별불능 위험**(unidentified risk)
아직 식별되지 않은 위험이다. 일부 식별되지 않은 위험은 재난이 발생한 후 식별될 수 있고 일부 위험은 영원히 식별되지 않을 수 있다.

➲ **수용불가 위험**(unacceptable risk)
관리 활동으로 더 이상 지속될 수 없는 위험이다. 이것은 제거 또는 통제되어야 하는 식별가능 위험의 한 부분이다.

➲ **수용가능 위험**(acceptable risk)
수용가능 위험은 더 이상 관리 행동 없이 지속되도록 허용된 식별가능 위험의 한 부분이다. 이것을 결정하는 것은 관리 행동의 필수 책임을 부여하는데 여전히 어려울 수 있다. 이 위험에 노출된 것이 사용자라는 것을 완전하게 아는 것으로 이루어진다.

➲ **상시 위험**(residual risk)
시스템의 안전 노력을 완전하게 채택한 후에도 남아 있는 위험이다. 이것은 수용가능 위험과 다르다. 상시 위험은 수용가능 위험과 식별 불능 위험을 모두 포함하는 용어이다. 이것은 사용자에게 전가되는 총체적 위험이다.

### 9.2.1 위험관리의 원칙

(1) 불필요한 위험이란 없음을 인정하라.

불필요한 위험은 아무 탈 없이 누릴 기회의 면에서 그에 상응하도록 되돌릴(restore) 수 없다. 모든 것 특히 항공기 운용은 더 높은 위험이 내포되어 있다. 자신에게 주어진 과업이나 임무를 수행하는데 필요한 대부분의 논리적 선택(logical choices)은 최저 수용가능 위험(acceptable risk)으로 모든 필수요건에 충족하도록 하는 것이다. "필수 위험은 감수하라(accept necessary risk)"라고 하는 이 격언의 추론은 임무 또는 과업을 성공적으로 완수하기 위해서 어느 정도의 위험을 감수할 필요가 있다는 것을 의미한다. 특히 비행은 위험을 감수하지 않고 불가능하지만 불필요한 위험은 상응하는 되돌림 없이 수행되어야 한다. 예를 들어 첫 비행이 다른 비행기로 비행한다면 교관은 위험할 수 있다는 것을 알아야 하고 낮은 계기기상상태(IMC)에서 비행하는 것 역시 불필요한 위험(unnecessary risk)을 초래할 수 있다는 것을 알아야 한다.

(2) 적절한 수준의 위험을 결심하라.

모든 사람은 자신이 처한 상황에서 위험 결심(risk decision)을 내릴 수 있지만 훌륭한 결정권자는 위험을 통제(control)할 수 있는 능력을 발달시키고 실행할 수 있는 사람이다. 결정권자(decision-maker)는 계획된 작업에서 있을 수 있는 전형적인 위험 수준을 감수하기 위한 권한을 부여받는다. 예를 들어 1인 조종사의 상황에서 조종사는 특정 수준의 위험을 감수하기 위한 결정을 해야 한다. 항공정비사는 정비시설(maintenance facility)에서 그들에게 가용한 것들을 통제하고 받아들일 수 있는 수준에서 남아 있는 위험이 더 감소하지 않으리라고 판단되었다면 결심은 관리 사슬(chain of management)에서 다음 수준까지 높여야 할 필요가 있을 수 있다.

(3) 이점이 비용보다 더 중요하다면 위험을 수용하라.

모든 식별된 이점(identified benefits)들은 식별된 전체 비용(identified costs)들과 비교되어야 한다. 이점의 합계가 비용의 합계를 초과하는 것이 명확해졌을 때 높은 위험 노력조차도 수행될 수 있다. 예를 들어 어느 비행 활동에서 어느 정도의 위험을 받아들이는 것은 필연적이다. 다른 익숙하지 않은 비행기의 첫 비행은 기상이 좋지 않은 날보다 기상이 좋은 날 비행하는 것이 조종사에게 훨씬 위험 정도가 낮아질 수 있다.

(4) 전체 과정에서 위험관리를 비행계획 속에 통합하라.

위험은 비행을 계획하는 단계에서 더 쉽게 평가되고 관리될 수 있다. 그러나 계획된 업무를 실행하는 과정에서 더 늦은 변화가 이루어질 수 있고, 더 큰 비용과 시간이 소요될 수 있다. **모든 비행에서 위험은 피할 수 없는 부분이기 때문에 안전은 비행 전 계획단계만이 아닌 비행의 모든 단계에서 적절하고 효과적으로 관리되어야 한다.**

### 9.2.2 위험관리 과정

위험관리(risk management)는 인적, 물적(장비), 그리고 임무(missions)에 관한 운용상의 위험요소(operational hazards)들을 식별하고 위험을 감소시키기 위한 합리적 수단을 선택할 수 있는 단순한 과정이다.

(1) Step 1; 위험을 식별하라.

위험요소는 능력 저하, 부상, 질병, 사망, 또는 장비 및 자산의 파손이나 손실의 원인이 될 수 있는 현실적 또는 잠재적 조건이나 상태(real or potential condition)로 볼 수 있다.

경험, 일반상식, 그리고 특정 분석적 도구는 위험을 식별하는 데 도움이 된다.

(2) Step 2; **위험을 평가하라.**

평가 단계는 특정 위험요소와 관련이 있는 위험 수준을 결정하기 위한 양적 그리고 질적인 평가의 적용이다. 이 과정은 인간 혹은 자산이 위험에 노출된 것을 기준으로 위험요소들로부터 초래될 수 있는 사고 확률과 심각함의 정도라고 볼 수 있다.

(3) Step 3; **위험을 통제할 수 있는 수단을 분석하라.**

위험을 감소, 완화, 또는 제거할 수 있는 특정 전략과 도구를 생각해야 한다. 모든 위험은 다음과 같은 두 개의 구성요소들을 갖추고 있다.

① 발생의 가능성(Probability of occurrence)
② 위험의 심각성(Severity of the hazard)

이들 중 효과적인 통제 수단은 최소한 하나를 감소 혹은 제거할 수 있어야 한다. 분석은 치유 행동의 전체 비용과 이익을 반영해야 하고 가능하다면 대체 선택을 제공할 수 있어야 한다.

(4) Step 4: **위험 통제를 결심하라.**

적절한 결정 통제요소를 식별할 수 있어야 한다. 이 결정 통제요소는 steps 1과 2의 분석을 바탕으로 최상의 통제 또는 통제의 결합을 선택해야 한다.

(5) Step 5: **위험 통제를 실행하라.**

선택된 통제(selected controls)를 적용하기 위한 계획은 시간, 자료, 그리고 대신 투입할 수 있는 인원 등이 명확하게 세워져야 한다.

(6) Step 6: **감독하고 검토하라.**

일단 통제가 시작되었다면 이들의 효율성을 보장하기 위한 과정은 주기적으로 재평가해야 한다. 모든 수준에서 통제가 지속해서 유지될 수 있도록 각자의 역할을 완수해야 한다. 위험관리 과정은 전체 시스템, 임무, 또는 활동의 주기에서 계속된다.

### 9.2.3 위험관리 과정의 실행

이들 강력한 위험관리 도구로부터 최대 이점을 끌어내기 위해서 위험관리 과정을 적절하게 활용할 수 있어야 한다. 다음과 같은 원칙들은 필수이다.

① **순서대로 단계를 적용하라.** 각 단계는 다음을 위한 빌딩 블록(building block)이고, 다

음 단계로 넘어가기 전에 완성되어야 한다. 만약 위험요소 식별 단계가 특정 위험요소의 통제에 초점을 맞추는데 중단된다면 더 중요한 위험요소를 간과할 수 있다. 모든 위험요소가 확실하게 식별될 때까지 다음 과정은 유효하지 않다.

② **전 과정의 균형을 유지하라.** 모든 단계는 동일하게 중요시되어야 한다. 따라서 각 단계를 위한 시간과 자원들을 할당해야 한다.

③ **주기적으로 과정을 적용하라.** 감독과 검토 단계는 새로운 위험요소의 여부를 식별할 수 있는 새로운 눈으로 바라보아야 한다.

④ **위험관리 과정에 사람을 포함하라.** 위험 통제는 임무 협력적이고, 일을 행해야 하는 사람들이 이들을 긍정적 행동으로 볼 수 있도록 보장해야 한다. 실제 위험에 노출된 사람들은 통상 무엇을 해야 하고 무엇을 하지 않아야 하는 것이 최상인지 알아야 한다.

## 9.3 위험 수준

위험 수준은 주어진 위험요소에 따라 다음과 같은 용어로 평가한다.

① 심각성(severity)

② 확률(probability)

### (1) 위험평가

**위험평가(risk assessment)는 현명한 위험관리에서 중요한 부분이다.** 예를 들어 프로펠러에 생긴 작은 흠(nick)의 위험요소는 비행기가 비행할 때만 위험한 상태가 될 수 있다. 만약 파손된 프로펠러가 정상 엔진 작동에서 진동(vibration)이 발생하고 있다면 엔진 또는 기체 그리고 승객에게 재난의 원인이 될 수 있는 고위험(high risk) 상태이다. 모든 비행은 위험요소와 함께 약간의 위험 수준(risk levels)을 포함하고 있다. 이것은 조종사 특히 조종훈련생들이 저위험 비행과 고위험 비행 사이를 사전에 구분할 수 있는 능력을 갖추는데 매우 중요하다. 다음, 검토 과정(review process)을 확립하고 전체 비행 범위를 통해서 다룰 수 있는 위험 완화전략을 개발해야 한다.

1인 조종사를 위한 위험평가는 그리 간단하지 않다. 조종사는 혼자서 결심을 내리고 통제해야 하는 역할까지 수행해야 하기 때문이다. 만약 16시간 동안 비행한 후 지쳐 있는 조종사에게 너무 피곤하여 비행을 계속할 수 있는지를 묻는다면 그 대답은 "아니요"가 될 것이다. **대부분 조종사는 목표 지향적이고, 비행할 수 있는지 요청했을 때 임무와 관련성이 적은 문제에 더 관심을 두면서 개인적 한계를 부인하는 경향을 보인다.** 예를 들어 헬리콥터 응급의료운송(helicopter emergency services; EMS)을 담당하고 있는 조종사는 환자의 건강에 더 높은 가중치를 부가하여 비행 결심을 내리는 것으로 알려져 왔다. 이들 조종사는 무형요소들에 가중치를 더함으로써 비행을 결심할 때 조종사의 피로 혹은 기상과 같은 실질적 위험요소들을 정확하게 판단하지 못한다. 이 같은 상황을 상의할 다른 승무원이

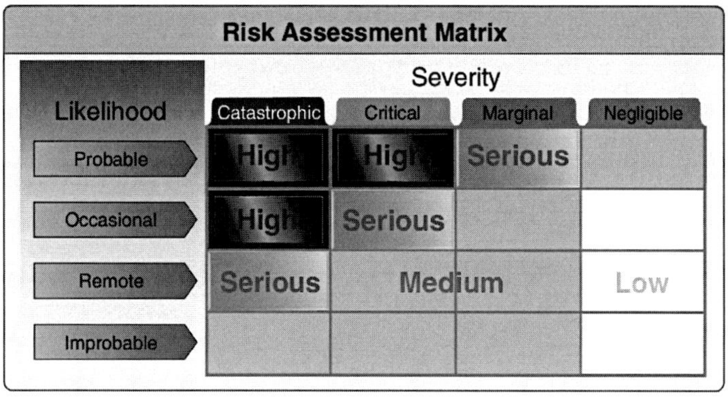


▲ 위험평가 매트릭스

없는 1인 조종사는 위험한 상황 속으로 끌어들일 수 있는 무형요소(intangible factors)들과 싸워야 한다. 따라서 **1인 조종사들이 2인 조종사 시스템보다 더 취약할 수 있다.**

NTSB 보고서와 다른 사고사례들은 조종사가 위험을 평가하는 학습에 많은 도움이 될 수 있다. 예를 들어 야간 VFR 중 사고율은 조종사가 일단 100시간에 도달한 후에는 거의 50%가 감소하였고, 1,000시간 수준까지 지속해서 감소하고 있다. 첫 500시간을 위한 데이터에서 야간 VFR 비행을 하는 조종사는 규정에서 요구하고 있는 것보다 가능하다면 이 환경에서 계기비행기술(instrument flying skills)을 적용하는 것과 같은 더 높은 개인 한계(personal limitations)를 확립하기를 원할 수 있다.

위험을 평가하는 과정을 보조하기 위해서 다양한 종류의 위험평가 모델(models)이 개발되었다. 이들 모델은 각각 약간씩 다르게 접근하고 있지만 객관적 방식(objective method)에서 공통적인 위험평가 목표를 추구한다. 대부분의 기본 도구는 위험평가 매트릭스(risk assessment matrix)이다. 이들은 다음과 같은 두 개의 항목들을 평가한다.

① Likelihood; 발생 확률(가능성)
② Severity: 결과의 심각성

(2) 사건 발생의 확률(가능성)

확률(probability)은 사건 발생의 가능성을 결정하기 위해서 상황을 판단하는 것이다. 이것은 (개연성; *절대적으로 확실하지 않으나 아마 그럴 것으로 생각되는 성질*), 때때로, 희박, 또는 거의 없으므로 평가하는 것이다.

① Probable(발생 가능성이 여러 차례 있을 수 있음)
② Occasional(발생 가능성이 때때로 있을 수 있음)
③ Remote(발생 가능성이 거의 없음)
④ Improbable(발생 가능성이 없음)

예들 들어 조종사는 MVFR 상태에서 A-지점에서 B-지점까지(50마일) 비행을 계획하고 있다고 가정하자. 잠재적으로 IMC에 조우할 가능성(likelihood)은 조종사가 답을 구해야 하는 첫 번째 질문이다. 기상예보를 참고하면서 다른 조종사들의 경험은 조종사에게 IMC에 조우할 수 있는 확률을 결정하기 위한 "Occasional"을 부여할 수 있다. 다음은 평가하기 위한 가이드라인이다.

① Probable; 사건은 수차례 발생하였다.
② Occasional; 아마도 언젠가 발생할 것이다.
③ Remote; 거의 발생하지 않지만, 가능성은 있다.
④ Improbable; 발생하지 않을 가능성이 매우 크다.

(3) 사건 결과의 심각성

다음 요소는 조종사 행동의 심각성 또는 결과(severity or consequence)이다. 이것은 부상 또는 파손과 관련 있다. 만약 위의 사례의 조종사가 IFR 조종사가 아니라면 부주의하게 IMC에 조우했을 때 어떠한 결과가 발생할 수 있을까? 이 경우 조종사는 IFR 계기한정(instrument rating)을 보유하고 있지 않기 때문에 결과는 재난(catastrophic)에 처할 수 있다. 다음은 이 평가를 위한 가이드라인이다.

① Catastrophic(재난); 결과가 치명적이고 항공기의 완파 상황이다.
② Critical(치명적 손상); 심한 부상, 항공기의 대파 상황이다.
③ Marginal(경미한 손상); 경상, 약간의 파손이 발생했다.
④ Negligible(무시할 정도); 경상, 혹은 경미한 손상보다 더 작은 상황이다.

위험평가 매트릭스와 같이 단순하게 2개의 요소를 연결한 것은 위험성이 큰 것을 나타내고 조종사는 비행을 중지하거나 아니면 위험을 완화, 제거, 또는 통제방법이 계획한 후에 비행해야 한다.

## 9.4 위험 완화

위험평가는 균등화의 한 부분이다. 조종사는 위험 수준을 결정한 후 위험을 완화해야 할 필요가 있다. 예를 들어 MVFR 상태에서 A 지점에서 B 지점까지(50마일) 비행하고 있는 조종사는 위험을 감소시키기 위한 여러 방안을 찾아야 한다.

① 기상이 VFR 비행이 가능하도록 호전될 때까지 대기한다.
② IFR 조종사를 동승한다.
③ 비행을 연기한다.
④ 비행을 취소한다.
⑤ 차량으로 이동한다.

### 9.4.1 IMSAFE 점검표

1인 조종사가 위험을 완화할 수 있는 가장 좋은 방법의 하나는 비행을 위한 신체적 그리고 정신적 준비상태를 결정하기 위해서 “IMSAFE” 점검표(checklist)를 활용하는 것으로 이들 요소를 암기하기 쉽게 두문약어(acronym)로 활용된다.

“IMSAFE”

① **질병**(illness); 아픈 곳은 없는가? 어느 종류의 질병이든 비행 위험요소이다.
② **약물복용**(medication); 판단에 영향을 줄 수 있거나 졸음을 유발하는 약을 먹고 있지 않은가?
③ **스트레스**(stress); 직업상 심리적 압박을 받고 있지 않은가? 금전, 건강, 또는 가족 문제는 없는가? 스트레스는 집중과 실행 문제를 초래할 수 있다. 규정에서는 비행을 금지하는 의료상태가 기록되어 있지만, 스트레스는 이에 속하지 않는다. 조종사는 자신의 업무수행에서 스트레스의 영향을 고려해야 한다.
④ **알코올**(alcohol); 비행 전 8시간 또는 24시간 이내에 음주했는가? 주류 1온스, 맥주 1병, 또는 4온스 와인이라 할지라도 비행 기량에 영향을 줄 수 있다. 또한, 알코올은 공간정위상실과 저산소증에 더욱 취약하게 한다.
⑤ **피로**(fatigue); 피로하다면 적당한 휴식을 취했는가? 피로는 조종사가 심각한 실수를 범하기 전까지 인지하기 어려운 가장 방심할 수 없는 비행안전을 위협하는 요소이다.
⑥ **식사**(eating); 비행 중 충분한 영향을 공급받을 수 있는 충분한 식사를 했는가?

### 9.4.2 PAVE 점검표

조종사가 위험을 완화하기 위한 또 다른 방법은 위험을 지각하는 것이다. 전체 비행계획을 수립하는 단계에 조종사의 일부 의사결정과정을 형성하는 “PAVE” 점검표를 사용함으로써 비행 위험요소를 4개의 범주로 나눌 수 있다.

① Pilot in command(조종사, 기장)
② Aircraft(항공기)
③ enVironment(환경)
④ External pressures(외압)

조종사가 PAVE 점검표를 활용하는 것은 매 비행 전 위험을 평가하는데 필요한 각 범주를 쉽게 기억할 수 있는 단순한 방법이다. 일단 조종사가 비행의 위험요소를 식별했다면 위험이나 결함 요소들은 안전하게 관리할 수 있어야 있다. 그렇지 않다면 비행 취소를 결심해야 한다. 조종사가 비행을 계속할 것을 결정했다면 조종사는 위험을 완화하기 위한 계획을 수립해야 한다. 조종사가 위험을 통제할 수 있는 한 방법은 각 위험 범주에 있는 항목들에서 **개인적 최저치**(personal minimums)**를 설정**하는 것이다.

이들은 **개별 조종사의 최근 경력 수준과 숙련도를 바탕으로 한 제한이다.** 예를 들어 항공기는 운용자 지침서(aircraft flight manual)에 따른 최대측풍분력(maximum crosswind component)이 15노트이고, 조종사는 측풍 10노트의 상황만 경험했다. 이것은 추가적인 훈련 없이 측풍분력이 10노트를 초과하기 때문에 불안전 요소이다. 따라서 이 조종사의 측풍 착륙 수준은 측풍 10노트를 초과하는 상황에서 착륙할 수 있는 교관에게 추가 훈련을 받을 때까지 조종사의 개인적 한계(pilot's personal limitation)가 된다.

(1) P = Pilot in Command (PIC)

조종사는 비행에서 위험요소 중 하나이다. 조종사는 최근 경력, 신체적 그리고 감정적 상태에 관해서 "나는 비행할 준비가 되었는가?"라고 자문하는 것이다. 이외에도 숙련도와 최근 경력을 결합한 "IMSAFE" 점검표는 이에 대한 답을 제공할 것이다.

(2) A = Aircraft

항공기가 이 비행에 영향을 줄 수 있는 제한은 무엇인가? 다음과 같이 자문해 본다.

- 항공기는 이 비행에 적절한가?
- 조종사는 이 항공기에 익숙해 있는가? 항공기 성능에 관한 데이터와 AFM은 전문 시험비행 조종사가 비행한 신형 항공기를 기준으로 하였다는 것을 유의하라. 개인 역량과 항공기 성능을 함께 고려해야 한다.
- 이 항공기는 비행에 적절한 장비를 갖추고 있는가? 계기, 등화, 항법 그리고 무선통신 장비 등...
- 이 항공기는 비행하고자 하는 조건에서 적절한 안전마진으로 계획된 비행을 위해서 가용한 활주로를 활용할 수 있는가?
- 이 항공기는 계획한 하중을 운반할 수 있는가?
- 이 항공기는 계획된 고도에서 운항할 수 있는가?
- 이 항공기는 계획된 목적지까지 예비연료와 함께 충분한 연료 용량을 갖추고 있는가?
- 비행에 필요한 연료량이 정확하게 적재되었는가?

(3) V = enVironment

기상은 주요 환경적 고려사항이다. 조종사는 특히 기상에 관련되어 있다면 스스로 개인의 최저치를 설정할 것을 제안하였다. 조종사가 특정 비행을 위한 기상을 평가할 때 이들은 다음 요소들을 고려해야 한다.

- 현재 실링과 시정은 얼마인가?
- 산악지형 특히 지형에 익숙해 있지 않을 때 더 실링과 시정은 더 높은 최저치를 적용하

고 있는가?

- 기상이 예보와 다를 수 있을 가능성을 고려하라. 대체 계획을 수립하고, 예상하지 못한 변화가 발생했을 때 언제든지 긴급전환을 할 수 있도록 준비해야 한다.
- 이륙 및 착륙 공항에서 바람과 측풍분력의 강도를 고려하라.
- 만약 산악지형으로 비행해야 한다면 강한 상층풍(wind aloft) 여부를 고려하라. 산악지형에서 강풍은 심한 난기류와 하강풍의 원인이 될 수 있고 다른 뚜렷한 기상 현상이 없을 때조차도 매우 위험할 수 있다.
- 현재 또는 앞으로 뇌우 예보를 확인하라.
- 만약 구름이 많이 있다면 착빙 예보가 있는지 확인하라. 비행하고자 하는 고도에서 기온-이슬점 분포가 얼마이고 기온은 얼마인지 확인하라. 전체 항로 선상에서 안전하게 강하할 수 있는가?
- 만약 착빙 상태에 조우했다면 조종사는 방빙 및 제빙 장치를 작동시킬 수 있는가? 이 장비의 상태가 양호하고 정상적으로 작동하는가?

지형(terrain) 평가는 비행환경을 분석하는데 또 다른 중요한 요소이다. 특히 야간 또는 저시정 상태에서 지형과 장애물을 회피하기 위한 비행 전 계획을 수립할 때 VFR과 IFR 항공도/항로도에 있는 고도를 이용해서 사전에 안전고도를 결정한다. 최대표고숫자(MEF)와 다른 쉽게 얻을 수 있는 데이터는 지형 또는 장애물에 충돌을 사전에 방지하는 데 도움이 된다. 공항에 대해서 고려해야 하는 사항들은 다음과 같다.

- 목적지 공항과 대체공항에서 가용한 등화 시설은 무엇이 있는가? VASI/PAPI or ILS 활공경사가 가용한가? 터미널 공항에 갖추고 있는 것은 무엇인가? 이들은 정상적으로 작동하는가? 조종사는 공항 등화를 작동시키기 위해서 무선 사용이 필요한가?
- 폐쇄 활주로 또는 공항을 위해서 NOTAMs을 확인하라. 활주로 또는 비컨 등화, 관제탑 근처 등의 등화 상태를 확인하라.
- 비행경로를 현명하게 선택하라. 엔진 고장이 발생했을 때 근처의 공항은 가장 중요하게 고려된다.
- 목적지 또는 대체공항의 활주로 주변에 장애물은 없는지 혹은 짧지 않은지 확인하라.

공역 고려요소들은 다음과 같다.

- 만약 원거리 지역으로 비행해야 한다면 불시착에 대비해서 적절한 의류, 물, 그리고 생존 장비를 갖추고 있는가?
- 만약 시각 참조를 상실할 가능성이 있는 수상비행 또는 인적이 없는 지역을 비행해야 한다면 조종사는 IFR 비행을 위한 장비와 자격을 유지하고 있어야 한다.
- 비행경로 선상의 공역과 임시비행제한(temporary flight restriction; TFRs) 구역을 확인하라.

야간비행은 다음과 같은 특별한 고려사항들이 포함되어야 한다.

- 만약 시각 참조를 상실할 가능성이 있는 수상비행 또는 인적이 없는 지역을 비행해야 한다면 조종사는 IFR 비행을 위한 장비와 자격을 유지하고 있어야 한다.
- 야간비행 중 비상상황에서 안전한 비상착륙을 허용하고 있는가?
- 야간비행을 위한 항공기 등화, 내부와 외부 등화를 점검하라. 최소한 두 개의 손전등을 준비하라. 하나는 외부 비행 전 점검 그리고 더 작은 손전등은 조명을 조절할 수 있어야 하고 조종사가 언제든지 사용할 수 있도록 가까이에 두어야 한다.

(4) E = External pressures

외압은 안전을 다소 희생시키더라도 비행을 종료해야 한다는 압박감을 받을 수 있는 외부의 영향이다. 외압은 조종사가 다른 사람들에게 보여주고 싶은 것보다 기술과 경험 수준이 낮을 수 있다는 것을 인정하는 것과 관련된 감정적 압박이다. **자존심은 강력한 외압 요소이다.** 외압이 될 수 있는 요소들은 다음과 같다.

- 항공기가 도착하는 시간에 공항에서 누군가가 기다리고 있을 때
- 조종사는 자신의 승객이 실망하지 않도록 하고자 할 때
- 조종사의 탁월한 능력을 보여주고 싶을 때
- 누군가에게 (비행 능력에 대한) 감명을 주고 싶을 때
- 특별한 개인적 목표(계획)를 꼭 이루고 싶을 때
  (집 혹은 원하는 곳에 꼭 가고 싶어 안달하는 것)
- 조종사의 일반적인 목표-완수 성향이 높을 때

**위험관리에서 외압 관리는 가장 중요한 단일 요소이다.** 이것은 조종사가 모든 다른 위험요소들을 무시하게 하는 단일 요소에 속하기 때문이다. 개인표준운용절차(personal standard operating procedures; SOPs)의 사용은 외압을 관리할 수 있는 한 방법이다. 목표는 비행의 외압으로부터 벗어나는 것이다. 이들 절차는 포함되지만, 이들로 제한되지는 안 된다.

- 기상으로 인하여 예상하지 못한 착륙을 하거나 여분의 급유를 위한 시간을 허용하라.
- 늦게 도착했을 때 또는 꼭 여행을 계속해야 할 때 예비 계획 또는 예비 항공사 예약을 해 두어라.
- 실제 중요한 여행을 위해서 충분한 시간을 갖고 미리 출발함으로써 승용차를 이용해서 목적지까지 갈 수 있도록 계획하라.
- 목적지에서 기다리고 있는 사람들에게 도착이 지연되고 있음을 알려라. 지연이 예상될 때 이들에게 알릴 수 있는 수단을 준비하라.
- 승객의 예상을 관리하라. 승객에게 정확한 스케줄에 따라 도착하지 못하리라는 것을 알려주고, 만약 이들이 정확한 시간에 도착해야 한다면 대체 계획을 준비하도록 하라.

➲ 출발공항으로 복귀해야 한다는 압박에서 벗어나라. 비록 짧은 주간 비행이라 할지라도 하루 숙박을 위한 도구를 준비하라.

**외압을 관리하는 핵심은 사전에 철저한 준비와 지연될 수 있다는 것을 받아들이는 것이다.** 정기 항공사, 차량을 이용한 여행, 또는 버스를 이용할 때 지연이 발생할 수 있다는 것을 기억하라. 조종사의 목표는 위험을 관리하는 것이지 위험요소를 유발하는 것이 아니다. 각 비행 중 4개의 위험요소(PAVE)들 사이에 포함된 사건에 관해서 결심해야 한다.

의사결정은 비행 상황의 정확한 지각을 달성하기 위해서 이 위험요소들의 평가가 포함되어야 한다. 모든 비행에서 기장이 내려야 하는 가장 중요한 결심 중 하나는 “go/no-go”이다. 이 위험요소들을 평가하는 것은 비행을 계속할 것인지를 결심하는 데 결정적인 도움이 된다.

➲ 조종사: 비행을 위한 조종사의 건강은 항공기에 대한 자격, 최근 경력, 그리고 비행경력을 포함하여 평가되어야 한다.

➲ 항공기: 성능, 제한사항, 장비, 그리고 감항성을 결정해야 한다.

➲ 환경: 공항 상태와 함께 기상상태와 같은 요소들이 평가되어야 한다.

➲ 외압: 비행을 시작하거나 계속해야 하는지를 결정할 때 조종사 결심에 영향을 주는 요소이다.

➲ 상황: 상황인식을 유지하기 위해서 조종사, 항공기, 환경, 그리고 외압이 비행에 어떻게 영향을 주는지 정확한 지각이 바탕이 되어야 한다.

## 9.5 조종사를 위한 3P 모델

위험관리는 위험요소를 체계적으로 지각하고, 이와 관련된 위험 정도를 평가하여 최상의 방책을 내릴 수 있도록 계획된 의사결정과정이다. 예를 들어 항공의사결정을 위한 지각, 과정, 수행(Perceive, Process, Perform; 3P) 모델은 조종사가 위험을 관리하기 위한 단순하고 실질적이고 체계적인 방법이다. 3P 모델을 사용하기 위해서 조종사는 다음과 사고 기술을 발달시켜야 한다.

① 비행에 주어진 환경 세트를 인지하라.

② 비행안전은 이들 환경의 영향을 평가하는 과정이다.

③ 최상의 방책을 선택하여 수행하라.

**첫 단계에서 지각**(Perceive; P)은 미래 원하지 않은 사건을 일으킬 수 있는 현재 사건, 객체 또는 환경들로부터 위험을 감지함으로써 상황인식을 발달시키기 위한 것이다. 이 단계에서 조종사는 비행과 관련된 모든 요소를 체계적으로 식별하고 목록(조종사, 항공기, 환경 그리고 외압)을 작성한다. 여기서 개별적 위험요소(hazards)들을 결합하는 방법이 중요하다. 예를 들어 계기한정을 갓 취득했지만, 실제 계기비행 경력이 없는 조종사가 중요한 회의에 참석하기 위해서 실링이 낮은 공항까지 장거리 비행을 하고자 했을 때 위험요소는 높아진다.

**두 번째 처리**(Process; P)에서는 이 정보가 통제되지 않았거나 제거되지 않은 미래 위험요소의 영향으로 식별된 위험요소들이 위험을 일으킬 수 있는지를 결정하기 위한 과정이다. 주어진 위험요소가 갖는 위험의 정도는 노출, 심각성, 그리고 확률에 관해서 측정할 수 있다.

- **노출**(exposure); 영향을 받는 사람 또는 자원의 수
- **심각성**(severity); 가능한 손실의 확장 범위
- **확률**(probability); 위험요소가 손실의 원인이 될 가능성

예를 들어 위험요소가 낮은 실링(low ceiling)이라면 위험 수준은 조종사 훈련과 경험, 항공기 장비와 연료 적재량 그리고 다른 요소들의 수에 달려 있다.

**세 번째 수행**(Perform; P)에서 목표는 위험을 제거하거나 완화하기 위한 실제 행동을 수행하는 것이고, 이 행동의 결과를 계속해서 평가해야 한다. 조종사는 목적지 공항에 대한 낮은 운고의 사례에서 양호한 기상의 대체공항을 선정하고 그 공항까지 비행할 수 있는 충분한 연료를 적재하는 것은 훌륭한 ADM을 수행한 것으로 볼 수 있다. 이 방책은 위험을 완화했다. 또한, 조종사는 기상이 양호해질 때까지 기다림으로써 이 문제를 완전히 해결할 수 있는 또 다른 선택을 할 수도 있다.

일단 조종사가 3P 결심 과정을 완성했고 방책을 선택한 후 이들 방책이 분석을 필요로 하는 환경 세트를 가져오기 때문에 과정은 다시 시작된다. 의사결정 처리 과정은 지각, 처리 그리고 수행의 연속 순환이다. 이것은 지속해서 연습하고 활용함으로써 3P 순환을 통한 행위는 잘 훈련된 계기 관찰(scanning)처럼 유연하고 지속해서 그리고 자동으로 습관이 형성된다.

이 기본 세트의 위험관리 도구는 실제 위험관리 능력을 향상하기 위해서 사용될 수 있다. 3P 모델은 조종사에게 다른 방법으로 평가하도록 하고 비행과 관련된 위험을 감소시킬 수 있는 “CARE and TEAM” 모델로 확장되었다. 이것은 위험관리에 대해서 학생들에게 조기에 교육을 시작하는 것이 효과적이라는 것을 보여준다. 3P 모델을 활용하는 것은 비행교관에게 이들을 구조적, 효율적, 그리고 체계적인 방법으로 위험요소를 식별, 평가, 그리고 효과적인 위험관리를 실행하기 위한 도구를 제공한다. 일반항공에서 위험관리를 연습하는 것은 기본 항공기 조종과 같이 습관화(자동)되어야 한다. 비행 전 토론의 표준 기능으로 3P 모델을 이용한 토론을 할 것을 고려하는 것도 좋은 방법이다. 다른 비행기술과 같이 위험관리 습관은 특정 절차들을 반복적이고 일관되게 준수함으로써 잘 발달할 수 있다.

## 9.6 항공정비사의 위험 목록

항공정비사(AMT) 역시 훈련 초기에 위험관리에 대해서 학습되어야 한다. 교육에 위험관리를 통합시켜야 하는 과제를 안고 있는 교관은 정비에 사용되는 공구 또는 정비를 수행하는데 필요한 시설과 관련된 안전위험(safety risks)을 식별하기 위해서 위험을 평가할 수 있어야 한다. **위험을 식별하기 위한 과정은 점검표, 수업, 검사 혹은 감사의 수검, 사고/준사고 사례, 규정의 개발, 그리고 아이디어를 얻기 위한 회의 등을 통해서 달성**할 수 있다. 예를 들어 항공사고 보고서를 분석하는 것은 항공기 사고가 정비 과실로 인한 것인지를 토론하는데 사용될 수 있다. 모든 가용한 출처는 안전위험(safety risks)을 식별하고, 특징을 분석하여 통제하는 데 사용되어야 한다. 또한, 3P 모델은 정비시설과 같이 비행과 관련이 없는 시설에서도 적용할 수 있다. 예를 들어 항공정비사는 정비시설이나 개인적 안전에서 위험을 지각하고 그 영향을 처리한 다음 지각된 위험을 완화하기 위한 최상의 방책을 적용할 수 있어야 한다.

## 9.7 조종사의 자기평가

조종사 개인 최저치(personal minimums)를 설정하는 것은 위험을 완화하는 데 매우 중요한 요소로 인식해야 하고 안전 조종사(safe pilots)는 어떻게 자기평가를 할 수 있는지 정확하게 알아야 한다. 예를 들어 조종사는 개방형 시나리오에서 해당 항공기의 최대측풍 분력에 관한 사례는 개인 최저치의 한 사례이다. 조종사는 훈련 중인 항공기의 조종을 인계받기 전에 현명한 판단을 할 수 있도록 훈련(교육)되어야 한다. 조종사는 비행하고자 하는 항공기가 감항성(airworthiness)을 갖추고 있는지 철저히 점검하지만, 그날 비행을 위한 자신의 건강상태를 평가하는 것을 소홀히 하는 경우가 많다.

조종사는 비행 전 항공기를 점검하기 위해서 점검표를 사용하는 것과 같이 자신의 경험, 최신 경력, 컨디션 등을 바탕으로 작성된 개인 점검표는 조종사에게 특정 비행을 위해서 준비가 되었는지를 결정하는 데 도움이 될 것이다. 이 점검표는 앞에서 다루었던 위험을 완화하기 위한 PAVE 점검표를 반영한 것이다. 이 가이드는 기장의 책임과 비행 전 그리고 비행 중 더욱 확실한 기상 결심을 내리기 위한 개인의 표준화 절차를 발달시키는 데 도움이 될 수 있도록 계획되었다. 비행교관은 개인 가이드를 수시로 확인하여 최신 정보를 유지하고 있는지 그리고 의사결정과정의 핵심인 새로운 위험평가를 포함해야 하는지를 인지할 수 있는 능력을 향상할 수 있도록 강조해야 한다.

## 9.8 상황인식

상황인식(situational awareness)은 **비행 전, 비행 중, 그리고 비행 후 안전에 영향을 주는 4개의 기본 위험요소들과 상태들을 정확하게 지각하고 이해하는 것이다.** 상황인식을 유지하고 있다는 것은 이들 요소의 상대적 중요성과 함께 앞으로 진행되는 비행에 미치는 영향을 이해할 수 있어야 한다. 조종사가 상황을 정확하게 인식하고 있다면 항공기 운항의 전반적인 상황을 유지해야 하고 어느 한 지각된 중요한 요소에 집착해서는 안 된다. 일부 요소들은 항공기 내부에서 고려되어야 하는 것들로 항공기 시스템, 조종사, 그리고 승객들의 상태(status)가 될 수 있다. 이외에도 공간정위 그리고 지형, 교통, 기상, 그리고 공역 등과 같은 비행의 환경적 상태에 대해서 인식하고 있어야 한다. 조종사는 상황인식을 유지하기 위해서 ADM과 관련된 모든 기술을 활용할 수 있어야 한다. 예를 들어 조종사 건강상태의 정확한 지각은 자기평가와 위험 태도의 인식(recognition)을 통해서 달성할 수 있다. 항법 장비의 상태를 명확하게 평가하는 것은 업무량 관리를 통해서 얻을 수 있고, ATC와 생산적 관계를 유지하는 것은 효율적인 자원 활용으로 이루어질 수 있다.

(1) 상황인식의 장애요소

비행 중 상황인식을 유지하기 위한 조종사의 능력에 영향을 줄 수 있는 많은 장애요소가 존재한다. 예를 들어 피로, 스트레스, 또는 과중한 업무는 조종사에게 비행에 관한 전반적인 상황인식을 유지하기보다 어느 한 지각된 중요한 요소에 집착(fixed)하도록 하는 원인이 된다. 사고조사에 따르면 사고의 원인이 되었던 것 중 상당한 비율이 비행 계기를 모니터링하거나 다른 항공기를 관찰(scanning)하기 위한 조종사의 주의력이 분산되는 주의산만이 큰 원인으로 작용하고 있음을 보여주고 있다. 대부분의 조종실 주의산만이 게이지를 직접 판독하지 않는 것과 같이 사소한 문제로부터 시작되지만, 조종사가 지각된 사소한 문제 때문에 주의력이 다른 데로 전환되고 항공기의 정확한 조종을 무시함으로써 사고로 이어진다. 조종훈련생의 피로(fatigue)는 비행훈련의 한 장애요소로 고려되고 상황인식을 유지하는 데 방해가 된다. 피로는 아래와 같이 조종사의 경계심과 역량을 떨어뜨리기 때문에 항공안전을 위협하는 요소이다.

- 눈의 초점이 흐렸다가 밝기를 반복한다.
- 무의식적으로 고개를 끄덕거린다.
- 하품이 끊임없이 계속된다.
- 단기기억 능력이 떨어져 자주 망각한다.
- 행위를 종잡을 수 없고 생각이 부실하다.
- 일상적인 절차를 놓치거나 실수한다.
- 정밀한 조종 능력이 떨어진다.

이들은 졸음(sleepy) 또는 피곤함에서부터 몹시 지친 상태까지 경험의 범위를 설명하는데 사용되는 용어들이다. 피로로 인한 2개의 생리학적 현상은 수면 부족과 일주기 리듬붕괴(circadian rhythm disruption)이다. 피로는 대부분의 항공기 운항에서 발생하는 정상적인 반응이다. 이것은 조종실 환경의 특성이 낮은 기압(low barometric pressure), 습도, 소음, 그리고 진동 등의 영향을 받고 있으므로 조종사는 쉽게 피로를 느낄 수 있다. **피로를 치유할 수 있는 가장 좋은 방법의 하나는 적절한 수면이다.**

피로가 쌓이면서 무엇인가 빠뜨리는 실수를 할 가능성이 커지는 것은 물론이고, 깜박 졸기(microsleeps; *깨어있을 때의 순간적인 잠*), 또는 무의식적인 졸음(involuntary sleep)은 몇 초에서 몇 분 동안 지속될 수 있다. 비행의 중요한 단계라면 이 짧은 순간의 졸음으로 인한 실수는 치명적 결과로 이어질 수 있다.

수면이 부족한 조종사는 비행 전 점검 중이나 출발할 때 졸리거나 다른 피로 증상을 느끼지 못할 수 있다. 일단 출발하는 데는 이상이 없고 순항항로(enroute)에 진입하여 일정한 고도와 기수방위가 지속할 때 졸음과 다른 피로 증상이 나타나는 경향이 있다. 두뇌는 극단적인 피로를 통제할 수 없고 무의식적으로 중지시키는 원인이 될 수 있다. 조종사의 의지, 전문성, 또는 훈련 등과 관계없이 극단적으로 졸음을 느끼는 사람은 부주의에 따른 잠재적 위험이 있음에도 불구하고 언제든지 무의식적으로 졸고 있을 수 있다. 다음은 비행 중 졸음을 이겨내기 위한 여러 방법을 제시하고 있다.

- 긴 낮잠(3~4시간)은 12~15시간 동안의 경각심을 회복할 수 있다.
- 짧은 단잠(10~30분)은 3~4시간 동안의 경각심을 회복할 수 있다.
- 고단백 식사를 한다.
- 특히 물과 같은 음료를 충분히 마신다.
- 다른 비행승무원과 비행과업을 교대하거나 대화를 나눈다.
- 조종실 온도를 서늘하게 유지한다.
- 좌석에서 스트레칭을 하고 가능하다면 주기적으로 일어나 걸어 다니는 것도 좋다.
- 임무를 수행하기 전 완전히 깨어있을 수 있도록 약 15~20분 정도를 허용한다.

**자만은 상황인식을 유지하는데 또 다른 장애요소이다.** 특정 활동에서 반복된 경험으로부터 과신(overconfidence)이라고 할 수 있는 자만은 많은 항공기 사고와 준사고의 원인이 되는 것으로 알려져 있다. **피로와 같이 자만 역시 조종실에서 조종사의 능력을 떨어뜨린다. 그러나 자만은 피로보다 인식하기가 더 어렵다.** 이것은 모든 것이 유연하게 진행되고 있는 것으로 지각되기 때문이다.

현대 조종실 자동화의 높은 신뢰성은 과신과 자만을 유발하는 것으로 나타나고 있다. 이것은 일반 비행지식과 다르게 지시하고 있음에도 불구하고 자동화의 지시에 따르려는 결과로 나타난다. 만약 조종사가 오토파일럿으로 비행하고 있다고 가정한다면 조종사는 계기의 교차점검(cross-check)은 물론 항공기 위치를 수시로 확인하지 않는 부작용을 초래한다. 이러한 상황에서 오토파일럿 장치의 고장이 발생했다면 조종사는 수동으로 항공기를 조종할 수 있는 정신적 준비가 되어 있지 않을 수 있다. 특히 교관은 주요 비행경험과 함께 학생들이 자만에 빠지지 않도록 항상 경계심을 고취해야 한다. 예를 들어 익숙해 있는 항공기에서 비행자격유지(flight review) 평가를 받는 조종사는 자만에 빠질 수 있다. 첨단 항공전자는 자만과 부주의에 빠질 수 있는 현대 항공기 시스템에서 높은 중복성과 신뢰성(redundancy and dependability)을 제공한다. 교관은 비행훈련 중 임의로 상황인식을 떨어뜨려 비행안전을 위협할 수 있는 자만에 빠질 수 있음을 강조해야 한다.

장주(traffic pattern)에서 다른 항공기의 위치, 엔진 계기의 지시, 그리고 차트에 있는 참조물(references)에 관한 항공기의 위치 등을 질문하는 것은 교관이 조종훈련생들에게 상황인식을 유지하는 데 도움이 된다. 또한, 교관이 무선통신(radio communication) 또는 항법 장비에 대한 가상 문제를 부여하여 조종훈련생의 주의력을 집중하게 할 수 있다. 교관은 훈련생들이 항공기 조종 또는 다른 항공기의 관찰과 같은 다른 과업에 너무 많은 주의를 빼앗기는 것 역시 상황인식을 유지하는데 어려움이 될 수 있다는 것을 지적해야 한다. 이들은 상황인식의 유지에 대한 중요성을 강조하는 데 도움이 되는 전체 비행훈련을 통해서 수행할 수 있는 단순한 연습이다.

#### (2) 조종사의 함정

항공기 운항에서 방심하고 있는 조종사(unwary pilot)를 유혹하는 수많은 전통적인 행위적 함정(classic behavioral traps)들이 있다. 특히 상당한 경력을 갖춘 조종사는 계획대로 비행을 완수하고자 하고 성향이 있고, 승객의 만족, 그리고 스케줄에 맞출 수 있도록 하려는 경향이 강하다. 이처럼 자신의 성취를 보여주고자 하는 이 기본 성향은 항공안전에 역효과를 줄 수 있고, 스트레스를 받는 상황에서 비현실적 조종기술을 강요할 수 있다. 이들 경향은 극히 위험하고 때로는 불법으로 이어져 결국 재난(mishap)을 초래할 수 있다. 조종훈련생들은 상황인식을 발달시켜야 하고 효과적인 ADM 훈련을 통해서 운용상의 많은 함정(pitfalls)을 피할 수 있도록 훈련과 학습해야 한다. 다음은 ADM 교육 중 교관이 제공하는 시나리오와 사례에는 함정들이 포함되어 있다.

① **동료 압박**(peer pressure); 어느 한 조종사의 잘못된 의사결정이 상황을 객관적으로 판단하기보다 동료들의 감정적 반응을 기초로 할 수 있다. 이것은 동료 또는 또래 집단으로부터 받는 사회적 압력이다.

② **고정사고**(mind set; *바꾸기 힘든 혹은 고정된 사고방식이나 태도를 의미한다.*); 조종사는 주어진 상황에서 변화를 인지하고 대처하기 위한 무능함을 통해서 고정된 사고방식을 드러낸다.

③ **안달증**(get-There-Itis); 이 성질은 비행 상황이 매우 위험함에도 불구하고 대체 방책은 모두 무시하고 원래 목표 또는 목적지에 반드시 도착해야 한다고 고집하거나 결정함으로써 조종사의 판단력을 흐리게 한다.

④ **덕-언더 신드롬**(duck-under syndrome); 조종사는 접근 중 최저치 이하로 강하하여 공항에 도착하고자 하는 유혹을 받을 수 있다. 이들은 모든 접근 절차에서 내면적 실수

마진이 있다고 믿거나 착륙은 성공적으로 이루어진다는 보장이 없고 필요하다면 실패 접근을 실행해야 한다는 것을 인정하기를 원한다.

⑤ **스커드 러닝**(scud running); 이것은 통상 계기기상상태(IMC)가 존재하는 상황에서 조종사가 저고도에서 지형과 시각 접촉을 유지하고자 시도할 때 일어난다.

⑥ **IMC 상황에서 VFR 비행**(continuing VFR into instrument conditions); 공간정위상실 또는 지상 또는 장애물과 충돌은 조종사가 VFR로 계기비행 상황 속으로 계속 비행할 때 발생할 수 있다. 이것은 조종사가 계기한정 또는 최근 계기비행 경력을 갖추지 못했을 때 더욱 위험할 수 있다.

⑦ **상황 방치**(getting behind the aircraft); 이 함정은 조종사 행위를 통제하기 위해서 다른 길로 돌아가기보다 사건 또는 상황을 그대로 허용함으로써 원인이 될 수 있다. 조종사가 항공기의 상황을 내버려 둠으로써 계속해서 더 어려운 상황에 부딪힐 수 있다.

⑧ **상황인식 상실**(loss of positional or situational awareness); 극단적으로 조종사가 항공기에서 발생하는 상황보다 한발 늦게 행동함으로써 항공기의 위치 혹은 상황인식을 완전히 상실하는 결과가 초래될 수 있다. 조종사는 항공기의 지리적 위치를 알 수 없거나 상황이 악화하고 있음을 인지할 수 없다.

⑨ **적절한 예비연료 없이 운항**(operating without adequate fuel reserves); 일반적으로 최저 예비 연료량 요건을 무시하는 것은 자신을 너무 과신하거나, 부실한 비행계획수립, 또는 관련 규정을 무시하는 결과일 수 있다.

⑩ **순항항로 고도 이하로 강하**(descent below the minimum en route altitude); 위에서 다룬 "duck-under syndrome"은 IFR 비행의 순항항로 구간을 비행 중 발생할 수 있다.

⑪ **성능영역선도를 벗어난 비행**(flying outside the envelope); 특정 항공기의 고성능 능력을 마치 이것이 조종사의 과대평가된 비행 기량을 감당할 수 있는 것으로 잘못 이해하는 원인이 될 수 있다.

⑫ **비행계획수립, 비행 전 점검, 그리고 점검표 활용을 무시하는 행위**(neglect of flight planning, preflight inspections, and checklists); 조종사는 절차 또는 점검표를 사용하는 대신 단기기억 혹은 장기기억, 일상적인 비행 기량, 그리고 익숙한 비행로에 의존할 수 있다. 특히 경험이 많은 조종사일수록 이 같은 경향이 더욱 심하다.

## 9.9 1인 조종사자원관리

1인 조종사자원관리(single pilot resource management; SRM)는 안전비행을 보장하기 위해서 비행 전 그리고 비행 중 1인 조종사에게 가용한 모든 자원을 관리하기 위한 기술과 행동이다. SRM은 ADM, 위험관리(risk management; RM), 과업관리(task management; TM), 자동화 관리(automation management; AM), 관제비행지형충돌(controlled flight into terrain; CFIT), 그리고 상황인식의 개념들을 포함한다. SRM 훈련은 자동화와 관련된 항공기 조종과 항법 과업을 관리함으로써 상황인식을 유지하는 데 도움이 된다. SRM은 조종사에게 위험을 정확하게 평가하고 관리하여 적시 적절한 결심을 내릴 수 있게 한다. SRM은 조종사에게 정보를 수집하고, 이를 분석하여 결심을 내릴 수 있는 도움을 주는 모든 것들이다. **비록 비행이 한 조종사가 계획하고 다른 운항승무원이 없을지라도 ATC와 FSS와 같은 가용한 자원들의 사용은 CRM의 유용한 자원들이다.**

### 9.9.1 SRM과 5P 점검

SRM은 정보를 모으고, 이를 분석하여 결심을 내리는 것이다. 문제를 어떻게 식별하고, 이들 정보를 분석하여 적시 적절한 결심을 내리는 것을 훈련(학습)하는 것은 특정 기동을 훈련하는 것과 같이 그리 간단하지 않다. 상황을 어떻게 판단하고 끊임없이 변하고 있는 실세계 비행 상황에서 생각하는 방법(how to think)을 학습하는 것은 더욱 어려울 수 있다. “SRM이 이것이다.”라고 명확하게 결론을 내릴 수 없는 것은 각 조종사의 개인별 비행 경력에 차이가 있고 또한 현재의 비행 상황이 모두 같을 수 없으며 개인별 신체적 그리고 정신적 성숙도에 따라 모두 다르기 때문이다. 조종사는 SRM이라는 것이 말로는 쉬워 보이지만 이것이 몸에 밸 수 있도록 매 비행에서 활용할 수 있어야 한다. SRM은 실무에서 논리적으로 적용하기 위해서 다음과 같은 5P를 적용하여 식별하고 분석할 것을 강조한다.

① Plan(계획)
② Plane(비행기, 항공기)
③ Pilot(조종사)
④ Passengers(승객)
⑤ Programming(프로그래밍)

이들 각 영역은 1인 조종사가 직면하게 되는 한 세트의 도전과 기회로 구성된다. 그리고 각 요소는 조종사가 적시 적절한 결심을 내릴 수 있는 능력을 바탕으로 비행 위험을 감소시킬 수 있다. 5P는 비행 중 중요 결심점(decision point) 또는 비상상황에서 조종사의 최근 상황을 평가하는 데 사용된다. 이들 결심점은 비행 전, 이륙 전, 중간지점, 최종접근픽스 또는 VFR로 전환하기 직전 그리고 장주에 진입하기 직전 등이 될 수 있다. 5P 개념은 조종사에게 그들 환경에 영향을 주는 본질적인 5개의 변수를 갖고 있다는 생각을 바탕으로 조종사에게 하나의 중대한 결심 또는 여러 개의 덜 중요한 결심이 합쳐져 중대한 결과를 만들어 낼 수 있는 계기가 될 것이다.

이 개념은 최근 결심수립 모델의 반동적 경향이 있다는 확신으로부터 발달하였다. 모든 과업에는 변화가 있을 수 있고 조종사는 위험관리 결심을 실행하기 위해서 먼저 지각되어야 한다. 예를 들어 많은 조종사는 이륙 전 조종사 스스로 작성한 위험 관리표를 사용한다. 이 양식은 그날 조우할 수 있는 위험 목록(risk lists)이 수록되어 있고 이들을 수치화할 수 있다. 만약 총합계가 특정 값을 초과한다면 비행은 변경 또는 취소(cancels)되어야 한다.

5P 개념은 이들 표에 포함된 정보를 선택하기 위한 시도이고, 다른 가용한 모델에 이를 대입하여 유용하게 활용할 수 있다.

첫 결심은 비행에 대한 "go/no-go"를 결정하는 것이고, 기상이 나빠 비행을 취소할 것을 결심해야 하는 가장 쉬운 시점은 비행 전날 저녁이다. 비행경험이 풍부한 조종사라면 항상 기상을 주시하고 있으면서 현재 상태와 예보를 병행해서 다양한 기상정보 출처들을 확인한다. 이것은 승객에게 기상상태로 인해서 스케줄에 문제가 있을 수 있으므로 이를 사전에 알리는 것으로 예비 계획을 생각해 두도록 한다. 다음 날 운항실 또는 비행업무기관에 들러 현명한 결심을 내리기 위한 가용한 모든 정보를 확인할 수 있고, FBO에서는 대체 여행 계획을 위한 정보를 어렵지 않게 얻을 수 있다. 따라서 첫 결심 시점은 운항실에서 비행 전 계획을 수립할 때이다.

다음 중요한 결심을 위한 두 번째 시점은 이륙 직전이다. 조종사는 이륙 전 5P의 정확한 적용이 가용한 모든 정보를 바탕으로 합리적인 "go/no-go" 결심하는 데 도움이 된다. 이륙 결심은 특정 제한과 변화와 함께 이륙할 수 있지만, 이륙을 포기할 수도 있다. 여기서 핵심은 비행의 진행 과정에서 이들 두 시점은 "go/no-go" 시점이라는 것이다.

세 번째 시점은 5P를 전반적으로 살펴볼 수 있는 비행의 중간 단계이다. 이 시점까지 조종사는 이미 많은 옵션을 거쳐 왔고, ATIS에서 제공하는 기상정보를 확인할 수 있는 위치까지 진행했다. 이외에도 **피로와 고고도 저산소증(hypoxia)은 장시간 피로한 비행의 끝 무렵 조종사의 신체적 에너지를 상당 부분 소진**하게 될 것이다. 피로는 기억력, 주의력 집중, 그리고 의사소통 능력을 떨어뜨린다. 조종사의 실수와 관련해서 자주 나타나는 현상 중 하나로 여러 요소를 비교 평가하기보다 단일 요소에 의한 독단적 평가와 함께 상황인식 능력이 떨이져 종합적이고 효율적인 결심을 내리지 못한다.

조종사의 신체적 피로는 수면 부족, 과도한 운동 또는 정신적 피로를 초래하는 지루한 인지적 과업(cognitive work; *심리적 과정 혹은 정신 과정에 관한*)으로 인한 육체적 업무 등이 주원인이다. 저산소증 또는 산소 부족 역시 조종사의 신체적 그리고 정신적 예리함을 무디게 한다. 산소 부족으로 인한 증상은 조종사가 산소 부족 현상을 즉각 느끼지 못하는 사이에 무엇인가 잘못되었다는 것을 인지하는 감각 보호를 무디게 한다. 인간의 신체는 저산소증 상태에서 신뢰할 수 있는 신호를 제공하지 못하기 때문에 이 같은 증상을 알아차릴 수 있는 특별 훈련이 필요하다. 조종사가 에너지 소진을 느꼈다면 결심수립 모드에서 수용 모드로 전환해야 한다. 만약 비행이 2시간 이상 길어진다면 5P 점검은 매시간 수행되어야 하고 이는 목적지 공항을 평가하는 데도 양호한 시간이 된다.

1인 조종사 혹은 경비행기 조종사들은 접근 단계보다 활주(taxing)에서 더 많은 어려움을 토로하고 있다. 국제공항과 같이 큰 공항에서 유도로(taxiway)는 운송용 항공기 위주로 설계되어 있기 때문이다. 예를 들어 대형 운송용 항공기의 조종실 위치의 시계(field of view)는 지상으로부터 약 18피트이지만 소형 항공기의 시계는 약 6피트에 불과하므로 특히 야간에 정확한 유도로를 식별하기가 쉽지 않다. 따라서 조종사는 비행의 중간지점에서 목적지 공항의 활주로 및 유도로 배열, 접근경로 그리고 접근등화시설(approach light system) 등을 전반적으로 점검해야 한다. 예를 들어 일부 공항에서 조종사는 내측과 외측에 동일 유도로 식별자(예들 들어, M-Mike)가 다르다는 것을 사전에 인지하고 있어야 하고, 조종사는 "Hot Spot(예, HS2)"가 위치한 곳을 사전에 알아야 한다. 착륙 조작이 시작되는 구간은 공항 시설을 파악하기 위한 구간이 아니니다. 결론적으로 조종사가 공항의 특수성을 이해하지 못했다면 착지 후 진행활주(progress taxing) 지시를 요청하거나 ATC에게 이 공항에 익숙해 있지 않다는 것을 알려 도움을 받아야 한다.

마지막 두 결심 시점은 터미널 구역으로 강하 직전과 최종접근픽스(final approach fix) 직전 또는 VFR 비행이라면 착륙을 시작하기 위한 준비로서 장주에 진입하기 직전이다. 대부분 조종사는 매번 수행되는 접근과 다르게 착륙하게 될 것이라는 예상과 함께 접근을 실행해야 한다. 매 접근에서 더욱 안전한 접근은 조종사에게 상황의 변화(5Ps)는 긴급전환(divert) 또는 실패접근(missed approach)을 실행하게 하는 원인이 될 수 있다는 예측을 할 수 있도록 요구하는 것이다. 이것은 조종사에게 위험요소가 높아질 수 있고 비행안전을 위협할 수 있다는 경각심을 갖도록 한다. 순항고도에서 긴급전환은 연료 절약이라든지 오토파일럿의 활용 면에서 사실상 반대급부가 크지 않다. 그러나 최종접근픽스에서 긴급전환은 조종사에게 무의미한 실패접근을 실행하는 것보다 더 확실한 계획수립은 물론 다른 과업과 협력할 수 있도록 한다. 다음은 5P에 대한 세부적인 내용이다.

### (1) 계획(Plan)

이것을 임무 또는 과업(mission or task)이라고도 할 수 있다. 지방횡단비행을 계획하는데 기상, 항로, 연료, 최신 간행물 등과 같은 기본 요소들을 포함해야 한다. 계획은 비행 코스를 결정하는 과정에서 수차례 반복 확인하고 최신 정보로 바꾸어주어야 한다. 항공기 정비, 빠르게 변화하는 기상, 임시비행제한구역(TFR) 등으로 인한 이륙 지연(takeoff delay)이 예상될 때 이에 상응하도록 합리적으로 계획이 변경되어야 한다. 계획은 비행계획에 관한 것뿐만 아니라 비행을 둘러싸고 일어나는 일련의 사건(events)들 그리고 조종사가 완수해야 하는 임무 등도 함께 고려해야 한다. 계획은 항상 새로운 정보가 있을 때 적시 적절하게 수정해야 하고 특히 다른 4개의 요소에서 나타날 수 있는 변화를 함께 예상할 수 있어야 한다. 만약 다른 이유가 없다면 5P 점검은 조종사에게 그날의 계획은 그대로 살아있는 것이고 언제든지 변화할 수 있는 준비가 되어 있다.

**기상은 계획을 변경시킬 수 있는 개연성이 가장 높은 요소이다.** 조종사가 최신 항공전자에서 제공하는 실시간 데이터링크(real time data link) 기상정보 외에도 상황인식을 떨어뜨리지 않고 실시간으로 기상을 확인하고 평가할 수 있도록 훈련되었다면 조종사는 적절하게 대응할 수 있을 것이다. 만약 항공기에 데이터링크 기상 시스템을 갖추고 있지 않다면 조종사는 관제기관이나 비행업무기관에서 비행 중 최신 기상을 활용할 수 있어야 한다.

### (2) 항공기(Plane)

대부분 조종사에게 계획과 항공기는 아주 익숙해 있는 요소이다. 조종사는 항공기의 주요 구조 및 장치들을 식별하고 있고 제한과 특성을 이해할 수 있어야 한다. 항공전자의 발달과 함께 항공 자동화 수준은 재래식 항공기 조종실에서는 경험하지 못했던 많은 운용상의 편리성을 제공하고 있다. 예를 들어 오토파일럿의 보조를 받는 1인 조종사는 IFR 비행이 가능하게 되었다. 오토파일럿의 사용 여부는 조종사의 결심에 달려 있다. 만약 오토파일럿 시스템이 없는 항공기 LIFR 비행을 해야 한다면 철저한 5P의 적용이 필수이다.

(3) 조종사(Pilot)

단순한 아날로그 조종실에 익숙해 있는 조종사가 최신 항공전자 시스템을 갖춘 항공기를 이용하여 고고도, 장거리 비행을 할 때 복잡한 시스템 그 자체만으로 조종사는 상당한 스트레스를 받을 수 있다. 전형적인 "IMSAFE" 점검표를 활용할 것을 권장한다. 만약 비행이 늦은 야간, 조종사의 피로, 5,000피트 이상의 연속 비행으로 인한 영향이 복합적으로 작용했을 때 조종사는 분별력이 떨어지고 정보의 중요성을 판단하지 못하거나 우유부단한 결정으로 인하여 문제에 순응하고 수용하게 하는 원인이 될 수 있다. 예를 들어 4시간의 비행 후 야간 계기접근과 같이 가장 중요한 순간에 조종사의 경각심은 최대로 떨어질 수 있다.

5P 모델 과정은 이륙 전 비행의 종료 단계에서 발생할 수 있을 것으로 예상하는 생리적 상황을 인식하는 데 도움이 되고 비행이 진행됨에 따라 개별 상태를 업데이트하기 위해서 지속해야 한다. 조종사는 일단 위험을 인식했다면 이들의 영향을 벗어나기 위한 대책을 수립함으로써 더 안전한 해결책을 제시하게 될 것이다.

(4) 승객(Passengers)

CRM과 SRM 사이의 가장 중요한 차이점 중 하나는 조종사와 승객 사이에 의사소통이 이루어질 수 있는지다. 단발엔진 항공기의 조종사는 승객과 밀접한 개인적 관계를 유지할 수 있다. 이것이 가능한 것은 실제 조종사와 승객은 전 시간 팔이 닿을 수 있는 옆 좌석에 앉아있기 때문이다. 이 같은 상황을 충분히 활용할 수 없다면 조종사는 성공적 비행에 부담이 될 수 있다. 예를 들어 승객은 점검표를 읽어 줄 수 있고, PIC는 조종실 점검을 행동으로 실행함으로써 착륙장치 내림, 등화장치의 "on and off", 다른 각도에서 접근해오는 항공기의 관찰, 그리고 때로는 무선장비의 동조(tuning)까지 도움을 받을 수 있다. 일정 수준을 승객으로부터 도움을 받지 않는 행동은 마치 그 좌석에 앉아있는 조종사를 활용하지 않는 것만큼이나 잘못된 행동이다.

경항공기 기장에게 승객은 비행에 유용한 또 다른 자원이 될 수 있고 부가적으로 비행에 참여시킴으로써 일반항공에 대한 승객의 이해를 높일 기회이기도 하다. 그러나 때로는 승객이 정시에 연결 항공편을 이용해야 한다든지 중요한 비즈니스 회의에 참석해야 하는 것과 같이 기장의 결심에 영향을 줄 수 있는 승객의 요구에 정확하게 따라야 하는 상황이 있을 수 있어 조종사의 결심수립에 영향을 줄 수 있다. 그렇다 하더라도 현명하고 개방된 결심을 함으로써 승객은 긍정적 요소가 될 수 있다.

예를 들어 친한 친구이자 사업 동료인 승객이 A 공항까지 비행하여 중요한 회의를 위해서 인접 대도시를 가야 한다고 가정하자. 기상은 중간 구간까지 VFR이지만 목적지에 거의 접근함에 따라 LIFR(low IFR)로 변했다. 조종사는 5P를 적용하여 중간지점에서 급유를 위한 착륙하는 지점에서 렌터카를 예약해 놓기로 하였다. 따라서 승객들은 대도시로 이동할 수단과 함께 조종사는 기상이 호전되지 않았을 때 계속 비행해야 하는 부담을 덜 수 있는 대체 계획을 수립했다.

조종사는 비행경력이 없는 승객이 비행과 관련된 위험 수준을 이해할 수 없다는 것을 알아야 한다. 이것이 SRM은 위험 제거가 아닌 위험관리가 필요하다는 것을 말해준다. 조종사는 야간 IFR 비행에서 존재할 수 있는 위험에 그리 놀라지 않지만, 승객은 그렇지 않을 수 있다. 조종사가 채택하고 있는 SRM은 승객이 결심수립에 참여하도록 하고 주어진 과업과 임무를 분주하게 그리고 함께하도록 보장해 주어야 한다. 만약 이 과정에서 위험하다는 사실이 존재한다는 것을 인지했을 때 승객은 에어라인 티켓을 구매하거나 렌터카 예약을 결정함으로써 양호한 결심이 이루어졌다고 할 수 있다. 여기서 알 수 있는 것은 조종사에게 승객이 원했던 것이 무엇이고 그리고 조종사가 실제로 할 수 있는 것이 무엇인지를 되돌아보게 함으로써 조종사 자신으로부터 유발될 수 있는 부담을 덜어 준다.

(5) 프로그래밍(Programming)

경항공기에도 최신 항공전자 장비의 보급이 빠르게 확대되고 있다. GPS는 기본 항법장치가 되었고 전자계기 디스플레이 그리고 오토파일럿은 조종사의 업무를 크게 줄이면서 상황인식 능력이 크게 높아졌다. 이들 장비의 프로그램화와 작동은 기존의 아날로그 계기보다 아주 단순화되었지만, 조종사의 주의를 적지 않은 시간을 잡아두는 경향이 있는 것도 사실이다. 조종사는 이를 방지하기 위해서 언제 어디서 접근하고, 항로를 변경할 것인지를 사전에 프로그램화하여야 하고, 공항에 관해서도 역시 충분한 시간을 갖고 판단할 수 있어야 한다. 조종사는 장비, 항로, 국지 항공교통관제 환경에 익숙해 있어야 할 뿐만 아니라 언제, 어디서나 프로그램화할 수 있는 자동화 시스템에 대한 개인 능력을 갖추어야 한다.

또한, 조종사는 접근의 마지막 순간에 변경될 수 있는 상황에 대해서 필수 프로그램을 다시 조작할 수 있어야 하고, 수동으로 항공기를 조종하는 동안 전체 항로에서 필요한 구간의 항로를 구성할 수 있는 능력을 갖추어야 한다. 모든 항공전자 장비의 포맷이 표준화되어 있지 않기 때문에 다른 장비를 사용해야 한다면 조종사는 잠시 생각을 멈추고 더욱 신중한 계획과 결심이 필요하다. SRM 과정은 단순하다. 조종사는 비행 전 그리고 비행 중 최소한 5차례 5P를 검토하고 고려해야 하며 최신 상황에서 요구하고 있는 적절한 결심을 내릴 수 있어야 한다.

### 9.9.2 정보관리

정보관리(information management; IM)는 현대 항공훈련에서 필요한 정보의 양은 엄청나지만 현명한 SRM 과정의 한 부분은 정보가 지속해서 흘러들어오고 행동으로 나가도록 하는 것이다. 조종훈련생이 명확한 정보의 흐름(flow of information)을 어떻게 관리하는가 하는 것은 개별적으로 영향을 미치지만 모든 비행의 상대적인 성공 또는 실패에 영향을 준다. 이것은 정확한 정보가 정확한 결심에 기여한다는 것을 의미한다. SBT는 가용한 모든 자원을 이용해서 훈련생이 적절한 정보를 수집하고 적시 적절한 결심을 내려 취한 행동을 평가하는 중요한 교육의 한 부분이다.

기종전환 조종사에게 주비행디스플레이(primary flight display; PFD), 다기능디스플레(multifunction display; MFD), 그리고 GPS/VHF 항법 스크린은 컬러 메뉴와 서브메뉴(color menu and submenu)를 이용해서 너무 많은 정보를 제공하는 것처럼 보일 수 있다. 사실 조종훈련생은 의욕이 넘쳐있을 수 있고 특정 단편 정보를 찾지 못할 수 있다. 첨단 항공전자를 이용한 비행을 위한 첫 번째 중요한 정보관리는 개념적 수준(conceptual level)에서 시스템을 이해하는 것이다.

시스템이 어떻게 구성되어 있는지 기억하는 것은 조종사에게 가용한 정보를 관리하는데 도움이 될 수 있다. 특정 시스템에 사용되고 있는 시뮬레이션 소프트웨어(simulation software)와 참고서(guide book)들은 교관과 훈련생 모두 세부 구조와 작동 원리를 이해하는 데 큰 도움이 될 것이다. 또 다른 중요한 정보관리 기술은 읽는 것이다. PFD로부터 항법 차트까지 가용한 정보를 평가하고 관리하기 위한 전략은 **"멈추고, 보고, 그리고 읽는(stop, look, and read)"** 것이다. 학습/훈련 목표는 학생에게 특정 과업을 완수하기 위해서 정보 흐름을 모니터(monitor), 관리(management), 그리고 우선순위(priority)를 어떻게 정할 수 있는지 학습하는 것이다.

### 9.9.3 과업관리

과업관리(task management; TM) 역시 비행안전에 중요한 요소이다. 현대 항공기에서 조종사가 안전하고 효율적으로 비행하는데 필요한 동시 발생 과업들을 관리하는 과정이다. 과업(task)은 기계적으로 수행된 것이라기보다 오토파일럿에 타깃 헤딩(target heading)을 설정하는 것과 같은 인간이 수행하는 직무이다. 조종실은 주어진 시간에 조종사의 주의를 필요로 하는 잠재적으로 많은 중요한 과업들이 수행되어야 하는 환경이다. TM은 어느 특정 시점에서 조종사가 참여해야 하는 동시다발 과업을 결정한다.

- 과업 상태를 결정하기 위해서 임박한 과업을 모니터링한다.
- 중요성, 상태, 긴급성, 그리고 다른 요소들을 기초로 한 우선순위를 정한다.
- 높은 우선순위 과업에 관해 인간과 기계적 자원들을 할당한다.
- 하위 우선순위 과업의 중단과 후속 재개를 한다.
- 완수하였거나 더 이상 관련이 없는 과업은 종결한다.

인간은 정보를 수용할 수 있는 능력에 한계가 있다. 일단 정보 흐름이 이를 처리할 수 있는 정신적 한계를 초과했다면 추가 정보를 처리할 수 없거나 이미 처리되었던 과업과 정보를 대체한다. 일단 정보 흐름이 한계에 도달했다면 중요하지 않은 과업을 버리거나 모든 과업은 최적 수준(optimum level)보다 낮은 단계에서 수행되어야 한다. 예를 들어 전기회로가 과부하(overload)를 받는 것과 같이 전기 소모가 감소하거나 회로가 끊어질 수 있다. 여기서 다시 한번 SBT는 과업을 어떻게 효과적으로 관리할 것이며 이들의 우선순위를 정하는 방법을 학습하는 데 도움이 될 수 있다.

### 9.9.4 자동화 관리

자동화 관리(automation management)는 항공기에 설치된 각종 장치를 이용해서 항공기를 조종하고 항행(control and navigate)할 수 있는 능력을 갖추는 것이다. 자동화 관리 중 가장 중요한 개념의 하나는 "언제 이를 활용할 수 있고 언제 이를 활용하지 않아야 하는가"를 아는 것이다. 비행교관의 자동화 관리목표는 가용한 모든 자동화 또는 오토파일럿을 활용하여 조종훈련생들이 PTS 기동과 절차의 수행에 익숙해질 때까지 훈련하는 것이다. 비행교관은 훈련이 비행안전에 위협될 때 이를 즉시 중단시킬 수 있고, 수동으로 항공기를 기동시킬 수 있는 능력을 갖추도록 훈련해야 한다. 첨단 항공전자는 엄격한 수동비행(manual flight)에서부터 높은 수준의 비행까지 다양한 수준의 자동화(automation)를 제공한다. 모든 비행 상황에 적용할 수 있는 수준의 자동화는 없지만, 비행에서 첨단 항공전자를 이용한 잠재적 위험을 초래할 수 있는 주의산만을 예방할 수 있도록 조종훈련생은 코스지시기, 항법 출처, 그리고 오토파일럿을 어떻게 관리해야 하는지 확실하게 알아야 한다.

**조종훈련생은 현재 사용되고 있는 특정 자동화 시스템의 특징을 확실하게 알고 있어야 한다.** 이것은 시스템이 정상적으로 작동하지 않는다면 어떤 현상이 발생할 수 있는지 예측할 수 있고, 정확한 작동을 위해서 어떻게 모니터하고, 즉각적으로 취해야 하는 행동은 무엇인지 알 수 있도록 해준다. **오토파일럿을 기본 수준에서 관리하는 것은 전 시간 어느 모드(modes)가 연결(engage)되어 있고 어느 모드가 준비상태(armed)에 놓여 있는지를 확실하게 알아야 한다**는 것을 의미한다. 조종훈련생은 준비상태 기능(armed functions; *예, 항법 추적하기 또는 고도에 진입하기*)은 적절한 시간에 연결될 수 있다는 것을 확실하게 알 수 있어야 한다. 특히 코스 또는 고도를 변화시키기 위한 자동화 관리에서 시스템의 준비상태(arming)를 확인하기 위한 호창 기술(call-out technique)을 발달시켜야 한다.

## 9.10 의사결정기술의 훈련

교관 조종사가 시스템 안전을 토론할 때 이들은 전통적인 조종간(스틱-러더)의 상실에 대해서 우려하고 있다. 어느 형태든 두려움(fear)은 위험관리, ADM, SRM, 그리고 상황인식과 같은 항목에서 강조한 것과 같은 안전 조종사의 발달에 필수적인 훈련을 방해한다.

시스템 안전비행 훈련은 다음과 같은 3개의 단계에서 발생한다는 것을 이해해야 한다.

**첫째, 전통적인 조종간(stick and rudder)에 의한 기동이다.** 조종사가 따라야 하는 비평적 사고기술을 적용하기 위해서 조종사는 먼저 항공기를 조종할 수 있는 자신들의 능력에 높은 자신감(high degree of confidence)을 가져야 한다.

**둘째, 모든 비행에서 가능한 한 안전을 도모하기 위해서 조종훈련생들이 위험요소를 식별하고, 위험관리, 그리고 가용한 모든 자원을 활용할 수 있도록 학습되기 시작됨에 따라 시스템 안전주의를 훈련 환경에 소개한다.** 이것은 기술이 형성되도록 교육과 시나리오를 통해서 강조함으로써 이루어질 수 있다.

**셋째, 조종훈련생이 다양한 안전비행 문제에 초점을 둘 수 있도록 더 복잡한 시나리오를 소개해야 한다.** 따라서 시나리오는 단순함에서 시작하여 학습량을 소화함에 따라 좀 더 복잡하고 상노 높게 진행되어야 한다. 단거리 활주로와 같은 전통적인 조종간(스틱-러더) 기동은 ADM과 위험관리에서 교육에 어떻게 통합시킬 수 있는지 설명하는데 사용될 수 있다. 다음은 단거리 활주로 착륙에 관한 단계적 의사결정기술을 훈련하는 사례를 설명한 것이다.

① 제1단계

이 단계에서 훈련 초점은 기동을 안전하게 실행하는데 필요한 스틱-러더 기술을 발달하는 데 있다. 이들은 동력과 대기속도 관리, 항공기 형상(플랩, 착륙장치의 위치), 장주에서의 위치, 바람 방향, 정확한 목표점(aiming point)과 같은 것들이 포함된다. 조종훈련생들에게 반복 훈련을 통해서 이들의 중요성을 강조함으로써 궁극적으로 단거리 활주로 착륙을 수행하는데 필요한 기술을 필요로 한다.

② 제2단계

이 단계에서 단거리 활주로 착륙을 수행할 때 활주로 상태, 플랩을 사용하지 않고 착륙, 공항 장애물, 그리고 복행 등이 포함된 여러 요소를 소개한다. 이 같은 항목들의 소개는 훈련 시간의 증가가 필요하지 않다. 실제로 단거리 착륙 훈련에 참고할 수 있는 위험요소 또는 고려사항들 모두는 학술교육 프로그램에서 세부적으로 다루어져야 한다. 예를 들어 이 훈련이 장애물이 없는 6,000피트의 충분한 활주로를 갖추고 있는 공항에서 수행된다면 출발 끝단에서 장애물을 벗어나 1,800피트 활주로에서 동일 항공기가 운용되고 있는 것으로 고려해야 한다. 단일 훈련 시나리오에 고밀도고도(high density altitude)의 상태에서 최대 총중량 근처에서 항공기를 운용하는 것과 같이 또 다른 복잡성을 부여함으로써 부가적으로 고려해야 하는 사항들을 추가한다. 토론에서 이들이 충분한 가치 있는 훈련이라는 것이 입증되면 약간의 부가적인 학술교육과 함께 추가 비행훈련이 필요하지 않을 수 있다.

③ 제3단계

최종적으로 이전에 토론한 위험요소, 위험, 그리고 고려사항들을 선택할 수 있어야 하고 이들을 복잡한 시나리오 속에 통합할 수 있어야 한다. 교관은 조종훈련생들에게 이들을 고려하도록 한다. 특정 훈련 항목(이 경우, 단거리 착륙)뿐만 아니라 전반적인 비행에 대해서 더 많은 내용을 검토할 수 있도록 한다. 예를 들어 지방횡단비행 중 조종훈련생에게 승객이 갑자기 고통을 호소하는 것과 같은 실제와 같은 주의산만(realistic distraction)이 주어질 수 있다. 이것은 조종훈련생이 계획하지 않은 대체공항(alternate airport)으로 긴급전환(diversion)이 필요한 상황이다.

새로 선정된 목적지 공항은 2개의 활주로가 있고, 가장 긴 활주로는 작업 중이어서 폐쇄되었다. 이 경우 가용한 활주로는 착륙에 이상적이지 않고 짧기는 하지만 착륙에 적합한 것으로 판단하였다. 그러나 장주에 진입하자마자 조종훈련생은 전기구동 플랩 장치가 고장났음을 발견하였다. 조종훈련생은 이제 착륙을 시도할 것인지 아니면 두 번째 대체공항으로 향할 것인지를 결심해야 한다. 만약 착륙을 결심했다면 이것은 필수 조종간(스틱과 러더)을 활용해 볼 좋은 기회이고, 두 번째 대체공항으로 진행하고자 한다면 이것은 새로운 훈련 기회를 제공한다. 단순한 비행과 관련된 다른 과업들과 마찬가지로 항법, 통신, 재난 상황에서 승객 관리와 같은 지방횡단비행 기술을 평가할 기회를 제공한다.

SBT는 ADM과 위험관리를 효과적으로 교육할 수 있도록 비행교관을 돕는 역할을 한다. ADM 교육에서 학습/훈련 목표는 학생에게 현명한 판단과 결심을 내리도록 연습할 수 있도록 하는 것이라는 것을 기억하라. 따라서 비행교관은 조종훈련생들이 가능한 한 빨리 비행계획과 실행에 대한 책임을 넘겨받을 수 있는 준비가 되도록 계획한다. 비행교관이 지속해서 기동 기술을 보여주고 설명할지라도 조종훈련생이 결심을 내리기 시작할 때 비행교관은 멘토 또는 학습 감독관의 역할로 돌아가야 한다. 교관은 훈련에 관한 체계적 접근의 통합 부분이고, ADM 교육의 근저에는 SBT 프로그램의 실행에 중요한 역할을 한다는 것을 기억하라. 최종적으로 비행교관과 훈련생 모두는 효과적인 SBT 교육을 위해서 다음 정보에 익숙해 있어야 한다.

- 시나리오 목적
- 조종훈련생의 학습 결과
- 조종훈련생의 실행(수행) 수준
- 비행 중 시나리오 변경 가능성

또한, 비행교관은 훌륭한 시나리오를 기억해야 한다.

- SBT는 시험이 아니다.
- 정답은 하나가 아니어야 한다.
- 명확한 정답을 제공하지 않아야 한다.
- 3개의 학습 영역이 포함되어 있는가?
- 상호작용하는가?
- 실수를 조장하지 않아야 한다.
- 상황인식을 촉진하고 의사결정을 위한 기회를 제공하라.
- 시간-압박 결심을 요구하라.

비행교관은 가능한 한 실제와 유사한 상황을 계획해야 한다. 이것은 조종훈련생이 현재 어느 위치에서 어떠한 비행훈련을 받고 있는지 알 수 있게 한다는 것을 의미한다. 실제 비행이 원래 계획에서 벗어나면서 조종훈련생에게 실제와 유사한 시나리오를 경험하게 할 수 있다. 조종훈련생은 다음 사항들을 포함하여 비행을 계획할 수 있어야 한다.

- 비행로(route)
- 목적지(destination)
- 기상(weather)
- NOTAMs
- 가능한 비상절차

시나리오는 다수의 현명한 결과와 함께 몇 개의 잘못된 결과도 있을 수 있으므로 교관은 어떠한 결과가 긍정적이고 부정적인지 미리 이해할 수 있어야 하고 조종학생에게 현명한 결심과 잘못된 결심 모두를 내릴 수 있는 선택권을 주어야 한다. 이것은 조종훈련생에게 불안전한 결심을 하게 허용하거나 불안전한 행동을 수행하도록 허용하는 것이 아니라는 것을 확실하게 이해해야 한다. 그러나 조종훈련생들에게 그들의 경험 수준에 맞는 결심을 하고 긍정적 결과를 얻을 수 있도록 허용해야 한다.

**의사결정과정을 교육하는 것은 비행훈련의 통합 부분이라는 것을 명심하라.** 항공교육에서 결심(decision)이란 각 PTS에서 여러 차례 사용되고 응시자들은 과업을 수행할 수 있는 자신들의 능력과 함께 결심을 내릴 수 있는 자신들의 능력을 평가받는다. 따라서 비행교관은 의사결정이 PTS의 한 구성요소라는 것을 기억하도록 하는 것도 중요하다.

## 9.11 SRM 기술의 평가

때때로 조종훈련생의 역량(competency)은 기술적 수준에서만 평가된다. 교관은 기동이 기술적으로 정확한지 그리고 그 절차가 정확한 순서에 따라 수행되었는지를 결정해야 한다. 교관은 학생들이 다른 수준의 SRM에서 평가될 수 있도록 교육해야 한다.

- 조종훈련생은 특정 결심에 어떻게 도달했는가?
- 조종훈련생의 결심에 사용된 자원들은 무엇인가?
- “go/no-go” 결심을 할 때 평가된 위험은 있는가?
- 조종훈련생은 장주에서 비행 중 상황인식을 유지하고 있는가?
- 지방횡단비행 중 조종실 업무가 효과적으로 관리되고 있는가?
- 조종사는 스트레스와 피로를 어떻게 관리하고 있는가?

교관은 지속해서 조종훈련생의 의사결정 능력을 평가하고 향상하기 위한 대안을 제시해야 한다. 이것이 세부적인 분석이 필요하고 필연적으로 복합한 상황이 나타날 수 있는 것은 아니다. 교관은 조종훈련생들의 비행에 적합한 건강상태, 기상상태, 그리고 장비 문제 등과 같은 훈련 코스 전반에 거쳐 발생할 수 있는 특정 문제에 대해서 결심을 내리도록 함으로써 효과적인 의사결정을 다루고 조종훈련생에게 판단할 수 있는 기술을 발달시키도록 한다. 예를 들어 비행 전 점검 중 결함이 발견되었을 때 조종훈련생에게 먼저 취할 수 있는 행동을 결정할 수 있도록 한다. 다음, 조종훈련생의 가용한 선택과 옵션의 효율성을 토론할 수 있다.

의사결정 능력을 향상하기 위한 기회는 가끔 훈련 중에도 발생한다. 만약 관제탑이 조종훈련생에게 원활한 항공교통 흐름을 위해서 뒷바람(tailwind)으로 착륙해야 하는 활주로를 지시하였다면 조종훈련생은 이와 관련된 위험(risks)을 평가할 수 있어야 하고 취할 수 있는 대체 방책을 요청할 수 있어야 한다.

아마도 비행훈련 중 이루어져야 하는 가장 빈번한 선택은 기상에 따른 "go/no-go" 결심이다. 교관의 책임하에 비행하는 동안 매 비행 전 학생들은 기상을 평가하여 "go/no-go" 결심을 훈련할 수 있다. 이외에도 교관은 조종훈련생들이 SRM 기술을 적용할 수 있는지를 평가하기 위해서 특별히 계획된 시나리오기반훈련(SBT)을 활용할 수 있어야 한다. 조종훈련생에게 모의 비상상황, 과중한 조종실 업무, 또는 다른 운용상의 문제를 부여하는 비행훈련을 계획하는 것은 조종훈련생들의 판단력과 의사결정기술을 평가하는데 매우 가치가 있다. 비행 중 조종훈련생 역량은 업무 하중과 스트레스 관리를 위해서 평가될 수 있어야 한다.

# 연습문제 [교수법]

【1】 경험의 결과로서 학생의 행위가 변화하는 것을 무엇이라 정의할 수 있는가?

① 학습 ② 지식

③ 이해 ④ 습관

*【해설】 학습(learning)이란 경험(experience)의 결과로 학생의 행위(behavior)가 변하는 것이라고 할 수 있다. 지식(knowledge)이 경험의 결과이기는 하지만 행위를 변화시키게 하는 필수 요인은 아니다. 이해(understanding)는 단지 학습의 한 수준이다.*

【2】 학습 과정에 포함되는 일부 요소 중 언어적, 개념적 그리고 무엇이 있는가?

① 문제해결 ② 습관

③ 경험적 ④ 학습

*【해설】 학습 과정(learning process)에는 다음과 같은 내용이 포함된다.*

- *언어적(verbal)*
- *개념적(conceptional)*
- *지각적(perceptual)*
- *원동력(motor)*
- *문제해결(problem solving)*
- *감정(emotional)*

【3】 학습은 언어적, 개념적 외에 어떠한 다른 종류로 분류할 수 있는가?

① 인식 ② 감정

③ 경험 ④ 지식

【4】 현재 학습하고 있는 자료를 학습하는 동안 학생은 다른 것을 함께 익히게 될 것이다. 이 부가적인 학습을 무엇이라 하는가?

① 잔류 학습 ② 개념 학습

③ 부수적 학습 ④ 모의 학습

*【해설】 교육생이 교육받고 있는(material being taught) 자료에 추가해서 다른 것을 익힐 때 부수적 학습(additional learning)이라 한다. 개념적 학습(conceptual learning)은 교육해야 하는 주제에 대한 학습 과정의 한 부분이다.*

【5】 전체 지각적 과정과 지각에 영향을 주는 요소는 어느 것인가?

① 목표와 기회 ② 자아개념

③ 목표와 가치 ④ 시간과 기회

*【해설】 개인의 지각적(perceptive) 능력에 영향을 주는 요소는 다음과 같다.*

▣ 1.① 2.① 3.② 4.③ 5.②

*여기서 자아개념(self-concept)은 스스로 그림을 그리는 것으로 학습에서 가장 강력한 결정자(determinant)이고 전체 지각적 과정에서 큰 영향력(most powerful determinant)을 갖는다.*

- *신체적 유기체(physical organism)*
- *기본 욕구(basic need)*
- *목표와 가치(goals and values)*
- *자아개념(self-concept)*
- *시간과 기회(time and opportunity)*
- *위협요소의 인지(recognition of the element of threat)*

【6】 지각은 개인이 어떠한 행위(동)일 때 발생하는 결과인가?

① 경험했던 것에 대한 감각에 의미를 부여할 때
② 유용한 정보의 항목을 분별할 수 있을 때
③ 시각 단서와 관련된 이전에 학습된 것에 반응할 때
④ 먼저 시각 단서에 반응한 다음 청각 단서에 반응할 때

*【해설】 지각(perceptions)은 개인이 감각(sensation)에 의미(meaning)를 부여했을 때 나타나는 결과이다. 행동(actions)은 인간이 지각하거나 믿고 있는 것에 대한 방법에 근거로 한다. 지각은 개인이 학습된(단순하게 지각된 것이 아닌) 유용한 정보의 항목을 분별(discern)할 수 있을 때가 아닌 의미를 부여할 수 있을 때이다. 먼저 시각 단서(visual cues)에 반응한 다음 청각 단서(aural cues), 그리고 이들 단서와 관련된 이전에 학습된 것에 반응하는 것은 암기 학습(rote learning)을 보여주는 사례이다.*

【7】 학습에 적용될 때 통찰은 개인의 무엇이 포함되는가?

① 변화와 함께 학습의 연관성
② 관련된 지각을 그룹으로 모아 의미 있는 전체 속으로 포함할 수 있는 능력
③ 절차를 학습하기 위한 이유를 인지하기 위한 능력
④ 절차를 학습하기 위한 전체 속으로 포함할 수 있는 능력

*【해설】 통찰(insight)은 지각(perception)을 그룹으로 모아 의미 있는 전체(meaningful wholes) 속으로 포함할 수 있는 능력이다. 교관이 교육 재료(material)를 한 블록으로 조직했을 때 이것은 학생에게 통찰을 얻을 수 있게 한다. 학습의 결과로 행위의 변화는 넓은 의미에서 학습 그 자체의 정의라고 할 수 있고, 반면 통찰은 학습의 특정 과정(specific process)이라 할 수 있다. 학습의 이유를 인식할 수 있는 능력은 준비 원칙의 특징인 절차이다.*

【8】 모든 학습의 기초가 되는 것은 무엇인가?

① 의식　　② 지각
③ 동기　　④ 긍정적 자각

*【해설】 지각(perception)은 모든 학습(learning)의 기초이다. 우리가 아는 모든 것은 시각(sight), 청각(hearing), 후각(smell), 촉각(touch), 그리고 미각(taste)과 같은 5감을 통해서 얻어진다. 동기는 학생의 진도와 학습하고자 하는 능력을 지배하는 힘이다. 긍정적 자각은*

▣ 6.① 7.② 8.②

*모든 학습의 기본이 아닌 개인의 학습 능력에 영향을 준다.*

【9】 새로운 경험에 대한 감수성으로 남아 있어 학생의 실패에 기여하고 부가적인 훈련을 거부하는 경향으로 나타나는 요소는 무엇인가?

① 기본 욕구　　② 위협요소

③ 부정적 자아　　④ 동기

*【해설】 부정적 자아(negative self-concept)는 학생에게 새롭게 경험을 했던 것에 대한 감수성(receptive)이 그대로 유지된다. 이 거부감(reluctancy)은 학생에게 지각과 학습하는 것을 방해한다. 기본 욕구(basic needs)를 충족하는 것은 학습을 증진하는 데 활용된다. 위협요소(element of threat)는 학생의 학습 능력이 아닌 위협적인 목적이나 상태로 제한하는 주원인이 된다.*

【10】 동기에 관해서 맞게 서술하고 있는 것은 어느 것인가?

① 동기는 반드시 효과적이라는 것이 명백해야 한다.

② 동기는 반드시 결과가 나타나야 한다.

③ 동기는 매우 미묘하고 식별이 어려울 수 있다.

④ 부정적 동기는 때로는 긍정적 동기만큼 효과적이다.

*【해설】 동기(motivation)는 학습하고자 하는 학생의 능력을 관리하는 지배적인 요소이다. 일부 동기는 미묘(subtle)하고 명백하게 식별할 수 없지만, 학습에서 매우 중요한 요소이다. 유형 혹은 무형(tangible or intangible) 모두 효과적일 수 있다. 부정적 동기는 학생에게 용기를 잃게(discourage) 할 수 있다.*

【11】 학생의 근심과 걱정을 유발하는 동기는 무엇인가?

① 명백함　　② 긍정적

③ 부정적　　④ 식별하기 어려움

*【해설】 부정적 동기(negative motivation)는 학생에게 근심과 걱정(fear and anxiety)을 유발하는 것으로 학생 교육에 거의 도움이 되지 않는다. 식별하기 어려운 동기는 긍정적 아니면 부정적일 수 있다.*

【12】 학생은 효과적인 동기를 위해서 그들의 노력이 뚜렷한 방법으로 보상받을 수 있다고 확신해야 한다. 이 종류의 동기는 무엇인가?

① 미묘함　　② 부정적

③ 무형적　　④ 유형적

*【해설】 유형적 동기(tangible motivation)는 학생에게 그들의 노력(efforts)에 적절한 보상(suitable reward)이 따른다는 것을 보장하는 것이다. 이들 보상은 전체 학습 과정에서 명확해야 한다.*

▣ 9.③ 10.③ 11.③ 12.④

【13】 훈련 과정에서 두려움과 위협요소로 인한 영향은 어떻게 나타날 수 있는가?

① 학생의 지각 범위를 좁게 할 것이다.

② 관련 반응률을 감소시킬 것이다.

③ 학생의 반응률을 증가시키고 지각 범위를 넓게 할 것이다.

④ 학생에게 여러 지각 분야로 초점을 두게 하는 원인이 될 것이다.

*【해설】 근심과 걱정 그리고 위협요소(fear or element of threat)의 부정적 동기는 학생에게 그들의 지각 범위(perceptual field)를 좁게 하는 경향이 있다. 위협요소는 관련 반응률(rate of associative reaction)을 증가시킨다.*

【14】 개인의 모든 지각에 영향을 주는 기본 욕구는 무엇인가?

① 조직화된 자신을 유지하고 향상하려는 욕구이다.

② 더 높은 만족 수준을 달성하려는 욕구이다.

③ 성공에 위협이 되는 구역을 회피하려는 욕구이다.

④ 지각은 결코 욕구의 영향을 받지 않는 자발적 현상이다.

*【해설】 인간의 기본적인 욕구(basic needs) 중 하나는 자신의 조직화된 자아(organized self)를 유지하고 향상하려는 것이다. 지각(perceptions)은 이 욕구로 인해서 영향을 받는다. 학생이 더 높은 수준을 달성하려는 것은 기본 욕구가 아닌 목표와 관련된 것이다. 성공에 위협이 되는 구역을 회피하려는 것은 일종의 방어기제(defense mechanism)이다.*

【15】 대부분 교관이 교육을 중단해야 하는 학습 수준은 어느 것인가?

① 적용/응용　　② 독립적

③ 상관적　　④ 이해

*【해설】 특정 기량을 이해하고 수행하는 능력(ability to understand and perform)을 적용(application)이라 한다. 학생이 이 능력을 갖추었을 때 대부분 교관은 더 이상 교육을 진행하지 않아도 되는 학습 수준(level of learning)이다. 상관적(correlative) 수준은 가장 높은 학습 수준이고 대부분 교관은 이 목표로 직행하기 위해서 다른 수준을 뛰어넘는다. 이해(understanding)는 두 번째 학습 수준이고 교관은 이 수준을 통과할 수 있도록 지속해서 교육해야 한다.*

【16】 교관이 학생에게 적절한 동기를 부여하는데 더 효과적인 방법은 어느 것인가?

① 학생과 유쾌한 개인 관계를 유지한다.

② 보상을 약속하거나 제공함으로써 긍정적 동기를 부여한다.

③ 어느 경우도 성과에 대한 보상을 제공해서는 안 된다.

④ 학생이 수행할 수 있는 능력 이상의 과제를 부여함이 없이 자신감을 강화한다.

*【해설】 교관은 학생들의 성취(achievements)를 바탕으로 확실한 목표 또는 보상을 부여할(positive goal of rewards) 때 최대 학습 효과를 달성할 수 있다. 학생과 유쾌한 개인 관계(personal relationship)를 유지하는 것이 결코 비효율적이지는 않지만, 학생의 동기를 부여하기 위한 좋은 방법이라고 할 수 없다. 학생의 능력을 초과하는 과제를 요구하는 것은 학생의 동기에 도움을 주지 못한다.*

■ 13.① 14.① 15.① 16.②

【17】 질책과 위협 형태의 동기는 반드시 피해야 하지만 때로는 유용할 수 있다. 이것은 어느 유형의 학생에 적용할 수 있는가?

① 과신과 충동적인 학생

② 신뢰성이 높은 학생

③ 그룹에 인정받고자 하는 의욕이 높은 학생

④ 학습고원을 경험하고 있는 학생

*【해설】 질책과 위협(reproof and threat)으로 얻어진 부정적 동기는 효과적인 결과를 거의 얻을 수 없지만 때때로 자신을 과신(overconfidence)하거나 충동(impulsive)적인 학생에서 유용할 수 있다. 그룹에서 인정받고자 하는 욕심(student′ avid seeking of group approval)은 매우 강한 동기 요소이기 때문에 교관은 이를 억제할 수 있는 질책과 위협을 활용해서는 안 된다. 학습고원(learning plateau)을 경험하고 있는 학생에게 질책과 위협을 적용했다면 그 수준에 머물게 될 것이다.*

【18】 다음 중 정신적 그룹화와 관련 있는 지각은 무엇인가?

① 차별화　　② 통찰

③ 연련성　　④ 개념화

*【해설】 정신적 그룹화(mental grouping)와 관련이 있는 통찰(insight)은 지각과 관련이 있는 그룹화를 의미 있는 전체 속으로 포함하게 한다. 최고의 교육(best teaching)은 교관이 교육하고자 하는 재료를 관련 블록(blocks) 속으로 조직함으로써 학생들은 자신의 마음속에 이들과 관련시키려 할 때 달성할 수 있다. 비록 연관성(association)이 교육 과정의 한 부분일지라도 이 지각의 정신적 그룹(mental grouping)의 최종 산물은 아니다. 개념화(conceptualization)는 개별 생각의 한 형태이다.*

【19】 교관은 통찰의 계발을 어떻게 불러일으킬 수 있는가?

① 학습 수준을 높이는 방법으로 달성할 수 있다.

② 학습하고자 하는 활동의 매력적인 특징을 지적하는 것이다.

③ 일정한 학습 진도를 유지함으로써 예측이 가능한 것이다.

④ 유리한 자아를 획득하고 유지하도록 학생을 도와주는 것이다.

*【해설】 학생이 긍정적인 자화상(self-image) 또는 자기개념(self-concept)을 가질 때 최고 학습 성과를 얻을 수 있다. 교관은 학생의 양호한 자기개념을 획득하고 유지하는 것을 도와주고 교육하고자 하는 사실관계를 이해하는 데 도움을 줄 수 있어야 한다. 활동의 매력적 특징(attractive features of activity)을 지적하는 것은 동기를 높여주는 요소이다. 학습률(rates of learning)은 각 과목이나 과제에 따라 달라져야 한다.*

【20】 교관이 학생의 통찰을 개발하는 데 도움이 될 수 있는 한 방법은 무엇인가?

① 학생이 다른 생각을 할 수 없도록 과중한 과제를 부여한다.

② 학습 과정 중 피해야 하는 다양한 항목을 지적해 준다.

③ 학습 블록을 작게 유지함으로써 학생은 더 쉽게 이해할 수 있다.

④ 비위협적이고 안전한 학습 환경을 제공해야 한다.

▣ 17.① 18.② 19.④ 20.④

*【해설】 학생의 통찰(insight)을 개발하는 방법으로 위협적이 아니고 안전한 학습 환경을 제공하는 것이다. 문제에 대한 지적은 학습 과정이 실제 발생했을 때 지적하는 것이 바람직하다. 통찰은 학생의 지각을 전체적이고 더 큰 학습 블록 속에서 모아 놓았을 때 발달할 수 있다.*

【21】 지각이 전체적으로 향상됨에 따라 학생은 무엇으로 통찰을 발달시키는가?

① 통찰을 학습의 더 큰 블록 속으로 조립을 통해서
② 무관한 지각을 통해서
③ 시연과 설명의 조직화를 통해서
④ 자아실현을 통해서

*【해설】 지각(perceive)이 전체적으로 향상됨으로써 학생은 더 큰 학습의 블록으로 모아 통찰을 발달시킨다. 따라서 학습은 더욱 의미(meaningful) 있고 영구화(permanent)된다. 학습에 관한 내용을 시연하고 설명(demonstration and explanations)하는 것은 교관 책임(responsibility)이다.*

【22】 교관의 잘 계획된 훈련계획표 사용의 효율성을 기초로 지각에 영향을 주는 요소는 어느 것인가?

① 기본 욕구　　② 학습 수준
③ 시간과 기회　　④ 목표와 가치

*【해설】 지각하기 위해서는 시간과 기회(time and opportunity)가 필요하다. 교관이 잘 계획된 훈련계획표(training syllabus)를 사용함으로써 얻을 수 있는 효율성은 훈련계획표는 지각에서 시간과 기회 요소를 얼마나 부여하는지에 비례한다.*

【23】 학생이 뚜렷한 목표를 갖고 있다면 개인의 학습 진도를 더 많이 얻을 수 있다. 이것은 어느 원칙의 한 특징인가?

① 초두의 원칙　　② 준비 원칙
③ 의지　　④ 과제 수준의 원칙

*【해설】 학생이 뚜렷한 목표(object)를 갖고 있다면 학생은 더 빠른 진도(more progress)를 달성할 수 있고 이를 준비의 원칙(principle of readiness)이라 한다. 학생의 첫 경험(first experience)은 매우 중요하고 이때 경험한 기억은 강하고 거의 흔들림이 없는 인상(impression)으로 남는다. 이를 초두의 원칙(principle of primacy)이라 한다.*

【24】 학생에게 연습할 기회를 제공하고 이 과정을 목표를 향해 가도록 하는 것은 어느 원칙의 기본인가?

① 연습의 원칙　　② 목표 부여의 원칙
③ 학습의 원칙　　④ 준비의 원칙

*【해설】 교관이 학생에게 연습(exercise)할 기회(opportunity)를 제공하고 이 과정이 목표를 향해서 가고 있는지 관찰하는 것을 연습의 원칙(principle of exercise)이라 한다. 학습은 경험의 결과로 학생의 행위가 변하는 것이다. 준비의 원칙(principle of readiness)은 학생들*

■ 21.① 22.③ 23.② 24.①

*이 스스로 학습 준비가 되었을 때 최상의 결과를 얻을 수 있음을 서술하고 있다.*

【25】 훈련 전달의 반복과 연습 방법은 어느 학습 원칙을 기초로 하는가?

① 강도의 원칙　　② 최신의 원칙

③ 연습의 원칙　　④ 준비의 원칙

*【해설】 오래 전부터 훈련 전달 방식(training delivery method)의 하나인 반복 연습 또는 훈련은 훈련의 반복을 통해서 학습의 연결이 더욱 강화(strengthen)되어 온 학습 원칙으로 활용됐다.*

【26】 학습자의 감정적 반응을 기초로 하는 학습의 원칙은 어느 것인가?

① 준비의 원칙　　② 효과의 원칙

③ 초두의 원칙　　④ 강도의 원칙

*【해설】 효과의 원칙(effect of principle)은 학습자의 감정적 반응(emotional reaction)을 기초로 한다. 강도의 원칙(intensity of principle)은 생생하고(vivid), 극적(dramatic)이며 또는 자극적인(exciting) 경험은 판에 박히고(routine) 지루한 경험(boring experience)보다 더 교육적이라고 서술하고 있다.*

【27】 학생이 대체물보다 사실로부터 더 많이 익히게 되리라는 것을 함축하는 것은 어느 학습의 원칙인가?

① 효과의 원칙　　② 초두의 원칙

③ 강도의 원칙　　④ 최신의 원칙

*【해설】 학습 과정에서 학생은 대용물(substitute)을 사용하는 것보다 실물을 사용하는 것이 더욱 효과적이다. 이것은 강도의 원칙(principle of intensity)과 관련이 있다. 효과의 원칙은 학습이 즐겁고 만족한 감정(pleasure or satisfactory)으로 수행되었을 때 더욱 강화될 수 있지만 불쾌한 감정(unpleasant feelings) 혹은 대용물을 사용했을 때 반대로 교육적 효과를 거둘 수 없거나 약화할 수 있다.*

【28】 교육 과정 내에서 강의 순서를 결정하는 것은 어떠한 학습의 원칙인가?

① 초두의 원칙　　② 최신의 원칙

③ 준비의 원칙　　④ 강도의 원칙

*【해설】 때때로 최신의 원칙(recency of principle)은 교육 코스(course of instruction) 내에서 강의 순서(sequence of lectures)를 결정한다. 초두의 원칙에 따르면 교관은 처음에 모든 사실에 근거해서 정확하게 교육해야 한다는 것을 강조하고 있다.*

【29】 학습의 원칙 중 강력하고 흔들림이 없는 첫인상을 초래하는 원칙은 어느 것인가?

① 초두의 원칙　　② 강도의 원칙

③ 준비의 원칙　　④ 효과의 원칙

■ 25.③ 26.② 27.③ 28.② 29.①

【30】 학습 효과는 반복하는 것이 최고의 기억이라고 할 수 있는 것은 어떠한 학습 원칙을 근거로 하는가?

① 효과의 원칙　　② 최신의 원칙
③ 연습의 원칙　　④ 준비의 원칙

【31】 소유자의 매뉴얼에 수록된 "항공기의 기동속도는 얼마인가?"라고 질문했다면 이것은 어떠한 지식수준을 평가하는 것인가?

① 기계적 학습　　② 적성
③ 적용(응용)　　④ 이해

*【해설】 기계적 학습 또는 암기(rote or memory)는 학습 내용을 이해함이 없이 또는 무엇을 교육했는지 적용(application)함이 없이 교육한 것에 대해서 반복적으로 질문(repeated back)하거나 암기하도록 하는 것으로 가장 낮은 수준의 학습(lowest level of learning)이다. 적용 혹은 응용은 학습한 내용을 적용하는데 필요한 기량의 개발(developments of skills)에 관한 것이다. 이해(understanding)는 사건 발생의 순서, 그리고 관련 목적과 행동(related objects and actions) 사이의 상관관계를 알았을 때 이루어진다.*

【32】 기계적 질문의 한 형태로 볼 수 없는 것은 어느 것인가?

① 짝맞추기 문제　　② 다지선다형 문제(객관식)
③ 맞다-틀리다 문제　　④ 주관식 질문

*【해설】 폐쇄형 질문(closed-ended question)은 학생의 이해를 기계적 학습 수준에서 평가하는 경향이 있다. 이 질문은 "예 그리고 아니오"로 답을 원한다. 다지선택형 질문(multiple-choice question)과 폐쇄형 질문은 나열된 일련의 답이 제시되어 있다. 주관식 질문(supply-type question)은 학습자에게 단어, 문자 또는 구절의 형식으로 답변할 수 있게 한다.*

*※ 폐쇄형 질문(closed-ended question)은 미리 준비된 선택지들 또는 항목들 가운데서 답을 선택하도록 하거나 제한된 수만큼의 단어로 답하도록 구성된 질문이다.*

*※ 개방형 질문(open-ended question)은 선택지나 항목들을 미리 준비하거나 답을 일정한 양으로 제한하지 않고 응답자가 자신의 견해나 태도를 자유롭게 표현할 수 있도록 구성된 질문이다.*

【33】 다음 중 추측 가능성이 가장 큰 기계적 질문(암기식)의 사례는 어느 것인가?

① 다지선다형 질문　　② 진위형 혹은 "맞다-틀리다" 질문
③ 주관식 질문　　④ 에세이형 질문

【34】 과잉학습에 관해서 맞는 것은 어느 것인가?

① 과잉학습은 원하지 않는 자동 반응을 초래할 수 있다.
② 과잉학습은 주제에 관한 학생 숙련도를 증가하는 데 도움이 된다.
③ 과잉학습은 어느 경우라도 효과를 얻기 어렵다.
④ 과잉학습은 더 높은 차원의 사고 기술을 얻기 위한 한 부분이다.

■ 30.③ 31.① 32.④ 33.② 34.④

*【해설】 과잉학습(overlearning knowledge)은 초기 역량(initial proficiency)을 달성한 후 기술(기량)을 지속해서 학습하는 것이다. 일부의 경우 과잉학습은 지식을 더욱 유연하고 효율적인 지식을 적용하는 데 장점이 있다. 그러나 다른 한편으로는 자동 루틴(automatic routine)의 발달은 문제를 일으킬 수 있다. 예들 들어 구술 점검표 절차(verbal checklist procedure)는 반복 학습으로 자동 암기될 수 있으므로 점검표(checklist) 항목의 자연스러운 암송(streamlined recitation)은 점검표 항목들을 실제 생각과 행동으로부터 분리(decoupled)할 수 있다. 이 경우에 조종사와 정비사는 특정 항목에 대해서 생각하는 것을 빠뜨리거나 대수롭지 않게 넘어갈 수 있다.*

*※ automatic routine; 특정 프로그램을 수행하는 도중 다른 조건이 발생했을지라도 이에 무관하게 수행되는 것.*

【35】 다음 중 가장 높은 추측을 유발하게 하는 것은 어느 송류의 시험인가?

① 다지선택 문제　　　② 주관식 문제

③ 에세이 문제　　　④ 선택형 문제

*【해설】 "참-거짓(true-false question)"과 같은 선택형 시험(selection question)의 주요 단점은 추측의 가능성(guessing of probability)이 가장 높은 종류의 시험이다. 예를 들어 "참-거짓"의 질문은 50%의 확률을 믿고 추측에 의존하는 경향이 강하게 나타난다. 그러나 다지선택 문제의 경우 잘 계획하고 구성했을 때 다른 둘 중 하나를 선택해야 하는 문제보다 여러 가지 장점을 제공하기 때문에 학습 성과를 확인하기 위해서 많이 사용되고 있다.*

【36】 과잉학습에 관해서 맞는 것은 어느 것인가?

① 과잉학습의 장점은 자동회된 기량으로 기본 지식 또는 개념을 최종적으로 대체한다.

② 과잉학습은 대부분 다소 유연함과 효율성이 떨어지는 지식을 적용하게 한다.

③ 때때로 과잉학습은 빈번하게 사용된 지식이 기술(기량)의 속성을 취하고자 시작할 때 발생한다.

④ 과잉학습은 최종 역량을 달성한 후 다소 유연함과 효율성이 떨어지는 지식을 적용하게 한다.

*【해설】 과잉학습(overlearning knowledge)은 초기 역량(initial proficiency)을 달성한 후 기술(기량)을 계속해서 학습/훈련하는 것이다. 지속적인 연습/훈련은 주어진 과업을 우수한 기량으로 수행할 수 있는 수준을 넘어설 수 있다. 때때로 과잉학습의 결과는 자주 사용된 지식이 기술(기량)의 속성(properties of skill)을 취하고자 시작할 때 발생할 수 있다. 과잉학습의 단점은 자동화된 지식(기량)이 기본 지식 또는 개념을 대체(replacement)하려는 경향이다.*

【37】 실기평가의 실비행 과정에서 평가관이 스로틀을 줄여 "모의 엔진고장 상황"을 부여하였다. 이때 평가관이 평가하고자 하는 학습 수준은 무엇인가?

① 적용(응용)　　　② 상호관계

③ 적성　　　④ 이해

*【해설】 모의 엔진고장(simulated engine failure)에 따른 비상상황에서 조종사는 그 동안*

■ 35.④ 36.③ 37.②

*학습하고 훈련한 모든 요소와 관련된 능력을 발휘하여 적절하게 상황을 조치할 수 있어야 한다. 이것은 조종훈련생에게 관련된 지식과 기량(skills and knowledge)의 상호관계(correlation)를 어떻게 조화시키고 실행에 옮기고 있는지에 대한 능력을 평가하는 것이다. 적용(application) 혹은 응용은 교관의 시범을 보고 훈련한 후 지식 혹은 기술(기량)이 일정한 수준에 도달할 때까지 특정 절차(specific procedures)를 이해하기 위한 능력을 개발하는 것이다. 이해(understanding)는 일련의 행위 발생에 관한 이유(reason), 그리고 관련 목적과 행동(related objects and actions) 사이의 관계를 알아가고 있는 것이라 할 수 있다.*

【38】 평가관이 조종훈련생에게 총중량이 기동속도에 어떠한 영향을 주는지 설명할 것을 요구했을 때 평가하고자 하는 학습 수준은 무엇인가?

① 적용(응용)　　② 상호관계
③ 이해력　　④ 적성

*【해설】 일반적으로 행위의 순서(sequence of events)를 위한 이유(reason)를 알고 있거나 관련 목적과 행동 사이의 상호관계(correlation)를 알고 있을 때 사람들은 개념(concept)을 이해한다고 한다. 이 학습 수준에 있는 학생은 총중량(gross weight)이 항공기의 기동속도(maneuvering speed)에 어떠한 영향을 주는지 설명할 수 있는 능력을 갖추고 있다고 할 수 있다. 적용(응용)은 학생이 학습한 지식을 적용하고자 하는 능력이라고 할 수 있다. 상호관계라고 한다면 기동속도와 다른 개념과의 관계를 설명할 수 있는 능력을 말한다.*

【39】 직사각형 비행경로를 수행할 수 있는 능력을 갖춘 학생은 차후 장주 패턴을 비행하는 데 도움이 된다. 이것은 어떠한 종류의 학습을 전이하기 위한 것인가?

① 측면 전이　　② 긍정적 전이
③ 부정적 전이　　④ 신중함

*【해설】 학습의 전이는 오직 긍정적 전이와 부정적 전이(negative transfer of learning)가 있다. 긍정적 전이(positive transfer of learning)는 학생이 학습 혹은 훈련하고자 하는 과제를 이미 수행한 경험이 있거나 알고 있는 것을 적용할 때 발생한다. 이 학습 효과의 전형적인 사례는 직사각형 비행경로(rectangular pattern)에 대한 훈련이 차후 장주(traffic pattern) 비행을 수행하는 데 결정적으로 도움이 될 수 있다는 것에서 비롯되었다.*

【40】 환경으로부터 입력이 처리되는 암기 체계는 어느 것인가?

① 장기기억　　② 작업기억
③ 감각 등록기　　④ 단기기억

*【해설】 감각 등록기(sensory register)는 환경(environment)으로부터 입력을 받아들이고 중요성에 따른 개인별 선입관(preconceived concept)에 따라 신속하게 처리된다.*

【41】 각운 또는 연상기호와 같은 일부 연관성의 종류를 사용하는 것은 어떠한 암기 체계에 가장 적합한가?

① 단기기억　　② 감각 등록기
③ 감각기억　　④ 장기기억

▣ 38.③ 39.② 40.③ 41.①

*【해설】 여러 공통 단계(common steps)는 리허설(rehearsal) 또는 정보의 반복(repetition) 그리고 체계적으로 범주화하는 것을 포함하여 단기기억(short-term memory)을 보존하는 데 도움이 된다. 코딩 과정(coding process)의 다양성은 연관성(association), 연상기호(mnemonic code), 각운(rhymes) 그리고 약어(acronym) 등이 포함된다.*

【42】 리코딩을 무엇이라 할 수 있는가?

① 이미 기억 속에 있는 개념 또는 지식에 유입되고 있는 정보를 관련시키는 것이다.

② 장기기억 속에 개념 또는 지식에 유입되고 있는 정보를 제거하는 것이다.

③ 단기기억 속에 정보의 초기 저장이다.

④ 감각기억이 특정 자극을 인식하기 위해서 설정되는 선택적 과정이다.

*【해설】 리코딩(recoding)이란 이미 기억 속에 있는 개념 또는 지식에 대해서 새로 유입되고 있는 정보(incoming information)를 관련시키는 과정이라고 할 수 있다.*

【43】 미래 사용을 위해서 정보는 어디에 저장되는가?

① 단기기억　　② 감각저장

③ 비행업무 수행 중 기억　　④ 장기기억

*【해설】 장기기억(long-term memory; LTM)은 정보를 미래사용(future use)을 위해서 저장하는 것이다.*

【44】 다음 중 장기기억에 관해서 맞는 것은 어느 것인가?

① 이것은 항법, 무선통신 그리고 다른 항공기의 시각 스캐닝과 같은 다른 과업에 더 많은 시간의 집중을 허용하면서 본능적으로 특정 기동 또는 과업을 수행할 수 있는 능력을 허용한다.

② 이것은 환경으로부터 초기 자극을 받고 중요성에 따른 개인의 선입관에 따라 처리하는 기억 시스템의 한 분야이다.

③ 이것은 영상기억, 청각기억 그리고 작업기억과 같은 3개의 기본 영역으로 구분된다.

④ 이것은 청각기억으로부터 초기 자극을 받고 중요성에 따른 개인의 기억능력에 따라 처리하는 기억 시스템의 한 분야이다.

*【해설】 장기기억은 무제한 정보(unlimited information)가 영구적으로 저장되고 평생(lifetime) 남아 있을 수 있다. 이 기억은 거의 본능적으로 실행되기 때문에 많은 생각이 필요하지 않으면서 정신운동 기술(psychomotor skills)에도 적용된다. 환경으로부터 초기 자극을 받고 중요성에 따른 개인의 선입관에 따라 처리되는 것은 감각기억 시스템(sensory memory system)이다. 영상기억(iconic memory; 자극이 사라진 뒤에 남는 시각적 인상), 청각기억(acoustic memory) 그리고 작업기억(working memory) 등은 단기기억(short term memory)의 한 수단이다.*

【45】 연습과 반복으로 향상될 수 있는 기억 체계는 어느 것인가?

① 단기기억　　② 장기기억

③ 감각저장　　④ 초기기억

■ 42.① 43.④ 44.① 45.①

*【해설】 단기기억(short-term memory)은 개인의 특성에 따라 정보가 대략 30초 정도 저장되거나 개인의 성향에 따라 장기기억 속으로 통합되어 버리는 기억의 한 부분이다. 단기기억은 체계적으로 정리된 데이터를 지속해서 연습하고 반복했을 때 더 오랫동안 지속될 수 있다.*

【46】 정보를 기억하는 데 도움이 될 수 있는 각운 또는 단어 패턴과 같은 일부 종류의 연관성을 사용하는 것은 무엇인가?

① 연관성　　② 연상기호

③ 환류　　④ 전이

*【해설】 연상기호(mnemonic)는 문자(letters), 아이디어(ideas), 시각 이미지(visual images)의 패턴(patterns)을 사용하거나 정보를 기억하는 데 도움이 되는 연관성(associations)을 사용하는 것이다. 연상기호 방식은 약어(acronyms), 이합체(acrostic), 각운(rhymes), 그리고 연쇄작용(chaining)을 포함하지만, 이들만으로 제한되지는 않는다.*

【47】 다음 중 프리코딩에 대한 설명은 어느 것인가?

① 감각저장이 특정 자극을 인식하기 위해서 설정된 선택적 과정이다.

② 장기기억 속에 있는 정보를 인식하기 위한 필수 과정이다.

③ 단기기억 속에 있는 정보의 초기 저장이다.

④ 이미 기억에 있는 개념과 지식에 대해서 유입되고 있는 정보의 관련성이다.

*【해설】 프리코딩(precoding)이란 감각 등록기(sensory register)에 특정 자극(stimuli)을 인식(recognize)할 수 있도록 기억되는 것으로 이 자극을 받았을 때 행동을 위해서 즉시 단기기억(short-term memory) 속으로 전환되는 선택 과정(selective process)이다. 감각 프리코딩(sensory precoding)의 사례는 화재 경고를 인식하는 것이다. 감각기억이 화재 경고를 인식했을 때 어떠한 문제가 발생하는지에 관계없이 작업기억(working memory)은 화재 경고를 인식하고 사전 인지된 반응(preset response)에 따라 즉각 행동하는 것이다.*

【48】 단기기억은 시간적으로 제한되고, 능력이 제한될 수 있는 범위는 얼마인가?

① 통상 정보의 7-비트 또는 청크까지

② 통상 정보의 9-비트 또는 청크까지

③ 통상 정보의 19-비트 또는 청크까지

④ 청크는 개인 경험으로 기록되는 비율로 제한된다.

*【해설】 단기기억(STM)은 시간으로 제한(time limited)될 뿐만 아니라 능력 제한(capacity limited)을 받는 경향이 있다. 통상 능력 제한은 정보의 약 7-비트 또는 청크(chunk)까지로 제한된다.*

*※ chunk; 언어 학습자가 한 번에 하나의 단위처럼 배울 수 있는 단어, 구, 절을 의미한다. 예를 들어 stress(스트레스)란 단어를 relieve stress(스트레스를 풀다)란 단어와 같이 연관어를 사용해서 학습하는 방법으로 이 기억단위를 청크라 한다.*

■ 46.② 47.① 48.①

【49】 어느 한 기동의 수행이 다른 기동의 학습에 간섭할 때 발생하는 학습 전이는 무엇인가?

① 상호효과　　② 긍정적 효과
③ 부정적 효과　　④ 부가적 효과

*【해설】 부정적 학습 전이(negative transfer of learning)는 이미 알고 있는 것이 다른 과업(task)에 간섭(interferes with)할 때 발생한다. 이와 반대로 다른 과업이 현재 진행하고 있는 학습에 도움이 되고 있다면 이는 긍정적 학습 전이이다. 역효과의 경우는 부정적 아니면 긍정적 학습 전이 중 어느 하나일 수 있다.*

【50】 훈련 중 올바른 습관과 기술을 보장하기 위해서 교관이 해야 하는 것은 무엇인가?

① 빌딩 블록 기술을 적용한다.
② 학생에게 주기적으로 능력 이상의 과제를 부여한다.
③ 학생이 이미 학습된 주제를 반복하도록 한다.
④ 학생에게 지속적인 동기를 부여하기 위해서 도전적 재료를 소개한다.

*【해설】 교수법의 빌딩 블록 기술(building block technique of instruction)은 가장 기본적이고 성공적인 학습법(successful methods of teaching)의 하나이다. 교관은 이 기술을 적용하여 학생에게 올바른 습관(proper habits)과 정확한 기술(correct techniques)을 익히게 하여야 한다. 이미 학습된 내용을 반복(repeat)하게 하는 것은 학습을 지루하게(boredom) 하는 원인이 된다. 또한, 조기에 해결하기 어려운 새로운 과제를 부여하는(introducing challenging material) 것은 학생에게 포기하거나 좌절(frustration)하게 할 수 있다.*

【51】 시식을 다루는 주요영역은 어느 것인가?

① 감정적 영역　　② 신체적 영역
③ 인지적 영역　　④ 심리운동적 영역

*【해설】 인지영역(cognitive domain)은 지식과 이해(knowledge and understanding)의 부가적인 수준을 포함한다.*

*※ 블룸(B.S. Bloom)의 교육목표분류에서 인간의 학습결과로서 다음과 같이 3개의 영역으로 구분하였다.*

*(1) 인지적 영역이란 외적 환경요소나 대상을 수용하여 인간 내적인 요소와 상호작용을 통해 발달해 가는 정신 능력을 총칭하는 인간행동의 한 측면이다. 인지 영역에는 지식, 이해력, 적용력, 분석력, 종합력, 문제해결력, 논리적 사고력, 비판적 사고력, 창의력, 평가능력 등과 같이 하위정신기능부터 고등 정신기능까지 정신 능력에 해당하는 모든 지적 행동특성을 포함한다.*

*(2) 감정적 영역(affection domain)은 태도, 믿음 그리고 가치에 관해서 다루고 있다.*

*(3) 심리적 운동영역(psychomotor domain)은 근육의 발달과 사용 그리고 신체의 운동을 조절하는 신체 능력에 관한 인간행동을 의미한다.*

▣ 49.③ 50.① 51.③

**【52】** 감정적 영역은 다음 중 어느 것과 관련이 있는가?

① 육체적 기술 ② 지식
③ 심리적 가치 ④ 태도, 신념 그리고 가치

*【해설】 감정적 영역은 학생의 태도(attitude), 개인적 믿음/신념(personal belief), 그리고 가치관(value)에 관한 것이다. 육체적 기술은 심리적 운동영역에 속하고 지식은 인지적 영역에 속한다.*

**【53】** 인지 영역에서 추구하고 있는 교육 목표 수준은 무엇인가?

① 수용, 반응, 가치, 조직적, 그리고 특성화다.
② 지각, 설정, 안내된 반응, 메커니즘, 복잡하고 명백한 반응, 적응 그리고 조직화다.
③ 지식, 이해, 적용, 분석, 종합, 그리고 평가다.
④ 수용, 이해, 가치, 분석, 종합, 그리고 조직화다.

*【해설】 인지 영역에서 교육 목표 수준(educational objectives levels)은 학교에 출석(attending school), 읽기, 듣기, 복습(reviewing) 그리고 훈련 참여(taking part in training)의 결과로 얻어진 지식으로 고려된다. 이들 교육 목표는 지식, 이해, 적용(application), 분석(analysis), 종합(synthesis) 그리고 평가(evaluation)가 포함된다. 수용, 반응, 그리고 가치 등은 감정적 영역이고, 지각(perception), 설정, 예정된 반응, 메커니즘, 복잡하고 명백한 반응(overt response), 적응 등은 심리적 운동영역이다.*

**【54】** 때때로 목표를 체계적으로 목록을 작성하는 것은 무엇으로 고려되는가?

① 분류학 ② 기량
③ 영역 ④ 학습

*【해설】 목표를 체계적으로 목록을 작성하는 것(listing of hierarchy of objectives)은 분류학(taxonomy)으로 고려하기도 한다.*

**【55】** 감정적 영역에서 가장 복합적인 결과는 무엇인가?

① 조직화 ② 특성화
③ 가치관 ④ 적성

*【해설】 감정적 영역에서 교육 목표는 최소에서부터 가장 복합적 결과(complex outcome)까지 이루어지는 순서는 수용(receiving), 반응, 가치관, 조직화(organization) 그리고 특성화(characterization)로 이루어진다.*

**【56】** 심리적 운동영역에서 최저 복합적 결과는 무엇인가?

① 적응 ② 메커니즘
③ 지각 ④ 심리적

*【해설】 심리적 운동영역(psychomotor)에서 교육 목표는 최소에서부터 가장 복합적인 결과로 지각(perception), 설정(set), 유도반응(guided response), 메커니즘, 복잡하고 명백한 반응, 적응(adaption), 그리고 조직화(organization)로 이루어진다.*

■ 52.④ 53.③ 54.① 55.② 56.③

【57】 심리적 운동영역의 사례는 어떠한 기량 혹은 기술을 의미하는가?

① 항공기를 조종하는 것

② 지적 능력 그리고 기술과 관련이 있는 것

③ 교관이 GPS에 동조한 후 질문하는 것

④ 비행기록부에 배서하는 것

*【해설】 심리적 운동영역은 기량/기술 기반(skill-based)으로 하고 육체적 운동(physical movement)과 조화 그리고 운동기능(motor-skill)의 활용을 포함한다. 교관에게 질문하는 것은 감정(feeling), 가치관, 열정(enthusiasms), 동기, 그리고 태도(attitudes)와 같이 감정적 영역에 속한다. 비행기록부(logbook)에 배서(endorsement)하는 특정 사실을 기억해 내는 것 혹은 지적 능력과 기술(intellectual abilities and skills)을 개발하는 데 도움이 되는 개념(concepts) 등은 인지적 영역이다.*

【58】 학습의 인지적 영역은 어떠한 기량이 포함되는가?

① 선회 중 조종간을 어떻게 조작해야 하는지를 이해하는 것이다.

② 새 기량을 학습하기 위해서 적극적으로 수용하는 것이다.

③ 실기평가표준에서 단거리 활주로 접근과 착륙을 수행하는 것이다.

④ 항공기를 조종하는 것이다.

*【해설】 인지적 영역(cognitive domain)은 지적 능력과 기량을 개발(develops)하는 데 도움이 되는 특정 사실(specific facts)과 개념을 기억하는 것을 포함한다. 학생의 새로운 기술을 습득하기 위해서 보이는 적극적 태도는 감정적 영역에 속한다. 실기평가표준(practical test standard)에서 단거리 활주로 접근과 착륙을 수행하는 것은 기량/기술 기반(skill-based)으로 하고 육체적 운동(physical movement)과 조화 그리고 운동기능(motor-skill)의 활용을 포함하는 심리적 운동영역(psychomotor)이다.*

【59】 특정 사실과 개념을 기억하는데 필요한 학습 영역은 어느 것인가?

① 신체적 영역　　② 인지적 영역

③ 감정적 영역　　④ 이해력

*【해설】 인지적 영역은 가장 우수한 교육 영역으로 알려진 것 중 하나이고 지적 능력과 기량(intellectual abilities and skills)을 발달시키는 데 도움이 되는 특정 사실과 개념(specific facts and concepts)을 기억하는 것을 포함한다.*

【60】 심리적 운동영역이 포함된 기량의 사례는 무엇인가?

① 비행 기동을 정확하게 평가하기 위해서 학습하는 것

② 표준 감률을 이용해서 지정된 고도에서 기온을 결정하는 것

③ GPS 수신기를 프로그래밍하는 것

④ 상승도표를 활용해서 정확한 상승률을 유지하는 것

*【해설】 심리운동(psychomotor) 영역은 기량/기술 기반(skill-based)으로 하고 육체적 운동(physical movement)과 조화 그리고 운동기능(motor-skill)의 활용을 포함한다. 이 기량/기술의 발달은 반복 훈련(repetitive practice)이 필요하고 속도, 정확성(precision), 거리, 그리*

■ 57.① 58.① 59.② 60.③

*고 기술(technique)의 조건에서 측정된다. 예를 들어 정밀계기접근절차(precision instrument approach procedure), GPS 수신기의 프로그래밍, 정교한 정비 장비(sophisticated maintenance equipment)를 사용하는 능력 등이 포함된다.*

【61】 인지적 영역이 포함된 기술/기량의 사례는 어느 것인가?

① GPS 수신기의 프로그래밍

② 비행기록부에 기록하기

③ 비행 기동을 정확하게 평가하기 위해서 학습하는 것

④ 정밀접근절차를 비행하기 위해서 학습하기

*【해설】 인지적 영역(cognitive domain)은 지적 능력과 기량을 개발(develop)하는 데 도움이 되는 특정 사실(specific facts)과 개념을 기억하는 것을 포함한다. 육체적 기량(physical skill)과 장비가 더욱 복잡해질수록 인지와 육체적 기량을 통합(integration)하기 위한 필수요건은 증가한다.*

【62】 인지적 영역의 교육 수준은 어느 것인가?

① 기계적 암기, 이해, 적용, 그리고 상호관계

② 지식, 이해, 적용, 분석, 통합 그리고 평가

③ 지식, 포용력, 개념화, 적용, 그리고 상호관계

④ 지식, 암기, 적용, 분석 그리고 상호관계

*【해설】 인지적 영역(cognitive domain)은 사실을 상기(recall)하는 가장 단순한 행위부터 가장 복잡한 평가(evaluation)에 이르기까지 다음과 같은 6개의 주요 범주로 구분하고 있다.*

- *지식(knowledge)*
- *이해(comprehension)*
- *적용(application)*
- *분석(analysis)*
- *통합(synthesis)*
- *평가(evaluation)*

【63】 한 이론에 따르면 잠재의식 속으로 불쾌한 경험을 감추기 위한 시도로 인하여 망각하는 것을 무엇이라 하는가?

① 블랭킹(멍한 상태)　　② 몰입

③ 기억　　④ 억압

*【해설】 억압(repression)은 하나의 관념이 의식으로부터 제거되는 방어 과정이다. 억압은 불쾌한 경험(unpleasant experience)을 잠재의식(subconscious) 속으로 감추는 것으로 불쾌한 경험을 잊게 할 수 있다. 블랭킹(blanking; 멍함, 기억이 안 남)은 일시적으로 기억할 수 있는 능력을 상실하는 것을 의미한다. 몰입(immersion)은 망각이론에 포함되어 있지 않다.*

【64】 유사한 것을 학습함으로써 다른 학습 경험이 가려버리는 것을 무엇이라 하는가?

① 억제　　② 상호관계

③ 연상　　④ 간섭

▣ 61.④ 62.② 63.④ 64.④

*【해설】 간섭(interference)은 어떠한 학습 경험(learning experience)이 학습하고자 하는 것을 가려버리는(overshadow) 것이다. 이것은 유사한 것을 학습함으로써 기존의 학습 경험을 가려버리는 망각의론의 하나이다. 억제(suppression)는 망각이론에 포함되지 않는다. 상호관계(correlation)는 가장 높은 수준의 학습이고 망각이론(theory of forgetting)에 포함되지 않는다.*

*※ 억제(suppression)는 사람의 마음속으로부터 불쾌한 생각을 떨쳐내려는 의식적인 심적 상태이다.*

【65】 새로운 경험이 이전에 학습한 것을 잊게 하는 것을 무엇이라 하는가?

① 자극 ② 간섭

③ 억제 ④ 상호관계

*【해설】 간섭(interference) 이론은 특정 경험이나 유사한 것(similar things)을 학습했을 때 이전에 학습한 것을 망각하게 된다는 이론이다. 예를 들어 학교를 졸업한 후 기존에 얻어진 수많은 지식은 새로운 경험으로 잊힐 수 있다. 따라서 새로운 경험이나 지식은 이전에 학습된(previously learned) 수많은 지식과 경험을 대체(displace)하게 된다.*

【66】 인간은 수년이 지난 후 특정 사실을 기억하는 것이 어려울 수 있다. 이를 무엇이라 하는가?

① 감퇴 ② 억압

③ 부실 기억 ④ 회복

*【해설】 감퇴 또는 쇠퇴 이론(theory of fading or decay)은 기억된 것이 장시간(extended period of time) 사용하지 않는 정보는 점차 기억에서 사라진다고 보고 있다. 억압은 불쾌한 경험(unpleasant experience)을 잠재의식(subconscious) 속으로 감추는(submerging) 것으로 불쾌한 경험을 잊게 할 수 있다. 부실 기억(poor retention)은 사용하지 않거나(disuse), 간섭, 또는 억압 등의 이유로 망각된 결과이다.*

【67】 유쾌한 반응을 끌어내는 반응을 무엇이라 하는가?

① 포상 ② 억압

③ 칭찬 ④ 긍정적 피드백(환류)

*【해설】 칭찬(praise)은 유쾌한 보상(pleasurable return)을 부여하고 학습을 촉진한다. 보수/포상(reward)은 동기유발요소(motivator)이지 반응(response)으로 볼 수 없다. 긍정적 피드백(positive feedback)은 학습의 한 부분이다.*

【68】 학생에게 과제를 수행하게 하는 가장 좋은 방법은 무엇인가?

① 과제의 목적을 설명한다.

② 학습 수준을 높여 잡는다.

③ 학생에서 과제를 대략 설명한다.

④ 단계적으로 명확한 사례를 제공한다.

*【해설】 학생에게 과제를 수행하게 하는 가장 좋은 방법은 명확한 단계적 사례(clear,*

■ 65.② 66.① 67.③ 68.④

*step-by-step examples)를 제공하는 것이다. 과제를 설명(explain)하거나 과제에 대해서 대략적인 개요(outline of the task)를 제공하는 것은 명확한 단계적 사례라고 볼 수 없다.*

**【69】** 학생의 역량을 고려하여 계획을 수립하는 데 있어서 우선 고려해야 하는 것은?

① 학생의 동기 수준　　② 학생의 지적 수준
③ 연습 시간의 양　　④ 과제 수준

*【해설】 교관은 학생에게 주어질 수 있는 연습 시간(practice secession)이 얼마나 되는지 우선 고려(primary consideration)해야 한다. 초임 학생은 한 번에 수용할 수 있는 능력에 한계가 있으며, 강제로 할당하는 것은 비생산적(unproductive)이고 역효과가 날 수 있다.*

**【70】** 학습고원을 어떻게 정의할 수 있는가?

① 기량의 숙련도가 떨어지는 지점이다.
② 개인의 학습률이 정상적으로 수평이 되는 지점이다.
③ 특정 개인을 위한 자격이 가장 높게 달성할 수 있는 가능한 수준이다.
④ 학습의 최정점에서 발생한다.

*【해설】 일반적으로 개인의 학습률(learning rate)을 보여주는 진도(progress) 그래프는 거의 유사한 패턴으로 그려진다. 초기에 높은 성과(rapid improvement)를 보인 후 곡선은 수평(level-off)이 되고 이 상태는 비교적 오랫동안 지속한다. 이 같은 발달 과정을 학습고원(learning plateau)이라 한다.*

**【71】** 피로의 형태는 어떠한 것이 있는가?

① 생리적 또는 심리적　　② 육체적 또는 정신적
③ 급성 또는 만성　　④ 심리적 피로

*【해설】 피로(fatigue)는 급성(acute) 또는 만성(chronic) 형태가 있다. 급성 피로는 장시간 육체적 정신적 긴장(physical and mental strain) 후 느끼는 피로, 근육 운동, 지루함(monotony), 무력감, 많은 정신노동(heavy mental workload), 격한 감정(strong emotional pressure), 수면 부족 등이 주원인이다. 만성 피로는 급성 피로가 충분히 풀리지 않은 상태가 반복되어 발생한다.*

**【72】** 교관은 학생의 어떠한 특성을 주시함으로써 피로를 발견할 수 있는가?

① 신경질적 웃음
② 정확성이 떨어지고 주의산만
③ 불량한 성과와 마초 태도
④ 학습 수준이 더 이상 향상되지 않음

*【해설】 교관은 학습 초기에 학생의 표준 이하(substandard) 성과를 내거나 혹은 성과가 떨어지는 것을 인지하는 등 학생의 행동을 주시하여 피로로 인한 현상인지를 발견할 수 있어야 한다. 급성 피로로 인한 행동은 부주의 또는 방심(inattention or distractibility), 정확성이 떨어짐, 보충 과제의 무시, 계속되는 실수를 인지하지 못함, 주의산만, 타이밍을 놓치는 사례(error in timing), 과민성(irritability) 등으로 나타난다.*

▣ 69.③ 70.② 71.③ 72.②

【73】 만성 피로를 어떻게 정의할 수 있는가?

① 생리적 그리고 심리적 문제 모두가 결합하여 나타나는 피로

② 연속적인 스트레스로 인해서 나타나는 피로

③ 일상생활에서 발생하는 정상적인 피로

④ 과중한 업무로 인한 피로

*【해설】 일반적으로 만성 피로(chronic fatigue)는 심리적(psychological) 그리고 생리적(physiological) 문제가 결합한 형태의 피로이다. 생리적 문제로 인한 피로는 금전적, 가정생활(home life), 직업 관련 스트레스로 인하여 충분한 휴식을 취하지 못했을 때 발생하는 것으로서 개인의 능력(personal performance)은 지속해서 떨어질 수 있고, 위험을 판단할 수 없는 상황으로 전개될 수 있다. 따라서 적절한 예방조치를 취하지 않으면 조종사의 판단력(judgment)과 의사결정(decision-making)에 악영향을 줄 수 있다.*

【74】 일시적(급성) 피로는 어떠한 특성이 있다고 볼 수 있는가?

① 시간 미준수와 보충 과제의 무시

② 생리학적 그리고 심리적 문제 모두가 결합하여 나타나는 피로

③ 육체적 강건함과 정신적 예민성의 부족

④ 장기적 피로의 누적으로 인한 증상

*【해설】 급성 피로로 인한 행동은 부주의 또는 방심(inattention or distractibility), 정확성이 떨어짐, 보충 과제의 무시, 계속되는 실수를 인지하지 못함, 주의산만, 타이밍을 놓치는 사례(error in timing), 과민성(irritability) 등으로 나타난다. 육체적 강건함과 정신적 예민성(physical robustness, mental acuity)의 기능이 급성 피로의 조건은 아니다.*

【75】 피로가 비행안전에 매우 위험한 요소 중 하나로 고려되는 것은 무엇 때문인가?

① 조종사 능력의 결과가 서서히 나타나기 때문이다.

② 과중한 조종실 업무가 부여되었을 때 일시적으로 나타나기 때문이다.

③ 신체적 강건함 또는 정신적 예민성의 기능이기 때문이다.

④ 심각한 실수를 하기 전까지 뚜렷하게 나타나지 않기 때문이다.

*【해설】 조종사에게 피로가 매우 위험한 요소로 고려되는 것은 심각한 실수(serious errors)를 할 때까지 뚜렷하게 인지하지 못하기 때문이다.*

【76】 학습고원에 관해서 맞는 것은 어느 것인가?

① 학습고원은 불충분한 교육으로 인한 결과이다.

② 학습고원은 모든 학생에게 나타나는 지속적인 현상이다.

③ 학습고원은 학습 과정의 정상 부분이고 일시적인 경향이 있다.

④ 학습고원은 훈련 부족의 결과다.

*【해설】 학습고원(learning plateaus)은 학습 과정(learning process)의 정상적인 한 부분이고 통상 일시적으로(temporary) 나타나는 경향이 있다. 그러나 교관과 학생은 이에 대비할 수 있어야 한다. 만약 학생이 학습고원을 정확하게 인식하고 있다면 좌절은 최소화될 것이다.*

▣ 73.① 74.① 75.④ 76.③

**【77】** 교관은 학습고원에 있는 학생을 어떻게 도와주어야 하는가?

① 진도를 달성할 때까지 훈련을 계속한다.

② 학생은 해당 기량에 잠재적으로 도달한 것으로 가정한다.

③ 교육/훈련 과정에서 다른 과제로 변경한다.

④ 학습 성과에 대해서 비판하고 더욱 노력할 수 있도록 상위 학습 과제를 부여한다.

*【해설】 교관은 학습고원에 빠진 학생에게 지속해서 진도에 도달하기 위한 노력보다 다른 과제로 넘어가 현재 과제에서 잠시 벗어나도록 도와주는 것이 더 효과적이다. 진도를 달성하기 위한 계속된 훈련은 과도한 훈련(over-practice)으로 이어져 역효과가 발생할 수 있다. 이 시점에서 교관은 학생이 최근 능력의 한계에 도달했을지라도 이를 학생의 최대 잠재 역량으로 가정해서는 안 되고 대신 잠시 이 과제에서 벗어난 후 다음에 다시 시도하는 것이 더 좋은 방법이다.*

**【78】** 학생이 스스로 개인의 진도를 평가할 수 있고 그에 따라 성과를 조절할 수 있는 기량 획득의 단계에서 나타나는 특성은 어느 것인가?

① 인지적 단계　　② 연관적 단계

③ 자동 반응 단계　　④ 과도적 단계

*【해설】 학생은 3단계의 기량 지식 획득(skill knowledge acquisition)을 통해서 스스로 초보자(beginner)에서부터 전문가(expert)로 성장해 간다. 이들 기량 지식 획득의 개발은 인지적(cognitive), 연관적(associative) 그리고 자동적 반응 단계(automatic response stage)와 같이 3단계의 특성으로 이루어져 있다. 교관은 학생 성과에서 학생의 진도를 평가하기 위해서 각 단계를 인지할 수 있어야 한다. 연관적 단계에서는 연습을 통한 기술의 저장이 계속된다. 학생은 성과에서 나타날 수 있는 결과와 함께 개인적 단계(individual steps)를 연관시킬 수 있도록 학습되어야 한다. 학생은 더 이상 일련의 기억된 단계에 따라 수행하지 않으면서 자신의 진도를 스스로 평가할 수 있고 성과를 조절할 수 있다. 인지적 단계는 사실적 지식(factual knowledge)과 기억된 기량의 성과를 바탕으로 한다. 자동 반응 단계는 다중업무 시연(multi-task demonstration)이 포함되지만 주어진 과업에서 필요로 하는 개별적 기량의 이해는 다소 낮다.*

**【79】** 학생이 다른 과업을 수행하면서 동시에 빠르고 유연하게 절차를 수행할 수 있는 기량 획득의 단계에서 나타나는 특성은 어느 것인가?

① 인지적 단계　　② 연관적 단계

③ 상관적 단계　　④ 자동 반응 단계

*【해설】 자동 반응 단계(automatic response stage) 중 절차는 자동으로 수행되고, 동시에 다른 과업을 수행하거나 별 어려움 없이 다른 업무를 수행할 수 있다. 이 단계에서 학생의 기량 성과는 빠르고 유연하게 수행하기 때문에 한 과업을 수행하는데 더 많은 주의를 요구하지 않고 대화를 하거나 다른 업무를 수행하면서 여유 있게 주어진 과제를 수행할 수 있다.*

■ 77.③ 78.② 79.④

**【80】** 학생이 정확한 동력과 피치 트림으로 깊은각 선회에 진입했지만 정확한 조종 입력을 유지하지 못하는 것은 기량 획득의 어느 단계에서 나타나는 특성인가?

① 인지적 단계　　　② 연관적 단계
③ 자동 반응 단계　　④ 기억향상 단계

*【해설】 인지적 단계 중 학생은 때때로 사실적 지식(factual knowledge)을 바탕으로 하지 않고 기본 기량을 훈련하는 경우가 있다. 학생은 비행에 대한 사전 지식이 없으므로 교관이 먼저 기본 기량(basic skills)을 소개한다. 다음 학생은 이 기량을 수행하는데 필요한 단계를 기억하게 될 것이다. 학생이 이들 기억된 단계를 수행하면서 때로는 과정을 정확하게 인지하지 못하거나(unaware of process) 어느 한 성과에 집착(fixate)할 수 있다. 이 단계에서 기량을 수행하는 것은 학생의 모든 주의(attention)를 필요로 한다. 따라서 훈련 중 교관에 의한 사소한 주의산만이라 할지라도 학생의 성과를 악화시키거나 중단시키는 원인이 될 수 있다.*

**【81】** 훈련 중 주의산만을 피할 수 있다면 학생이 더 양호한 결과를 달성할 수 있다고 제시하고 있는 것은 어느 것인가?

① 신중 훈련　　　② 구역 훈련
③ 무작위 훈련　　④ 평가 단계

*【해설】 기술/기량을 습득(acquiring skills)하는 데 있어서 특정 결과를 얻을 수 있는 신중 훈련(deliberate practice), 구역 훈련(blocked practice), 그리고 무작위 훈련(random practice)과 같이 세 종류가 있다. 연구에 따르면 신중 훈련 중 주의산만(distraction)을 피할 수 있다면 학생은 더 양호한 결과를 얻을 수 있다.*

**【82】** 동작이 자동으로 수행될 때까지 같은 과제 또는 훈련의 반복이 포함되는 것은 어떠한 종류의 훈련인가?

① 신중 훈련　　　② 구역 훈련
③ 무작위 훈련　　④ 평가 훈련

*【해설】 구역 훈련(blocked practice)은 동작이 자동으로 행할 때까지 동일 훈련을 반복하는 것을 의미한다.*

**【83】** 훈련 기간 전체에서 얻어진 기술이 혼합되는 것은 어떠한 종류의 훈련인가?

① 신중 훈련　　② 구역 훈련
③ 초기 훈련　　④ 무작위 훈련

*【해설】 무작위 훈련(random practice)은 훈련 기간(practice session) 전체에서 얻어진 기술을 혼합하는 것이다. 이 종류의 훈련은 일련의 분리되어 수행된 기량을 무작위 순서(random order)로 수행하기 때문에 더욱 양호한 보존(better retention)으로 이어진다. 학생은 각 기량의 유사점과 차이점(similarities and differences)을 인식하기 시작하고 학생은 이들 기량을 장기기억(long-term memory) 속에 효과적으로 저장한다.*

▣ 80.① 81.① 82.② 83.④

**【84】** 비행 중 여러 과업을 수행할 수 있도록 학생을 교육하기 위한 가장 좋은 방법은 무엇인가?

① 주의력 분배와 동시수행을 포함하여 다중업무를 수행하는 능력 모두를 개발할 수 있도록 학생을 도와준다.

② 주의력 분배 기술을 발달시키기 위해서 학생을 도와준다.

③ 학생이 기술을 익히는 동안 주의산만하게 함으로써 학생은 과업의 순서를 이해하게 된다.

④ 조종실 업무의 중요시기에 오직 한 과업에만 집중할 수 있도록 강조한다.

*【해설】 항공기 운항 중 한 번에 여러 과업을 동시에 수행해야 하는 것이 일상이기 때문에 교관은 주의력 분배(attention switching)와 동시수행(simultaneous performance)을 얻을 수 있는 두 종류의 다중과업(multi-tasking)을 수행할 수 있도록 학생을 도와야 한다. 교관은 학생에게 여러 과업을 한 번에 수행할 것을 요청하기 전에 먼저 학생이 혼자서 개별 과업을 연구하고 훈련(study and practice)할 수 있도록 충분한 시간을 부여해야 한다.*

**【85】** 만성 피로는 무엇인가?

① 일시적 피로가 완전히 회복되기 위해서 시간이 충분하지 않을 때 발생한다.

② 장시간 신체적 정신적 긴장과 수면 부족의 결과로 나타난다.

③ 부실한 성과와 능력이지만 판단력은 아니다.

④ 훈련 성과의 부족은 만성 피로의 한 원인이다.

*【해설】 만성 피로(chronic fatigue)는 급성 피로가 쌓였을 때 이를 회복하기 위한 충분한 휴식을 취하지 못했을 때 발생한다. 따라서 만성 피로의 주요 원인은 휴식과 관련이 있고 근본 원인은 더욱 복잡할 수 있으므로 충분한 휴식만으로 회복되기 어렵다. 장시간 신체적 정신적 긴장과 수면 부족의 결과는 급성 피로의 원인이다. 만성 피로는 결국 조종사의 판단력과 의사결정(judgment and decision-making) 능력에 영향을 줄 수 있다.*

**【86】** 만성 피로는 학생의 어떠한 행동에서 뚜렷하게 나타나는가?

① 지식과 기량 기억이 증가한다.

② 일시적 휴식만으로 회복된다.

③ 훈련 성과가 일시적으로 향상될 수 있다.

④ 불필요한 위험을 감수한다.

*【해설】 만성 피로의 회복은 장시간 그리고 휴식과 의사의 진단이 필요하다. 이처럼 적절하게 회복되지 못했을 때 학생의 역량은 지속해서 떨어질(fall off) 수 있고 판단력이 흐려지면서(impairs) 불필요한 위험(unwarranted risk)을 감수할 수 있다. 피로는 지식과 기량 기억을 현저하게 떨어뜨린다. 만성 피로의 주요 원인은 휴식과 관련이 있고 근본 원인은 더욱 복잡할 수 있으므로 충분한 휴식만으로 회복되기 어렵다.*

▣ 84.① 85.① 86.④

【87】 급성 피로는 학생의 어떠한 행동에서 뚜렷하게 나타나는가?
① 주의가 세심하게 증가한다.
② 보충 과업을 무시한다.
③ 불필요한 위험을 감수한다.
④ 주어진 과제에만 충실한다.
*【해설】 교관은 교육/훈련 과정에서 학생이 보이는 행위를 관찰하여 이것이 피로로 인한 것인지를 판단할 수 있어야 한다. 급성 피로를 느끼는 학생의 주의력은 떨어지는 것이 일반적이고, 때로는 보충 과업을 무시하는 경향을 보인다.*

【88】 교관에게 가장 큰 도전을 제공하는 학생의 인간적 욕구는 어느 것인가?
① 생리적 욕구 ② 심리적 욕구
③ 신체적 욕구 ④ 자아실현
*【해설】 학생의 자아실현 욕구(self-actualization needs)는 교관에게는 이들의 성취를 인도하고 인지시키는 데 가장 어려운 문제일 수 있지만, 학생들에게는 가장 중요한 요소이다. 이것은 교관이 학생에게 자아실현 욕구를 충족하도록 약간만 만족하도록 도움을 준 후에만 명백해진다. 생리적 요구(physiological needs)는 학생 스스로 이행해야 한다. 교관에게 자아욕구는 심리적 욕구(psychological needs)보다 더 어렵다.*

【89】 개인이 신체적으로 편안하고 안전에 대한 걱정이 없어진 후 이들의 행위에 영향을 주는 주요 인간 욕구는 어느 것인가?
① 소속감 ② 자아실현
③ 존중 ④ 자기중심
*【해설】 학생의 기본적인 신체적(physical) 그리고 안전 욕구(safety needs)에 충족한 후 다음 욕구는 사회적 욕구(social needs)이다. 학생은 소속감(belonging)이 있고, 우정과 사랑을 주고받기를 원한다. 자아실현 욕구(self-actualization needs)는 충족하고자 하는 인간의 마지막 요구이다. 존중(esteem)에 대한 욕구는 4번째에 해당한다.*

【90】 학생이 훈련에 집중하기 전에 만족해야 하는 인간 욕구는 어느 것인가?
① 안전 욕구 ② 생리적 욕구
③ 안정성 욕구 ④ 정신적 욕구
*【해설】 인간의 가장 기본적인 욕구는 신체적 욕구(physical needs)이다. 학생은 이 욕구가 만족할 때까지 학습 또는 훈련에 집중하기 어렵다. 따라서 신체적 욕구(생리적)는 안전 욕구에 우선한다.*

【91】 학생이 훈련에 집중하기 전에 만족해야 하는 인간 욕구는 어느 것인가?
① 심미적 욕구 ② 생물학적 욕구
③ 심리적 욕구 ④ 안정적 욕구
*【해설】 생물학적 욕구(biological needs)가 충족되지 않는 한 학생은 학습, 자기표현 또는 다른 과제에 완전히 집중(concentrate)하기 어렵다.*

■ 87.② 88.④ 89.① 90.② 91.②

【92】 비록 방어기제가 유용한 목적으로 사용할 수 있을지라도 이들에 감추어져 있는 문제점은 무엇인가?

① 타당성의 감정을 제공한다.
② 문제의 원인을 완화한다.
③ 문제의 근원을 볼 수 없다.
④ 자기기만과 일부 사실의 왜곡이 포함되어 있을 수 있다.

*【해설】 어느 장치에서나 안전을 위한 방어기제가 구축되어 있지만 때로는 이들이 사실의 일부를 왜곡시키거나 자기기만(self-deception)으로 인해서 가려져 있을 수 있으므로 학생의 문제해결에 도움이 되지 않을 수 있다. 방어기제는 개인의 자존심(self worth)과 타당성(adequacy)의 감정을 보호하기 위한 마스크(가면)로 사용될 수 있다. 방어기제는 문제의 원인이 아닌 증상(symptoms)을 완화(alleviate)할 뿐이다.*

*※ 방어기제(defense mechanisms)는 두렵고 불쾌한 일 혹은 욕구 불만에 맞닥뜨렸을 때 스스로 방어하기 위하여 자동으로 취하는 적응 행위이다.*

【93】 학생이 자신이 믿고 있는 것에 반하는 확신 또는 소신을 보였을 때 이것은 어떠한 방어기제의 지시로 볼 수 있는가?

① 반동 형성　　② 환상
③ 전위　　④ 합리화

*【해설】 반동 형성(reaction formation)에서 학생은 실제 믿음(true belief)에 대한 반대의 믿음을 가장(fakes)한다. 이것은 실제 믿음이 걱정의 원인이 될 수 있기 때문이다. 환상(fantasy)은 학생이 무엇인가를 실행하기보다 이루어진 것에 대한 몽상(daydream)을 꾸고 있을 때 발생한다. 전위(displacement)는 감정 혹은 욕구가 원래 목적으로부터 더욱 수용 가능한 다소 덜 위협적인 대체 수단으로 무의식적 이동이다.*

【94】 학생이 환상을 방어기제로 사용하는 것은 언제인가?

① 좌절 상황에서 벗어나고자 할 때
② 그들의 행동을 위한 실제 이유를 수용할 수 없을 때
③ 훈련의 진행 단계 중 흥미를 잃었을 때
④ 자아를 실현하고자 할 때

*【해설】 환상(fantasy)의 방어기제는 가끔 학생이 혼란한 상황 혹은 좌절에서 벗어나고자 할 때 사용하는 경향이 있다. 유능한 교관이라면 훈련을 계속하기보다 학생이 처한 상황을 이해하고 욕구 불만/좌절(frustration)을 극복하는 데 도움을 줄 수 있어야 한다. 만약 학생이 그들의 행동에 대한 실제 이유에 직면하지 않았다면 공통으로 보이는 행위는 정당화하기 위한 변명(excuses)을 합리화(rationalization)하고 구실을 찾으려는 경향을 보인다. 훈련의 진행 단계 중 흥미(interest)를 잃었을 때 나타나는 것은 투사(projection)의 방어기제다.*

【95】 학생이 잘못한 성과를 정당화하기 위해서 변명할 때 사용하고 있는 방어기제는 무엇인가?

① 환상　　② 전위
③ 합리화　　④ 반동

■ 92.④ 93.① 94.① 95.③

*【해설】 학생이 자신의 잘못된 행위(inadequate performance)를 변명하고자 할 때 합리화라고 하는 방어기제를 사용한다.*

【96】 학생이 평가관의 불평등한 평가로 인하여 실기 평가에 불합격했다고 불만을 토로하였다. 이것은 어떠한 방어기제의 한 종류로 볼 수 있는가?

① 합리화 ② 투사
③ 부정 ④ 전위

*【해설】 투사(project) 방어기제는 받아들일 수 없는 충동(unacceptable impulse)이나 생각을 외부 세계로 옮겨놓는 정신 과정이다. 이것은 방어적 과정으로서, 개인 자신의 흥미와 욕망이 다른 사람에게 속한 것처럼 지각되거나 자신의 심리적 경험이 실제 현실인 것처럼 지각되는 것이다. 예를 들어 비행평가에 불합격한 조종훈련생은 내가 평가에 불합격한 것은 나의 지식과 기량의 부족이 아닌 평가관의 자질이 부족한 것으로 돌리고 있는 사례이다. 합리화(rationalization)는 받아들일 수 없는 행위를 정당화하기 위한 무의식 기술이다. 부정(denial) 방어기제는 발생했던 것, 발생 중인 것, 그리고 발생할 수 있는 지식을 거부(refusal)하는 것이다.*

【97】 학생이 합리화라고 하는 방어기제를 무의식적으로 사용하는 것은 언제인가?

① 수용할 수 있는 행동을 정당화하기 위해서 변명할 때
② 그들의 행위를 위한 실제 이유를 받아들일 수 없을 때
③ 그들 행위에 대한 실제 믿음에 대해서 신뢰하고 있을 때
④ 실제 믿음이 걱정될 수 있어 실제 믿음에 대한 반대 믿음을 가장할 때

*【해설】 학생이 자신이 행한 행동에 대해서 합리화는 무의식적으로 행한 자신의 행동을 위한 실제 이유(true reasons)를 받아들일 수 없을 때 사용한다. 합리화는 수용할 수 없는 행동을 정당화하기 위한 변명을 하고자 할 때 나타난다. 실제 믿음에 대한 반대 믿음을 가장할 때 보이는 방어기제는 반동형성이다.*

【98】 다른 분야에서 강점을 강조함으로써 지각된 약점을 보완하는 심리적 과정은 무엇인가?

① 투사 ② 보상
③ 합리화 ④ 전위

*【해설】 보상(compensation)이란 다른 분야의 장점을 강조함으로써 약점(weakness)을 보완하는(counterbalancing) 심리적 과정이다.*

【99】 학생이 더욱 긍정적인 것을 강조함으로써 약점을 가리려고 시도할 때 이것은 어떠한 종류의 방어기제인가?

① 합리화 ② 복종/순종
③ 투사 ④ 보상

▣ 96.② 97.② 98.② 99.④

【100】 학생이 억압이라고 하는 방어기제를 보일 때는 이를 어떻게 보아야 하는가?
① 자기의 의견을 실현 가능한 영역 내로 한정시키려 한다.
② 사실을 받아들이는 것을 거부하는 것이다.
③ 잠재의식의 실현 불가능한 영역 속으로 불편한 생각에 놓이게 하는 것이다.
④ 많은 질문을 통해서 행위를 정당화하려 시도한다.

*【해설】 억압(repression)이라고 하는 방어기제는 잠재의식(unconscious mind)의 실현 불가능한(inaccessible) 영역으로 불편한 생각(uncomfortable thoughts)에 놓이게 하는 것이다. 사실을 받아들이는 것을 거부하는 것은 부정(denial) 방어기제이고, 행위를 정당화하려는 시도는 합리화 방어기제이다.*

*※ 억압(repression)은 하나의 관념이 의식으로부터 제거되는 방어 과정이다.*

【101】 학생이 부정이라고 하는 방어기제를 보일 때 이들은 어떤 행동을 하는가?
① 외적으로 화가 나 있고 어리석어진다.
② 상황을 최소화하려 시도할 것이다.
③ 많은 질문을 해서 행동을 정당화하려 시도한다.
④ 자신에게 주어진 상황을 더욱 합리적으로 해결하려는 성향을 보인다.

*【해설】 부정(denial) 방어기제는 그것이 너무 위협적이기(too threatening) 때문에 외적 진실(external reality)을 받아들이기를 거부하는 것이다. 이것은 무엇이 발생했는지, 발생하고 있는지, 그리고 발생할 것인지를 알고자 하는 것을 거부하는 것이다. 이것은 스트레스가 많은 생각을 기억하기를 거부하는 억압(repression)의 한 형태이다. 부정과 관련된 것이 최저화(minimization)이다. 학생이 무엇인가를 최소화할 때 그는 발생한 것을 받아들이지만 희석된 형태이다.*

【102】 훈련 중 학습을 방해하는 비행의 두려움을 숨기는 학생은 어떠한 형태의 방어기제인가?
① 비약　　② 억압
③ 포기　　④ 확장

*【해설】 억압(repression)은 조종학생에게 비행 훈련 능력을 방해하는 비행의 두려움(repressed fear of flying)을 억제하려는 경향을 보이는 방어기제이다.*

【103】 학생이 이룰 수 없는 꿈에 연계되었을 때 이것은 어떠한 종류의 방어기제인가?
① 보상　　② 환상
③ 부정　　④ 전위

*【해설】 환상(fantasy) 방어기제는 실제 이룰 수 있는 것에 앞서 어떠한 것을 이룰 수 있다는 것에 대한 아직 실현되지 않은 꿈에 부풀어 있을 때 생기는 것으로 비행 훈련에서 몽상(daydream)은 직면한 문제에서 벗어나고자 하는 정신적 비행(mental flight, 예들 들어 말로만 행하는 것)을 할 때 나타나는 현상이다.*

■ 100.③ 101.② 102.② 103.②

【104】 학생을 더욱 좌절하게 하는 결과를 초래하는 것은 어느 것인가?

① 학생에게 무의미한 칭찬을 했을 때
② 학생의 잘못한 행위를 지적하고 설명했을 때
③ 교관이 신뢰성을 떨어뜨리는 실수를 아무렇지 않게 했을 때
④ 학생이 행한 행동에 관해서 설명 없이 불만족을 표시했을 때

*【해설】 훈련 중 교관은 학생이 잘못 수행한 행동에 대해서 그 이유를 충분히 설명하고 이를 해결할 수 있는 최선의 방법(best way)을 제시하는 것이 매우 중요하다. 어떤 행위에 대한 무의미한 칭찬(meanless praise)은 특별한 가치가 없으므로 어떠한 효과를 기대할 수 없다. 또한, 교관도 훈련 중 실수를 할 수 있다. 이때 교관은 실수를 솔직하게 인정하는 자세를 취했을 때 학생들로부터 진정한 존경을 받을 수 있다.*

【105】 학생이 학습의 목적 또는 이점을 알지 못할 때 어떤 결과가 나타날 수 있는가?

① 동기부여가 떨어진다.
② 학습 진도에 어떠한 영향을 주지 않는다.
③ 노력이 배가하는 것을 예상할 수 있다.
④ 학습에 대해서 더 많은 흥미를 느낀다.

*【해설】 학생이 현재 훈련의 목적 혹은 이점(purpose or benefits)이 무엇인지 알고 있지 못한 상태에서 훈련을 시작한다면 동기부여가 떨어질 수 있다. 학생이 학습에 대한 확실한 동기부여가 되어 있지 않다면 학생의 노력은 떨어지게 될 것이다. 학습 진도는 학습의 목적과 관련성이 없다.*

【106】 교관이 학생에게 학습의 목표와 완성된 표준을 알려 주었을 때 이것이 학생의 어떠한 감정을 최소화하는가?

① 좌절　　② 포기
③ 공격성　　④ 불확실성

*【해설】 교관이 학생에게 학습의 목표와 훈련 또는 평가 표준을 알려 주었을 때 학생의 불확실성(insecurity)은 최소화될 수 있다. 학생이 학습 혹은 훈련을 포기(resignation)하는 것은 기초를 이해함이 없이 조기에 훈련 단계(early phase of training)를 마쳤을 때 발생하는 것으로 볼 수 있다. 공격성(aggressiveness)은 학생이 불안감을 느꼈을 때 나타나는 일종의 방어기제이다.*

【107】 학습 목표를 명확하게 알려주지 않았다면 학생은 어떠한 성향을 보일 것인가?

① 냉담함이 나타날 수 있다.
② 너무 큰 포부를 갖도록 동기부여가 될 수 있다.
③ 동기부여가 떨어질 수 있다.
④ 학생은 다소 공격적 성향을 보일 것이다.

*【해설】 조종훈련생에게 뚜렷한 훈련 목표를 설명해 주었을 때 학생 스스로 동기부여를 갖게 된다. 이것은 사용되는 교육 방식과 관계없이 교육 과정에 필수이다. 학습 혹은 훈련 목표가 뚜렷하지 않을 때 학생은 불확실성과 훈련 혹은 학습에 대한 의혹과 함께 목적의식을*

■ 104.④ 105.① 106.④ 107.③

*상실하게 될 것인지 냉담한 반응과는 관련이 없다. 동기부여의 형태는 학습 혹은 훈련 목표를 명확하게 설명해 주는 것이다.*

【108】 교관이 어떠한 행동을 했을 때 학생의 신뢰성이 무너질 수 있는가?
① 같은 관점에 대한 의심이 있을 때마다 잘 알지 못하는 것을 아는 체할 때
② 학생의 실수와 과오를 계속해서 지적할 때
③ 학생의 행동과 행위를 지도하고 통제할 때
④ 다른 학생의 능력과 비교할 때

*【해설】 학생은 자신을 지도하는 교관을 신뢰(confidence)해야 한다. 그러나 불확실한 것에 대해서 잘 알지 못하면서 맞는 것처럼 말하거나 질문에 대해서 정확하게 답변할 수 없을 때 이 신뢰는 무너질 수 있다. 학생의 실수와 과오를 지적하고 학생의 행동과 행위를 지도하고 통제하는 것은 교관 책임이다.*

【109】 교관이 충분한 교육 준비가 되어 있지 않다는 것을 인지한 학생은 어떤 반응을 보이는가?
① 독단적 ② 포용력
③ 냉담함 ④ 상호의존적

*【해설】 교관이 충분한 훈련 또는 학습 준비가 되지 않았다는(inadequate preparation) 것을 알았거나 부족함(deficient), 논리적 모순(contradictory), 불성실한 것으로 보였을 때 학생은 교관을 신뢰하지 않고 냉담한(apathetic) 반응이 나타날 수 있다. 따라서 교관은 학생의 관심을 유도하고 효율적인 학습을 위해서 학습 혹은 훈련 계획을 잘 작성해야 하고 충실한 준비와 정확한 교수법을 갖추도록 훈련되었을 때 학생의 신뢰성과 존경을 받을 수 있다.*

【110】 교관과 학생 사이 의사소통의 효율성을 어떻게 판단할 수 있는가?
① 활발하고 상호 관련이 있는 요소의 정도로 측정된다.
② 생각의 전달과 수용 사이의 유사성으로 측정된다.
③ 의사소통과 활동적 요소 사이의 상관관계로 측정된다.
④ 상호관련성과 함께 의사소통으로 측정된다.

*【해설】 교관은 자신의 의견 또는 생각이 학생에게 얼마나 정확하게 전달되고 받아들였는지에 대한 판단은 생각의 유사성(similarity)으로 교관과 학생 사이 의사소통의 효율성을 판단할 수 있다. 의사소통이 활발하고 상호 관련이 있는 요소의 정도는 단지 의사소통의 한 과정이지 효율성을 나타내는 것은 아니다. 이것은 활발하게 이루어지는 의사소통 요소들 사이의 상관관계이다.*

【111】 효과적인 의사소통을 달성하기 위해서 교관이 말하고 써야 할 때 갖추어야 하는 배경은 어느 것인가?
① 기술적 언어 전문성을 갖추어야 한다.
② 제시된 생각을 알고 있어야 한다.
③ 최신 그리고 자극을 줄 수 있는 자료가 바탕이 되어야 한다.
④ 달변 능력은 최고 자산이다.

■ 108.① 109.③ 110.② 111.③

*【해설】 효율적인 의사소통은 언제나 최신 그리고 자극을 줄 수 있는 다양한 자료(stimulating material)들을 바탕으로 말할 수 있어야 한다. 기술적 언어(technical language)에 의존하는 것은 효과적인 의사소통에 방해가 될 수 있다. 의사소통은 단순하게 제시된 생각을 알고 있는 것보다 더 많은 노력이 필요하다.*

【112】 학습/교육이 이루어졌다고 판단할 수 있는 시기는 언제인가?

① 학습정체기에 도달했을 때

② 학생이 무엇을 제시했는지 이해했을 때

③ 모든 필수 자료들이 제시되었을 때

④ 절차를 설명하였고 원하는 학생 반응이 이루어졌을 때

*【해설】 교관이 특정 절차를 설명하고 이어서 원하는 학생 반응(desired student response)을 얻었을 때 교육(instruction)이 이루어졌다고 할 수 있다.*

【113】 교관은 효과적인 대화를 위해서 어떻게 해야 하는가?

① 이해의 수준을 인식해야 한다.

② 질문을 권장하는 분위기를 제공해야 한다.

③ 메시지를 제공하는 동안 적극적인 태도를 보여야 한다.

④ 한 차원 높은 수준을 제시한다.

*【해설】 효율적 대화를 위한 교관의 태도(attitude of instructor)는 매우 중요하다. 따라서 교관은 메시지를 전달하는 동안 긍정적이고 신뢰할 수 있는 태도를 보여야 한다. 학생의 이해 수준을 인식하는 것은 교육 과정의 적용 단계이다. 질문을 권장하는 분위기를 제공하는 것도 중요하지만 학생은 효과적인 의사소통에 참여할 수 있도록 연습해야 한다.*

【114】 효과적인 의사소통이 이루어졌다고 판단할 수 있는 시기는 언제인가?

① 듣는 사람이 이해하고 그에 따른 행동의 변화를 보였을 때

② 정보가 전달되고 받아들여졌을 때

③ 듣는 사람이 전달된 생각에 대해서 질문할 수 있고 이해했을 때

④ 제공된 정보에 대한 어떠한 반대 질문이 없을 때

*【해설】 훈련 또는 교육 중 효율적인 의사소통이 이루어졌다고 할 수 있는 것은 받아들이는 사람(receivers)이 이해하여 반응하고 행동에서 적절한 변화가 이루어졌을 때이다. 정보는 전달될 수 있지만, 효율적인 의사소통 없이 받아들일 수 있다. 효율적 의사소통의 판단 기준으로 행동의 변화를 수반해야 한다.*

【115】 대화 과정에서 말하는 사람이 듣는 사람의 주의를 더 잘 끌어들이는 방법은 어느 것인가?

① 친절하고 유익한 정보를 제공함으로써

② 다양한 대화 접근 방법을 사용함으로써

③ 다양한 시청각 보조도구를 사용함으로써

④ 대화하기 전에 먼저 친근함을 보임으로써

■ 112.④ 113.③ 114.① 115.②

*【해설】 다양한 대화 기법은 학생에게 다가가는 데 도움이 될 수 있다. 따라서 말하는 사람은 다양한 대화 접근(communicative approach)을 사용함으로써 듣는 사람의 주의를 끌고 유지하는(gaining and retaining) 데 있어서 더욱 성공적일 수 있다. 이외에도 다양한 시청각 보조도구를 사용하거나 유익한 정보를 제공하는 것은 학습 분위기를 조성하는 데 도움이 될 수 있지만, 최상의 의사소통 방법은 아니다.*

【116】 대화 과정에서 교관이 추상적인 단어를 사용했을 때 예상하는 효과는 어느 것인가?
① 학생의 마음에서 특정 경험의 사항들을 불러일으킨다.
② 인간이 직접 경험해 볼 수 있는 목표 또는 생각을 하게 하는 단어를 사용하게 한다.
③ 교관이 의도한 특정 경험 요소를 학생에게 불러일으킬 수 없다.
④ 교관의 능력을 더욱 높이 평가할 것으로 예상할 수 있다.
*【해설】 교육 또는 훈련 과정에서 추상적(abstraction) 언어의 사용은 피해야 한다. 추상적인 단어는 직접 경험할 수 없는 생각을 나타내는 것으로 학생에게 교관이 의도하는 정신적 이미지(mental image)를 갖지 못하게 할 수 있다. 추상적 단어는 받아들이는 사람의 마음속에 특정 경험을 불러오지 못한다. 그러나 추상적이 아닌 실질적인 단어를 사용했을 때 인간이 직접 경험해 볼 수 있는 목표 또는 생각을 하게 한다.*

【117】 교관이 추상적인 단어를 사용했을 때 예상할 수 있는 결과는 무엇인가?
① 광범위한 경험에 대해서 파악할 수 있게 한다.
② 학생의 마음속에 다른 정신적 이미지를 불러일으킨다.
③ 교관이 의도한 특정 경험 요소를 학생에게 불러일으킬 수 없을 것이다.
④ 학생의 사고 범위를 크게 확대할 수 있을 것이다.
*【해설】 교육 또는 훈련에서 추상은 피해야 한다. 추상적인 단어는 직접 경험할 수 없는 생각을 나타내는 것으로 학생에게 교관이 의도하는 정신적 이미지를 갖지 못하게 할 수 있다. 추상적 단어의 사용은 광범위한 경험(vast area of experience)을 하게 하도록 한다. 추상적 단어의 사용은 듣는 사람의 마음속에 특정 정신적 이미지를 나타내지 못하고 다른 이미지(different images)로 받아들일 수 있다.*

【118】 교육 과정에서 효과적인 의사소통의 가장 큰 장애요소 중 하나는 무엇인가?
① 교관에 대한 존경심의 부족
② 교관과 학생 사이의 공통 경험 수준의 부족
③ 학생에 대한 성향 파악의 부족
④ 교관과 학생 사이의 개인적인 친분의 부족
*【해설】 교육과 훈련 과정에서 가장 큰 장애요소(single barrier) 중 하나는 교관과 학생 사이의 공통 경험 수준(common experience level)의 부족이 될 수 있다. 비록 교관에 대한 존경(respect)이라든지 교관과 학생의 조화(harmony)가 다소 부족할지라도 공통 경험 수준의 부족만큼 큰 장애요소는 아니다.*

■ 116.③ 117.③ 118.②

【119】 교관이 원하는 의미가 있는 단어가 다른 사람에게 전달되기 위해서 갖추어야 하는 조건은 무엇인가?

① 듣는 사람은 이들 단어와 관련된 목표 또는 개념에 따른 약간의 경험을 갖추어야 한다.
② 단어는 듣는 사람의 마음에 의미를 주어야 한다.
③ 단어는 추상적 개념이 포함되어야 한다.
④ 단어는 의미가 있는 지시대상이 되어야 한다.

*【해설】 성공적인 학습이 이루어지기 위해서 교관과 학생은 공통 배경(common ground)을 가져야 한다. 교관이 사용하는 단어는 학생들이 학습 목표 또는 개념에 따른 일부 경험을 공유하지 않는 한 학생에게 원하는 의미가 전달되기 어렵다. 따라서 단어는 같은 의미를 지닌 지시대상이 되어야 한다. 단어의 의미를 해석하는 것은 말하는 사람과 동일 경험을 수행한 배경에 달려 있다.*

【120】 학생이 그 이상 교육 수준을 수용할 수 있게 하려면 교관은 어떻게 해야 하는가?

① 학생에게 학습 진도를 알려준다.
② 동기 수준을 유지하기 위해서 학생을 지속적으로 자극한다.
③ 학생의 실제 능력보다 약간 높은 성과 표준을 설정한다.
④ 학생의 지적 수준과 동기 수준을 파악한다.

*【해설】 학생은 자신의 학습 혹은 훈련 진도(progress)를 알고 있을 때 최고 성과를 얻을 수 있다. 따라서 교관은 학생들에게 진도를 알려 줌으로써 그 이상 교육을 수용할 수 있는 능력을 향상할 수 있다. 학생을 지속해서 자극(continually prod)하는 것은 동기 수준을 떨어뜨릴 수 있고 그 이상의 교육을 받아들이기가 어려울 수 있다. 실제 학생의 능력(actual ability)보다 더 높은 수준을 설정하는 것은 중간에 좌절할 수 있고 그 이상의 교육을 받아들이기가 어려울 수 있다.*

【121】 새로운 자료를 학습할 때 교육 과정은 어느 단계로 나누어지는가?

① 설명, 발표, 적용, 그리고 복습
② 준비, 시범, 연습, 그리고 복습
③ 설명, 시범, 연습, 그리고 평가
④ 준비, 발표, 적용, 그리고 복습과 평가

*【해설】 교육 과정에서 새로운 자료(materials)를 사용할 때는 반드시 준비(preparation)-발표(presentation)-적용(application)-복습과 평가(review and evaluation) 순으로 다루어져야 한다.*

【122】 학습 중 학생의 성과와 성취를 평가할 때 기초가 되어야 하는 것은 무엇인가?

① 학습/훈련 계획에 확립된 목적과 목표
② 객관적 표준에 비교한 각 학생의 성과
③ 학생 자신의 진도를 객관적으로 평가할 수 있는 학생의 능력
④ 학생의 학습 진도와 수준

*【해설】 학생의 성과와 성취(student performance and accomplishment)를 평가할 때 기*

■ 119.① 120.① 121.④ 122.①

*본은 학습/훈련 계획(lesson plan)에 수립된 목적과 목표(objectives and goals)가 되어야 한다. 각 학생의 성과를 객관적 표준에 비교하는 것은 평가가 아닌 비평이다. 학생 자신의 진도를 평가하는 것은 객관적(objective)이 아닌 주관적(subjective)이다.*

【123】 학생의 평가에 대해서 맞게 서술하고 있는 것은 어느 것인가?

① 학생 자신의 평가만이 오직 객관적일 수 있다.

② 학생의 평가는 항상 학급 평균과 비교되어야 한다.

③ 현재 학습과 관련이 없는 부족함이 드러났다면 이는 즉시 수정되어야 한다.

④ 학생의 학습 평가는 각 학습 단원의 통합 부분이어야 한다.

*【해설】 평가를 통해서 학생에게 진도를 완전히 알려 주는 것은 각 학습 단원의 한 통합 부분(integral part)이 되어야 한다. 학생 자신의 평가는 오직 주관적이다. 만약 현재 학습(present lesson)과 관련이 없는 부족함이 드러났다면 이것은 반드시 지적되어야 하지만 즉각적인 수정이 필수적이라고 할 수 없다.*

【124】 교육 과정에서 이론과 실제 사이에 상호관계를 보여주기 위해서 내용의 요약과 새로운 자료를 제시하는데 적합한 프레젠테이션 방법은 어느 것인가?

① 강의 방식 ② 통합 교육 방식

③ 시연/성과 방식 ④ 학생 중심 방식

*【해설】 강의(lecture)는 이론과 실제(theory and practice) 사이의 상호관계를 보여주고 내용을 요약하기 위해서 새로운 자료를 제시하는 데 가장 좋은 교육 방식이다. 통합 교육 방식(integrated instruction method)은 비행 기동을 훈련하는 데 적합하다. 시연/성과 방식(demonstration/performance method)은 기량을 가르치는 데 활용한다.*

【125】 강의를 준비하는 첫 단계는 어느 것인가?

① 주제 연구

② 주요 내용 또는 핵심 포인트의 개발

③ 자료의 체계화

④ 목표와 원하는 결과의 수립

*【해설】 일반적으로 강의를 준비할 때 합리적인 순서는 다음과 같다.*

- *목표와 원하는 결과를 정한다.*
- *주제를 연구한다.*
- *자료를 체계화한다.*
- *생산적인 강의실 활동(classroom activities)을 계획한다.*

【126】 강의의 한 장점은 어느 것인가?

① 시간을 경제적으로 활용할 수 있다.

② 부가적인 연구가 요구되는 매우 좋은 방법이다.

③ 특정 종류의 학습결과를 최대로 성취할 수 있도록 한다.

④ 특정 학생의 학습 능력 향상에 집중할 수 있다.

■ 123.④ 124.① 125.④ 126.①

*【해설】 강의(lecture)는 많은 학생을 대상으로 새로운 과제를 소개할 수 있고 상대적으로 짧은 시간에 많은 내용을 전달할 수 있는 장점이 있다. 강의 방식은 학생들에게 부가적인 연구가 필요하지 않다. 강의를 통해서 최대 학습 혹은 훈련 성취를 달성할 수 없다. 예를 들어 운동 기량(motor skill)은 강의를 듣는 것만으로 훈련될 수 있는 경우이다.*

【127】 교관은 비공식 강의를 통해서 활발한 학생 참여를 어떻게 고취시켜야 하는가?

① 질문　　② 시각 도구의 사용

③ 격려　　④ 강조

*【해설】 격이 없이 진행되는 비공식 강의(informal lecture)에서 교관이 학생의 참여를 끌어낼 수 있는 가장 좋은 방법(most effective tool) 중 하나는 세련된 질문을 통해서 달성할 수 있다. 시청각 교구 그리고 격려는 학생의 관심을 끌기에 적합하지만 활발하게 참여시키는 것은 아니다.*

【128】 비공식 강의를 구분할 수 있는 특성은 무엇인가?

① 시각 도구의 사용

② 엄격한 격식의 강조

③ 비공식 노트를 위한 요건

④ 학생의 참여

*【해설】 학생의 참여(student participation)는 일정한 형식 없이 진행되는 강의(informal lecture)를 구분할 수 있는 특징이다. 학생은 친근하게 참여하고 자유로운 분위기에서 높은 학습 성과를 얻을 수 있다. 시청각 교구 혹은 불요식 노트(informal note)는 요식 혹은 불요식 강의(formal and informal lecture)의 모두에 사용될 수도 있고, 사용되지 않을 수도 있으므로 비공식 강의의 특징으로 볼 수 없다.*

【129】 교관에게 주어진 양의 자료를 교육해야 하는데 필요한 시간의 조건에서 가장 경제적인 교육방법은 어느 것인가?

① 브리핑　　② 강의 방식

③ 시범/성과　　④ 토의식 수업

*【해설】 교관에게 강의 방식은 여러 학생을 대상으로 주어진 시간에 계획된 범위를 소개하고 설명할 수 있는 가장 경제적인 방법이다. 강의가 효과적으로 진행되었다면 다른 교육 방식보다 짧은 시간에 더 많은 정보를 제공할 수 있다. 브리핑(briefing)은 특별한 노력을 하지 않고 사실을 전달하는 데 적합하다. 시범/성과 방식은 주어진 재료의 양을 제시하는데 필요한 시간의 조건에서 경제성이 가장 낮다.*

【130】 그룹 강의에서 가장 중요한 특징은 무엇인가?

① 학생만으로 자율적 참여가 가능하다.

② 학생과 교관 모두의 적극적인 참여가 필요하다.

③ 통상 학생의 수동적인 참여가 필요하다.

④ 학생들의 지속적인 적극 참여가 필요하다.

■ 127.① 128.④ 129.② 130.④

*【해설】 교육 과정에서 그룹 강의(group lecture)의 가장 중요한 특징은 학생의 지속적이고 적극적인 참여(active participation)가 필요하다.*

**【131】** 서로 다른 그룹에서 얻을 수 있는 주요 장점은 학생들에게 어떠한 효과가 있을 수 있는가?

① 이들은 서로 다른 학생의 그룹이기 때문에 그들 자신을 위해서 생각하게 한다.
② 다른 교육적 전략에서 찾아보기 어려운 수준과 방법에서 상호작용과 성취할 수 있게 한다.
③ 이들은 유사 학생의 그룹이기 때문에 상호작용과 성취할 수 있게 한다.
④ 이들은 유사한 그룹이기 때문에 학습 성과 역시 유사하게 달성될 수 있다.

*【해설】 이질 그룹(heterogeneous group)의 주요 장점은 학생들에게 다른 교육적 전략(instructional strategies)에서 찾아보기 어려운 수준과 방법에서 상호작용하고 성취하는 경향이 있다. 또한, 서로 다른 관점(diverse viewpoint)을 관용하고, 다른 그룹의 생각과 감정을 고려하면서 다양한 옵션을 더욱 지지하고 명쾌한 설명을 추구한다.*

**【132】** 학생을 협력적 학습 그룹에 참여시키려는 주요 이유는 무엇 때문인가?

① 서로 도우면서 학습할 수 있기 때문이다.
② 그룹별 학습 수준을 조절할 수 있기 때문이다.
③ 만약 모든 구성원이 균등하게 잘 학습되고자 한다면 팀워크는 필수적이라는 것을 학습할 수 있기 때문이다.
④ 혼자서 학습하는 것보다 더 많은 성취를 달성할 수 있기 때문이다.

*【해설】 학생을 협력적 학습 그룹(cooperative learning group)에 참여시키려는 주요 이유는 혼자서 학습하는 것보다 더 많은 성취를 달성할 수 있기 때문이다.*

**【133】** 학생들을 소그룹으로 조직한 교육 전략은 그들 자신과 상호 학습을 극대화할 수 있다. 이를 무엇이라 하는가?

① 워크숍 학습　　② 이질 그룹 학습
③ 협력 또는 그룹 학습　　④ 자율학습

*【해설】 협력 또는 그룹 학습(cooperative or group learning)은 학생들을 소그룹으로 나누어 함께 학습하게 함으로써 그들 자신과 상호 학습(each other′ learning)을 극대화하는 가장 좋은 방법이다.*

**【134】** 교육적 강의에 관해서 가장 올바르게 설명하고 있는 것은 어느 것인가?

① 즉흥적 방식으로 강의하는 것은 권장하지 않는다.
② 교관은 쉽게 반응할 수 있는 학생으로부터 직접 피드백을 받는다.
③ 교관은 미묘한 반응을 예리하게 지각할 수 있고 이들 반응의 의미를 해석할 수 있어야 한다.
④ 동일 수준의 학생을 교육하는 데 효과적이고 성과 역시 동일하게 달성할 수 있다.

*【해설】 효과적인 교육적 강의(teaching lecture)는 교관에게 많은 것을 요구한다. 따라서 교관은 미묘한 반응(subtle responses)을 예리하게 지각할 수 있고 이들 반응의 의미를 해*

■ 131.② 132.④ 132.③ 134.③

*석할 수 있어야 한다. 강의는 개요(outline)로부터 전달되어야 하지만 강의 분위기에 맞게 다양한 교육 자료를 활용할 수 있는 융통성(flexibility)이 있다. 그러나 피드백은 다른 교육 방식만큼 직접적이지 않다.*

【135】 교육적 강의를 할 때 주의해야 할 점은 무엇인가?

① 가능하다면 복잡한 단어보다는 단순한 단어를 사용해야 한다.

② 방언과 구어체는 사용하지 말아야 한다.

③ 다양성과 활력을 부여하기 위해서 비표준어/비속어를 사용할 수 있다.

④ 학생들의 주의집중을 위해서 전문용어만을 사용한다.

*【해설】 교육적 강의(teaching lecture)에서 교관은 가능한 한 단순한 용어 또는 단어를 사용해야 한다. 예를 들어 신문은 다양한 독자층을 위해서 가능한 한 단순한 단어를 사용하는 것과 같은 사례이다. 때때로 방언과 구어체의 사용이 강의 분위기에 적합하다면 교육적 강의에 활력을 불어넣을 수도 있지만, 결코 비속어를 사용해서는 안 된다.*

【136】 유도 토론 중 학생이 적절한 아이디어를 도출해 냈을 때 교관이 활용할 수 있는 가장 가치 있는 도구는 무엇인가?

① 구술시험 시간

② 토의된 주제에서 필기시험

③ 학생들이 성취한 것에 대한 중간 요약

④ 모든 과제가 종결된 후 강평

*【해설】 교관이 학생들에게 주제를 부여하여 토의하도록 유도 토론(guided discussion) 방식에서 학생들이 제시된 주제에 대한 적절한 아이디어를 도출했을 때 교관은 반드시 학생들이 학습한 것에 대해서 중간 요약(interim summary)을 해야 한다. 구술시험은 자유 노론을 유지하고 학생이 알고 있는 것을 끌어내는데 필요한 유도 토론의 의도에 적합하지 않다. 토론된 주제에서 필기평가는 사실보다는 의견과 경험(opinions and experience)을 평가해야 한다.*

【137】 교육적 강의 중 교관의 품위를 떨어뜨리고 교관에 대한 학생의 지성을 다시 생각하게 하는 것은 무엇인가?

① 비유적 언어를 사용한다.

② 문법적 오류와 야비한 단어를 사용한다.

③ 생생한 방언과 구어체를 사용한다.

④ 전문용어를 사용한다.

*【해설】 성공적인 교육을 위해서 교관은 학생들로부터 존경을 받아야 한다. 이를 위해서 교관은 표준어 사용을 습관화해야 하고, 문법적 오류(errors in grammar) 혹은 야비한(vulgarism) 용어를 사용하는 것은 교관 자신의 품위와 권위를 떨어뜨릴 수 있고, 그동안 학생이 받은 지성(intelligence)에 대해서 다시 생각하게 한다. 비유적(figurative) 언어, 방언 혹은 구어체를 사용하는 것은 강의 분위기에 적합할 때 교육적 효과를 얻을 수 있다.*

■ 135.① 136.③ 137. ②

**【138】** 유도 토론식 교육방법에 대해서 올바르게 서술한 것은 어느 것인가?
① 학습 목표는 학습의 적용 수준에서 뚜렷하게 나타난다.
② 주제에서 배경이 없는 학생도 이 토론에 포함할 수 있다.
③ 학습 수준을 자유롭게 선택할 수 있다.
④ 학생이 주제에 대해서 서로 의견을 교환할 수 있는 공통 지식을 갖추지 않는 한 이들은 원하는 학습결과를 얻을 수 없다.

*【해설】 유도 토론식(guided discussion) 교육은 훌륭한 교육 방식이기는 하지만 제한사항이 있다. 토론에 참여하고 있는 학생은 서로 의견을 교환할 수 있는 기본 배경 지식을 갖추고 있어야 원하는 학습 성과를 얻을 수 있다. 학습 목표는 적용 단계(application level)가 아닌 준비 단계에서 확실하게 알아야 한다. 토론식 교육에 참여하고 있는 학생들이 주제에 대한 기본 배경(background) 지식을 갖추고 있지 않다면 활발한 토론이 이루어지기 어렵다.*

**【139】** 유도 토론 방식에서 첫 질문은 항상 어떻게 시작되어야 하는가?
① 왜 ② 무엇을
③ 언제 ④ 어디서

*【해설】 유도 토론 방식에서 첫 질문은 항상 "왜 또는 어떻게" 시작하는 것이 좋다.*

**【140】** 비행기의 토크에 관한 유도 토론 방식의 주제에서 첫 질문으로 어느 것이 가장 좋은 방법인가?
① 토크가 비행기에 영향을 주는가?
② 토크는 비행기에 어떻게 영향을 주는가?
③ 선회에서 비행기에 토크의 영향은 무엇인가?
④ 토크를 어떻게 조치해야 하는가?

*【해설】 첫 유도 질문(lead-off question)은 답을 요구하기보다 토론을 이끌어가기 위한 질문이 되어야 한다. 따라서 "토크(torque)가 비행기에 어떻게 영향을 주는가?"는 토의를 이끌어가기 위한 첫 질문으로 적절한 기술이다. 그러나 "토크가 비행기에 영향을 주는가?" 혹은 "선회에서 비행기에 토크의 영향은 무엇인가?"와 같은 질문은 예/아니오 또는 짧은 답변으로 이어질 수 있으므로 토론 방식의 첫 질문으로 적절하지 않다.*

**【141】** 유도 토론 학습은 무엇을 통해서 얻어질 수 있는가?
① 면밀하게 선택된 질문을 통해서
② 여러 생각이 포함된 질문을 통해서
③ 학급 전체를 향한 역질문을 통해서
④ 전체를 대상으로 수준 높은 질문을 통해서

*【해설】 유도 토론의 학습 효과를 얻기 위해서 교관은 면밀하게 선택된 질문을 통해서 달성할 수 있다. 유도 토론에서는 각 주제에 하나의 생각으로 도출되어야 한다. 어떠한 학생 답변에 대해서 학급 전체를 향해서 다시 질문하는 것을 중계 질문(relay question)이라 한다.*

■ 138.④ 139.① 140.② 141.①

【142】 각 그룹 구성원에서 사고와 반응을 자극하기 위해서 학습 그룹을 향한 질문을 무엇이라 하는가?

① 중계 질문 ② 집중 질문
③ 수사적 질문 ④ 전체 질문

*【해설】 유도 토론(guided discussion)을 이끌어가기 위한 가장 좋은 방법은 개별적으로 질문하기보다 전체에 질문하는 것이 좋다. 이 질문은 특별한 정답을 요구하지 않는다. 전체 질문(overhead question)은 교육하고자 하는 주제에 대해서 전체 학생들의 중심 생각이다. 수사적 질문(rhetorical question; 말이나 글을 다듬고 꾸민다는 뜻으로 정답을 알면서도 강조의 목적으로 사용되는 질문이다.)은 유도 토론 방식보다는 강의에서 더 많이 사용된다.*

【143】 학과 교육에서 비행 컴퓨터의 사용에 관한 교육에서 가장 좋은 방법은 어느 것인가?

① 발표/연습 ② 시범/실행
③ 강의/적용 ④ 질의응답

*【해설】 비행 컴퓨터(flight computer)와 같은 도구, 기계 또는 유사한 장비의 사용 능력에 관한 교육에서 가장 좋은 방법은 실제로 사용 방법에 대해서 시범을 해보는 것이다.*

【144】 시범과 실행의 교육방법에서 두 개의 분리된 행동이 동시에 수행되어야 하는 것은 어느 것인가?

① 교관 설명과 시범 ② 학생 실행과 교관 감독
③ 교관 설명과 학생 시범 ④ 교관 설명과 학생 실행

*【해설】 시범과 실행(demonstration/performance)으로 진행되는 교육 방식에서 중요한 부분은 학생은 실행(performance)하고 교관은 감독(supervision)하는 역할을 하는 것이다. 비록 이들이 분리되어 있지만 동시에 수행되어야 성과를 얻을 수 있다.*

【145】 시범과 실행의 교육 방식에서 마지막 단계는 무엇인가?

① 요약 ② 평가
③ 학생 실행 ④ 설명

*【해설】 시범과 실행의 교육 방식은 다음 단계로 이루어져야 한다.*

- *설명(explanation)*
- *시범(demonstration)*
- *학생 실행(student performance)*
- *교관 감독(instructor supervision)*
- *평가(evaluation)*

【146】 컴퓨터기반훈련(CBT)에 관해서 올바르게 서술한 것은 어느 것인가?

① 교관은 교보재를 사용할 때 학생과 함께 활발하게 관계하지 않는다.
② CBT는 교관이 단독 훈련으로써 사용할 수 있다.
③ CBT의 주요 장점 중 하나는 학생이 이 장비를 이용해서 더욱 편리하게 훈련 진도를 나갈 수 있다.
④ CBT는 오직 교관의 감독하에 있을 때만 교육적 효과를 거둘 수 있다.

*【해설】 컴퓨터기반훈련(computer based training; CBT)의 주요 장점 중 하나는 학생이*

■ 142.④ 143.② 144.② 145.② 146.③

*이 장비를 이용해서 더욱 편리하게(comfortable) 훈련 진도를 나갈 수 있다. 이외에도 학생은 교관과 함께 교육이나 학습하는 것보다 자신의 편리한 시간을 선택해서 훈련할 수 있는 장점이 있다.*

【147】 일부 첨단 컴퓨터기반훈련(CBT)은 학생에게 일련의 상호작용을 통해서 진도를 나갈 수 있도록 한다. 이때 프레젠테이션은 학생의 어떠한 결과에 따라 달라질 수 있는가?

① 훈련　　② 반응

③ 필요　　④ 평가

*【해설】 일부 첨단(advanced) CBT에서는 프레젠테이션이 학생들이 반응하는 결과에 따라 달라지는 일련의 상호작용 구간(series of interactive segments)을 통해서 진도를 나갈 수 있다.*

【148】 다른 교육 방식과 달리 컴퓨터기반훈련(CBT)의 장점으로 컴퓨터는 어떠한 반응에 상호작용하는가?

① 학생의 배경　　② 학생의 입력

③ 학생의 훈련　　④ 학생의 수준

*【해설】 다른 교육 방식과 달리 컴퓨터기반훈련(CBT)의 장점은 컴퓨터가 학생과 상호작용하기 위해서 학생의 입력에 따라 다르게 반응한다는 점이다.*

【149】 전자기반학습에 관해서 맞게 서술하고 있는 것은 어느 것인가?

① 교관은 학습하고자 하는 것에 따라 학생이 빠르게 학습할 수 있도록 통제할 수 있다.

② 전통적인 교실 학습보다 학습을 준비하는 시간을 단축할 수 있다.

③ 동료 상호작용과 개인적 피드백이 더욱 효과적인 훈련 프로그램의 결과로 제한된다.

④ 교관은 과제를 언제든지 부여할 수 있지만 이를 준비하는데 시간이 더 소요될 수 있다.

*【해설】 전자학습(electronic learning) 또는 e-learning은 인터넷, 개인용 컴퓨터, 비디오, e-메일과 같은 다양한 매체로 개발되어 공급되고 있다. 시청각 그리고 실시간(real time)으로 접속할 수 있는 전자학습 방식이 개발되면서 전국적 규모의 학습이 가능해졌고, 언제 어디서든 재생해서 다시 볼 수 있는 편리한 수단들이 개발되었다. 전자학습 방법의 개발로 기존의 전통적인 교실(traditional classroom)과 달리 특별하게 준비할 수 있는 시간이 감소하였고, 수준에 맞는 강의를 선택할 수 있는 것도 최대의 장점이다. 전자학습 방식이 도입되면서 학습 상황을 통제하는 것이 더욱 어려워졌다. 동료 상호작용(peer interaction)과 개인적 피드백(personal feedback)의 부족이 전자학습의 한 단점이다.*

【150】 상호작용(쌍방향) 효과를 얻을 수 있는 훈련 보조 수단은 무엇인가?

① 교육용 비디오

② e-메일 토론과 과제를 부여하는 웹-기반 교육

③ 다중-매체 발표

④ 보충 교재

*【해설】 상호작용(interactive) 교육 방식은 사용자의 선택과 명령(choice and command)*

■ 147.② 148.② 149.② 150.②

*에 신속하게 반응하는 다양한 컴퓨터 기반 교육 방식이라 할 수 있다. 이 같은 상호작용 학습은 학생의 입력(선택과 명령)에 따른 다양한 반응(varying response)을 포함하여 학습 진도에 학생이 직접 참여하는 것으로 결과적으로 각 학생은 맞춤형 학습(customized learning)을 경험할 수 있다. 교육용 비디오 혹은 다중 매체에 발표하는 방식은 학생의 입력에 따라 변하지 않기 때문에 수동적 훈련 보조(passive training aids) 방식이다.*

【151】 시범/실행의 교육 방식에서 필수 단계는 어느 것인가?

① 시연, 연습, 그리고 평가
② 시연, 학생 실행, 그리고 평가
③ 설명, 시연, 학생 실행, 교관 감독, 그리고 평가
④ 설명, 시연, 학생 실행, 그리고 평가

【152】 학습 자료를 정렬하는 데 있어서 단순함에서 복잡함으로, 과거에서 현재로, 그리고 알고 있는 것에서 모르고 있는 것으로 진행하는 방식은 어떠한 효과를 얻을 수 있는가?

① 학생 사고 패턴 출발점을 생성한다.
② 학습의 주요 핵심의 상관관계를 보여준다.
③ 학생에게 학습에 활동적인 참여를 요구한다.
④ 학생의 사고 능력을 더욱 확대할 수 있다.

*【해설】 모든 학습은 체계적으로 이루어져야 하고 학습 자료는 단순함에서 복잡함으로, 과거에서 현재로 그리고 아는 것에서 모르는 것으로 진행되어야 한다. 이 같은 정렬 방식은 학습의 주요 포인트(main pints)의 상호관계(relationships)를 쉽게 이해할 수 있도록 한다.*

【153】 소개에서 하위목차의 적절한 순서는 어느 것인가?

① 주의, 동기, 그리고 전체적 개요
② 주의, 개발, 그리고 전체적 개요
③ 개관, 동기, 그리고 결론
④ 개관, 개발, 그리고 전체적 개요

*【해설】 모든 학습의 소개(introduction)에서 학생의 주의(attention)를 끌 수 있고, 학생이 도전해보고자 하는 동기(motivation)를 부여하고, 사용하고자 하는 자료를 준비하고, 교관이 준비한 정보를 학생들이 받아들일 수 있는지 확인하기 위해서 학생에게 전체적인 개요(overview)를 제공할 수 있도록 준비해야 한다.*

【154】 교육이 알고 있는 것에서부터 모르고 있는 것으로 진행될 때 교관은 학생의 무엇을 이용해야 하는가?

① 주제의 최근 지식
② 이전 경험과 지식
③ 유효 혹은 무효와 관계없이 이전에 갖고 있던 의견
④ 학생의 동기와 주의집중 능력

*【해설】 교육 중 알고(known) 있는 내용에서 잘 모르는(unknown) 내용을 진행할 때 교관*

■ 151.③ 152.② 153.① 154.②

*은 학생의 이전 경험과 지식(previous experiences and knowledge)을 활용할 수 있어야 한다.*

【155】 학습 자료를 조직화하는 데 있어서 앞으로 진행되는 모든 것을 위한 단계를 설정하는 것은 어느 단계인가?

① 개요 ② 결론
③ 본론 ④ 소개

*【해설】 소개(introduction)는 교관과 학생 사이의 공통 배경(common ground)을 확립하고 그룹의 주의를 끌고 유지(capture and hold)해야 한다. 그리고 전체 교육 과정을 어떻게 진행해 갈 것인지를 설명하고, 학생이 학습 자료로부터 예상할 수 있는 특정 이점을 설명해 주어야 한다. 소개는 학생에게 주제를 받아들일 수 있는 자세를 갖추는 방법으로 제시되어야 한다. 개요(overview)는 전체 코스와 어떻게 관련이 있는지가 아닌 교육 중 다루어야 하는 자료가 포함된다. 결론(conclusion)은 학습의 중요한 자료가 포함되고 이것은 전체 코스가 아닌 학습 목표(lesson objective)와 관련이 있다.*

【156】 학습 발달에서 교관이 설명과 시범을 편성하는 것은 학생의 무엇을 돕기 위한 것인가?

① 학습 수준의 향상과 이해력을 돕기 위함이다.
② 제시된 자료를 철저하게 이해할 수 있게 하기 위함이다.
③ 알고 있는 것에서 모르고 있는 것으로 진행하여 새로운 개념을 얻는다.
④ 원하는 학습결과를 달성하기 위함이다.

*【해설】 학습 발달에서 교관은 원하는 학습 결과(desired learning outcome)를 얻기 위해서 학생을 도와줄 수 있도록 설명과 시범(explanations and demonstrations)을 조직화하는 데 초점을 두어야 한다. 알고 있는 것에서 모르고 있는 것으로 진행하여 새로운 개념을 얻는 것은 주요 포인트(핵심)의 상관관계를 보여준다. 제시된 자료의 철저한 이해를 얻기 위한 능력은 자료의 조직에 더 의존적이다.*

【157】 학생의 수행에 대한 교관의 비평에 관해서 올바르게 설명하고 있는 것은?

① 칭찬을 위한 칭찬이라도 가치가 있다.
② 건설적이고 객관적이어야 한다.
③ 모든 실행에 관해서 세부적으로 다루어야 한다.
④ 학생의 모든 행위는 교관의 감독하에 있어야 한다.

*【해설】 학생 수행에 대한 비평(critique)은 항상 건설적(constructive)이고 객관적이어야 한다. 이것은 수행 수준을 향상하기 위한 방향과 길잡이(direction and guidance)를 제공한다. 그러나 단지 칭찬을 위한 칭찬은 무의미하다. 모든 수행에 관해서 세부적으로 다루어야 하는 것은 포괄적 비판(comprehensive critique)이다.*

▣ 155.④ 156.④ 157.②

【158】 학생의 수행에 대한 교관의 평가에 관해서 올바르게 설명하고 있는 것은?

① 교관의 비평과 권장은 항상 행했던 것과 같은 수행을 바탕으로 해야 한다.
② 평가는 항상 사적으로 행해야 한다.
③ 단지 등급(성적)을 결정하기 위한 과정이 아닌 학습 과정의 한 단계이다.
④ 평가는 학습의 한 과정으로 볼 수 없으므로 수행과 가정을 바탕으로 해야 한다.

*【해설】 평가(assessment)는 훈련과 학습 과정의 필수적이고 지속적인 구성요소이다. 평가가 객관적(objective)으로 이루어져야 가장 정직한 것이고, 평가는 기존에 행했던 것이 아닌 성과를 기준으로 이루어져야 한다. 부정적 피드백(negative feedback)은 오직 사적 교환(private exchange)으로만 제한되어야 한다.*

【159】 교관이 학생을 비평할 때 어떻게 해야 하는가?

① 사적으로 해야 한다.
② 객관적보다 주관적으로 해야 한다.
③ 학생의 잘못된 행동을 기록해 놓았다가 한꺼번에 비평해야 한다.
④ 학생이 수행 후 즉시 이루어져야 한다.

*【해설】 효과적인 비평(effective critique)이 되기 위해서는 학생이 수행한 후 즉시 평가를 해 주어야 한다. 학생의 행동과 그 행동에 대한 이유는 학생들의 마음속에 새로운 사실이 되고, 교관은 취약점을 식별할 수 있다. 이것은 학생이 이들 취약점(weaknesses)을 극복하는 데 도움이 된다.*

【160】 교관의 비평에 관해서 맞게 설명하고 있는 것은?

① 학생이 비평을 더 잘 받아들일 수 있도록 교관의 개성에 의존해야 한다.
② 포괄적인 비평은 학생 실행의 긍정적인 면을 강조한다.
③ 학생이 교관의 비평을 받아들이기 전에 학생이 먼저 교관을 받아들여야 한다.
④ 교관의 학습에 대한 비평은 긍정과 부정적 면을 모두 강조해야 한다.

*【해설】 학생 수행에 관한 교관의 비평은 학생이 교관을 받아들였을 때만 효과적일 수 있다. 교관이 교육 준비를 하지 못했거나 비전문가적인 매너(unprofessional manner)를 보일 때 학생은 교관을 존경 또는 신뢰하지 않고 결국 비평은 받아들여지지 않을 것이다. 교관의 비평은 교관의 개성(personality)이 아닌 학생 성과를 바탕으로 해야 한다. 포괄적 비평(comprehensive critique)은 학생 성과의 부정적 혹은 긍정적 측면 모두 포함된다.*

【161】 학생 수행에 관한 교관의 비평은 어떻게 해야 하는가?

① 모든 학생의 수행에 관해서 세부적으로 다루어야 한다.
② 비평은 사적으로 해야 학생이 당황하지 않는다.
③ 수행을 향상하기 위해서 방향과 길잡이를 제공해야 한다.
④ 모든 학생 수행에 대한 비평은 직설적이어야 한다.

*【해설】 비평의 목적은 학생의 학습을 돕고 효과적인 비평은 수행을 향상하기 위한 방향과 길잡이(direction and guidance)를 제공해야 한다. 비평은 관련된 성과를 극대화하기 위한 것으로 한정되어야지 모든 면에서 세부적이어서는 안 된다. 비평이 모든 사람에게 이점이*

■ 158.③ 159.④ 160.③ 161.③

*있다면 전체 학급 전에 이루어질 수 있다.*

【162】 교관은 효과적인 비평이 되기 위해 어떻게 해야 하는가?

① 능률 요건을 만족시키기 위해서 충분한 융통성이 있어야 한다.
② 모든 학생의 수행에 관해서 세부적으로 다루어야 한다.
③ 모든 학생 수행에 대한 비평은 직설적이어야 한다.
④ 부정적 의견을 포함하지 않아야 한다.

*【해설】 효과적인 비평(effective critique)은 단지 비평을 위한 비평이 되어서는 안 된다. 이를 위해서 학생 수행에 대해서 개별적, 특정화(specific), 객관적, 포괄적(이해), 그리고 잘 조직된 토론(well-organized discussion)이 되어야 한다. 따라서 효과적인 비평이 되기 위해서는 능률의 요건(requirements of the moment)을 만족시키기 위한 충분한 융통성(flexible)이 있어야 한다.*

【163】 학습 중 구술 평가를 하는 것이 효과적인 이유는 무엇인가?

① 학습을 마무리할 때 종합적 평가에 유리하다.
② 강조가 필요하지 않은 포인트를 식별하게 한다.
③ 교관에게 학생의 전체적 지적 수준을 결정하는 데 도움이 된다.
④ 활동적인 학생 참여를 향상한다.

*【해설】 학습의 기본 전제(basic premise of learning)는 학생이 스스로 행함으로써 배우는 것이다. 이 같은 이유로 효과적으로 수행된 구술 퀴즈(oral quiz)는 활발한 학생 참여(active student participation)를 유도하여 학습 진도를 향상한다. 구술 평가는 강조가 필요한 부분을 찾아낼 수 있고 학습했던 것에 관한 이해를 확인하는 데 유용하다.*

【164】 조종사 자격증명을 위한 실기시험은 무엇인가?

① 참조평가　　② 규준평가
③ 절대평가　　④ 상대평가

*【해설】 조종사와 정비사의 자격증명을 위한 실기평가(practical test)는 절대기준평가(criterion-referenced)이다. 절대기준평가는 모든 합격자는 높은 평균수준의 지식, 기량, 그리고 안전에 충족해야 하는 것이 목적이기 때문이다.*

【165】 학과를 시작하기 위한 필수 지식과 기술을 평가하는 예비 테스트는 무엇으로 볼 수 있는가?

① 가상현실평가　　② 규준평가
③ 상대평가　　④ 절대평가

*【해설】 예비 테스트(pretest)는 학과를 시작하기 위한 필수 지식과 기술을 평가하기 위한 절대기준평가이다. 또한, 예비 테스트는 학과에서 다루게 될 자료에 관련된 지식과 기술의 최근 수준(current level)을 평가하는 기회이다.*

▣ 162.① 163.④ 164.③ 165.④

【166】 실기평가표준의 목적은 높은 수준의 수행과 숙련도에서 조종사 자격증명의 보장에 부합해야 하는 것은 무엇인가?

① 가용한 시간　② 안전

③ 능력　④ 조종 집중도

*【해설】 실기평가표준(Practical Test Standards)의 목적은 자격증명에 적합한 능력을 갖추었는지 결정하는 것으로 이 자격에 합격한 사람은 안전(safety)에 부합하는 높은 수준의 수행과 숙련도(performance and proficiency)를 갖추었음을 보장하는 것이다.*

【167】 비행훈련 코스 중 학생에게 실기평가에 합격하기 위한 허용 가능한 최저 표준은 언제 소개하는 것이 적절한가?

① 매 비행 코스를 시작할 때

② 규정에 따른 실기평가 준비교육 3시간 전

③ 전략적 코스 전환에서 학생의 진도를 평가하기 위한 단계 평가 중

④ 모든 훈련을 종료하기 마지막 3시간

*【해설】 교관은 각 훈련 과제를 소개할 때 평가에 합격하기 위한 최저 허용 가능한 표준(minimum acceptable standard)을 소개해서는 안 된다. 평가에 합격하기 위한 최저 표준은 "3시간의 준비교육(3 hours of preparation)" 중에 소개해야 한다.*

【168】 실기평가표준(PTS)은 어떠한 목적으로 활용되어야 하는가?

① 오직 비행훈련　② 비행훈련과 평가

③ 오직 평가　④ 구술시험과 평가

*【해설】 실기평가표준(PTS)은 항공종사자의 자격증명에 적합한 표준을 기준으로 특정 성과와 목적을 제공하기 때문에 항공종사자 훈련 커리큘럼에 매우 중요하다. 따라서 이들은 비행훈련(flight training)과 평가(testing) 모두에 적용되는 것이 적절하다.*

【169】 실기평가표준(PTS)의 사례는 무엇인가?

① 상대평가　② 형성적 평가

③ 부가적 평가　④ 절대평가

*【해설】 조종사와 정비사의 실기평가는 절대기준평가(criterion referenced)이다. 모든 성공적인 응시자는 규정에서 요구하고 있는 높은 평균 지식, 기술, 그리고 안전에 충족해야 하는 것이 목적이기 때문이다.*

【170】 다음 중 전문조종사로서 숙지해야 하는 것은 어느 것인가?

① 실기평가표준은 테스트 목적으로만 사용해야 한다.

② 실기평가표준은 목표 기반이 되어야 하고 훈련과 평가 목적으로 활용해야 한다.

③ 실기평가표준은 표준 기반이 되어야 하고 훈련과 함께 주요 보조 수단으로 활용해야 한다.

④ 실기평가표준은 표준 기반이 되어야 하고 훈련과 평가 목적으로 활용해야 한다.

*【해설】 실기평가표준은 훈련과 평가 목적으로 활용해야 한다.*

■ 166.② 167.② 168.② 169.④ 170.②

【171】 실기평가표준에 관해서 맞게 설명하고 있는 것은?
① 기준 기반이고 평가 목적으로만 사용되어야 한다.
② 목표 기반이고 규정에 초과하는 부가적인 과제를 포함해야 한다.
③ 표준 기반이고 규정에 초과하는 부가적인 과제를 포함해야 한다.
④ 객관적 기반이고 훈련과 평가 목적으로 사용되어야 한다.
*【해설】 실기평가표준(PTS)은 훈련과 평가 목적으로 활용해야 한다.*

【172】 교관은 실기평가표준을 언제 소개해야 하는가?
① 교관의 재량으로
② 3시간 준비 기간 중
③ 새 기동을 소개할 때
④ 교육 훈련의 첫 소개 과정에서
*【해설】 교관은 학생이 가능한 한 많은 내용을 훈련하거나 학습할 수 있도록 격려하고 지도해야 한다. 교관은 각 과제를 소개할 때 평가를 위한 최저 허용 가능한 표준을 소개해서는 안 된다. 비행훈련의 중점은 표준은 무엇이고 이를 어떻게 실행할 수 있는지를 이해, 교육 그리고 훈련하는 것이다. 따라서 교관은 평가를 위한 최저 표준은 평가를 위한 "3시간 준비 기간" 전까지 이를 강조해서는 안 된다.*

【173】 학습 과정에서 효과적인 구술 질문은 어떻게 구성되어야 하는가?
① 전체 학습의 전반적인 내용이 포함되어야 한다.
② 다양한 방법에서 표현할 수 있는 정답을 제공해야 한다.
③ 이전 학습에서 다룬 주제에 대해서 학생의 사고를 전환해야 한다.
④ 간결하고 명료해야 한다.
*【해설】 학습 중 구술 질문은 간결하고 명료해야(brief and concise) 하고 학습계획의 진도를 점검하는 수단으로 질문은 짧아야 하고 간단하게 대답할 수 있어야 한다. 또한, 교관은 학생이 학습된 자료를 적절하게 이해하고 있는지를 보여줄 수 있도록 신중하게 선택해야 한다. 구술 질문은 하나의 정답이 되어야 하고 가까운 주제에서 선택되어야 한다.*

【174】 구술 질문에 관해서 기억을 바탕으로 대답할 수 있는 질문의 종류는 어느 것인가?
① 사실 질문 ② 자극적 질문
③ 사고력 질문 ④ 추측성 질문
*【해설】 사실 질문(fact question)에 대한 정답은 기억(memory or recall)을 바탕으로 한다. 통상 이 종류의 질문은 누가, 무엇을, 언제, 그리고 어디서 등과 연관이 있다.*

【175】 적절한 구술 질문에서 교관이 원하는 결과 중 하나는 무엇인가?
① 교관의 훈련 절차의 효율성을 들어내게 한다.
② 코스의 전체 목적에서 설정된 필수요건을 실행하도록 한다.
③ 학생이 결정할 수 있는 것으로부터 필수 정보를 들어내게 한다.
④ 교관의 훈련 목적을 달성하는 수단이 된다.

▣ 171.④ 172.② 173.④ 174.① 175.①

*【해설】 구술 질문의 원하는 결과(desired result) 중 하나는 교관 자신의 훈련 절차(training procedures)에 대한 효율성(훈련의 적절성)을 평가할 기회를 제공한다. 구술 문제는 수행이 아닌 코스의 목적을 향한 진도를 평가하는 것이다. 필수 정보를 드러내도록 하는 것은 비평에 관한 것이다.*

【176】 학습 중에 구술 질문이 효과를 거두기 위해서는 어떠한 형태의 질문이 되어야 하는가?

① 훈련 단계에 맞는 적절한 난이도의 질문을 해야 한다.
② "어디서, 어떻게 그리고 왜"가 함께 조합되어 포함되어야 한다.
③ 이전 학습에서 다룬 주제에 대해서 학생의 사고를 전환해야 한다.
④ 구술 질문은 항상 이전 과제와 연관성을 갖추어야 효과가 있다.

*【해설】 구술 문제에 사용되는 효과적인 질문 방법은 학생의 능력(ability)과 경험 그리고 훈련 단계(stage of training)에 적합해야 한다. 학습 중 구술 질문은 간결하고 명료해야(brief and concise) 하고 학습이나 훈련 진도와 가까운 주제여야 한다.*

【177】 가장 보편적인 평가의 수단은 무엇인가?

① 상대평가　　② 필기시험
③ 참평가　　④ 교관이 학생에 대한 직접 또는 간접적인 구술 질문

*【해설】 교육 중 가장 보편적인 평가의 수단은 학생에게 직접 또는 간접적인 구술 질문을 통해서 이루어질 수 있다. 이 질문은 사실을 기반으로 하거나 고차원사고기술(high-order thinking skill; HOTS)이 포함될 수 있다. 사실 질문(fact questions)의 정답은 기억 또는 "누가, 무엇을, 언제 그리고 어디서"가 조화된 내용이어야 한다. 고차원사고기술(HOTS)은 "왜 또는 어떻게"가 포함되고 학생에게 상황을 분석하고 문제를 해결하여 결론에 도달할 수 있는 능력과 함께 사실의 지식을 결합할 수 있어야 한다.*

【178】 절대(기준)평가에 대해서 맞는 것은 어느 것인가?

① 기준기반 객관성을 포함한다.
② 성과기반 객관성을 포함한다.
③ 주관적이다.
④ 목표기반 주관성을 포함한다.

*【해설】 절대(기준)평가(criterion-referenced test)에서 학생은 상대적이 아닌 설정된 표준 또는 기준(standard or criterion)을 통해서 등급(성적)이 결정된다. 이것은 규정된 성과기반 객관성(performance-based objective)을 포함한다.*

【179】 구술 질문을 통해서 원하는 결과는 무엇인가?

① 강조가 더 필요한 요점을 알 수 있게 해 준다.
② 한 질문에서 아이디어의 조화를 평가하기 위한 수단을 제공한다.
③ 지식을 확실하게 보장하기 위한 "예/아니요" 대답으로 완성된다.
④ 종합 평가의 한 수단이 된다.

*【해설】 교관의 적절한 구술 질문은 다음과 같은 결과를 얻을 수 있다.*

■ 176.① 177.④ 178.② 179.①

*(1) 교관의 훈련 수단의 효율성을 판단할 수 있다.*
*(2) 학생이 학습한 것을 기억하고 있는지 확인할 수 있다.*
*(3) 학생에게 이미 제시된 자료를 복습할 수 있다.*
*(4) 학생의 관심을 끌고 생각을 촉진하게 할 수 있다.*
*(5) 훈련의 전체 내용을 요약할 수 있다.*
*(6) 더욱 강조해야 할 내용 또는 요점을 알 수 있게 한다.*
*(7) 학생이 학습한 내용을 이해했는지 확인할 수 있게 한다.*
*(8) 효과적인 학습에 중요한 적극적인 학생 참여를 유도한다.*

【180】 학습 과정 중 구술 질문에서 효과적인 질문은 어느 것인가?
① 왜, 어떻게, 무엇을, 어디서, 그리고 언제가 포함된 질문으로 시작해야 한다.
② 학습의 원하는 결과와 관련해야 한다.
③ 간결하고 명료해야 한다.
④ 학습결과를 얻을 수 있도록 종합적이어야 한다.

【181】 학생의 질문에 답하기 전에 교관이 알아야 하는 가장 중요한 것은 어느 것인가?
① 질문을 명확하게 이해해야 한다.
② 주제에 대해서 완전한 지식을 갖추어야 한다.
③ 필요하다면 질문에 부분적으로 답하기 위해서 더 복잡한 정보를 소개해야 한다.
④ 모든 주제에 대한 완전한 지식을 제공해야 한다.
*【해설】 학생의 질문에 대답하기 전에 교관은 질문의 요지를 명확하게 이해(clearly understand)하는 것이 가장 중요하다. 또한, 이 질문에 대해서 학생이 확실하게 이해할 수 있도록 답변해 주어야 한다. 교관은 모든 주제에 대한 완전한 지식을 제공하기보다 정답을 찾을 수 있는 힌트 혹은 출처를 제공해야 한다. 그러나 너무 복잡하게 설명하는 것은 오히려 혼동(confusion)을 초래할 수 있으므로 삼가야 한다.*

【182】 추측 가능성을 가장 크게 하는 시험은 어느 것인가?
① 진위형 문제 ② 서답형 문제
③ 선다형 문제 ④ 에세이 질문
*【해설】 진위형 문제(true/false question)는 "맞다/틀리다(true/false)"와 같이 정답일 확률은 50%이다. 따라서 이 유형의 문제는 학생에게 확실하지 않을 때 둘 중 하나를 선택하게 할 수 있다.*

【183】 서답형(에세이) 문제의 주요 단점은 무엇인가?
① 추측 가능성이 높다.
② 이 문제는 추측으로 답변하기 쉽다.
③ 이 문제는 통계적 분석에 적합하다.
④ 이 문제는 균등하게 등급(성적)을 매길 수 없다.
*【해설】 서답형 혹은 에세이 질문(supply-type or essay question)은 주제를 전체적으로*

■ 180.③ 181.① 182.① 183.④

*이해하고 있는지를 평가하는데 사용할 수 있지만 동등하게 등급을 결정할 수 없는 것이 주요 단점이다. 선택형 문제는 통계를 내는 데 적합하다.*

【184】 학생들 사이의 성취에서 약간의 차이를 평가하는 필기평가의 특성은 무엇인가?
① 타당성　　　　② 신뢰성
③ 합리성　　　　④ 변별력

*【해설】 변별력(discrimination)은 학생들 사이의 성취(achievement)에서 작은 차이를 평가하기 위해서 실시하는 필기평가의 한 특성이다.*

【185】 필기평가가 타당성을 가질 때는 언제인가?
① 일정한 결과를 얻을 수 있을 때
② 평가하고자 하는 모든 것을 자유롭게 표본을 추출하였을 때
③ 평가하고자 가정된 것을 평가할 때
④ 평가하고자 하는 모든 과제가 합리성을 가질 때

*【해설】 필기평가의 타당성(validity)은 평가하고자 가정한 것을 평가하기 위한 능력이다. 평가에서 일정한 결과(consistent results)를 얻을 수 있는 것은 신뢰성(reliability)이다. 포괄성(comprehensiveness)은 평가하고자 하는 모든 것이 편견 없이 견본이 된다는 것을 의미한다.*

【186】 필기평가에서 정답의 추측을 방지하기 위한 선택형 평가 항목은 어느 종류인가?
① 에세이　　　　② 짝맞추기
③ 선다형　　　　④ "예 또는 아니오" 방식

*【해설】 맞는 것끼리 연결하는 방식(matching; 짝맞추기) 평가는 상호관계를 인식하고 관련을 지을 수 있는 학생의 능력을 평가하는 양호한 평가 방법이다. 이외에도 선다형보다 정확한 정답의 추측 가능성(probability of guessing)을 감소시킨다. 에세이는 서답형 문제이고 선다형은 짝맞추기 문제보다 추측 가능성을 감소시키지 못한다.*

【187】 서답형 평가의 특징은 무엇인가?
① 이 문제는 사실적 지식을 평가하는데 용이하다.
② 평가 결과는 학생 또는 등급과 관계없이 동일하게 매길 수 있다.
③ 여러 교관이 동일 평가를 했을 때 점수가 달라질 수 있다.
④ 평가 결과는 교관이 바뀌어도 결과는 동일하다.

*【해설】 서답형 평가의 주요 문제점은 동등하게(일률적으로) 점수를 매기기가 어렵다. 만약 동일 평가가 서로 다른 교관에 의해서 점수가 매겨진다면 점수는 달라질 수 있다. 평가 결과는 학생 또는 등급(성적)과 관계없이 동일하게 매길 수 있는 것은 선택형 질문 특성이다.*

■ 184.④ 185.③ 186.② 187.③

【188】 분별력(변별력)이 있는 필기평가는 어떠한 특징이 있는가?
① 출제도 쉽고 점수를 매기기도 쉽다.
② 강의 목적의 대표성과 포괄성 샘플링을 포함한다.
③ 학생들 사이의 성취 정도를 구분할 수 있다.
④ 점수의 범위가 비교적 좁다.
*【해설】 분별력/변별력(discrimination)은 평가를 통해서 학생 사이의 수준 차이를 구분해내는 것이다. 이 목적이 포함된 평가의 특징은 다음과 같다.*
*(1) 점수의 범위가 넓다.*
*(2) 모든 난이도를 포함한다.*
*(3) 각 항목은 강의 목적의 성취에서 학생들 사이의 수준을 구분할 수 있다.*

【189】 필기평가가 포괄성이라고 말할 수 있을 때는 언제인가?
① 모든 수준의 난이도가 포함되었을 때
② 모든 학생 사이의 성취도를 식별할 수 있다.
③ 다양한 방법에서 동일 주제의 지식을 평가할 때
④ 평가하고자 하는 모든 것을 자유롭게 표본을 추출하였을 때
*【해설】 포괄성 평가(comprehensiveness)는 평가하고자 하는 모든 것을 자유롭게 표본을 추출하는 것 중 하나이다. 모든 수준의 난이도가 포함되고 여러 다른 방법으로 동일 주제의 지식을 평가하는 것은 평가의 분별력을 보여준다.*

【190】 신뢰성을 갖기 위한 필기평가는 어떠한 특성이 있어야 하는가?
① 일정한 결과를 얻을 수 있다.
② 학생의 성취에서 작은 차이를 평가할 수 있다.
③ 실제로 평가하고자 가정하는 것을 평가하는 것이다.
④ 그룹별 결과가 동일하기 때문에 절대평가에 유리하다.
*【해설】 필기평가는 일정한 결과(consistent results)를 얻을 수 있는 신뢰성(reliability) 조건을 갖추어야 한다.*

【191】 서답형 평가와 비교해서 선다형 평가의 주요 장점 중 하나는 무엇인가?
① 대답 사이의 분별력을 떨어뜨린다.
② 학생 또는 학력과 관계없이 객관적으로 등급(성적)을 매길 수 있다.
③ 다른 교관들로부터 교육받은 학생을 한 교관 통제하에 학생의 비교를 방지한다.
④ 교관에 따라 다른 결과도 도출될 수 있다.
*【해설】 선다형 문제를 선호하는 것은 학생 또는 학력과 관계없이 객관적으로 등급을 매길 수 있기 때문이다. 선다형 문제는 대답 사이에 변별력을 높여준다. 또한, 교육 혹은 훈련받은 교관과 관계없이 학생들 사이의 성과를 비교할 수 있다.*

▣ 188.③ 189.④ 190.① 191.②

【192】 효과적인 선다형 평가 항목에 관해서 올바른 것은 어느 것인가?
① 부정적 단어 또는 구절을 강조할 필요가 없다.
② 항목은 추상적 배경 지식을 요구한다.
③ 대략 동등한 길이의 모든 대안을 유지해야 한다.
④ 추측의 가능성을 가능한 한 높여야 한다.
*【해설】 선다형 평가(multi-choice test)를 출제할 때 교관은 대략 동일한 길이의 모든 대안(alternative)을 유지하려 해야 한다. 이것은 추측하는 것을 차단하는 데 도움이 된다. 또한, 항목은 추상적이 아닌 필연적 지식이 필요하다.*

【193】 선다형 문제를 출제할 때 겪을 수 있는 가장 어려운 것 중 하나는 무엇인가?
① 통계적 항목 분석에 대한 항목들을 적용해야 한다.
② 대략 동일 길이의 모든 반응을 유지해야 한다.
③ 지식이 부족한 학생을 유혹하는 오답을 만들어내는 것이다.
④ 모두 동일한 정답을 유도하기 위함이다.
*【해설】 선다형 평가를 출제할 때 가장 큰 어려움은 지식이 부족한 학생 또는 이해를 하지 못한 학생이 선택하고자 하는 오답을 만들어내는 것이다. 오답은 합리적이고 지식이 부족한 학생에게 맞는 것처럼 보여야 하지만 명확한 오답이 되어야 한다.*

【194】 선다형 질문에 관해서 좀 더 높은 학습 수준의 성취를 평가할 수 있는 것은 어느 것인가?
① 이해하지 못한 학생이 오답을 선택하도록 하는 것은 비윤리적이다.
② 제시되는 대안 중 뚜렷한 정답이 보이지 않도록 해야 한다.
③ 학생을 정답으로부터 오답으로 관심을 끌게 하는 공통 오류의 활용은 비효율적이고 합리적이지 않다.
④ 대안의 일부 또는 전부는 받아들일 수 있지만, 오직 하나만이 다른 것에 비해 명확해야 한다.
*【해설】 선다형 평가에서 좀 더 높은 학습 수준의 성취를 평가하기 위해서 제시되는 항목은 거의 맞는 것 같지만 오직 하나만이 정답인 몇몇 대안을 출제해야 한다. 학생을 정답으로부터 오답으로 관심을 끌게 하는 것은 추측의 가능성을 방지하는 효과적인 방법이다.*

【195】 운용, 절차, 또는 과정이 포함된 훈련을 평가하는데 적합한 평가는 어느 것인가?
① 구술 평가　　② 수행 평가
③ 숙련도 평가　　④ 즉석 평가
*【해설】 수행 평가(performance test)는 운용(operation), 절차(procedure) 또는 과정(process)이 포함된 훈련을 평가하는데 가장 적합한 평가 방법이다. 수행 평가는 운용의 실질적 실행이 포함되어야 한다.*

▣ 192.③ 193.③ 194.④ 195.②

【196】 교보재의 사용에 관해서 올바른 것은 어느 것인가?

① 교보재는 강의에서 모든 핵심 포인트를 다룰 수 있도록 계획되어야 한다.
② 교보재는 학생의 주의를 끌고 유지할 수 있어야 한다.
③ 교보재는 강의 시간에 주제를 다루기 위해서 간단하게 사용되어서는 안 되다.
④ 교보재는 강의 전반에 거쳐 제시되어야 효과를 거둘 수 있다.

*【해설】 강의 중 사용하는 교보재(instructional aids)는 훈련과 학습 과정에서 교관을 보조하기 위한 도구이다. 교보재는 강의 중 핵심 포인트와 개념(key points and concept)을 다룰 수 있어야 한다. 그러나 교보재 자체가 주의를 끌어서는 안 된다.*

【197】 훈련과 학습 중에 사용되는 교보재가 갖추어야 하는 조건은?

① 그 자체로 설명되고 추가 설명이 필요하지 않아야 한다.
② 달성하고자 하는 학습결과와 양립할 수 있어야 한다.
③ 강의 계획을 계획하고 조직하기 전에 선택되어야 한다.
④ 교보재는 강의 계획의 중심에 있어야 한다.

*【해설】 훈련과 학습 과정에서 사용되는 모든 교보재는 단순(simple)해야 하고 달성하고자 하는 학습 결과(learning outcome)와 양립될 수 있어야 한다. 교보재는 부가적으로 설명되어야 한다. 그리고 교보재는 강의 계획과 조직을 구성한 후 선택해야 한다.*

【198】 훈련과 학습 중 교관은 교보재를 어떻게 사용해서는 안 되는가?

① 교관의 주요 강의 도구로써 사용되어야 한다.
② 짧은 시간에 더욱 효율적인 훈련을 위해서 사용되어야 한다.
③ 추측 사이에 상관관계를 시각화하기 위해서 사용되어야 한다.
④ 교보재는 교육 계획의 수단으로 사용되어야 한다.

*【해설】 교관은 교보재에 지나치게 의존해서는 안 된다. 교보재는 용어가 의미하는 것과 같이 교관이 심도 있게 준비한 교육 계획을 보조하는 수단으로 사용되어야 한다. 교보재는 단순해야 하고 달성하고자 하는 학습결과와 양립될 수 있어야 한다.*

【199】 교보재 사용은 강의에서 특정 내용을 보충할 수 있는 학생의 능력을 바탕으로 해야 한다. 교보재가 필수적이라면 이를 결정하기 위한 첫 단계는 언제인가?

① 강의 개요 또는 강의 계획에 주제 자료를 조직할 때
② 어떠한 아이디어가 교보재를 보충하는지를 결정할 때
③ 의사소통되어야 하는 학습 목표가 명확하게 확립되었을 때
④ 강의 중간에 교보재가 필수적이라는 것을 인지했을 때

*【해설】 교보재는 학습 목표(lesson objectives)가 명확하게 확립될 때까지 선택해서는 안 된다. 교관이 학생과 무엇을 의사소통할 것인지 정확하게 파악한 다음 특정 강의 내용을 보충할 수 있는 교보재를 선택해야 한다.*

■ 196.① 197.② 198.① 199.③

【200】 학생이 시험 준비서만을 사용했을 때 문제점으로 볼 수 없는 것은?

① 학생은 주어진 평가에 합격하기 위해서만 학습한다.
② 학생은 핵심 지식을 기억하기 위한 기계적 암기법을 사용한다.
③ 전체적인 내용을 이해하는 데 도움이 된다.
④ 학생들은 때때로 구술 질문 과정에서 부족한 지식이 들어난다.

*【해설】 시험 준비서(test preparation materials)는 각종 국가고시를 준비하는 데 매우 도움이 된다. 그러나 오직 평가에 합격하기 위한 학습을 하는 경향 때문에 내용에 대한 전체적인 학습 개요를 파악하지 못하거나 안전에 관한 절차와 실질적인 지식을 간과할 수 있다. 이들 학습 방법은 단순 암기에 의존하는 경향이 있고 포괄적 학습을 제공하지 못한다. 실제 구술시험 과정에서 이 같은 문제점이 드러나고 있다. 따라서 이들 문제 위주 참고서는 교재 또는 서적을 보충하고 요점을 정리하여 시험에 대비할 수 있도록 지도해야 한다.*

【201】 컴퓨터보조학습은 무엇인가?

① 교관주도 훈련의 필요성을 없앤다.
② 기계적 암기 학습을 촉진한다.
③ 훈련기기를 조성하기 위해서 다중매체와 개인용 컴퓨터가 결합해야 한다.
④ 교관과 학생이 긴밀한 관계를 유지할 필요가 없다.

*【해설】 컴퓨터보조학습(computer-assisted learning; CAL)이란 훈련을 위한 보조 장치로 다중매체 소프트웨어(multi-media software)와 개인용 컴퓨터를 조합하여 활용하는 것이다. CAL을 사용할 때 교관은 학생이 진도에 대해서 관련 주제 자료에서 감독, 질문, 평가, 퀴즈 또는 준비된 토의를 할 수 있도록 긴밀한 관계를 유지해야 한다.*

【202】 시험 준비서는 어떻게 활용되이야 하는가?

① 교관주도 훈련을 대체하도록 사용되어야 한다.
② 더욱 높은 수준의 사고 기술을 가르치도록 사용되어야 한다.
③ 더욱 진보한 학습 수준에 대한 기계적 암기 학습에서 강조되어야 한다.
④ 시험 준비서는 오직 학생 주도 학습을 보충하는 데 사용되어야 한다.

*【해설】 시험 준비서는 학생 혼자서(stand-alone) 학습하기 위한 도구로 계획되어서는 안 된다. 이들은 교관주도(instructor-led) 훈련 및 학습 또는 이론을 보충하는 데 활용되어야 한다. 질문과 답변 학습 보조는 더욱 진보된 학습 수준 또는 고차원사고기능(higher-order thinking skill) 위에 기계적 암기 학습이 강조되어야 한다.*

【203】 교보재의 사용에 관해서 올바르게 서술하고 있는 것은?

① 교보재는 학생의 마음속에 부호의 이미지를 연상시키는 것이 어려울 수 있다.
② 교보재는 부호와 생각 사이의 혼동을 초래할 수 있다.
③ 교보재는 교육 자료와 학습개념 사이에 물리적 관계를 보여주기 위해서 사용될 수 있다.
④ 교보재는 교육의 중심이 되어야 한다.

*【해설】 교보재의 또 다른 사용은 교육 자료들 또는 학습 개념들(material objects or*

■ 200.③ 201.③ 202.③ 203.③

*concepts) 사이의 상관관계를 명확하게 하는데 사용될 수 있다. 이들의 관계가 시각적으로 제시될 때 학생들은 더 쉽게 이해할 수 있다. 때때로 교보재는 부실한 의사소통 또는 단어 선택의 부족으로 인한 결과일 수 있다. 양호한 교보재의 개발은 부호와 생각 사이를 명확하게 할 수 있다.*

【204】 시험 준비서는 어떻게 활용되어야 하는가?

① 지식 평가를 위해서 사용되어야 한다.

② 독학 목적으로만 사용되어야 한다.

③ 학생주도 학습을 보충하는 데 사용되어야 한다.

④ 교관주도 훈련과 자료를 보충하는 것으로 사용되어야 한다.

*【해설】 교관은 학생이 시험 준비서를 사용할 때 오직 시험에 평가하기 위한 목적으로 사용하지 않도록 지도해야 한다. 이들 교재는 반드시 교관주도 훈련 및 자료를 보충하는 데 사용될 수 있어야 한다.*

【205】 진정한 전문가로서 교관에 관해서 올바르게 서술하고 있는 것은?

① 정직한 행동에 어긋나는 것은 전문 교관의 신뢰성을 무너뜨린다.

② 전문성을 확보하기 위해서 행동과 결심은 표준 패턴과 실무로 제한되어야 한다.

③ 단일 전문성 정의는 오직 제시된 자격증명으로 한정한다.

④ 항공교관의 최고 덕목은 지식수준이다.

*【해설】 전문가로서 교관은 솔직함(straight-forwardness)과 정직함(honesty) 덕목을 최우선으로 해야 한다. 만약 이를 상실했다면 전문가로서의 신뢰(confidence)를 잃는 것이고 이것은 학습의 성과에도 악영향을 줄 수 있다. 전문성은 훌륭한 판단력이 필요하고 표준 패턴이라든지 실무에만 국한되는 것은 아니다. 또한, 전문성이란 어느 단일 정의로 포함되어서는 안 된다.*

【206】 항공교관은 학생들의 훈련 성과를 향상하기 위해서 소홀히 해서는 안 되는 것으로 자신의 능력 외에 무엇이 있는가?

① 외모　　② 자질

③ 태도　　④ 지식수준

*【해설】 전문 항공교관(aviation instructor)은 자기만족으로 끝나거나 자신의 자격증명과 능력에 만족해서는 안 된다. 교관은 자신의 자질(qualification)과 유효성(effectiveness) 그리고 학생들에 제공해야 하는 서비스(service) 향상을 위해서 꾸준히 노력해야 한다.*

【207】 전문가로서의 진실한 수행에 기초가 되어야 하는 것은 학습과 무엇인가?

① 인내　　② 적성

③ 태도　　④ 연구

*【해설】 전문가의 정의에 포함된 것으로 전문 교관으로서 진실한 수행(true performance)은 학습과 연구(study and research)를 기초로 해야 한다.*

■ 204.④ 205.① 206.② 207.④

【208】 교관은 학생의 동기를 높게 유지하기 위해서는 어떻게 해야 하는가?
① 각 강의에서 유쾌한 경험을 하게 함으로써
② 초기 훈련 단계에서 필요로 하는 실행의 표준을 완화함으로써
③ 학생에게 설정할 수 있는 가장 높은 목표를 세우고 계속해서 도전하도록 함으로써
④ 학생과 개인적으로 친밀함을 지속해서 유지함으로써

*【해설】 학생의 동기(motivation)는 매 강의에서 유쾌한 경험(pleasurable experience)을 하게 함으로써 높은 수준을 유지할 수 있다. 표준을 낮추는 것은 동기를 떨어뜨릴 수 있다. 성과 표준은 개별 학생의 잠재력을 바탕으로 해야 한다.*

【209】 학생의 태도에 혼란, 무관심, 그리고 불안이 나타나는 것은 어떠한 이유로 볼 수 있는가?
① 각 학습 기간을 알려주지 않았을 때
② 각 학습 기간의 목표를 알려주지 않았을 때
③ 각 학습 기간의 주제를 알려주지 않았을 때
④ 각 학습 기간에 훈련에 따른 위험을 알려주지 않았을 때

*【해설】 학생들은 어떠한 일이 예상되는지 모를 때 그리고 어떤 일이 발생할 수 있을지 모를 때 불안감(feel insecure)을 느낀다. 교관은 학생들에게 각 학습 기간(each period of instruction)의 목표를 말해줄 때 불안감을 해소할 수 있다.*

【210】 학생이 실수를 수정하는 것이 중요하지 않다고 생각하고 있을 때 교관은 이를 어떻게 다루어야 하는가?
① 복잡한 비행 기동을 여러 단계로 분리한다.
② 사고 가능성을 감소시키기 위해서 학생의 과신을 없애도록 노력해야 한다.
③ 각 훈련을 위한 수행 표준을 높여 더 노력할 것을 요구한다.
④ 학습정체기라고 판단하고 다음 과제로 넘어간다.

*【해설】 소질이 뛰어난 학생은 때로는 교관에게 도전적(challenge)일 수 있고 실수를 수정하는 것을 중요하게 여기지 않을 수 있다. 교관은 이 같은 유형의 학생에게 매 훈련의 실행 표준(standard of performance)을 높여 더 노력할 것을 요구해야 한다. 학생이 훈련에 대한 자신감이 없을 때 복잡한 기동을 몇 부분으로 나누어 교육하는 것이 효과적이다. 학생의 과신(overconfidence)을 낮추게 하는 것이 학생에게 동기를 제공하는 것은 아니다.*

【211】 학생의 적절한 성과의 표준을 달성하는 것에 관련해서 올바르게 서술하고 있는 것은?
① 비행교관은 학생 성과의 지속적인 평가에 주요 노력과 주의를 기울여야 한다.
② 비행교관은 표준을 엄격하게 강요하지 않는 방법으로 학생과 교관의 관계에서 진정한 향상에 영향을 줄 수 있다.
③ 비행교관은 오직 훈련의 성과에만 집착할 것을 강조한다.
④ 비행교관은 교관이 학생에게 부분적으로 중요한 지식 또는 기술만을 허용했을 때 적절한 교육 성과를 얻을 수 없다.

*【해설】 통상 학생들은 높은 표준이 예상될 때 더 많은 성취를 한다. 만약 비행교관이 표준을 낮추었거나 중요한 지식 또는 기술을 부분적으로 허용했을 때 적절한 교육 성과를 달성*

■ 208.① 209.② 210.③ 211.④

*할 수 없다. 교관은 일부 범위가 아닌 전체 교육 과정에서 열과 성의를 다해야 한다. 교관은 학생의 성과에서 진정한 영향을 줄 수 있도록 표준을 엄격하게 적용해야 한다.*

【212】 항공교육 기술에서 긍정적 또는 부정적 접근에 관해서 올바르게 서술하고 있는 것은?

① 정상적인 능력이 있는 학생은 초기 훈련에서 비상절차를 강조하는 교관의 영향을 받지 않아야 한다.

② 긍정적 성과에는 침묵하고 부정적 내용만 강조한다.

③ 정상 작동을 습득하기 전에 비상절차 교육은 학습에 어떠한 영향도 주지 않을 것이다.

④ 부정적 지적에 앞서 긍정적 내용을 먼저 다루어야 한다.

*【해설】 학생은 긍정적 동기(positive motivation)로부터 최상의 학습 효과를 얻을 수 있다. 이를 위해서 훈련 결과를 토의할 때 먼저 긍정적으로 접근한 다음 부정적 내용을 다루는 것이 좋다. 비상절차 훈련을 초기에 소개하는 것은 학생의 능력과 관계없이 부정적 효과를 보게 될 것이다.*

【213】 항공기에 대한 경험이 없는 학생의 첫 비행훈련에서 긍정적 접근의 사례는 어느 것인가?

① 철저한 비행 전 절차를 수행한다.

② 공항 주변에서 정상 비행을 한 후 복귀한다.

③ 비행기를 지상활주할 때 주의해야 할 사항을 교육한다.

④ 비상절차 훈련을 한다.

*【해설】 조종훈련생에 대한 긍정적 접근(positive approach)의 사례는 공항 주변에서 비행한 후 복귀하는 것이다. 그리고 비행은 안전하고 어렵지 않다는 것을 강조해야 한다. 처음부터 이해하기 난해한 용어를 사용하거나 복잡한 기동을 선보이는 것은 학생에게 비행훈련에 대한 부정적 이미지를 심어 줄 수 있다.*

【214】 비행 중 보여준 능력의 평가는 무엇을 기초로 해야 하는가?

① 이 훈련 단계에 있는 조종훈련생에 관한 교관의 배경과 경험

② 훈련을 시작한 이후 습득한 경험과 시간을 고려한 조종훈련생의 진도

③ 조종훈련생의 발달 단계에 적합하게 수정되어 확립된 성과 표준

④ 훈련 중 수행된 전체 성과를 바탕으로 평가해야 한다.

*【해설】 비행훈련 중 그동안 보여준 능력(demonstrated ability)에 대한 평가는 훈련을 시작한 학생의 경험과 발전 단계에 적용할 수 있도록 적합하게 수정된 성과 표준(established standard of performance)을 기초로 해야 한다. 예를 들어 기동 훈련의 평가는 전체 성과(overall performance)를 평가하기보다 그동안 충분히 훈련된 것으로 한정되어야 한다.*

【215】 비행 중 보여준 능력의 평가는 무엇을 기초로 해야 하는가?

① 조종훈련생의 진도

② 기동에 관한 교관의 선택

③ 훈련 과정에서 확립된 성과의 표준

④ 훈련의 최종 목표

■ 212.④ 213.② 214.③ 215.③

【216】 조종사가 그동안 훈련한 조종술을 평가하는 데 있어서 비행교관에게 중요한 것은 어느 것인가?
① 침묵과 관찰을 유지한다.
② 학생이 알고 있는 것을 그대로 수행하도록 해야 한다.
③ 수행 중 실수를 즉시 설명해 준다.
④ 그동안 훈련한 성과 이상을 수행하는지 관찰한다.
*【해설】 비행훈련 중 그동안의 성과를 평가할 때 교관은 학생이 알고 있는 진도를 그대로 유지하는(keep the student informed of progress) 것이 중요하다. 이것은 각 절차 또는 기동이 완료되었을 때 또는 비행 후 평가 중 평가 내용을 요약해 주는 것과 같이 행해질 수 있다.*

【217】 조종훈련생은 장주의 혼잡, 사용 활주로 변경, 또는 예상하지 못한 측풍과 같은 문제에 대해서 언제까지 이를 처리할 수 있어야 하는가?
① 첫 단독 지방횡단비행 전
② 첫 단독비행 전
③ 첫 단독비행을 마친 후
④ 훈련 계획의 두 번째 과업을 수행하기 전
*【해설】 조종훈련생에게 단독비행(solo flight)이 가능하다는 것을 배서(endorsing)하기 전에 교관이 조종훈련생은 모든 기본 기동을 수행할 수 있어야 한다. 또한, 조종훈련생은 장주의 혼잡(traffic pattern congestion), 사용 활주로(active runway) 변경, 또는 예상하지 못한 측풍과 같은 문제를 처리할 수 있어야 한다.*

【218】 조종훈련생의 단독비행을 위해서 내시하기 전에 교관은 조종훈련생의 어떠한 능력을 갖추었는지 확인해야 하는가?
① 조종훈련생 가이드에 있는 모든 기동
② 항공기 기동과 관련된 고등 및 기본 기동
③ 저속비행, 실속, 비상착륙, 이륙과 착륙, 그리고 복행
④ 모든 기본 기동
*【해설】 조종훈련생에게 단독비행이 가능하다는 것을 배서하기 전에 교관은 조종훈련생이 모든 기본 기동(fundamental maneuvers)을 수행할 수 있어야 한다. 또한, 이 조종사는 장주의 혼잡, 사용 활주로 변경, 또는 예상하지 못한 측풍(unexpected crosswind)과 같은 문제를 처리할 수 있어야 한다.*

【219】 실제로 일어날 수 있는 과제를 수행하는 데 있어서 중대한 사고력을 활용하기 위한 학생의 능력을 평가하는데 적합한 평가는 어느 것인가?
① 실제상황평가　　② 전통적인 평가
③ 실기 평가　　④ 가상상황평가
*【해설】 실제상황평가(authentic assessment)는 학생에게 암기(rote) 혹은 이해뿐만 아니라 학습의 적용과 상호 관련 수준(correlation levels)을 평가하는 데 적합하다. 이 평가는*

■ 216.② 217.② 218.④ 219.①

*실제로 일어날 수 있는 상황에서 과제를 수행할 수 있는 능력을 보여주어야 하고 의미 있는 기술의 적용과 자격이 있음을 보여주어야 한다. 일반적으로 오랫동안 사용됐던 평가 방식은 선다형 혹은 짝맞추기 등이다.*

【220】 학생 평가에 관해서 맞게 서술하고 있는 것은 어느 것인가?

① 평가는 반드시 정식 과정으로 그리고 결과를 기록함으로써 학생은 계속해서 자신들의 진도를 인식하게 될 것이다.

② 학생의 학습 평가는 매 강의 또는 훈련에서 통합된 한 부분이어야 한다.

③ 학생의 결함 또는 부족함이 현재 진행 중인 훈련과 관련이 없을지라도 이들은 즉시 수정되어야 한다.

④ 학생에게 평가는 교육 과정 내내 이루어질 수 있음을 강조해야 한다.

*【해설】 요약 평가(summative assessments)는 현재 진도가 나가는 과정에서 이를 잘 이해하고 있는지 평가하기 위해서 주기적으로 훈련 전 과정을 통해서 실시되어야 한다. 예를 들어 중간중간 구술 질문 또는 코스를 마친 후 평가는 학생이 훈련을 습득했는지를 평가하는 데 도움이 된다. 이들 평가는 훈련 코스와 마찬가지로 훈련의 한 부분이 되어야 한다. 평가는 공식과 비공식(formal and informal) 평가 방식이 있다. 학생의 부족함 혹은 오류를 발견하는 것은 매우 중요하지만 현재 진행하고 있는 학습과 관련이 없는 사항이라면 관련 학습을 시작하기 전까지 이를 지적하는 것은 적절하지 않다.*

【221】 실시간으로 일어날 수 있는 상황처리 기술에 초점을 둔 평가의 종류는 어느 것인가?

① 협동/공동

② 실제상황평가

③ 전통적

④ 가상상황평가

*【해설】 실제상황평가(authentic assessment)는 개방형 질문(open-ended question)과 확립된 수행 기준(established performance criteria)을 이용함으로써 학습 진도에 초점을 맞추고 실시간으로 일어날 수 있는 기술의 발달을 향상하면서 고차원사고기술을 향상하고 학생에게 자신의 과업과 실행을 평가하도록 한다.*

【222】 학생의 과신(자만)으로 인한 잘못된 수행을 어떻게 고쳐야 하는가?

① 매 훈련의 수행 표준을 높인다.

② 수행이 완벽했을 때만 칭찬한다.

③ 매 훈련이 끝났을 때 엄한 부정적 평가를 제공한다.

④ 매 훈련의 종료 후 행위에 대해서 칭찬한다.

*【해설】 훈련 중 학생의 과신 혹은 자만(overconfidence)으로 인해서 실수가 계속되고 있다면 교관은 매 훈련의 성과 표준을 높여서 자만하지 않도록 지도해야 한다. 평가할 때 학생은 일률적이고 공정한 평가를 기대한다.*

■ 220.② 221.② 222.①

【223】 학생이 약간 긴장된 상태에 있을 때 통상 어떠한 반응이 나타나는가?
① 깊은 침체에 이어서 우수한 의욕을 보인다.
② 개인의 경험과 훈련 한계 내에서 즉각적이고 정확한 때로는 자동 반응한다.
③ 부적절한 협동, 자제력 부족 그리고 부적절한 웃음과 노래를 부른다.
④ 훈련 한계에 도달했을 때 모든 것을 포기하려는 성향을 보인다.
*【해설】 정상적으로 약간의 스트레스(stress)를 받고 있을 때 개인은 자신의 경험과 훈련의 한계 내에서 즉각적이고 정확하게 반응하는 경향을 보인다.*

【224】 스트레스를 받는 학생의 비정상적 반응의 가능성을 어떻게 판단할 수 있는가?
① 행동의 주저함　　② 결과에 대한 순응
③ 뚜렷한 자신감 부족　　④ 극도로 과도한 협업
*【해설】 스트레스에 대한 학생의 비정상적이 반응은 극단적으로 과도한 협동(extreme overcooperation), 과도한 절제(painstaking self-control), 부적절한 웃음 또는 노래, 감정의 급격한 변화, 그리고 멀미(motion sickness) 등으로 나타난다.*

【225】 교관은 학생이 기동에 대한 두려움을 갖고 있을 때 이를 어떻게 다루어야 하는가?
① 두려움에 대처할 수 있도록 지도한다.
② 두려움을 유발할 수 있는 기동을 피한다.
③ 이들 기동이 안전비행을 위해서 얼마나 필수적인지 설명한다.
④ 수시 실속 훈련으로 극복할 수 있도록 한다.
*【해설】 학생이 기동에 대한 두려움을 갖고 있을 때 비행의 즐거움(enjoyment of flying)이라든지 또는 이들 두려움을 이겨낼 수 있도록 지도해야 한다. 학생이 두려움을 느낀다고 조종사가 되기 위한 필수 기동을 생략할 수는 없으며 꼭 필요한 기동이라고 설명한다고 해서 두려움이 없어지는 것은 아니다.*

【226】 학생이 기동에 대한 두려움을 갖고 있을 때 교관은 이를 어떻게 다루어야 하는가?
① 수시 실속 훈련으로 위험하지 않다는 것을 시범으로 보여준다.
② 현재 기동을 중단하고 다른 과목으로 변경한다.
③ 두려움이 없어질 때까지 기동을 반복한다.
④ 비행으로부터 얻을 수 있는 이점과 즐거움을 강조한다.
*【해설】 학생이 기동에 대한 두려움을 갖고 있을 때 비행의 즐거움이라든지 또는 이들 두려움을 대처할 수 있도록 지도해야 한다. 학생의 두려움은 잘못한 결과를 계속해서 지적하기보다 비행으로부터 얻을 수 있는 이점과 즐거움을 강조하여 최소화할 수 있다.*

【227】 스트레스에 대해서 비정상적으로 반응하는 학생의 반응은 어떻게 나타나는가?
① 부적절하거나 완전히 멍한 반응
② 때로는 자동으로 그들의 경험 내에서 빠르고 정확한 반응
③ 느린 학습
④ 모든 훈련에 대한 거부감을 보인다.

▣ 223.② 224.④ 225.① 226.④ 227.①

*【해설】 스트레스(stress)에 대한 반응(reaction)은 일부 학생들에서 비정상적인 반응으로 나타난다. 이들에게 근심(anxiety) 또는 스트레스에 대한 반응(response)은 완전히 멍한 상태(completely absent)가 되거나 최소한 부적절하다. 이들 반응은 무작위(random) 또는 비논리적(illogical), 때로는 이들은 상황에 의해서 요구되는 것 이상으로 행할 수 있다. 자동으로 그들의 경험 내에서 빠르고 정확한 반응 그리고 느린 학습 효과는 정상적인 스트레스 하에서 나타나는 반응이다.*

【228】 스트레스에 대해서 정상적으로 반응한 학생이 보일 수 있는 것으로 볼 수 있는 것은 어느 것인가?

① 과도한 절제 경향이 나타난다.

② 상황에 맞지 않는 부적절한 비웃음 성향을 보인다.

③ 주어진 상황에 대한 자동 반응이 나타난다.

④ 행동이 부적절하며 때로는 멍한 모습을 보일 수 있다.

*【해설】 스트레스를 다룰 때 정상적인 사람은 그들의 경험과 훈련의 한계 내에서 빠르고 정확하게(rapid and exactly) 반응하기 시작한다. 대부분 반응이 자동적이고, 실제 비상상황(actual emergency)이 발생하기 전에 비상상황을 위한 정확한 훈련이 필요하다는 것이 강조되어야 한다. 영향을 받은 개인은 합리적으로 생각하고, 빠르게 행동하며, 그리고 주변의 모든 국면에 극도로 민감하게(extremely sensitive) 반응한다.*

【229】 학생이 특정 비행 기동을 정확하게 시범을 보였으나 교관은 학생이 기동의 기본을 이해하지 못하는 것을 믿고 있다. 교관은 어떻게 해야 하는가?

① 학생에게 말로서 기동을 설명해 보도록 한다.

② 학생에서 약간 다른 기동을 시범 보이도록 한다.

③ 학생에게 동일한 기동을 반복해서 시범 보이도록 한다.

④ 학생에게 상위 기동을 설명하고 시범을 보이도록 한다.

*【해설】 학생은 절차 혹은 기동(procedure or maneuver)을 정확하게 시범을 보일 수 있지만 관련된 원리나 목표를 완전히 이해하고 있지 못할 수 있다. 이 같은 상황에서 교관은 약간 다른 절차 및 기동을 시범 보일 것을 요청한다. 절차 또는 기동을 다른 것들과 결합하는 방식도 있다. 관련된 원리를 정확하게 이해하지 못하는 학생은 약간 변형된 형태의 절차 혹은 기동을 성공적으로 수행하지 못할 것이다.*

【230】 다음 중 ADM의 위험관리 요소에 해당하는 것은?

① 항공기 ② 적재 연료의 양

③ 승객 ④ 조종 기량

*【해설】 매 비행 중 결심(decision)은 4개의 위험 요소들 사이의 상호작용과 관련해서 이루어져야 한다. PIC, 항공기, 환경, 그리고 외압이다. 이를 PAVE로 기억한다.*

- *Pilot in command*
- *Aircraft*
- *enVironment*
- *External pressures*

■ 228.③ 229.② 230.①

【231】 만약 조종사가 한계 VFR(MVFR) 상태에서 지방횡단비행 중 위험을 완화하고자 한다면 조종사는 어떻게 해야 하는가?

① 다른 항공기를 관찰하여 그에 따른다.
② 비행계획에 따라 계속 비행한다.
③ 관제공역에서만 비행한다.
④ 계기비행 유자격 조종사를 동반한다.

*【해설】 위험 평가(risk assessment)는 균등화(equation)의 유일한 부분이다. 위험 수준(level of risk)을 결정한 후 위험을 완화할 필요가 있다. 예를 들어 MVFR 상태에서 지방횡단비행(cross-country)을 하고자 할 때 위험을 완화할 수 있는 다음과 같은 여러 방법이 있을 수 있다.*

- *기상이 VFR로 양호해질 때까지 기다린다.*
- *유자격 IFR 조종사를 동반한다.*
- *비행을 연기한다.*
- *비행을 취소하고 차량으로 이동한다.*

【232】 10노트 이상의 측풍에서 조종사의 경험은 어느 기본 위험 요소들의 사례가 되는가?

① 항공기 ② PIC
③ 외압 ④ 승객

*【해설】 조종사(pilot)는 비행 중 위험 요소의 하나이다. 조종사는 경험, 최근비행경력, 신체적 혹은 감정적인(physical and emotional) 측면에서 "나는 비행할 준비가 되어 있는가?"라고 자문해야 한다. 항공기와 외압(환경) 모두 PAVE 요소이지만 측풍에 관한 조종사의 경험과 관련이 없다.*

【233】 교육의 기본 시범/성과 방식에서 정확한 순서는 어떻게 구성되어야 하는가?

① 학생 말하기-학생 행동하기; 학생 말하기-학생 행동하기; 학생 행동하기-교관 평가
② 교관 말하기-교관 행동하기; 학생 말하기-교관 행동하기; 학생 행동하기-교관 평가
③ 학생 말하기-교관 행동하기; 교관 말하기-교관 행동하기; 학생 행동하기-교관 평가
④ 교관 말하기-교관 행동하기; 학생 말하기-교관 행동하기; 학생 말하기-학생 행동하기; 학생 행동하기-교관 평가

*【해설】 교육의 시범/성과(demonstration/performance) 방식은 다음과 같은 단계로 이루어져야 한다.*

- *교관 말하기-교관 행동하기*
- *학생 말하기-교관 행동하기*
- *학생 말하기-학생 행동하기*
- *학생 행동하기-교관 평가*

■ 231.④ 232.② 233.④

**【234】 통합비행교육은 많은 이점이 있으며, 이 중 주요 목표가 되어야 하는 것은 무엇인가?**

① 부주의한 IMC 속에서 항공기를 비행할 수 있는 학생의 능력을 개발하는 데 있다.

② VFR 비행 중 학생이 계기들에 과도하게 의존하지 않도록 하는 데 있다.

③ 비행계기들을 관찰하고 참고하기 위한 학생의 습관 패턴을 발달시키는 데 도움을 준다.

④ IFR 비행능력을 갖추기 위함이다.

*【해설】 통합비행교육(integrated flight instruction)의 주요 목표는 학생의 첫 조종 경험부터 비행 계기들의 관찰과 참고할 수 있는 확실한 습관이 형성(formation of firm habit pattern)되도록 하는 데 있다.*

**【235】 통합비행교육의 주요 목표는 무엇인가?**

① 비행 계기를 이용한 비행은 시각만을 이용한 비행에 우선해야 한다.

② 조종사의 운용 방식에서 VMC와 IMC 모두에서 비행 조종을 다르게 하는 것이다.

③ 때때로 학생 자신의 역량과 항공기 성능을 모니터링하는 습관을 발달시키는 것이다.

④ 비행 계기들을 관찰하고 참고할 수 있는 확실한 습관 패턴을 형성하는 것이다.

**【236】 통합비행교육을 활용할 때 수용 가능한 절차는 어느 것인가?**

① 계기비행 또는 시계비행 전체에 전념할 수 있도록 대체 그리고 별도 기간을 활용하라.

② 첫 비행 전 모의계기비행 상태에 있을 때와 항공기 외부 참조물을 활용할 때 항공기 조종을 유지하기 위한 비행 조종의 조작에서 다르다는 것을 명확하게 설명하라.

③ 학생의 첫 교육에 자세조종에서 활용되는 외부 참조물과 함께 비행 조종의 기능에서 예측할 수 있는 계기 지시들을 포함시켜라.

④ 이 기간은 오직 계기비행에 전념할 수 있도록 대체 그리고 별도 기간을 활용하라.

*【해설】 통합비행교육에서 교관은 비행 조종의 기능(function)에 관한 학생의 첫 브리핑(first briefing)에서 비행기의 자세 조종(attitude control)하는데 사용되는 외부 참조물(outside reference)과 함께 예측할 수 있는 계기 지시들을 포함해야 한다. 통합비행교육은 계기와 외부 시각 참조물을 동시에 활용할 것을 강조한다.*

**【237】 통합비행교육 중 교관이 학생에게 확실하게 형성되도록 해야 하는 것은 무엇인가?**

① 다른 항공기를 관찰할 수 있는 습관을 발달시키도록 지도해야 한다.

② IMC 하에서 장시간 항공기를 조종할 수 있는 능력을 훈련해야 한다.

③ 외부 참조물에 의해서 기동할 때 비행 계기들에 의존할 수 있어야 한다.

④ IMC와 VMC 하에서 계기만을 활용해서 장시간 비행능력을 향상시킨다.

*【해설】 통합비행교육에서 학생의 훈련 초기부터 이들이 모의계기비행 상황에서 비행하지 않을 때 전 시간 다른 항공기의 움직임을 관찰할 수 있도록 확실하게 습관을 들이도록 해야 한다. 만약 훈련 중 학생이 다른 항공교통의 관찰을 전적으로 교관의 책임으로 간주하고 있다면 이들은 안전에 필수적인 다른 항공교통을 지속해서 관찰할 수 있는 습관이 형성될 수 없다. 통합 교육 방식의 목적은 조종실 계기의 활용과 외부 시각 참조물을 동시에 관찰할 수 있는 능력이 필요하다.*

■ 234.③ 235.④ 236.③ 237.①

【238】 통합비행교육이 완전한 효과를 거두기 위해서 계기 참조의 활용은 어느 때가 가장 적절한가?

① 학생이 시각 참고를 활용할 수 있는 요소들을 이수한 후
② 오직 충돌 회피 스캐닝 기술이 발달한 후
③ 각 새로운 기동을 소개하는 첫 시간부터
④ 모든 기동이 완전하게 숙달된 후

*【해설】 통합비행교육은 훈련 중 외부 시각 참조물과 비행 계기(flight instruments) 모두를 이용하여 비행 기동을 수행할 수 있도록 훈련해야 하는 비행 교육이다. 이 종류의 교육 방식이 완전한 효과를 거두기 위해서는 계기 참고(instrument reference)의 사용은 새로운 기동을 소개하는 첫 시간부터 시작되어야 한다.*

【239】 일반적으로 인식된 것보다 조종사 훈련에 더 큰 방해가 되는 걸림돌은 어느 것인가?

① 걱정 ② 느긋함
③ 신체적 불편 ④ 조급증

*【해설】 비행 기술을 훈련하는 데 있어서 조급증(impatience)은 일반적으로 인식된 것보다 더 큰 장애 요소이다. 조종훈련생에게 이 성향은 조기에 단독비행(solo flight)을 하고자 서두르거나 장거리 비행에 관한 기본을 배우기 전에 지방횡단비행(cross-country flight)에 나서려는 경향으로 나타난다.*

【240】 교관이 조급증을 보이는 학생을 다루는 가장 좋은 방법은 어느 것인가?

① 한 번에 한 단계씩 필수 예비 훈련 과제를 부여한다.
② 학생의 관심과 열정을 활용하는 것이 교육의 핵심이 되어야 한다.
③ 학생이 목표를 달성하기에 불가능하거나 비합리적인 목표를 부여하는 것을 피해야 한다.
④ 학생에게 상위 과정을 소개한다.

*【해설】 교관은 조급증을 보이는 학생들에게 한 번에 한 단계씩(one step at a time) 필수 예비 훈련 과제(preliminary training)를 부여하고 각 단계를 위한 목표를 명확하게 설명해 주어야 한다. 학생의 관심과 열정을 활용하는 것은 조급증이 아닌 관심의 부족에 관한 것이다. 목표를 달성하기에 불가능하거나 비합리적인 목표를 부여하는 것을 피해야 하는 것은 학생의 불공정한 대우를 받고 있다는 감정에 관한 것이다.*

【241】 비행교육의 시간과 빈도를 결정하는데 주요 고려사항은 무엇인가?

① 피로 ② 정신적 예민함
③ 교관의 준비 ④ 훈련 장소

*【해설】 피로(fatigue)는 비행교육 시간과 빈도(length and frequency)를 결정하는 주요 요소이다. 한 학생이 피로함으로 느끼지 않고 받아들일 수 있는 훈련의 양이 다른 학생들에게도 동일하게 적용되지 않는다.*

■ 238.③ 239.④ 240.① 241.①

**【242】** 학생들이 교육에 대한 흥미를 빠르게 잃어 가는 시기는 언제인가?

① 교관이 재료를 제공하고 있지 않다는 것을 깨달았을 때

② 학생들이 지향하고 있는 목표를 이해했을 때

③ 한 번에 한 과제씩 단계적으로 교육을 진행했을 때

④ 교관이 충분한 준비가 되어 있지 않았다는 것을 인식했을 때

*【해설】 교관의 책임은 그가 할 수 있는 모든 방법에서 교육 자료들을 철저하게 준비하는 것이다. 만약 교관이 교육 준비가 되어 있지 않거나, 자질 부족(deficient), 논리적 모순(contradictory) 혹은 불성실(insincere)을 느낄 때 학생들은 빠르게 교육/훈련의 흥미를 잃어 갈 수 있다. 만약 학생이 교관이 자료를 제공하고 있지 않다는 것을 인식했다면 교관에 대한 존경이 사라질 수 있다. 또한, 학생들이 지향하고 있는 목표를 이해했다는 것은 동기와 관련된 사항이다.*

**【243】** 과제의 기본 요소들을 교육할 때 조급한 성향을 보이는 학생들은 어떻게 다루어야 하는가?

① 비진취적인 학생들에 비해서 쉽게 실망하지 않는다는 것을 알아야 한다.

② 각 단계를 위해서 명확하게 지정된 목표와 함께 한 번에 한 단계씩 필수 예비 과제를 부여한다.

③ 이들이 다음 수준으로 진행하기 전에 달성할 수 있는 즉각적인 목표를 강조함으로써 뒤로 돌아감이 없이 다음 상위 학습 수준으로 넘어가야 한다.

④ 이들 학생이 만족할 수 있는 기동에 대해서 집중 교육을 한다.

*【해설】 일부 학생들은 학습 과제의 기본 요소(basic elements of learning a task)들을 교육할 때 조급함을 보일 수 있다. 이때 교관은 각 단계를 위해서 명확하게 지정된 목표와 함께 한 번에 한 단계씩 필수 예비 과제를 부여해야 한다.*

**【244】** 학생에게 조금 어렵다고 생각되는 목표를 부여하는 것이 학습에 어떠한 영향을 줄 수 있는가?

① 통상 도전을 제공하고 학습이 향상된다.

② 학생이 실망할 수 있고 학습을 저해한다.

③ 통상 동기가 높은 학생들에게만 적절하다.

④ 학생은 조기에 목표를 포기할 수 있다.

*【해설】 학생이 해결하기 어려운(consider difficult) 목표를 부여(assignment)하는 것은 통상 도전(challenge)을 제공하고 학습이 향상(promotes)된다. 전형적인 비행훈련에서 합리적인 목표는 훈련/교육목표(lesson objectives)에 수록되고 목표를 달성하기 위한 원하는 수준의 숙련도(proficiency)는 완성표준(completion standard)에 들어 있는 서술에 포함되어야 한다.*

■ 242.④ 243.② 244.①

**【245】** 근심 걱정이 학생에게 영향을 줄 수 있는 것 중 하나는 어느 것인가?

① 근심 걱정은 지각으로 학습되는 학생의 능력을 제한할 수 있다.

② 근심 걱정은 교관이 적절하게 통제하고 유도된다면 학생의 학습 진도를 촉진할 것이다.

③ 근심 걱정은 정상적인 반응에 대한 간섭으로서 광범위한 문제에 대해서 학생의 주의력을 분산시키는 원인이 된다.

④ 근심 걱정은 강한 훈련을 지속한다면 문제가 되지 않는다.

*【해설】 근심 걱정(anxiety)과 불안 혹은 우려(apprehension)는 학생의 지각 능력(perceptive ability)을 자주 제한하고 통찰(insights)의 발달을 저해할 수 있다. 지나친 근심 혹은 걱정은 학생의 주의를 좁힐 수 있고 학습 진도를 방해할 수 있다.*

**【246】** 안전에 영향을 주는 4개의 기본 위험 요소 중에서 관련 요소와 상태들을 정확하게 지각하고 이해하는 것을 무엇이라 하는가?

① 항공의사결정

② 1인 조종사자원관리

③ 상황인식

④ 조종훈련생의 훈련 피로도

*【해설】 상황인식(situational awareness)은 비행 전, 비행 중, 그리고 비행 후 안전에 영향을 줄 수 있는 4개의 기본 위험 요소(PAVE)들 내에 있는 모든 요소와 상태들을 정확하게 지각(accurate perception)하고 이해할 수 있도록 한다.*

**【247】** 조종사가 주어진 상황에서 최상의 방책을 선택할 수 있도록 일관되게 적용해야 하는 정신적 과정에 대힌 체계적인 접근은 무엇인가?

① 항공의사결정 ② 조종사의 연쇄적 판단

③ 승무원 자원관리 ④ 상황인식

*【해설】 항공의사결정(aerodynamic decision making; ADM)은 조종사가 주어진 상황에서 일관적으로 최상의 방책(best course of action)을 선택하도록 하는 정신적 과정(mental process)에 대한 체계적 접근(systematic approach)이다.*

**【248】** 훈련 코스 중 교육과 관련이 없는 블록에 관해서 맞게 서술하고 있는 것은 어느 것인가?

① 이들은 통상 전체 목표의 필수 부분들이다.

② 이들은 최종 목표의 완성을 방해한다.

③ 이들은 학습 목표의 달성을 보조한다.

④ 이들은 훈련의 흥미를 더해 줄 것이다.

*【해설】 특히 비행교육에서 주제와 관련이 없는 블록(extraneous block)들은 최종 목표를 달성하는 데 도움이 되기보다 방해가 될 수 있는 값비싼 허식(expensive frill)에 불과하다.*

■ 245.① 246.③ 247.① 248.②

**【249】** 학습 블록의 발달과 조립은 이들의 정확한 상관관계에서 어떠한 수단을 제공하는가?

① 교관과 학생 모두에 잘못된 습관 패턴을 바로 잡는 것을 어렵게 한다.

② 학습 단위를 점진적으로 증가시켜 학생에게 도전하게 한다.

③ 학습 단위를 체계화하여 오직 종합적인 성과를 얻는 데 도움이 된다.

④ 전체 조종사 성과 필수요건의 부문을 개인적으로 마스터하도록 허용하고 이들을 관련 부문에 결합할 수 있게 한다.

*【해설】 학습 블록(blocks of learning)의 발달과 조합은 이들의 정확한 상관관계에서 학생들에게 개별적으로 전체 조종사 성과 필수요건(overall pilot performance)을 마스터하도록 허용한 다음, 이들을 다른 관련 부문과 결합할 수 있도록 해 준다. 학습 단위를 점진적으로 증가시키는 것은 좌절하게 하는 원인이 될 수 있고 학생의 진도를 방해할 수 있다. 이들 블록의 발달과 조합(developing and assembling)은 교관과 학생 모두에 잘못된 습관 패턴의 형성을 방지한다.*

**【250】** 교관이 교육적 활동을 계획하는 데 있어서 제일 먼저 고려해야 하는 것은 무엇인가?

① 전체 목표와 표준을 결정해야 한다.

② 교관과 학생 사이에 공통 기반을 확립해야 한다.

③ 전체 목표를 구성하는 학습 블록을 식별해야 한다.

④ 조종훈련생의 학습 수준과 공간감각 능력을 파악한다.

*【해설】 교육적 활동(instructional activity)에서 제일 먼저 고려해야 하는 것은 전체 목표와 표준(overall objectives and standards)을 정하는 것이다. 교관과 학생 사이에 공통 배경(common ground)을 확립하는 것은 소개 단계이다. 그리고 학습 블록을 구성하는 것은 교육 활동의 두 번째이다.*

**【251】** 성과기반목표를 구성하는 요소들은 어느 것인가?

① 비행훈련 시나리오, 판단력 평가, 그리고 기동 평가

② 인지 기술, 감정 기술, 그리고 운동신경 기술

③ 기술 혹은 행위, 상태, 그리고 표준기준의 기술

④ 기술 혹은 행위, 상태, 그리고 목표기준의 기술

*【해설】 비행훈련은 성과기반(performance based)과 결심기반(decision based)과 같은 두 종류의 목표를 기반으로 하고 있다. 여기서 성과기반 목표는 학생이 원하는 성과를 기술하고 3요소(기술 또는 행위, 상태, 기준)로 구성된 측정이 가능하고(measurable) 합리적인 표준을 설정하기 위해서 사용된다. 각 부분은 모든 참여자가 동일한 목표의 그림을 그릴 수 있어야 하고, 이를 어떻게 수행하며, 그리고 달성해야 하는 성과 수준에 관해서 서술해야 한다. 인지 기술, 감정 기술, 그리고 운동신경 기술은 성과기반 목표가 아닌 주요 학습 영역이다.*

▣ 249.④ 250.① 251.③

【252】 항공교관은 성과기반목표를 어떻게 기술해야 하는가?

① 학습의 원하는 결과에 맞도록 기술해야 한다.

② 실기평가표준에 맞게 기술해야 한다.

③ 결심기반목표에도 맞아야 한다.

④ 훈련 목표를 달성하기 위한 수단으로만 활용되어야 한다.

*【해설】 교관이 성과기반목표를 지정할 때 학습의 원하는 결과(desired outcome)에 맞도록 기술해야 한다. PTS 기준이 특정 학습을 위해서 항상 충분하지 않다. 통상 교관은 성과기반목표로부터 결심기반목표로 전이되어야 하지만 이것이 항상 옳다고 할 수 없다.*

【253】 교육적 활동을 계획하는 데 있어서 두 번째로 고려해야 하는 것은 무엇인가?

① 각 학습 기간 또는 교육 단위를 위한 학습계획을 발달시키는 것이다.

② 각 학습 블록은 전체의 일부가 되어야 하고 전체 목표와 표준은 최종적으로 고려해야 한다.

③ 각 학습 수준에서 훈련이 수행되도록 하기 위한 가이드 역할을 하는 훈련 교수계획표를 발달시키는 것이다.

④ 전체 목표의 필수 부분들을 구성하는 학습 블록을 식별하는 것이다.

*【해설】 교육적 활동(instructional activity)에서 제일 먼저 고려해야 하는 것은 전체 목표와 표준(overall objectives and standards)을 정하는 것이다. 다음 단계는 전체 목표(total objectives)의 필수 부분들을 구성하는 학습 블록(blocks of learning)을 식별하는 것이다. 교수/훈련 계획표(training syllabus)는 교육 블록이 확립된 후 작성되어야 한다.*

【254】 훈련 교수계획표의 각 학습 단계에 포함되어야 하는 것들은 무엇인가?

① 주의력, 동기, 그리고 개요

② 소개, 본론, 그리고 결론

③ 목표, 본문(내용), 그리고 완성표준

④ 소개, 내용, 그리고 평가

*【해설】 훈련 교수계획표(syllabus)에 있는 각 학습에는 다음 내용이 포함되어야 한다.*

- *목표(objective)*
- *내용(content)*
- *완성표준(completion standard)*

【255】 교관은 계획된 학습의 진행이 불가능할 때 어떻게 하는 것이 좋은가?

① 훈련 교수계획표를 다시 검토하고 가능하다면 개정한다.

② 다음 계획된 학습으로 넘어가거나, 또는 이것이 현실적으로 어렵다면 학습을 취소한다.

③ 미루어 두었던 학습 중 발달해야 하는 기량에서 완전하게 발달하지 않았다고 예상되었던 학습을 진행한다.

④ 모든 훈련을 중단하고 처음부터 다시 시작해야 한다.

*【해설】 학습에 제시되었던 교육 자료는 이전 학습(previous lesson)에서 마스터 되었던 자료 위에 쌓아야 한다. 만약 계획된 학습(scheduled lesson)을 진행할 수 없다면 교관은 미루어(postponed) 두었던 학습 중 발달해야 하는 기량에서 완전하게 예상하지 않은 학습을 진행하는 것이 좋다. 계획된 훈련을 진행할 수 없을 때 교수계획표를 다시 작성하는 것*

■ 252.① 253.④ 254.③ 255.③

*이 꼭 필요한 것은 아니다. 최근 학습 요건은 다음 학습 과정으로 넘어가기 위한 과정으로 이를 완수해야 하므로 학습 혹은 훈련을 취소하는 것은 바람직하지 않다.*

【256】 학습계획(교안)에 관해서 맞게 서술하고 있는 것은 어느 것인가?

① 학습계획은 코스 목표를 직접 향하지 않아야 한다; 오직 학습 목표가 되어야 한다.

② 학습계획의 정신적 개요는 교관이 잘 준비되어 있는 한 언제든지 활용할 수 있다.

③ 학습계획은 담당 학생들의 활동은 물론이고 교관 자신의 활동들을 일관되게 확인할 수 있도록 하는 데 도움이 된다.

④ 학습계획은 오직 교관 자신의 활동만을 확인하는 데 도움이 되어야 한다.

*【해설】 학습계획(lesson plans)은 담당 학생들의 활동은 물론이고 교관 자신의 활동들을 일관되게 확인하는 데 도움이 되어야 한다. 실제로 교관이 학습계획을 작성하는 것은 중요하다. 학생들을 가르치기 전에 교관 스스로 먼저 학습 내용을 검토해 볼 수 있도록 하는 중요한 수단이다. 학습계획은 학습 목표와 코스 목표 모두를 지향해야 한다. 학습계획은 교관의 준비 수준과 관계없이 정신적 개요가 아닌 서술 형식(written form)이어야 한다.*

【257】 모든 학습에서 적절하게 발달하였을 때 논리적 4단계로 나누어지는 학습 과정은 무엇인가?

① 준비, 소개, 프레젠테이션, 그리고 복습과 평가

② 준비, 소개, 프레젠테이션, 그리고 복습과 적용

③ 준비, 프레젠테이션, 적용, 그리고 복습과 평가

④ 준비, 소개, 프레젠테이션, 그리고 복습과 평가

*【해설】 모든 학습이 적절하게 발달하였을 때 논리적으로 다음과 같은 내용이 포함되어야 한다.*

- *준비(preparation)*
- *프레젠테이션(presentation)*
- *적용(application)*
- *복습과 평가(review and evaluation)*

【258】 학습계획(교안)을 작성하는데 주요 관심 대상은 무엇이 되어야 하는가?

① 형식 ② 내용

③ 학생 ④ 학습 목표

*【해설】 학습계획(lesson plans)을 작성하는 데 있어서 주요 관심의 대상은 학생이다. 이와 함께 모든 학생에게 어느 한 형식 그리고 모든 훈련 상황이 들어맞지 않는다. 비행훈련 필수요건이 매우 광범위함으로 다양한 학습계획(variety of lesson plans)과 학습 형식이 필요하다.*

【259】 학습계획(교안)이 잘 수립되었을 때 각 학습의 특성에 포함되어야 하는 것은 무엇인가?

① 이전에 보여준 학습과 관련한 새로운 교육 자료

② 전체 학습에 적절한 원리, 절차, 또는 기술에 대한 하나의 기본 요소

③ 전체 훈련 교수계획의 목표를 달성하는데 필요한 모든 정보

④ 훈련 목표를 달성하는 데 필요한 보조 교구의 준비

▣ 256.③ 257.③ 258.③ 259.①

*【해설】 교관의 잘 계획된(well-planned) 학습계획(교안)은 이전에 제시되었던 학습과 관련된 새로운 자료가 포함되어야 한다. 해당 학습에 적절한 원리, 절차, 또는 기술에 대한 모든 기본 요소가 제시되어야 한다. 또한, 전체 훈련 교수계획표가 아닌 각 목표를 달성하는데 필요한 모든 정보(every bit of information)가 포함되어야 한다.*

【260】 학습계획(교안)에 관해서 맞게 서술하고 있는 것은 어느 것인가?

① 학습계획은 기존 형식에 따라야 한다.

② 표준으로 준비된 학습계획은 모든 학생 교육에 효과적이다.

③ 표준 학습계획의 활용은 다른 접근이 필요한 학생들에게는 비효과적일 수 있다.

④ 학습계획은 모든 학생에게 일률적으로 적용해야 한다.

*【해설】 학습계획은 다른 접근(different approach)이 필요한 학생들을 위해서 적절하게 바꾸어줄 필요가 있다. 학습계획은 각 학생을 위해서 다듬어져야 하고 여전히 특정 항목이 포함된다.*

【261】 학습계획(교안)이 잘 구성되어 있다면 어떠한 개요를 제공해야 하는가?

① 미지에서 알고 있는 것으로 진행할 수 있어야 한다.

② 단일 교육 기간에서 활용되어야 하는 교육 절차를 위함이다.

③ 점진적으로 더 많이 다룰 수 있는 학습 블록을 확립하기 위함이다.

④ 학습계획에서 학생들에게 생소한 영역을 소개함으로써 흥미를 유발할 수 있다.

*【해설】 교관에게 적절하게 구성된 학습계획은 무엇을 해야 하고, 어떠한 순서에 의해서, 그리고 단일 교육 기간을 위한 교육 자료를 교육하는 데 활용하기 위해서 어떠한 절차에 따라야 하는지를 보여주는 필수 가이드(necessary guide)가 되어야 한다. 학습계획은 알고 있는 내용에서부터 모르고 있는 영역으로 진행되어야 한다. 학습계획이 아닌 교수계획표는 점진적으로 범위가 더 넓어지는 학습의 블록을 설정할 것이다.*

【262】 학습계획(교안)이 잘 작성되기 위해서 갖추어야 하는 조건은 무엇인가?

① 다중 교육 기간을 위해서 활용할 수 있도록 조직된 필기 형식 개요가 되어야 한다.

② 이를 활용하는 교관과 관계없이 교육의 동질성을 향상해야 한다.

③ 단일 학습 기간을 위한 학습의 정신적 개요가 되어야 한다.

④ 학습계획은 단순 메모 형식으로 권장되고 교관의 특성에 따라 달라야 한다.

*【해설】 학습계획은 필기 형식(written form)으로 작성되어야 한다. 다른 교관이 학습계획을 활용할 수 있어야 하고, 동일 혹은 단일 교육 기간(same instructional period)에서 무엇을 교육해야 하는지 알 수 있어야 한다. 학습의 정신적 개요(mental outline)는 학습계획이 아니고 반드시 필기 형식이어야 한다.*

■ 260.③ 261.② 262.②

# 연습문제 [비행철학]

【1】 비행훈련 중 교관이 실제와 유사한 혼란을 일으키도록 하는 것은 학생의 무엇을 결정하기 위함인가?

① 스트레스를 받는 상황을 학습하기 위해서

② 학생의 주의력이 분산되는 동안에 항공기 조종을 유지할 수 있는 능력

③ 통합비행교육 방식을 이용한 기동을 수행할 수 있는 능력

④ 조종훈련생의 이해력을 평가하기 위함이다.

*【해설】 비행훈련과 평가 중 조종훈련생의 주의력을 분산(distraction)시키는 목적은 학생의 주의(attention)가 분산된 동안 항공기를 정확하게 조종할 수 있는 능력을 갖추고 있는지 판단하기 위함이다. 스트레스를 많이 받고 있는 상태에서 학습 혹은 훈련 효과를 떨어뜨린다. 통합비행교육(integrated flight training)은 시각 참조물과 비행 계기를 동시에 활용할 수 있는 능력이다.*

【2】 항공의사결정 과정에서 주어진 항공 상황을 구성하는 4개의 기본 위험요소는 무엇인가?

① 조종사, 항공기, 환경, 그리고 상황인식

② 기량, 스트레스, 상황인식, 그리고 항공기

③ 상황인식, 위험관리, 판단력, 그리고 기술(량)

④ 조종사, 항공기, 환경, 그리고 임무

*【해설】 모든 항공 상황(aviation situation)은 조종사(pilot), 항공기(aircraft), 환경(environment), 그리고 임무(mission)와 같은 4개의 요소 중 하나로 이루어져 있다.*

【3】 비행교관이 학생에게 항공의사결정에 관해서 교육을 시작해야 하는 시기는 언제인가?

① 첫 훈련의 시작과 함께

② 기본 기동 훈련 중 학생이 항공기를 조종할 수 있을 때

③ 학생이 첫 단독비행을 마치고 지방횡단비행을 수행하기 전

④ 모든 기본훈련이 종료된 후

*【해설】 조종훈련생은 훈련의 초기 단계에서 ADM(aerodynamic decision making)을 경험할 수 있어야 한다. ADM을 소개하기 위한 이상적인 시기는 표준 자가용 조종사 훈련 코스의 첫 1/4 시기가 가장 적당하다.*

■ 1.② 2.④ 3.②

【4】 항공의사결정(ADM)의 정의를 맞게 서술하고 있는 것은 어느 것인가?

① 특정 상황에서 가용한 모든 정보를 분석하여 언제 그리고 어떠한 행동을 취해야 하는지 적절한 결심을 내리는 정신적 과정이다.

② 매 비행과 관련된 위험을 감소시키기 위한 현명한 판단력에 의존하는 결심을 내리는 과정이다.

③ 조종사가 주어진 일련의 환경에 반응하는 데 있어서 일률적으로 최상의 방책을 결정하기 위해서 사용되는 정신적 과정에 대한 체계적인 접근이다.

④ 매 비행과 관련된 일련의 환경에 즉각 반응할 수 있는 정신적 과정에 대한 체계적인 접근이다.

*【해설】 항공의사결정(ADM)은 조종사가 주어진 일련의 환경에 반응하는 데 있어서 일률적으로 최선의 방책(course of action)을 결정하는데 사용하는 정신적 과정(mental process)에 대한 체계적 접근(systematic approach)이다.*

【5】 항공의사결정의 한 부분인 위험관리는 각 비행과 관련이 있는 위험을 낮추기 위해서 어떠한 특징에 의존하는가?

① 스트레스 관리와 위험 요소 절차의 적용

② 특정 상황에서 모든 정보를 분석하여 행동을 적시에 결심을 내릴 수 있는 정신적 과정

③ 상황인식, 문제 인식, 그리고 현명한 판단

④ 주어진 환경, 항공기 그리고 즉각적인 판단과 조치 능력

*【해설】 위험관리(risk management)는 매 비행과 관련이 있는 위험을 감소시키기 위한 상황인식(situational awareness), 문제 인식(problem recognition), 그리고 현명한 판단력(good judgment)에 의존하는 의사결정과정의 한 부분이다.*

【6】 항공의사결정 과정은 현명한 결심을 내리는 데 포함된 여러 단계가 있다. 이들 단계의 하나는 어느 것인가?

① 필요한 행동의 합리적 평가를 하는 것이다.

② 즉각 조치할 수 있는 능력을 개발하는 것이다.

③ 할 수 있다는 태도를 발달시키는 것이다.

④ 안전비행에 위험할 수 있는 개인적 태도를 식별하는 것이다.

*【해설】 현명한 판단력(rational evaluation)을 위한 단계는 다음과 같다.*

- *안전비행에 위험이 되는 태도(attitude)를 식별한다.*
- *행위수정 기술(behavior modification techniques)을 학습한다.*
- *스트레스를 인지하고 극복하는 방법을 학습한다.*
- *위험평가(risk assessment) 기술을 개발한다.*
- *많은 승무원 상황에서 모든 자원을 활용한다.*
- *한 사람의 ADM 기술의 효율성을 평가한다.*

■ 4.③ 5.③ 6.④

**【7】** 경력 조종사가 빠질 수 있는 전형적인 행위 함정의 사례는 무엇인가?

① 상황인식을 향상한 다음 행동에서 필수 변화를 하지 못하는 것이다.

② 계획에 따라 승객을 만족하게 하고, 정시성 집착, 그리고 비행을 확실하게 마무리하려는 것이다.

③ 부가 책임을 가정하고 PIC 권한을 강력히 주장하지 못하는 것이다.

④ 경험 조종사는 초임 조종사와 비교해서 결코 행위 함정에 빠지지 않는다.

*【해설】 경력 조종사(experienced pilot)가 빠질 수 있는 전형적인 행위적 함정(classic behavior trap)은 여러 가지가 있다. 이 중 특히 경험과 관련된 것으로 비행을 계획에 따라 완수해야 한다는 신념, 승객의 편의, 정시성 그리고 자신의 올바른 자질(right stuff)을 갖추었음을 보여주려고 하는 경향이다. 상황인식을 향상하고 행동의 필수 변화와 PIC 권리를 주장하는 것은 긍정적 조종사 행위이다.*

**【8】** 대부분의 경력 조종사들은 그동안 경험해 온 과정의 일부에서 하나 이상의 위험한 경향 또는 행위적 함정에 빠졌거나 유혹을 받아 본 적이 있을 것이다. 이 경향을 가장 잘 서술하고 있는 것은 어느 것인가?

① 항공기 시스템 및 제한사항의 계기 기술과 지식의 부족

② 동료 압력, 상황인식 상실, 그리고 부적절한 예비 연료로 운항

③ 피로, 질병, 또는 감정 문제와 같은 인적요소로부터 스트레스로 인한 성과 부족

④ 이들은 업무량과 관계없이 제한사항의 계기 기술과 지식의 부족

*【해설】 경력 조종사(experienced pilot)가 빠질 수 있는 전형적인 행위적 함정(classic behavior trap)들은 반드시 식별되고 제거되어야 하는 위험한 경향 또는 행위적 함정이다. 전형적인 행위적 함정은 다음과 같은 것들이 있다.*

- *동료 압박(peer pressure)*
- *(흔히 바꾸기 힘든) 사고방식(mind set)*
- *계기기상상태(IMC) 속으로 VFR 비행 강행*
- *상황인식 상실*
- *적절한 예비 연료 없이 운항*
- *최저 순항항로 고도 이하로 비행*
- *성능 영역선도를 벗어난 운항*
- *비행계획, 비행 전 점검, 점검표의 무시*

**【9】** 비행을 위한 한 개인의 태도에서 실제적 관점을 얻기 위해서 조종사는 어떻게 해야 하는가?

① 비행을 완수해야 하는 필요성을 이해한다.

② 훈련 중 실질적이고 철저한 비행교육 모두를 받아야 한다.

③ 자기평가 위험 태도 목록 검사를 받아야 한다.

④ 의무를 수행하는 중 항상 다른 조종사들로부터 평가를 받아야 한다.

*【해설】 비행을 위한 각 개인의 태도에서 실제적 관점(realistic perspective)을 얻기 위해서 각 ADM 학생은 자기평가 위험 태도 목록 검사(self-assessment hazardous attitude*

■ 7.② 8.② 9.③

*inventory test)를 받아야 한다.*

【10】 항공의사결정 과정 중 당신의 판단력에 영향을 줄 수 있는 일부 위험한 태도는 어느 것인가?

① 충동적, 반체제, 그리고 재평가
② 반항적, 충동적, 그리고 체념
③ 동료 압력과 스트레스 수준
④ 동료 압력과 충동적, 그리고 자신감

*【해설】 항공의사결정(ADM)에서는 다음과 같은 5개의 위험 태도를 다루고 있다.*

*• 반권위적(anti-authority); 타인의 간섭을 거부하거나 반항적인 태도이다. 이 같은 행위를 보이는 학생에게는 모든 행위의 근거는 규정에 있고 항상 규정을 지킬 것을 강조하라!*

*• 충동적(impulsivity); 무엇이든 신속하게 처리해야 하는 성정을 지닌 태도이다. 이 경우 행동하기 전에 생각부터 할 것을 강조하라!*

*• 불사신/행운심리(invulnerability); 항공사고는 다른 사람의 일이지 결코 나에게 발생하지 않을 것이라는 허황한 심리를 갖는 태도이다. 나에게도 발생할 수 있음을 강조하라!*

*• 마초이즘(Macho); 마치 자신만이 모든 것을 할 수 있다는 우월감을 느끼는 태도이다. 우연을 기대하는 것은 어리석다는 것을 강조하라!*

*• 체념(resignation); 무엇을 하든 나와는 상관없다는 방관자적 태도이다. 나는 남과 다르게 할 수 있고 도움이 될 수 있는 존재라는 것을 강조하라!*

【11】 조종사의 잘못된 판단력에 영향을 줄 수 있는 위험한 태도를 어떻게 효과적으로 다룰 수 있는가?

① 시간이 지남에 따라 자연적으로 해소되도록 한다.
② 태도와 함께 더욱 단언적으로 될 수 있는 유의미한 단계를 취한다.
③ 이들 위험 태도는 조기에 인식되어야 한다.
④ 적절한 해결책을 인식하고 제시할 수 있어야 한다.

*【해설】 조종사는 각 위험 요소에 적절한 해결책(antidote thought)으로 위험한 태도에 대처할 수 있는 수단에 익숙해 있어야 한다.*

【12】 위험한 태도는 정도의 차이는 있지만 모든 조종사에게 발생할 수 있다. 이들 위험한 태도의 일부는 무엇인가?

① 반항적, 충동적, 마초, 체념, 그리고 불사신 믿음
② 부실한 상황인식, 순간 판단력, 그리고 결심수립 과정의 부족
③ 부실한 위험관리와 스트레스 관리의 부족
④ 반항적, 상황인식 능력 부족, 마초, 체념, 그리고 불사신 믿음

■ 10.② 11.④ 12.①

【13】 항공의사결정 과정에서 위험한 태도를 누그러뜨리는 첫 단계는 무엇인가?

① 위험사고를 인식하는 것이다.

② 상황의 무관함을 인식하는 것이다.

③ 합리적 판단을 내리는 것이다.

④ 상황을 종합적으로 판단하는 것이다.

*【해설】 조종사의 판단력에 영향을 줄 수 있는 위험한 태도는 이를 인식함으로써 효과적으로 대처할 수 있다. 위험사고의 인식(recognition of hazardous thoughts)은 ADM 과정에서 이들을 제거할 수 있는 첫 단계이다.*

【14】 사고(thought)가 위험하다고 인식되었을 때 조종사는 어떻게 해야 하는가?

① 철저한 위험평가를 통해서 이 위험사고를 수정한다.

② 이 위험사고가 왜 발생했는지를 먼저 생각하도록 한다.

③ 이 위험사고가 발달하지 않도록 피해야 한다.

④ 사고(thought)가 위험하다는 라벨을 붙인 다음 상응하는 대책을 기술하는 방법으로 이 사고를 수정한다.

*【해설】 조종사의 사고방식(thought)을 위험한 것으로 인지했을 때 그 사고방식은 위험하다고 생각할 수 있는 라벨을 붙이고 상응하는 해결책(antidote)을 서술하는 방법으로 그 사고방식을 수정한다.*

【15】 교관은 실속 회복 중 학생이 기동속도를 초과하는 것을 인지하였다. 교관에 대한 "반항적" 반응을 가장 잘 기술하고 있는 것은 어느 것인가?

① 조종훈련생은 이 시간에 실속으로부터 어떻게 회복하는지 알아야 한다.

② 항공기는 기동속도보다 더 심하게 다루어질 수 있다.

③ 과거에 이처럼 행동한 것에 문제가 없었다.

④ 조종훈련생은 교관의 의도를 받아들여 차분하게 대처할 것이다.

*【해설】 반권위적 혹은 반항적 태도(antiauthority attitude)는 "나에게 어떠한 간섭도 하지 마라!"라는 태도이다. 이 같은 태도는 누군가로부터 무엇을 어떻게 하라고 하는 것과 같은 말을 듣기를 싫어한다. 이들은 누군가가 무엇을 하라고 하는 것에 분개(resentful)하고 법, 규정, 그리고 절차 따위를 우습게 여기고 불필요한(silly and unnecessary) 것으로 여기는 성향이 있다.*

【16】 조종사의 마초이즘 태도에 대한 적절한 대책으로 강조해야 하는 것은 무엇인가?

① 나는 무력하지 않다. 나는 다르게 할 수 있다.

② 규정에 따라라. 그것이 통상적으로 올바른 방법이다.

③ 위험을 무릎 쓰는 것은 어리석은 행동이다.

④ 행위를 인정해 주는 것이 중요하다.

*【해설】 "I can do it"과 같은 마초이즘(Macho) 행태는 자신이 항상 다른 사람보다 낫다는 것을 입증해 보이고자 하는 일종의 자만 성향이다. 이 같은 성향의 조종사는 다른 사람에게 자신의 우월성을 나타내기 위해서 위험을 감수하는 경향이 있다. 이것이 남자다운*

■ 13.① 14.④ 15.② 16.③

*패턴이라고 할 수 있지만, 여성에게도 유사한 패턴이 나타난다. 이들 성향에 적절한 대책(antidote)은 운에 맡기는 것은 어리석은 행동(taking chances is foolish)이라는 것을 강조해야 한다.*

【17】 반항적 위험 태도의 적절한 대책으로 강조해야 하는 것은 무엇인가?

① 무엇이든 빨리 행하라.

② 너무 서두르지 마라. 생각을 먼저 하라.

③ 규정을 준수하라.

④ 위험을 무릅 쓰는 것은 어리석은 행동이라는 것을 강조하라.

*【해설】 반권위적 혹은 반항적(antiauthority) 태도 "don't tell me!"는 다른 사람이 자신에게 무엇을 하라고 간섭하는 것을 싫어하는 성향이다. 이 태도에 대한 대책은 규정을 준수하라. 규정을 따르는 것이 항상 옳은 방법이라는 것을 강조해야 한다.*

【18】 조종실에서 위기와 관련된 스트레스를 감소시키기 위해서 먼저 시작되어야 하는 것은 무엇인가?

① 더욱 심각한 생활과 조종실 스트레스 문제를 제거하는 것으로부터 시작되어야 한다.

② 스트레스의 정확한 원인을 알아내는 것으로부터 시작되어야 한다.

③ 개인의 생활에서 스트레스 부문을 평가하는 것으로부터 시작되어야 한다.

④ 조직의 효율성을 먼저 검토하는 것으로부터 시작되어야 한다.

*【해설】 비행 중 위험관리(risk management)와 관련된 스트레스를 감소시키고자 한다면 우선 당신의 모든 생활 영역(all areas of your life)에서 개인 스트레스 평가(personal assessment of stress)를 받아보는 것으로부터 시작되어야 한다.*

【19】 조종사는 조종실 스트레스를 관리하는 데 도움이 될 수 있도록 하기 위해서 어떻게 해야 하는가?

① 비행에서 발생하는 것과 유사한 생활 속의 스트레스 상황에 대해서 생각해야 한다.

② 스트레스의 첫 징후에서 합리적으로 생각하고 긴장을 풀 수 있도록 노력해야 한다.

③ 조종실 책임을 다룰 수 있는 능력을 떨어뜨릴 수 있는 상황을 회피해야 한다.

④ 스트레스를 받을 수 있는 상황을 회피하는 것이 최상이다.

*【해설】 양호한 조종실 스트레스 관리(good cockpit stress management)는 양호한 생활 스트레스 관리(good life stress management)와 함께 시작된다. 생활 스트레스가 잘 관리되었다면 대부분 스트레스는 비행 중 나타나지 않는다. 스트레스를 느낄 때 당신은 스스로 긴장(relax)을 풀 수 있도록 하고 합리적(rationally)으로 생각할 수 있어야 한다.*

▣ 17.③ 18.③ 19.②

【20】 조종사의 항공의사결정에 합리적 접근을 제공하는 데 도움이 되는 "DECIDE" 모델을 구성하고 있는 요소들은 무엇인가?

① estimate, determine, choose, identify, and evaluate
② determine, evaluate, choose, identify, do, and eliminate
③ detect, estimate, choose, identify, do, and evaluate
④ detect, determine, choose, identify, do, and evaluate

*【해설】 "DECIDE" 모델은 조종사에게 합리적인 의사결정을 할 수 있도록 다음과 같이 6개의 단계로 구성되어 있다.*

- *Detect(감지)*
- *Estimate(예측)*
- *Choose(선택)*
- *Identify(식별)*
- *Do(행하라)*
- *Evaluate(평가하라)*

【21】 비행 중 조종훈련생에게 다중-업무를 훈련하는 가장 좋은 방법은 무엇인가?

① 주의력 전환과 동시 과업수행 모두를 포함하는 능력을 발달시키는 데 도움을 주어야 한다.
② 주의력 전환 기술을 발달시키도록 도움을 준다.
③ 조종훈련생이 한 기술을 훈련 중 다른 과업을 부여함으로써 과업의 순서를 이해하게 될 것이다.
④ 여러 과업 중 가장 중요한 업무에만 집중할 수 있도록 한다.

*【해설】 조종실 업무에서 한 번에 여러 과업(multi-tasking)을 동시에 수행하는 것이 일상적으로 이루어지기 때문에 교관은 조종훈련생이 주의력 전환(attention switching)과 동시과업(simultaneous performance)을 수행할 수 있는 능력을 갖출 수 있도록 도와주어야 한다. 조종훈련생에게 한 번에 여러 과업을 수행할 것을 요청하기 전에 교관은 조종훈련생이 개별 과업을 확실하게 수행할 수 있도록 연구와 훈련에 집중할 수 있게 충분한 시간을 보장해야 한다.*

【22】 인간 행위와 항공기 사고에 관해서 올바르게 설명하고 있는 것은 어느 것인가?

① 의도적 행동을 수행하지 않는 한 사고 발생이 드물다.
② 4건의 사고 중 3건은 인간 행위가 원인이다.
③ 인간 행위는 잘 이해되고 있으므로 사고 유발 행동은 매우 드물게 발생한다.
④ 항공기 사고의 대부분은 기계적 결함이기 때문에 인적요소보다 시스템에 집중해야 한다.

*【해설】 연구에 따르면 항공기 사고에서 4건 중 3건은 부적절한 인간 행위(improper human behavior)로 인한 원인으로 알려져 있다. 인적요소(human factor)는 항공기 운항 시스템에서 가장 융통성(flexible) 있게 적용할 수 있는 가치 있는 부분이지만 반대로 항공기 운항에 악영향을 줄 수 있는 가장 취약한 요인이기도 하다.*

■ 20.③ 21.① 22.②

**【23】** 인체에 미치는 알코올에 관해서 올바르게 기술하고 있는 것은 어느 것인가?

① 알코올은 조종사를 저산소증에 더 잘 빠질 수 있게 한다.

② 소량의 알코올은 비행 기술에 영향을 주지 않는다.

③ 커피는 알코올의 대사과정에 도움이 되고 숙취가 완화된다.

④ 알코올은 물을 많이 마시면 숙취 해소에 도움이 된다.

*【해설】 알코올(alcohol)은 조종사를 저산소증(hypoxia)과 공간정위상실에 더 쉽게 빠질 수 있게 한다. 알코올은 1온스의 주류, 맥주 한 병 혹은 와인 4온스의 적은 양이라 할지라도 조종사의 비행 기량에 영향을 줄 수 있다. 체내 흡수된 알코올은 숙취(hangover)를 신속하게 완화할 방법은 없다.*

**【24】** 개인적으로 감압 상승이 필요하지 않은 스쿠버 다이빙을 했고 객실고도 8,000피트 또는 이하에서 비행할 예정이라면 최소한 몇 시간을 대기해야 하는가?

① 4시간 ② 8시간

③ 12시간 ④ 24시간

*【해설】 개인적으로 물속에서 감압 상승(controlled ascent)이 필요하지 않은 스쿠버 다이빙(scuba diving; non-decompression diving)을 했고 객실고도 8,000피트 또는 이하에서 비행할 예정이라면 최소한 12시간을 대기할 것을 권장한다.*

**【25】** 개인적으로 감압 상승이 필요한 스쿠버 다이빙을 했고 객실고도 8,000피트 또는 이하에서 비행할 예정이라면 최소한 몇 시간을 대기해야 하는가?

① 4시간 ② 8시간

③ 12시간 ④ 24시간

*【해설】 개인적으로 물속에서 감압 상승(controlled ascent)이 필요한 스쿠버 다이빙(scuba diving; decompression diving)을 했고 객실고도(cabin pressure altitude) 8,000피트 또는 이하에서 비행할 예정이라면 최소한 24시간을 대기할 것을 권장한다.*

**【26】** 고도 18,000피트까지 상승하는 동안 대기 속의 산소의 구성비는 몇 퍼센트인가?

① 증가 ② 감소

③ 동일하다. ④ 공기밀도에 따라 달라진다.

*【해설】 공기는 산소(20%), 질소(79%), 그리고 기타 기체(1%)로 구성되어 있다. 공기밀도는 고도가 상승함에 따라 감소하지만, 이들 기체(gas)의 구성비는 변함이 없다.*

**【27】** 저산소증에 관해서 올바르게 설명하고 있는 것은 어느 것인가?

① 호전성 또는 안전 불감증은 저산소증의 증상이 될 수 있다.

② 저산소증은 관절과 혈류 흐름 속에 있는 질소 거품이 주요 원인이다.

③ 비행 계기에 강제로 집중하도록 하는 것은 저산소증의 영향을 극복하는 데 도움이 될 것이다.

④ 호흡률이 빨라지고 혈류 흐름 속에 있는 질소 거품이 주요 원인이다.

*【해설】 비행 중 가장 위험한 저산소증 특징은 조종사가 비행 임무에 집중하는 동안 저산*

■ 23.① 24.③ 25.④ 26.③ 27.①

*소증의 영향을 인지하지 못하는 것이다. 개인별 차이가 있지만, 손발의 저린 증상(tingling) 이나 안전 불감증(false sense of security)은 전형적인 증상이다. 감압병은 질소 거품으로 인한 것으로 관절과 혈류 흐름에 영향을 줄 수 있다. 비행 계기에 집중하도록 하는 것은 공간정위상실을 극복하는 한 방법이다.*

【28】 보충산소를 제공하지 않고 15,000피트 이상의 비여압 항공기 비행에서 탑승객에게 가장 잘 발생할 수 있는 신체적 변화는 무엇인가?

① 가스가 신체 수축에 갇히고 혈류에서 질소가 빠져나오는 것을 방해한다.
② 중이에 있는 압력이 객실에 있는 대기압보다 낮아진다.
③ 터널 시각과 함께 입술과 손톱에 청색증이 발생한다.
④ 호흡률이 빨라지고 비행 계기에서 강제로 집중할 수 있도록 한다.

*【해설】 객실기압고도가 15,000피트 이상이 되었을 때 주변 시야(periphery of the visual field)가 오직 중심 시야로 시야가 좁아지는 터널 시각(tunnel vision)으로 변한다. 또한, 손톱과 입술에 청색증(blue coloration)이 나타날 수 있다.*

【29】 저산소증의 원인은 무엇인가?

① 혈류 속의 과도한 질소
② 고고도에서 기압의 감소
③ 고도 증가에 따른 절대 산소량의 감소
④ 기압의 증가와 기온의 감소

*【해설】 저산소증(hypoxia)은 두뇌와 다른 기관의 기능을 떨어뜨리는 체내 산소의 부족 현상이다. 고고도에서 저산소증은 기압의 감소로 인한 산소 분압의 감소 때문이다. 고도 변화에 따라 산소의 절대량(20%)은 변함이 없다.*

【30】 흡연은 조종사에게 어떠한 영향을 줄 수 있는가?

① 야간 시력을 약 50%까지 감소시킨다.
② 혈액 속에서 산소 운반 능력을 감소시킨다.
③ 과호흡증을 유발할 수 있는 신체 내의 부가적인 이산화탄소를 발생시킨다.
④ 흡연으로 인한 이산화탄소는 혈액의 산소 운반 능력을 떨어뜨린다.

*【해설】 흡연(smoking) 중 체내로 유입된 일산화탄소(carbon monoxide)는 혈액이 산소를 운반하는 능력을 현저하게 떨어뜨린다. 이것이 고도 상승으로 인한 효과와 결합했을 때 저산소증은 더욱 악화할 수 있다. 흡연으로 인한 눈의 감도(sensitivity)를 낮추고 야간 시력의 약 20%까지 감소시킬 수 있다.*

■ 28.③ 29.② 30.②

**【31】** 빈혈성 저산소증은 혈중 산소 감소로 인한 저산소증과 동일한 증상이지만 이 증상을 가장 잘 일으킬 수 있는 원인은 무엇인가?

① 혈액 순환 부족
② 밀폐된 조종실
③ 비행 전 알코올 또는 약물의 사용
④ 배기 매니폴드의 누출

*【해설】 빈혈성 저산소증(anemic hypoxia)은 일산화탄소 중독이라든지 과도한 흡연으로 인한 산소 외의 다른 가스로 혈액이 오염되어 발생하는 증상이다. 이것은 고고도에서 흡입한 공기(inhaled air)에 있는 산소 압력이 감소하면서 발생한다. 비행 중 일산화탄소 중독 가능성이 가장 큰 것은 배기 매니폴드(exhaust manifold)의 누출이다.*

**【32】** 과호흡증의 주요 원인은 무엇인가?

① 체내 이산화탄소의 부족
② 보충산소의 흐름을 증가시켜야 하는 필요성
③ 산소 부족을 초래하는 너무 급하게 호흡하는 것
④ 흡연으로 인한 저산소증

*【해설】 과호흡증(hyperventilation)은 비행 중 예기치 못한 상황에 부닥쳤을 때 호흡이 비정상적으로 빨라지는 증상이다. 이로 인하여 체내에서 필요로 하는 이산화탄소가 급격하게 빠져나가면서 발생한다.*

**【33】** 산소를 사용하는 동안 빠르고 아주 깊은 호흡을 일으킬 수 있는 현상은 무엇인가?

① 청색증
② 과호흡증
③ 신체 속에 이산화탄소의 축적
④ 저산소증

*【해설】 두뇌의 호흡중추(respiratory center)는 혈액 속에 있는 이산화탄소의 양에 반응한다. 과호흡증은 이산화탄소의 부족으로 인해서 발생할 수 있고 산소를 사용하고 있을 때 너무 빠른 호흡 또는 매우 깊은 호흡(extra deep breathing)이 원인이 될 수 있다.*

**【34】** 과호흡증의 증상을 극복하기 위해서 어떻게 해야 하는가?

① 폐의 순환을 증가시키기 위해서 호흡률을 증가시킨다.
② 호흡률을 낮추어 체내 이산화탄소의 양을 증가시킨다.
③ 알코올, 항히스타민제 그리고 진정제와 같은 상비약의 사용을 삼가야 한다.
④ 비행고도를 낮추는 것이 우선이다.

*【해설】 과호흡증의 증상은 의식적으로 호흡률(breathing rate)을 낮추거나 깊은 심호흡을 한 후 수 분 이내에 없어질 수 있다. 체내에 이산화탄소가 축적되도록 코와 입에 종이 봉지(paper bag)를 대고 호흡함으로써 체내 이산화탄소의 축적을 촉진할 수 있다.*

■ 31.④ 32.① 33.② 34.②

**【35】** 고도 체임버에서 저산소증을 경험해 보는 것은 어떠한 이점이 있는가?

① 저산소증 환경에서 조종 능력을 경험해 볼 기회를 제공한다.

② 동시에 여러 사람 속에서 다양한 종류의 저산소증 증상들을 관찰할 수 있다.

③ 저산소증에 빠졌을 때 그 사람의 생존을 위해서 체임버에 공기를 신속하게 보충해야 한다는 것을 학습하게 된다.

④ 통제된 환경에서 그들 자신의 증상을 인식하는 것이 학습하는 데 도움이 된다.

*【해설】 저산소증의 증상은 개인에 따라 크게 다르지 않기 때문에 고도 체임버 비행(altitude chamber flight) 중 다른 사람의 저산소증 효과를 경험하고 관찰하는 것은 저산소증의 증상을 인지하는 데 크게 도움이 될 것이다. 통제된 환경에서 자기 자신의 증상을 경험해 보는 것은 타인이 아닌 자신의 증상을 인식하는 데 도움이 된다. 저산소증에 빠졌을 때 그 사람의 생존을 위해서 체임버에 공기를 신속하게 보충하는 것은 맞지만 이 문제에서 원하는 장점은 아니다.*

**【36】** 공간정위상실을 방지 또는 극복하기 위해서 권장되는 절차는 무엇인가?

① 급선회와 거친 조종간 움직임을 회피한다.

② 비행 계기의 지시에 전적으로 의존한다.

③ 가능한 최대 한계까지 머리와 눈의 움직임을 감소시킨다.

④ 간헐적으로 머리를 흔들어 눈의 초점을 다시 잡아 준다.

*【해설】 비행 중 공간정위상실(spatial disorientation)을 방지하거나 극복하기 위해서 강조되는 가장 중요한 요소 중 하나는 자연 수평선 혹은 지상 참조가 명확하게 보이지 않는 한 비행 계기의 지시에 의존하는 습관을 개발하는 것이다. 급선회(steep turn)와 거친 조종간 혹은 머리와 눈의 움직임을 최소화하는 것을 방지하는 데 도움이 되지만 이를 극복하는 방법은 아니다.*

**【37】** 급가속이 일으킬 수 있는 착각은 어느 것인가?

① 좌선회　　② 기수들림 자세

③ 기수숙여짐 자세　　④ 급강하

*【해설】 이륙 중 급가속(rapid acceleration)은 조종사에게 기수-들림(nose-up attitude) 착각(illusions)을 일으키고 감각을 잃은 조종사는 항공기의 기수를 숙이려 함으로써 항공기는 기수낮음 혹은 급강하 자세(dive attitude)를 유발한다. 좌선회하고 있는 듯한 착각은 경사자세(lean attitude)의 급격한 수정 혹은 일정한 선회율 중 급격한 머리 움직임으로 인해서 발생할 수 있다.*

**【38】** 항공기가 실제 고도보다 더 높은 고도에 있는 듯한 착각을 일으키는 원인은 무엇인가?

① 대기 연무　　② 상경사 지형

③ 하경사 지형　　④ 급가속

*【해설】 상경사 활주로 또는 지형(upsloping runway or terrain) 모두는 항공기가 실제 높이보다 더 높은 고도에 있는 듯한 착각을 하게 한다. 이를 인지하지 못한 조종사는 저고도 접근을 초래하게 될 것이다. 연무(haze)로 인한 착각은 실제 거리보다 더 멀리 있는 듯한*

■ 35.④ 36.② 37.② 38.②

*착각을 유발한다.*

【39】 연무는 비행 중 항공교통 또는 지형 특징을 볼 수 있는 능력에 어떠한 영향을 주는가?

① 연무는 눈의 초점을 무한으로 하는 원인이 된다.

② 눈은 연무 속에 과로하게 하고 상대적 움직임을 쉽게 발견하지 못한다.

③ 연무는 시정을 불량하게 하여 모든 지형지물이 가까이 있는 것처럼 보인다.

④ 모든 항공교통 또는 지형 특징은 실제 거리보다 더 멀리 있는 것처럼 보이게 한다.

*【해설】 윈드실드에 부딪히는 비는 실제 높이보다 더 높이 있는 듯한 착각을 그리고 연무(haze)로 인한 착각은 실제 거리보다 더 멀리 있는 듯한 착각을 유발한다. 연무는 조종실 외부의 편리한 거리에 초점을 형성하게 하고 실제 보이는 것 없이 눈을 편안하게 하거나 응시하도록 한다.*

【40】 암순응 능력을 떨어뜨리는 것은 무엇인가?

① 이산화탄소

② 비타민 C

③ 객실기압고도 5,000피트 이상

④ 중간 광도의 빛에 노출

*【해설】 야간에 시각이 빛에 더욱 민감해지는 것을 암순응(dark adaptation)이라 한다. 비행 중 암순응은 객실기압고도 5,000피트 이상, 흡연 혹은 배기가스로부터 일산화탄소 흡입, 비타민 A의 부족, 그리고 밝은 빛에 장시간 노출되었을 때 현저히 떨어진다.*

【41】 비록 필요로 하는 것은 아니지만 야간비행 중 보충산소의 사용이 권장되는 고도는 대략 얼마인가?

① 5,000피트　　② 10,000피트

③ 12,500피트　　④ 15,000피트

*【해설】 야간 시력(night vision)은 객실기압고도 고도 5,000피트의 고도에서도 발생할 수 있다. 이를 방지하기 위해서 주간 10,000피트 그리고 야간 5,000피트 이상에서 비행 중 보충산소(supplemental oxygen)를 사용할 것을 권장한다.*

【42】 비행 조종훈련생이 멀미를 느끼고 있을 때 어떻게 해야 하는가?

① 멀미를 방지하기 위해서 멀미약을 복용할 것을 권장한다.

② 학생에게 머리를 낮추게 하고, 눈을 감은 후 깊은 호흡을 하도록 한다.

③ 학생에게 불필요한 머리 움직임을 피하고 눈은 항공기 외부를 주시하도록 조언한다.

④ 학생에게 시선을 항공기의 어느 한 구조에 집중하고 창문은 가급적 닫도록 조치한다.

*【해설】 비행 중 멀미(motion sickness)를 이겨내기 위해서 시선은 외부로 향하게 하면서 환기구(air vents)를 열어 신선한 공기를 받아들이고 옷을 헐렁하게 하거나 혹은 보충산소를 사용할 것을 권장한다. 또한, 불필요한 머리의 움직임을 피하고 비행을 취소하거나 가까운 공항에 착륙한다. 멀미약을 복용하는 것도 한 방법이지만 약물 자체로 인한 부작용이 발생할 수 있다.*

■ 39.④ 40.③ 41.① 42.③

【43】 멀미의 주요 원인은 무엇인가?

① 균형 감각을 제어하는 내이의 미세한 부분을 지속해서 자극하는 것이다.

② 균형에 영향을 주는 두뇌 세포에서 불안정성이지만 경험으로 극복될 수 있다.

③ 위 벽의 수축을 초래하는 산 물질이 만들어지게 하는 항공기 움직임이다.

④ 항공기의 진동과 불편한 착석 자세이다.

*【해설】 멀미의 주요 원인은 균형 감각(sense of balance)을 제어하는 내이(inner ear)의 미세한 부분을 지속해서 자극(continued stimulation)하는 것이다.*

【44】 수평직선비행 중 좌우측 항공교통을 관찰하도록 훈련할 때 적용되는 기술은 어느 것인가?

① 윈드실드를 오른쪽에서 왼쪽까지 연속적으로 관찰한다.

② 주변시 구역에서 감지된 상대 움직임에 집중한다.

③ 짧은 간격으로 다른 구역에서 체계적으로 초점을 옮기면서 관찰한다.

④ 관제사의 무선교신에 집중하고 수시로 외부를 관찰한다.

*【해설】 눈은 매우 좁은 구역(narrow viewing)에만 초점을 맞출 수 있으므로 효과적인 스캐닝은 하늘의 연속 구역을 중심 시야(central visual field) 속으로 들어오도록 일련의 짧고 규칙적인 공간으로 눈을 움직이게 하는 것이다. 각 눈의 움직임은 10°를 초과하지 않아야 하고 각 구역은 최소한 1초 동안 관찰해야 한다.*

【45】 야간시력의 효율성을 향상하기 위한 한 방법은 무엇인가?

① 물체를 직접 응시한다.

② 눈을 돌려가면서 물체의 중심에 초점을 맞추려 노력한다.

③ 내부등화의 광도를 높인다.

④ 물체의 주변을 관찰하도록 한다.

*【해설】 야간 시력을 위한 가장 효율적인 방법은 주변시(peripheral vision)를 활용하는 것이다. 야간에 다른 항공기를 관찰할 때 비행 중인 항공기가 있을 것으로 예상하는 구역을 직접 바라보지 말고 눈의 초점을 중심으로부터 약간 주변으로(off-center viewing) 이동시켜 관찰해야 한다.*

【46】 장주에서 공중충돌의 위험을 방지하기 위한 효과적인 방법은 어느 것인가?

① 강하하면서 장주에 진입한다.

② 정확한 장주 고도를 유지하고 지속해서 구역을 관찰해야 한다.

③ 장주에서 비행하고 있는 다른 항공기로부터 교신 내용에 의존한다.

④ 관제 구역에서는 관제사의 통제하에 있으므로 주어진 비행경로와 고도 유지에 집중한다.

*【해설】 장주(traffic pattern)에서 공중충돌을 방지하는 방법은 모든 조종사가 정확한 장주 고도(traffic altitude)를 준수하고 진입은 배풍경로(downwind leg)에 45°로 진입하면서 지속해서 다른 항공기의 움직임을 관찰한다. 장주에 있는 모든 항공기가 무선통신장비(radio communication equipment)를 갖추고 있거나 정상적으로 교신을 하지 않을 수도 있다는 점에 유의해야 한다.*

■ 43.① 44.③ 45.④ 46.②

【47】 야간에 다른 항공기를 발견하기 위한 가장 효과적인 방법은 무엇인가?

① 머리를 돌려 전체 시각 구역을 빠르게 돌아본다.

② 다른 항공기가 비행하고 있을 것으로 의심되는 지점을 직접 응시하는 것을 피한다.

③ 수평선 아래 구역을 관찰하는 것을 피함으로써 지상 불빛의 영향을 피할 수 있다.

④ 상대방 항공기의 불빛을 놓치지 않도록 주시한다.

*【해설】 야간 시력을 위한 가장 효율적인 방법은 주변시(peripheral vision)를 활용하는 것이다. 야간에 다른 항공기를 관찰할 때 비행 중인 항공기가 있을 것으로 예상하는 구역(suspected area)을 직접 바라보지 말고 눈의 초점을 중심으로부터 약간 주변으로(off-center viewing) 이동시켜 관찰해야 한다.*

【48】 조사에 따르면 대부분의 공중충돌 사고가 발생하는 시기는 언제인가?

① 장주 내에서 연무가 낀 날

② 항법보조시설 근처에 있는 맑은 날

③ 모의 계기비행 중 야간 상태에서

④ 상승 혹은 강하 중

*【해설】 대부분 공중충돌(midair collision) 및 근접충돌(midair collision) 보고에 따르면 양호한 VFR 기상상태 그리고 주간에 발생하는 것으로 조사되었다. 이들 대부분 사고는 공항 혹은 항법보조시설(navigational aids) 근처의 약 5마일 이내에서 발생하였다.*

■ 47.② 48.②

# 실전 테스트

【1】 전체 지각적 과정에 큰 영향력을 주고 지각에 영향을 주는 요소는 어느 것인가?
① 목표와 기회 ② 자아개념
③ 목표와 가치 ④ 시간과 기회

【2】 동기에 관해서 맞게 서술하고 있는 것은 어느 것인가?
① 동기는 반드시 효과적이라는 것이 명백해야 한다.
② 동기는 매우 미묘하고 식별이 어려울 수 있다.
③ 동기는 반드시 결과가 나타나야 한다.
④ 부정적 동기는 때로는 긍정적 동기만큼 효과적이다.

【3】 교관은 통찰의 개발을 어떻게 불러일으킬 수 있는가?
① 유리한 자아를 획득하고 유지하도록 학생을 도와주는 것이다.
② 학습하고자 하는 활동의 매력적인 특징을 지적하는 것이다.
③ 일정한 학습 진도를 유지함으로써 예측이 가능한 것이다.
④ 학습 수준을 높이는 방법으로 달성할 수 있다.

【4】 과잉학습에 관해서 맞는 것은 어느 것인가?
① 과잉학습의 장점은 자동화된 기량으로 기본 지식 또는 개념을 최종적으로 대체한다.
② 과잉학습은 대부분 다소 유연함과 효율성이 떨어지는 지식을 적용하게 한다.
③ 과잉학습은 최종 역량을 달성한 후 다소 유연함과 효율성이 떨어지는 지식을 적용하게 한다.
④ 때때로 과잉학습은 빈번하게 사용된 지식이 기술(기량)의 속성을 취하고자 시작할 때 발생한다.

【5】 지식을 다루는 주요영역은 어느 것인가?
① 감정적 영역
② 신체적 영역
③ 인지적 영역
④ 심리운동 영역

【6】 특정 사실과 개념을 기억하는데 필요한 학습 영역은 어느 것인가?
① 신체적 영역 ② 감정적 영역
③ 인지적 영역 ④ 이해력

【7】 다음 중 장기기억에 관해서 맞는 것은 어느 것인가?

① 이것은 항법, 무선통신 그리고 다른 항공기의 시각 스캐닝과 같은 다른 과업에 더 많은 시간의 집중을 허용하면서 본능적으로 특정 기동 또는 과업을 수행할 수 있는 능력을 허용한다.

② 이것은 환경으로부터 초기 자극을 받고 중요성에 따른 개인의 선입관에 따라 처리하는 기억 시스템의 한 분야이다.

③ 이것은 영상기억, 청각기억 그리고 작업기억과 같은 3개의 기본 영역으로 구분된다.

④ 이것은 청각기억으로 초기 자극을 받고 중요성에 따른 개인의 기억능력에 따라 처리하는 기억 시스템의 한 분야이다.

【8】 유사한 것을 학습함으로써 다른 학습 경험이 가려버리는 것을 무엇이라 하는가?

① 억제 ② 상호관계

③ 연상 ④ 간섭

【9】 학습고원을 어떻게 정의할 수 있는가?

① 기량의 숙련도가 떨어지는 지점이다.

② 학습의 최정점에서 발생한다.

③ 특정 개인을 위한 자격이 가장 높게 달성할 수 있는 가능한 수준이다.

④ 개인의 학습률이 정상적으로 수평이 되는 지점이다.

【10】 피로가 비행안전에 매우 위험한 요소 중 하나로 고려되는 것은 무엇 때문인가?

① 조종시 능력의 결과가 서서히 나타나기 때문이다.

② 심각한 실수를 하기 전까지 뚜렷하게 나타나지 않기 때문이다

③ 신체적 강건함 또는 정신적 예민성의 기능이기 때문이다.

④ 과중한 조종실 업무가 부여되었을 때 일시적으로 나타나기 때문이다.

【11】 교관에게 가장 큰 도전을 제공하는 학생의 인간적 욕구는 어느 것인가?

① 생리적 욕구 ② 심리적 욕구

③ 신체적 욕구 ④ 자아실현

【12】 학생이 합리화라고 하는 방어기제를 무의식적으로 사용하는 것은 언제인가?

① 수용할 수 있는 행동을 정당화하기 위해서 변명할 때

② 그들의 행위를 위한 실제 이유를 받아들일 수 없을 때

③ 그들 행위에 대한 실제 믿음에 대해서 신뢰하고 있을 때

④ 실제 믿음이 걱정될 수 있으므로 실제 믿음에 대한 반대 믿음을 가장할 때

【13】 교육이 성사되었다고 판단할 수 있는 시기는 언제인가?
① 절차를 설명하였고 원하는 학생 반응이 이루어졌을 때
② 학생이 무엇을 제시했는지 들었을 때
③ 모든 필수 자료들이 제시되었을 때
④ 학습고원에 도달했을 때

【14】 교육 과정에서 효과적인 의사소통의 가장 큰 장애 중 하나로 무엇의 부족을 들을 수 있는가?
① 교관에 대한 존경심
② 교관과 학생 사이의 개인적인 조화
③ 학생에 대한 성향 파악
④ 교관과 학생 사이의 공통 경험 수준

【15】 학생 평가에 대해서 맞게 서술하고 있는 것은 어느 것인가?
① 학생 자신의 평가만이 오직 객관적일 수 있다.
② 학생의 학습 평가는 각 학습 단원의 통합 부분이어야 한다.
③ 만약 현재 학습과 관련이 없는 부족함이 드러났다면 이는 즉시 수정되어야 한다.
④ 학생의 평가는 항상 학급 평균과 비교되어야 한다.

【16】 다른 교육 방식과 달리 컴퓨터기반훈련(CBT)의 장점은 컴퓨터가 상호작용하기 위해서 반응하도록 하는 것은 무엇인가?
① 학생의 배경　　② 학생의 입력
③ 학생의 훈련　　④ 학생의 수준

【17】 학생 수행에 관한 교관의 비평은 어떻게 해야 하는가?
① 모든 학생의 수행에 관해서 세부적으로 다루어야 한다.
② 비평은 사적으로 해야 학생이 당황하지 않는다.
③ 수행을 향상시키기 위해서 방향과 길잡이를 제공해야 한다.
④ 모든 학생 수행에 대한 비평은 직설적이어야 한다.

【18】 학습 과정에서 효과적인 구술 질문은 어떻게 구성되어야 하는가?
① 간결하고 명료해야 한다.
② 다양한 방법에서 표현할 수 있는 정답을 제공해야 한다.
③ 이전 학습에서 다룬 주제에 대해서 학생의 사고를 전환해야 한다.
④ 전체 학습의 전반적인 내용이 포함되어야 한다.

【19】 학생의 질문에 답하기 전에 교관이 알아야 하는 가장 중요한 것은 어느 것인가?
① 주제에 대해서 완전한 지식을 갖추어야 한다.
② 질문을 명확하게 이해해야 한다.
③ 필요하다면 질문에 부분적으로 답하기 위해서 더 복잡한 정보를 소개해야 한다.
④ 모든 주제에 대한 완전한 지식을 제공해야 한다.

【20】 필기평가가 포괄성이라고 말할 수 있을 때는 언제인가?
① 모든 수준의 난이도가 포함되었을 때
② 평가하고자 하는 모든 것을 자유롭게 표본을 추출하였을 때
③ 다양한 방법에서 동일 주제의 지식을 평가할 때
④ 모든 학생 사이의 성취도를 식별할 수 있다.

【21】 학생이 실수를 수정하는 것이 중요하지 않다고 생각하고 있을 때 교관은 이를 어떻게 다루어야 하는가?
① 복잡한 비행 기동을 여러 단계로 분리한다.
② 사고 가능성을 감소시키기 위해서 학생의 과신을 없애도록 노력해야 한다.
③ 각 훈련을 위한 수행 표준을 높여 더 많은 노력을 할 것을 요구한다.
④ 학습고원이라고 판단하고 다음 과제로 넘어간다.

【22】 비행 중 보여준 능력의 평가는 무엇을 기초로 해야 하는가?
① 조종훈련생의 경험에 적합하게 수정되어 확립된 성과 표준
② 훈련을 시작한 이후 습득한 경험과 시간을 고려한 조종훈련생의 진도
③ 이 훈련 단계에 있는 조종훈련생에 관한 교관의 배경과 경험
④ 훈련 중 수행된 전체 성과를 바탕으로 평가해야 한다.

【23】 교육의 기본 시범/성과 방식에서 정확한 순서는 어떻게 구성되어야 하는가?
① 학생 말하기-학생 행동하기; 학생 말하기-학생 행동하기; 학생 행동하기-교관 평가
② 교관 말하기-교관 행동하기; 학생 말하기-교관 행동하기; 학생 말하기-학생 행동하기; 학생 행동하기-교관 평가
③ 학생 말하기-교관 행동하기; 교관 말하기-교관 행동하기; 학생 행동하기-교관 평가
④ 교관 말하기-교관 행동하기; 학생 말하기-교관 행동하기; 학생 행동하기-교관 평가

【24】 통합비행교육을 활용할 때 수용 가능한 절차는 어느 것인가?
① 계기비행 또는 시계비행 전체에 전념할 수 있도록 대체 그리고 별도 기간을 활용하라.
② 첫 비행 전에 모의계기비행 상태에 있을 때와 항공기 외부 참조물을 활용할 때 항공기 조종을 유지하기 위한 비행 조종의 조작에서 다르다는 것을 명확하게 설명하라.
③ 학생의 첫 교육에 자세조종에서 활용되는 외부 참조물과 함께 비행 조종의 기능에서 예측할 수 있는 계기 지시들을 포함시켜라.
④ 이 기간은 오직 계기비행에 전념할 수 있도록 대체 그리고 별도 기간을 활용하라.

【25】 조종사가 주어진 상황에서 최상의 방책을 선택할 수 있도록 일관되게 적용해야 하는 정신적 과정에 대한 체계적인 접근은 무엇인가?

① 항공의사결정 ② 조종사의 판단 연쇄작용
③ 승무원 자원관리 ④ 상황인식

【26】 학습계획(교안)에 관해서 맞게 서술하고 있는 것은 어느 것인가?

① 학습계획은 담당 학생들의 활동은 물론이고 교관 자신의 활동들을 일관되게 확인할 수 있도록 하는 데 도움이 된다.
② 학습의 잘 정리된 정신적 개요는 교관이 잘 준비되어 있는 한 언제든지 활용할 수 있다.
③ 학습계획은 코스 목표를 직접 향하지 않아야 한다; 오직 학습 목표가 되어야 한다.
④ 학습계획은 오직 교관 자신의 활동만을 확인하는 데 도움이 되어야 한다.

【27】 항공의사결정(ADM)의 정의를 맞게 서술하고 있는 것은 어느 것인가?

① 특정 상황에서 가용한 모든 정보를 분석하여 언제 그리고 어떠한 행동을 취해야 하는지 적절한 결심을 내리는 정신적 과정이다.
② 매 비행과 관련된 위험을 감소시키기 위한 현명한 판단력에 의존하는 결심을 내리는 과정이다.
③ 조종사가 주어진 일련의 환경에 반응하는 데 있어서 일률적으로 최상의 방책을 결정하기 위해서 사용되는 정신적 과정에 대한 체계적인 접근이다.
④ 매 비행과 관련된 일련의 환경에 즉각 반응할 수 있는 정신적 과정에 대한 체계적인 접근이다.

【28】 항공의사결정 과정 중 당신의 판단력에 영향을 줄 수 있는 일부 위험한 태도는 어느 것인가?

① 충동적, 반체제, 그리고 재평가 ② 동료 압력과 충동적, 그리고 자신감
③ 동료 압력과 스트레스 수준 ④ 반항적, 충동적, 그리고 체념

【29】 조종실에서 위기와 관련된 스트레스를 감소시키기 위해서 먼저 시작되어야 하는 것은 무엇인가?

① 더욱 심각한 생활과 조종실 스트레스 문제를 제거하는 것으로부터 시작되어야 한다.
② 스트레스의 정확한 원인을 알아내는 것으로부터 시작되어야 한다.
③ 개인의 생활에서 스트레스 부문을 평가하는 것으로부터 시작되어야 한다.
④ 조직의 효율성을 먼저 검토하는 것으로부터 시작되어야 한다.

【30】 교관이 학생에게 적절한 동기를 부여하는데 더 효과적인 방법은 어느 것인가?

① 학생과 유쾌한 개인 관계를 유지한다.
② 보상을 약속하거나 제공함으로써 긍정적 동기를 부여한다.
③ 어느 경우도 성과에 대한 보상을 제공해서는 안 된다.
④ 학생이 수행할 수 있는 능력 이상의 과제를 부여함이 없이 자신감을 강화한다.

【31】 교관은 통찰의 계발을 어떻게 불러일으킬 수 있는가?
① 학습 수준을 높이는 방법으로 달성할 수 있다.
② 학습하고자 하는 활동의 매력적인 특징을 지적하는 것이다.
③ 일정한 학습 진도를 유지함으로써 예측이 가능한 것이다.
④ 유리한 자아를 획득하고 유지하도록 학생을 도와주는 것이다.

【32】 학습의 원칙 중 강력하고 흔들림이 없는 첫인상을 초래하는 원칙은 어느 것인가?
① 초두의 원칙 ② 강도의 원칙
③ 준비의 원칙 ④ 효과의 원칙

【33】 컴퓨터기반훈련(CBT)에 관해서 올바르게 서술한 것은 어느 것인가?
① 교관은 교보재를 사용할 때 학생과 함께 활발히게 관계하지 않는다.
② CBT는 교관이 단독 훈련으로써 사용할 수 있다.
③ CBT의 주요 장점 중 하나는 학생이 이 장비를 이용해서 더욱 편리하게 훈련 진도를 나갈 수 있다.
④ CBT는 오직 교관의 감독하에 있을 때만 교육적 효과를 거둘 수 있다.

【34】 단기기억은 시간적으로 제한되고, 능력이 제한될 수 있는 범위는 얼마인가?
① 통상 정보의 7-비트 또는 청크까지
② 통상 정보의 9-비트 또는 청크까지
③ 통상 정보의 19-비트 또는 청크까지
④ 청크는 개인 경험으로 기록되는 비율로 제한된다.

【35】 인지적 영역의 교육 수준은 어느 것인가?
① 기계적 암기, 이해, 적용, 그리고 상호관계
② 지식, 이해, 적용, 분석, 통합 그리고 평가
③ 지식, 포용력, 개념화, 적용, 그리고 상호관계
④ 지식, 암기, 적용, 분석 그리고 상호관계

【36】 학습 중에 구술 질문이 효과를 거두기 위해서는 어떠한 형태의 질문이 되어야 하는가?
① 훈련 단계에 맞는 적절한 난이도의 질문을 해야 한다.
② "어디서, 어떻게 그리고 왜"가 함께 조합되어 포함되어야 한다.
③ 이전 학습에서 다룬 주제에 대해서 학생의 사고를 전환해야 한다.
④ 구술 질문은 항상 이전 과제와 연관성을 갖추어야 효과가 있다.

【37】 학생이 환상을 방어기제로 사용하는 것은 언제인가?
① 좌절 상황에서 벗어나고자 할 때
② 그들의 행동을 위한 실제 이유를 수용할 수 없을 때
③ 훈련의 진행 단계 중 흥미를 잃었을 때
④ 자아를 실현하고자 할 때

**【실전테스트 정답】**

1.② 2.② 3.① 4.④ 5.③ 6.③ 7.① 8.④ 9.④ 10.②
11.④ 12.② 13.① 14.④ 15.② 16.② 17.③ 18.① 19.② 20.②
21.③ 22.① 23.② 24.③ 25.① 26.① 27.③ 28.④ 29.③ 30.②
31.④ 32.① 33.③ 34.① 35.② 36.① 37.①